U0193136

化学工作者手册

化学实验室安全与环保手册

浙江大学化学系 组织编写

赵华绒 方文军 王国平 主编

化学工业出版社

·北京·

本书针对高校教学和科研实验室的具体情况，着重从化学实验室的规范化管理和安全意识建立角度，从实验室安全的一般知识入手，系统地介绍了可能危及人员安全的易燃、易爆、有毒或有污染的物质及相关设备的安全使用方法；给出废弃物的处理原则与方法；推荐紧急事故的应急处置措施；并探讨实验室的信息化管理与信息安全保护方法。

本书内容涉及广泛、新颖，可为化学、化工、医学、药学、环境、农学等实验室工作的教师、学生和其他工作人员提供参考。

图书在版编目（CIP）数据

化学实验室安全与环保手册/赵华绒，方文军，王国平主编．—北京：化学工业出版社，2013.6（2023.5 重印）
化学工作者手册
ISBN 978-7-122-17186-3

Ⅰ.①化… Ⅱ.①赵…②方…③王… Ⅲ.①化学实验-实验室管理-安全管理-高等学校-手册 Ⅳ.①06-37

中国版本图书馆 CIP 数据核字（2013）第 086779 号

责任编辑：成荣霞　　文字编辑：向　东
责任校对：陈　静　　装帧设计：王晓宇

出版发行：化学工业出版社（北京市东城区青年湖南街 13 号　邮政编码 100011）
印　　装：北京虎彩文化传播有限公司
710mm×1000mm　1/16　印张 19　字数 382 千字
2023 年 5 月北京第 1 版第 9 次印刷

购书咨询：010-64518888　　售后服务：010-64518899
网　　址：http://www.cip.com.cn
凡购买本书，如有缺损质量问题，本社销售中心负责调换。

定　　价：88.00 元

《化学实验室安全与环保手册》编写人员

主　　编　赵华绒　方文军　王国平

编写人员　（按姓氏汉语拼音排序）

陈时忠　方文军　郭伟强　郝　毅　王国平　吴百乐

张培敏　赵华绒

前　　言

实验室安全是高校等单位的工作重点之一，其相关的制度建立、安全教育和安全设施建设都是重要的基础性工作。

化学是与化工、生命、材料、环境、能源、农业、医药、信息、地球、空间和核科学等学科紧密联系、日益交叉渗透的中心学科。学科的发展离不开化学实验，化学实验室中易燃、易爆、有毒或有污染的物质及相关设备具有潜在的伤害性或危险性，实验室安全教育至关重要。

许多高校采取多渠道、多层次的方式开展安全教育，根据各自的情况编制了实验室安全指导手册，开设专门的实验室安全教育培训课程，对本科学生进行普及性的安全教育，对高年级本科生和研究生根据其专业特点进行有针对性的安全培训，对新到实验室的教师、科研人员也同样要求经过严格的安全教育培训后方可上岗。

浙江大学化学系及其国家级化学实验教学示范中心一直注重化学实验室安全教育，为所有研修化学实验课程的学生增设化学实验安全教育环节，将实验室安全教育“意识先行，重在预防，以人为本”的理念贯穿于实验课程中。在实验教学和安全教育过程中，我们深感针对高校和相关科研单位的具体情况，编写一本具有一定普适性的《化学实验室安全与环保手册》，为诸位同行提供一本相对全面的参考手册是非常必要的。为此，我们在实践的基础上，编写了本手册。

全书共分 5 章，第 1 章讲述实验室安全及规范化管理；第 2 章讲述实验室危险物质与设备的安全使用；第 3 章讲述实验室危险废弃物的处理；第 4 章讲述实验室安全事故的应急处理；第 5 章讲述实验室管理与信息安全。全书内容力求系统性、新颖性和实用性。

全书由陈时忠、方文军、郭伟强、郝毅、王国平、吴百乐、张培敏、赵华绒（按姓氏汉语拼音排序）编写，赵华绒、方文军、王国平主编。本书在编写过程中，参考了相关的法律法规、兄弟院校的规章制度与手册、网络资源等，在此向所有作者一并致谢；在编写过程中，还得到了浙江大学化学系领导、实验指导教师和技术人员大力、无私的帮助，在此谨表真诚的谢意。

限于编者水平和经验，对于书中不妥之处，恳请广大读者批评、指正。

编者

2013 年 1 月于杭州

目　录

第 1 章　实验室安全及规范化管理 …… 1

1.1　安全意识是必备的科学素质 …… 1

1.1.1　实验室安全的重要性和迫切性 …… 1

1.1.2　实验室安全问题 …… 2

1.1.3　安全意识与国民科学素质 …… 3

1.1.4　如何建立实验室安全意识 …… 3

1.2　实验室安全管理的相关法律和法规 …… 4

1.3　实验室安全管理架构与体系 …… 5

1.4　实验室安全守则 …… 6

1.4.1　实验室基本的安全守则 …… 6

1.4.2　实验室管理及维护 …… 7

1.4.3　安全警示 …… 7

1.4.4　无人在场实验的安全 …… 7

1.5　化学实验室安全操作规程 …… 8

1.5.1　化学实验室安全操作若干具体规程 …… 8

1.5.2　实验室使用和储存危险化学品须知 …… 9

1.6　生物实验室安全管理 …… 11

1.6.1　管理机构及管理职责 …… 12

1.6.2　生物安全级别与实验室设置 …… 12

1.6.3　生物安全工作 …… 13

1.6.4　生物实验室安全操作规程 …… 13

1.6.5　生物安全检查 …… 15

1.6.6　建立生物安全防护应急预案 …… 16

1.6.7　责任追究 …… 16

1.7　化学品管理 …… 16

1.7.1　剧毒化学品、易制毒物质及易制爆物质的管理 …… 16

1.7.2　危险化学品（放射源）的申购、领用和管理 …… 18

1.7.3　危险性气体的管理 …… 20

1.7.4　放射源的管理 …… 20

1.7.5　化学废弃物管理 …… 22

1.8　实验室公共设施安全常识与管理 …… 24

1.8.1　实验室安全用电的管理 …… 24

1.8.2　烘箱与箱式电阻炉（马弗炉）等的安全管理 …… 26

1.8.3　冰箱（冰柜）的安全管理 …… 26

1.8.4　低温安全管理 …… 27

1.8.5　高压气体及气体钢瓶 …… 28

1.8.6　大型仪器使用安全管理 …… 31

1.8.7　实验室废弃物排放管理 …… 32

1.8.8　纳米材料的安全管理 …… 32

1.8.9　实验室信息安全管理 …… 34

1.8.10　实验室装修的管理办法 …… 37

1.8.11　加强实验室内务管理 …… 37

1.8.12　安全标志的认知 …… 38

1.9　实验室安全检查条例 …… 41

1.10　化学事故应急处置的基本原则 …… 43

1.10.1　化学事故应急救援的基本原则 …… 44

1.10.2　化学事故应急救援的步骤 …… 44

第 2 章　实验室危险物质与设备的安全使用 …… 46

2.1　易燃物质 …… 46

2.1.1　易燃物质的定义 …… 46

2.1.2　易燃物质的分类 …… 47

2.1.3 易燃物质的危险性 ………… 48
2.1.4 易燃性物质的安全使用 …… 53
2.2 易爆物质 ………………………… 53
2.2.1 易爆物质的定义 …………… 53
2.2.2 爆炸极限或爆炸浓度极限（LEL/UEL）的定义 ……… 54
2.2.3 易爆物质的爆炸方式 ……… 54
2.2.4 易爆物质的分类 …………… 54
2.2.5 易爆物质的危险性 ………… 57
2.2.6 易爆物质的安全存放和使用 ………………………… 59
2.3 有毒物质 ………………………… 60
2.3.1 有毒物质的定义 …………… 60
2.3.2 与有毒物质相关的一些概念 ………………………… 60
2.3.3 有毒物质的分类 …………… 61
2.3.4 各类有毒物质的介绍 ……… 62
2.4 环境污染物质 …………………… 98
2.4.1 液体废弃物 ………………… 98
2.4.2 固体废弃物 ………………… 99
2.4.3 气体废弃物 ………………… 99
2.4.4 废弃物名录 ………………… 99
2.5 高压设备 ………………………… 99
2.5.1 高压反应釜 ……………… 100
2.5.2 高压钢瓶 ………………… 101
2.5.3 钢瓶高压气体的主要危害性 ……………………… 103
2.5.4 各种常见高压气体钢瓶的介绍 …………………… 103
2.6 高温和低温设备 ……………… 105
2.6.1 高温设备装置 …………… 105
2.6.2 低温设备装置 …………… 109
2.7 高能设备 ……………………… 110
2.8 放射性物质及设备 …………… 111
2.8.1 激光器 …………………… 111
2.8.2 X射线发射装置 ………… 111
2.8.3 放射性物质 ……………… 111
2.9 微生物 ………………………… 114
2.9.1 微生物的危害 …………… 115
2.9.2 微生物实验室的安全原则和措施 …………………… 117
2.10 典型反应过程的主要危险性及其控制 …………………… 118
2.10.1 氧化反应过程的主要危险性和控制 ……………… 119
2.10.2 还原反应过程的主要危险性及控制 ……………… 119
2.10.3 硝化反应过程的主要危险性及控制 ……………… 119
2.10.4 氯化反应过程的主要危险性及控制 ……………… 120
2.10.5 磺化反应过程的主要危险性及控制 ……………… 120
2.10.6 重氮化反应过程的主要危险性及控制 ……………… 120
2.10.7 烷基化反应过程的主要危险性及控制 ……………… 120
第3章 实验室危险废弃物的处理 ………………… 122
3.1 危险废弃物的种类 …………… 122
3.2 实验室危险废弃物的收集和贮存 ………………………… 122
3.3 实验室危险废弃物的处理原则 ………………………… 123
3.3.1 绿色化学十二项原则 …… 123
3.3.2 从源头上减少化学废弃物的产生和数量 ………… 124
3.4 实验室无机类废液的处理 ……… 125
3.4.1 含重金属废液的处理 ……… 126
3.4.2 含氰化物废液的处理 ……… 136
3.4.3 含氟废液的处理 ………… 140
3.4.4 污水综合排放国家标准 …… 145
3.4.5 主要污染物含量测定方法 ………………………… 150
3.5 实验室有机类废弃物的处理 …… 152
3.5.1 回收溶剂 ………………… 152
3.5.2 焚烧法 …………………… 153
3.5.3 溶剂萃取法 ……………… 153

3.5.4 吸附法 …… 154
3.5.5 氧化分解法 …… 154
3.5.6 水解法 …… 154
3.5.7 生物化学处理法 …… 154
3.5.8 光催化降解法 …… 155
3.6 实验室生物类废弃物的处理方法及相关国家标准 …… 156
3.6.1 实验室生物类废弃物的处理 …… 156
3.6.2 实验室生物类废弃物处理的国家标准 …… 161
3.7 实验室放射性废弃物的处理 …… 161
3.7.1 固体放射性废弃物的处理 …… 162
3.7.2 液体放射性废弃物的处理 …… 162
3.7.3 气载放射性废弃物的处理 …… 163
3.8 实验室其他危险废弃物的处理 …… 164
3.8.1 金属汞的处理 …… 164
3.8.2 钾、钠等碱金属的处理 …… 165
3.8.3 含有其他爆炸性残渣的处理 …… 166
第 4 章 实验室安全事故的应急处理 …… 167
4.1 化学药品中毒及应急处理 …… 167
4.1.1 化学药品侵入人体的途径 …… 167
4.1.2 影响毒害性的因素 …… 168
4.1.3 中毒危害 …… 168
4.1.4 中毒事故的应急处理 …… 169
4.2 火灾性事故及应急处理 …… 179
4.2.1 进入火灾现场的注意事项 …… 180
4.2.2 火灾扑救的一般原则 …… 180
4.2.3 灭火方式及灭火器的选择 …… 180
4.2.4 火灾事故的应急处理 …… 181
4.3 爆炸事故及应急处理 …… 186
4.3.1 爆炸的分类及发生原因 …… 186
4.3.2 爆炸的应急处理 …… 190
4.4 外伤事故及应急处理 …… 191
4.4.1 割伤的应急处理 …… 191
4.4.2 烧伤的应急处理 …… 192
4.4.3 冻伤的应急处理 …… 193
4.4.4 电击伤的应急处理 …… 193
4.5 放射性物质泄漏事故及应急处理 …… 194
4.6 急救常识 …… 194
4.6.1 现场急救注意事项 …… 194
4.6.2 急救措施 …… 195
第 5 章 实验室管理与信息安全 … 197
5.1 实验室的规范化管理 …… 197
5.1.1 组织机构 …… 197
5.1.2 质量保证体系 …… 197
5.1.3 公正性保证 …… 197
5.1.4 实验室的环境保证 …… 199
5.1.5 实验测量数据的采集技术和处理方法 …… 199
5.1.6 优良实验室的能力验证 …… 206
5.2 实验室信息管理系统 …… 206
5.2.1 LIMS 的定义和相关国际标准 …… 207
5.2.2 LIMS 的组成 …… 207
5.2.3 LIMS 的特点和作用 …… 209
5.2.4 不同实验室对 LIMS 的要求 …… 211
5.2.5 LIMS 的应用实例 …… 212
5.3 实验室信息安全 …… 214
5.3.1 实验室信息安全的现状 …… 215
5.3.2 安全防卫模式 …… 216
5.3.3 安全防卫的技术手段 …… 217
5.4 实验室安全的规章制度 …… 219
附录 …… 221
一、《高等学校消防安全管理规定》部分条款 …… 221
二、常用化学品危险等级及其性质 … 228

三、28 种易制毒化学品名录 ………… 237
四、易制爆危险化学品名录
（2011 年版） ……………………… 238
五、剧毒化学品目录（2002 年版，
含补充与修正） ………………… 242
六、危险化学品安全管理条例 ……… 257
七、国家危险废弃物名录 …………… 277
参考文献 ……………………………… 295

第1章 实验室安全及规范化管理

1.1 安全意识是必备的科学素质

1.1.1 实验室安全的重要性和迫切性

化学、生物、物理、放射性、工程类等实验都存在一定的危险性，实验室安全事故频频发生。如：2001年11月3日，广东某大学化工实验室曾发生一起爆炸事故，造成2人重伤3人轻伤。2008年，中国科学院某研究所一位博士生在使用过氧乙酸时，没戴防护眼镜，结果过氧乙酸溅到眼睛，致使双眼受伤；同年，另一位博士生在使用三乙基铝时，因为没有戴防护手套，化学药品沾在手上未及时用清水冲洗，结果左手皮肤严重腐蚀，以致需要植皮。2009年7月，浙江某高校一位博士生在实验楼内一氧化碳中毒身亡。2010年10月23日，北京某大学实验室发生爆炸事故，5人受伤。2010年12月28日，北京另一所大学实验室发生事故致4人伤。2011年4月14日，四川某大学化工学院实验室发生爆炸，3名学生受伤。2011年9月，东北某大学的27名三年级学生，由于在做“羊活体解剖学”实验过程中患上了一种名为布鲁菌病的乙类传染病，从而忍受着身体和心灵的双重折磨。2012年2月，南京某大学化学楼内甲醛反应釜发生泄漏，从化学楼到靠近该校北门的道路边弥漫着刺鼻的气味，上百名师生紧急疏散，幸未发生人员伤亡。2003～2004年发生的3起SARS（Severe acute respiratory syndrome，严重急性呼吸系统综合征，时称“非典”）实验室感染事故，均因实验室管理不善，工作人员未能严格执行生物安全管理与病原微生物标准操作，犯了不该犯的低级错误。2009年德国汉堡Bernhard Nocht热带医学研究所的一名女科学家因被含有埃博拉病毒的注射器刺到一事受到科学界普遍关注，这使得实验室安全问题再次进入人们的视野。早在1951年、1965年、1976年，科学家Sulkin和Pike调查了5000多个生物实验室，结果是累计发生实验室相关感染3921例，这项调查还发现低于20%的生物实验室获得性感染与已知的事故有关，而80%的报告事例却与实验人员粗心大意地暴露于某些能传播真菌和病毒的固体或液体颗粒有关。

尽管高等院校和科研院所都日益重视实验室安全，实验室安全问题的提出也由来已久，然而始终未能引起足够普遍和长期性的重视。初进实验室的人员在之前的种种警告之下会格外小心谨慎，久而久之却会“习惯成自然”，对实验室安全置若罔闻或形式主义。根据事实可以总结出这样的结论：大部分安全事故都是因为相关人员的疏忽而造成的，根源在于实验人员和管理人员还没有树立起真正的安全意识。显然，这样的结论是非常可怕的，当前的疏忽将为以后带来更多的事故。

1.1.2 实验室安全问题

实验室安全问题可分为显性的和隐性的两类。

1.1.2.1 显性实验室安全问题

常见的显性实验室安全问题，正在逐渐为高校的相关管理人员所重视，相应的制度建设已初见成效，树立安全防护意识则尚需时日。实验室安全意识是作为一个从事科学研究的研究人员或是接受本科教育的学生应该具备的基本素质。具备这样的素质，才能让我们的科学研究工作和教学工作更安全，才能让我们的研究和教学工作有一个更好的环境。

本科教育中容易忽视的问题是：安全教育停留在口头上、停留在墙上的规章制度。在本科生实验中即便接受了安全教育，也常出现如下现象：将重铬酸洗液、强酸、强碱等具有强腐蚀性溶液直接倒入下水道，使用强挥发性溶液或者有毒有机化合物合成实验时不在通风橱中操作。类似的许多安全问题均未引起学生的充分注意，看似初生牛犊不怕虎，实则是无知者无畏。不懂得怎样保护自己，更不懂得保护别人。

由于缺乏安全意识，学生在做研究时遇到相关问题就会缺乏思考，由此酿成祸患的不在少数。上海某高校高分子材料实验室使用冰箱贮存低沸点的易燃化学药品，其中有一种药品丁二烯，其沸点为－4℃，而冰箱冷藏室的温度一般为5～10℃，在此环境内试剂蒸发速度快，在冰箱内与空气形成了爆炸性混合物，当冰箱控温开关启动时产生了火花，引起了剧烈爆炸。这起事故很多人解读为药品存放不当，表面上是如此，究其根源，则是缺乏安全意识，未能对丁二烯药品的性质和冰箱的性能有所深究，以为放在冰箱就算安全了。实际上丁二烯等药品的性质在瓶身上都有明确的标志。

因此，简单的安全问题，可以通过开会、墙上的制度进行教育，深入的、隐藏的安全问题则需要有安全意识来提醒，有了安全意识，就会把安全问题放在首位。

1.1.2.2 隐性实验室安全——信息安全问题

隐性的实验室安全问题——信息安全问题也非常重要。21世纪是信息时代，信息成为社会发展的重要战略资源，信息技术改变着人们的生活和工作方式。信息产业成为新的经济增长点，社会的信息化成为当今世界发展的潮流和核心。信息安全关乎国家安全和社会稳定。目前国内外很多黑客和间谍通过层出不穷的技术手段，窃取国内各种重要信息，已经成为中国信息安全的巨大威胁，高校作为科学研究的重要阵地，很多研究内容和成果涉及国家机密，而此类隐性实验室安全问题远未引起足够的重视，这不仅关系到研究人员的生命安全，更关系到国家安全和社会稳定。

我国基于国家秘密存在的形态和运行方式已发生了变化，国家机密的载体由纸介质为主发展到声、光、电、磁等多种形式，亟须对现代通信和计算机网络条件下存储、处理和传输国家秘密的制度补充完善，在此基础上修订了《中华人民共和国保守国家秘密法》，并于 2010 年 10 月正式实施。全国人大内务司法委员会的一项调研报告发现，当前保密工作处于泄密高峰期，计算机网络泄密发案数已经占泄密发案总数的 70%以上，并呈增长趋势，国家安全与利益受到严重威胁。

高校及科研机构的泄密案件也是屡屡发生，警钟长鸣不已。例如，在湖南某大学任教的一位老师，因为他在北方一所著名的军工大学读博士时就参与了一项军事工程的重要研究课题，毕业后仍承担了相关课题的部分研究工作，他经常参加国内外的一些学术活动，境外情报机关的间谍程序随着一封国际学术会议的电子邀请函进入了他的电脑，结果他根本不应该存在手提电脑里的重要军事武器项目的科研文件很快就被传送到了境外间谍机构的电脑里。

信息安全是个大问题，必须把信息安全问题放到至关重要的位置上，认真加以考虑和解决。面对多变的国际环境和互联网的广泛应用，我国信息安全问题日益突出，必须从经济发展、社会稳定、国家安全、公共利益的高度，充分认识信息安全的极端重要性。信息资源及其基础设施成为角逐世界领导地位的舞台，谁掌握了信息，谁就掌握了主动。

作为高校实验室，不仅具有研究功能，更重要的是教育功能，加强信息安全管理和教育，对国家安全和社会稳定将起到不可估量的作用。

1.1.3　安全意识与国民科学素质

如上所述，无论是针对显性的实验室安全问题，还是隐性的安全问题，都需要相关人员具有良好的安全意识。安全意识是全民都应该具备的科学素质，是国民素养的一种体现。

高校教育的一个重要方面就是实验室的安全教育，树立良好的安全意识，接受安全教育培训，将会使高校毕业生终生受益，也会给国家建设带来无限的裨益。具有安全意识的毕业生，无论走到哪个行业的工作岗位，都会给工作带来益处，对提升国民的科学素质具有积极的推进作用。显然，安全意识更是科研人员必备的、基本的科学素养。

安全是一种意识，更是一种信念；安全是一种知识，更是一种能力；安全是一种习惯，更是一种品质。树立安全意识，熟悉安全知识、掌握安全技能是科研人员为人类服务的起点，是科研人员必备的科学素养。

1.1.4　如何建立实验室安全意识

首先，在实验室安全的规章制度面前人人平等。不管你是教授、博士后还是访问学者，或者是临时来实验室做实验的用户，也不管你是长期或短期在这里工作，只要是你计划在实验室里开展实验工作，都要自觉接受和严格执行相应的安全培训及考核。这一点在国外是非常普及，并受到高度重视的。

其次，安全教育的内容和形式应体现“以人为本”的理念。安全培训的目的在于“为你提供一个安全的工作环境，并为实验室的同事提供一个安全的工作环境”；相信每个人天生就知道如何进行安全防护，但问题是人们不可能就他们意识不到的潜在危险进行防范。安全教育的核心是为了人的安全。我们应该自觉地意识到进行实验室安全防护培训是为了我自己的安全以及和我一起在实验室工作的同事的安全，让我们了解潜在的危险和防护的方法。尤其值得强调的是，如果你认为事故势态超出你的控制能力，应迅速离开，并去最近的电话地点报警求助，同时要及时通知附近的同事撤离，在力所能及的情况下保护好自己、保护好同事，而不是简单地舍弃生命保护财产。尊重人的生命，以人的安全为本，使接受培训的人员从内心都愿意去了解相应的安全事项。

最后，培训内容要具体、针对性强，不是泛泛而谈。针对不同专业或是研究方向，应进行不同的安全教育和相应的考核。

国外高校普遍非常重视安全教育。通常由环境保护部门 EPA（Environmental Protection Agency）在学校设立专门的实验室安全监督和管理部门，如 EHS（Department of Environment、Health and Safety）或者 OHSP（Occupational Health and Safety Program），负责定期的实验室安全培训、检查和不定期的抽查，并设有专门的网站，免费提供实验室安全方面的信息、链接以及相关的咨询服务。通常每年一次的安全培训要求非常严格，强制要求化学、化工、生物等相关专业或学科的学生和教职工参加安全培训至少 1h，对于因故缺席的则要求参加下一轮的培训，培训时有专门的讲义和资料，培训结束时进行笔试检查培训结果，及时强化培训效果。比如，美国布鲁克海文国家实验室（Brookhaven National Laboratory，BNL）对于从事纳米材料结构分析的人员，需要进行从基本的“计算机安全”、“用电安全”、“实验室标准”到专业的“低温安全”、“压缩气体安全”、“缺氧危险”、“危险废弃物产生与处理”、“纳米技术”、“常规的辐射安全”、“环境保护”等课程的培训与考核，以及到同步辐射光源的现场培训。这些培训都有详细的记录，超过期限后，需要重新培训和考核。

实际上，类似的安全教育培训制度或体系在国外众多的高校或国家实验室都比较完善，我国高校也逐渐形成。

1.2 实验室安全管理的相关法律和法规

为了保障国家和人民的安全，国家相关部门分别制定了各种法律和法规，涉及安全方面的有《中华人民共和国安全生产法》、《中华人民共和国消防法》、《中华人民共和国保守国家秘密法》及其《实施办法》、《中华人民共和国放射性污染防治法》、《放射性同位素与射线装置安全和防护条例》、《危险化学品安全管理条例》、

《放射性同位素与射线装置安全和防护条例》、《放射性同位素与射线装置安全许可管理办法》、《气瓶安全监察规程》、《易制爆危险化学品名录》、《易制毒危险化学品名录》等。

针对实验室的安全，国家相关部门也制定了相应的国家标准，如《实验室生物安全通用要求》（GB 19489—2008）、对于高压气瓶颜色标志的国家标准（GB 7144—1999）、教育部出台的《教育部直属高等学校国防科技工作保密规定（试行）》和《教育部直属高等学校承担国防科研项目的管理办法（试行）》。针对我国高校的特殊情况，国家教育部和公安部于2009年10月19日联合发布了《高等学校消防安全管理规定》，该规定自2010年1月1日起施行。

世界卫生组织针对生物安全问题还专门制定了《实验室生物安全手册》。

以上法律、法规、国家标准以及手册等都是实验室安全建设和管理的依据。鉴于国内高校最普遍的安全问题主要来自于安全消防，这一问题也是各所高校和有关研究院所最为关心、急于解决的问题。本章对《高等学校消防安全管理规定》中与实验室建设密切相关的条款，加以摘录以便参阅。具体参见附录1。

1.3 实验室安全管理架构与体系

实验室安全管理工作需要建立行之有效的安全管理体系，当今世界许多著名高校都在积极推行EHS管理体系。

EHS管理体系是环境管理体系（EMS）和职业健康安全管理体系（OHSMS）两个体系的整合，我国香港、台湾地区不少高校都有环境健康安全委员会（EHSC）。推行EHS管理体系的目的就是保护环境，改进工作场所的健康性和安全性，对增强凝聚力、完善内部管理、创造更好的效益起到积极作用。

根据我国高等院校的实际情况，学校运行方式和港台地区有很大差别，虽总体目标基本相近，但实验室安全管理架构也有差别。根据前面已提及的各类法规，比较合理的高校实验室安全管理架构应该是：

（1）学校法定代表人（校长）是安全管理的总负责人；

（2）学校分管安全工作的副校长是总的安全管理人，协助校长制定各类条例、履行相关职责；

（3）校长委任各相关部门（实验室与设备管理处、保卫处、各学院等）负责人为学校安全委员会委员，成立学校安全委员会，主管副校长担任该委员会主席；

（4）学校安全委员会负责学校消防安全、化学安全、生物安全、校园公共安全等各方面；

（5）各部门委任一位兼职的安全主任，承接学校与二级单位，协助统筹及推行部门内的有关安全管理事宜；

（6）各二级部门的法人代表，对该单位的安全负有完全责任，设立二级单位的安全管理领导小组和工作小组，实行领导小组领导下的实验室安全管理负责制；

（7）各实验室主任、实验中心主任、研究所所长、课题组负责人等为所在实验室的安全责任人，设立安全员。

1.4 实验室安全守则

为了确保实验室安全，实验室应有基本的安全守则，各实验室主管还必须自行建立具体安全细则，实验人员必须明确所有规则后方进行实验。实验室要有专人定期进行安全检查。

1.4.1 实验室基本的安全守则

（1）开始任何新的或更改过的实验操作前，需了解所有物理、化学、生物方面的潜在危险，及相应的安全措施。使用化学药品前应先了解常用化学品危险等级、危险性质及出现事故的应急处理预案。常用化学品危险等级、危险性质可参见附录2。

（2）进入实验室工作的人员，必须熟悉实验室及其周围的环境，如水阀、电闸、灭火器及实验室外消防水源等设施位置，熟练使用灭火器。

（3）实验进行过程中，不得随意离开岗位，要密切注意实验的进展情况。

（4）进入实验室的人员需穿全棉工作服，不得穿凉鞋、高跟鞋或拖鞋；留长发者应束扎头发；离开实验室时须换掉工作服。

（5）进行可能发生危险的实验时，要根据实验情况采取必要的安全措施，如戴防护眼镜、面罩或橡胶手套等。

（6）实验用化学试剂不得入口，严禁在实验室内吸烟或饮食饮水。实验结束后要细心洗手。

（7）正确操作气体钢瓶，熟悉各种钢瓶的颜色和对应气体的性质。气体钢瓶、煤气用毕或临时中断，应立即关闭阀门，若发现漏气或气阀失灵，应停止实验，立即检查并修复，待实验室通风一段时间后，再恢复实验。

（8）使用电器时，谨防触电。不许在通电时用湿手接触电器或电插座。实验完毕，应将电器的电源切断。

（9）禁止明火加热，尽量使用油浴加热设备等；温控仪要接变压器，过夜加热电压不超过110V；各种线路的接头要严格检查，发现有被氧化或被烧焦的痕迹时，应更换新的接头。

（10）实验所产生的化学废液应按有机、无机和剧毒等分类收集存放，严禁倒入下水道。充分发挥环境科学的特长，以废治废，减少废物，如含银废液回收利用、稀溶液配制浓溶液、废酸和废碱处理再用等。

（11）易燃、易爆、剧毒化学试剂和高压气瓶要严格按有关规定领用、存放、保管。

(12) 实验室工作人员必须在统一印制且编有编号和页码的实验记录本上详细记录，计算机内所存数据只能作为附件，不能作为正式记录；实验记录必须即时、客观、详细、清楚，严禁涂改、撕页和事后补记；不得用铅笔记录；实验记录严禁带出实验室；毕业或调离实验室的人员必须交回已编号的原始实验记录本，并经实验室负责人和相关人员核准后方能办理离校手续。

(13) 实验室内严禁会客、喧哗；严禁私配和外借实验室钥匙。

(14) 实验人员或最后离开实验室的工作人员都应检查水阀、电闸、煤气阀等，关闭门、窗、水、电、气后才能离开实验室。

1.4.2 实验室管理及维护

对实验室应加强管理，并认真做好实验设备设施的维护工作，以保证实验室安全平稳地运行。要求做到以下几点。

(1) 保持实验室范围整洁，避免发生意外。每个实验结束及每日完成所有实验后，应将试验台、地面打扫干净，所有试剂药品归位。

(2) 所有化学废料要根据危险级别分类，并贮存在指定容器内，定期处理。

(3) 实验室地面应长期保持干爽。如有化学品泄漏或水溅湿地面，应立即处理并提醒其他工作人员。

(4) 楼梯间及走廊严禁存放物品，保持通道畅通，可方便地取得安全紧急用具或到达气体阀门。

(5) 所有实验室设施如通风橱、离心机、真空泵及加热设施等均需定期检查维修。维修工作需由认可人员执行，并予以记录。

1.4.3 安全警示

为了方便地了解各个实验室的安全因素，出现事故时能快速地反应，使损失降到最低，必须在每个实验室的合适位置安装安全警示牌。一般是：

(1) 每个实验室入口处张贴安全警示牌，列明该实验室内各种潜在危险，以及进入实验室时应佩戴哪些安全设施；

(2) 警示牌上列出紧急联络人员或安全责任人的名单及电话，若发生火警、化学品泄漏等意外，可寻求以上人员协助。

1.4.4 无人在场实验的安全

由于科研及实验的需要，某些实验过程需长时间连续进行，应制定相应的规则，确保实验室的安全。应做到：

(1) 有些实验过程涉及危险化学品，并需在无人在场的情况下持续甚至通宵进行的，责任人必须做好预防措施，特别要考虑到当公用设施如电力、煤气及冷却水等中断时应如何应变控制与处理；

(2) 小心存放化学品及仪器，热源周围应无易燃、易爆物质，以防止着火、爆炸及其他突发事故发生；

(3) 实验室内的照明系统必须保持开启，实验室大门外应张贴告示，列明其内使用哪些危险品、紧急事故报警电话及联络人的联系方式；

(4) 如有需要，应安排保安人员定时巡查。

1.5 化学实验室安全操作规程

化学实验室操作和实验室内贮存、使用及弃置化学品的安全操作规程，实验人员必须遵守。化学品包括化学元素、化合物、混合物、商业用化工产品、清洁剂、溶剂及润滑剂等。大多数化学品都具有毒性、刺激性、腐蚀性、致癌性、易燃性或爆炸性等危险危害性。有些化学品单独使用时是安全的，但实验中按实验安排或意外跟其他化学品混合，却可能有危险，故接触和使用化学品的人员必须清楚知道化学品单独使用或其他化学效应可能引起的危险情况，并采取适当的控制和预防措施。

1.5.1 化学实验室安全操作若干具体规程

(1) 化学实验时应打开门窗和通风设备，保持室内空气流通；加热易挥发有害液体、易产生严重异味、易污染环境的实验时应在通风橱内进行。

(2) 所有通气或加热的实验（除高压反应釜）应接有出气口，防止因压力过度升高而发生爆炸。需要隔绝空气的，可用惰性气体或油封来实现。

(3) 实验操作时，保证各部分无泄漏（液、气、固），特别是在加热和搅拌时无泄漏。

(4) 各类加热器都应该有控温系统，如通过继电器控温的，一定要保证继电器的质量和有效工作时间，容易被氧化的各个接触点要及时更换，加热器各种插头应该插到位并紧密接触。

(5) 实验室各种溶剂和药品不得敞口存放，所有挥发性和有气味物质应放在通风橱或橱下的柜中，并保证有孔洞与通风橱相通。

(6) 回流和加热时，液体量不能超过瓶容量的2/3，冷却装置要确保能达到被冷却物质的沸点以下；旋转蒸发时，不应超过瓶容积的1/2。

(7) 熟悉减压蒸馏的操作程序，不要发生倒吸和爆沸事故。

(8) 做高压实验时，通风橱内应配备保护盾牌，工作人员必须戴防护眼镜。

(9) 保证煤气开关和接头的密封性，实验人员应可独立检查漏气的部位。

(10) 实验室应该备有沙箱、灭火器和石棉布，必须明确何种情况用何种方法灭火，熟练使用灭火器。

(11) 需要循环冷却水的实验，要随时监测实验进行过程，不能随便离开人，以免减压或停水发生爆炸和着火事故。

(12) 各实验室应备有治疗割伤、烫伤及酸、碱、溴等腐蚀损伤的常规药品，清楚如何进行急救。

(13) 增强环保意识，不乱排放有害药品、液体、气体等污染环境的物质。

(14) 严格按规定放置、使用和报废各类钢瓶及加压装置。

1.5.2　实验室使用和储存危险化学品须知

根据 2002 年版《危险化学品名录》，实验室危险化学品可分 8 类，即爆炸品；压缩气体和液化气体；易燃液体；易燃固体、自燃物品和遇湿易燃物品；氧化剂和有机过氧化物；有毒品；放射性物品；腐蚀品。在使用和储存危险化学品时，必须按照标准或规范进行，并加强管理，避免危险事故的发生。

以下按上述分类，对各类危险化学品及其使用和储存的注意事项作简要介绍。

1.5.2.1　爆炸品

2,4,6-三硝基甲苯［别名：TNT 或茶色炸药；分子式：$CH_3C_6H_2(NO_2)_3$］、环三次甲基三硝胺［别名：黑索金，$C_3H_6N_3(NO_2)_3$］、雷酸汞［$Hg(ONC)_2$］等。

注意事项：

① 应储存在阴凉通风处，远离明火、远离热源，防止阳光直射，存放温度一般在 15～30℃，相对湿度一般在 65%～75%；

② 使用时严防撞击、摔、滚、摩擦；

③ 严禁与氧化剂、自燃物品、酸、碱、盐类、易燃物、金属粉末储存在一起。

1.5.2.2　压缩气体和液化气体

易燃气体：如正丁烷、氢气、乙炔等。

不燃气体：如氮、二氧化碳、氙、氩、氖、氦等。

有毒气体：如氯（Cl_2）、二氧化硫（别名：亚硫酸酐）、氨等。

注意事项：同各类钢瓶管理规定。

1.5.2.3　易燃液体

汽油（C_5H_{12}～$C_{12}H_{26}$）、乙硫醇、二乙胺［$(C_2H_5)_2NH$］、乙醚、丙酮等。

注意事项：

① 应储存在阴凉通风处，远离火种、热源、氧化剂及酸类物质；

② 存放处温度不得超过 30℃；

③ 轻拿轻放，严禁滚动、摩擦和碰撞；

④ 定期检查。

1.5.2.4　易燃固体、自燃物品和遇湿易燃物品

(1) 易燃固体　*N*,*N*-二硝基五亚甲基四胺［$(CH_2)_5(NO)_2N_4$］、二硝基萘、红磷等。

注意事项：

① 应储存在阴凉通风处，远离火种、热源、氧化剂及酸类物质；

② 不要与其他危险化学试剂混放；

③ 轻拿轻放，严禁滚动、摩擦和碰撞；

④ 防止受潮发霉变质。

(2) 自燃物品　二乙基锌、连二亚硫酸钠 ($Na_2S_2O_4 \cdot 2H_2O$)、黄磷等。

注意事项：

① 应储存在阴凉、通风、干燥处，远离火种、热源，防止阳光直射；

② 不要与酸类物质、氧化剂、金属粉末和易燃易爆物品共同存放；

③ 轻拿轻放，严禁滚动、摩擦和碰撞。

(3) 遇湿易燃品　三氯硅烷、碳化钙等。

注意事项：

① 存放在干燥处；

② 与酸类物品隔离；

③ 不要与易燃物品共同存放；

④ 防止撞击、震动、摩擦。

1.5.2.5 氧化剂和有机过氧化物

(1) 氧化剂　过氧化钠、过氧化氢溶液（40%以下）、硝酸铵、氯酸钾、漂粉精［次氯酸钙，$3Ca(OCl)_2 \cdot Ca(OH)_2$］、重铬酸钠等。

注意事项：

① 该类化学试剂应密封存放在阴凉、干燥处；

② 应与有机物、易燃物、硫、磷、还原剂、酸类物品分开存放；

③ 轻拿轻放，不要误触皮肤，一旦误触，应立即用水冲洗。

(2) 有机过氧化物　过乙酸（含量为43%，别名过氧乙酸)、过氧化十二酰［$(C_{11}H_{23}CO)_2O_2$］、过氧化甲乙酮等。

注意事项：

① 存放在清洁、阴凉、干燥、通风处；

② 远离火种、热源，防止日光曝晒；

③ 不要与酸类、易燃物、有机物、还原剂、自燃物、遇湿易燃物存放在一起；

④ 轻拿轻放，避免碰撞、摩擦，防止引起爆炸。

1.5.2.6 有毒化学试剂：剧毒和毒害试剂

(1) 剧毒类化学试剂　无机剧毒类化学试剂，如氰化物、砷化物、硒化物，汞、锇、铊、磷的化合物等。有机剧毒类化学试剂，如硫酸二甲酯、四乙基铅、醋酸苯等。

(2) 毒害化学试剂　无机毒害化学试剂类，如汞、铅、钡、氟的化合物等。有机毒害化学试剂类，如乙二酸、四氯乙烯、甲苯二异氰酸酯、苯胺等。

注意事项：

① 有毒化学试剂应放置在通风处，远离明火、热源；

② 有毒化学试剂不得和其他种类的物品（包括非危险品）共同放置，特别是

与酸类及氧化剂共放，尤其不能与食品放在一起；

③ 进行有毒化学试剂实验时，化学试剂应轻拿轻放，严禁碰撞、翻滚以免摔破漏出；

④ 操作时，应穿戴防护服、口罩、手套；

⑤ 实验时严禁饮食、吸烟；

⑥ 实验后应洗澡和更换衣物。

1.5.2.7　放射性物品

如钴 60、独居石［化学式为（Ce，La，Th）(PO_4)，晶体属单斜晶系的磷酸盐矿物］、镭、天然铀等。

注意事项：

① 用铅制罐、铁制罐或铅铁组合罐盛装；

② 实验操作人员必须做好个人防护，工作完毕后必须洗澡更衣；

③ 严格按照放射性物质管理规定管理放射源。

1.5.2.8　腐蚀性化学试剂

酸性腐蚀性化学试剂如硝酸、硫酸、盐酸、磷酸、甲酸、氯乙酰氯、冰醋酸、氯磺酸、溴素等。碱性腐蚀性化学试剂如氢氧化钠、硫化钠、乙醇钠、二乙醇胺、二环己胺、水合肼等。

注意事项：

① 腐蚀性化学试剂的品种比较复杂，应根据其不同性质分别存放；

② 易燃、易挥发物品，如甲酸、溴乙酰等应放在阴凉、通风处；

③ 受冻易结冰物品（如冰醋酸），低温易聚合变质的物品（如甲醛）则应存放在冬暖夏凉处；

④ 有机腐蚀品应存放在远离火种、热源及氧化剂、易燃品、遇湿易燃物品的地方；

⑤ 遇水易分解的腐蚀品，如五氧化二磷、三氯化铝等应存放在较干燥的地方；

⑥ 白粉、次氯酸钠溶液等应避免阳光照射；

⑦ 碱性腐蚀品应与酸性试剂分开存放；

⑧ 氧化性酸应远离易燃物品；

⑨ 实验室应备诸如苏打水、稀硼酸水、清水一类的救护物品和药水；

⑩ 做实验时应穿戴防护用品，避免洒落、碰翻、倾倒腐蚀性化学试剂；

⑪ 实验时，人体一旦误触腐蚀性化学试剂，接触腐蚀性化学试剂的部位应立即用清水冲洗 5～10min，视情况决定是否就医。

1.6　生物实验室安全管理

因生物实验室安全管理缺失造成的事故，已经给人们带来了相当大的影响。在高校和研究院所，生物安全问题也不再仅仅局限于生物专业实验室，生物科学已与化学、化工、材料、医学等许多学科形成交叉，生物安全管理的范围也不断地延伸。

为了加强实验室生物安全管理，保护实验室工作人员和公众的健康，高校和研究院所的实验室有必要进行统一的生物安全管理。目前国内部分高校已根据国家有关实验室（生物）安全方面的法规和条例，成立了专门的实验室生物安全管理委员会，针对生物安全实行统一管理，内容包括管理机构、实验室设置、生物安全计划和生物安全检查等几个方面。

1.6.1 管理机构及管理职责

（1）设立（校级）实验室生物安全管理委员会，负责全校实验室生物安全管理。

（2）委员会下设办公室，负责全校生物安全管理日常工作和生物安全应急处置工作。

（3）各院系、医院或从事相关工作的其他二级机构，设立实验室生物安全管理领导小组，实行领导小组领导下的实验室管理负责制。

（4）各二级单位的法人代表，对该单位生物安全负有完全责任。

（5）实验室主任、教学实验中心主任、课题负责人、实验教学主讲老师为所在实验室的生物安全负责人，负责确保实验室设施、设备、个人防护设备、材料等符合国家有关安全要求，评估实验室生物材料、样本、药品、化学品和机密资料被丢失或不正当使用的危险，并对其定期检查、维护和更新，负责督促本实验室工作人员参加并完成生物安全培训工作，对其定期检查、维护和更新，以保障实验室教学和科研工作的正常运转。

1.6.2 生物安全级别与实验室设置

具有感染性威胁的生物危险度分为四级，级别越高，潜在危险越大。一般高校或研究所所涉及的是一级和二级生物安全水平的基础实验，更高级别生物安全威胁的实验很少开展。如需要进行更高级别生物安全威胁的实验，必须向学校相关领导机构通报，实验室相关设施及操作必须严格按照世界卫生组织制定的《实验室生物安全手册》（第三版）执行。

（1）危险度1级（无或极低的个体和群体危险） 不太可能引起人或动物致病的微生物。

（2）危险度2级（个体危险中等，群体危险低） 病原体能够对人或动物致病，但对实验室工作人员、社区、牲畜或环境不易导致严重危害。实验室暴露也许会引起严重感染，但对感染有有效的预防和治疗措施，并且疾病传播的危险有限。

（3）危险度3级（个体危险高，群体危险低） 病原体通常能引起人或动物的严重疾病，但一般不会发生感染个体向其他个体的传播，并且对感染有有效的预防和治疗措施。

(4) 危险度4级（个体和群体的危险均高） 病原体通常能引起人或动物的严重疾病，并且很容易发生个体之间的直接或间接传播，对感染一般没有有效的预防和治疗措施。

根据国家对实验室生物安全分类管理规定，将实验室分为Ⅰ级，Ⅱ级，Ⅲ级，Ⅳ级。实验室的设置应报国家有关部门批准，确定实验室级别，取得相应资格证书。

1.6.3 生物安全工作

(1) 实验室应制定意外事故的应对程序和突发事件的应急预案，应急预案应报学校“实验室生物安全管理委员会”办公室备案。

(2) 实验室安全管理负责人有责任监督实验室工作人员对易燃、易爆、有毒、放射性物品和病原微生物等进行确认，分类管理，安全存放，随时监控。

(3) 实验室安全管理人员应记录实验室危害评估的结果及所采取措施，发现问题应及时上报实验室管理领导小组。

(4) 实验室安全管理人员必须对本实验室操作有害材料的安全行为进行全过程监督和记录，提供生物安全指导。

(5) 对于高风险和污染材料应严密控制，专人管理，并有采购、使用记录等，防丢失或遗失。

(6) 所有废弃物应使用可靠的方法处理。

(7) 实验室安全管理负责人有义务督促其实验室的工作人员进行定期的健康检查。

(8) 不得擅自改建实验室或改动实验室设置，确需改建或变更设置的，要对生物安全影响进行论证评估，经相应部门批准后，报学校实验室生物安全管理委员会办公室备案。

(9) 定期向公众进行不同形式的生物安全教育，对相关实验室工作人员进行分级培训。

1.6.4 生物实验室安全操作规程

结合学校教学、临床及科研实验室的实际情况，主要以国家标准《实验室生物安全通用要求》(GB 19489—2008) 中Ⅰ级 (BSL-1)、Ⅱ级 (BSL-2) 和Ⅲ级 (BSL-3) 的条款对学校的实验室建设、改造、设施和设备进行管理及监督。各实验室必须按其对应的生物安全分级，所用设施、设备和材料（含防护屏障）均应符合国家相关的标准和要求，制定相应的安全操作规程，具体内容有以下几个方面。

图 1-1　生物危害警告标志

1.6.4.1　进入规定

（1）在处理危险度 2 级或更高危险度级别的微生物时，在实验室门上应标有国际通用的生物危害警告标志（图 1-1）。

（2）实验室安全管理人员应根据实验室的具体情况，制定实验室生物安全的操作程序。

（3）进入实验室工作的人员必须经过生物安全知识培训，获得相应部门颁发的证书方可上岗。

（4）相关专业的学生必须接受生物安全教育或培训。

（5）实验室的门应保持关闭。

（6）儿童不应被批准或允许进入实验室工作区域。

（7）进入动物房应经过特别批准。

1.6.4.2　人员防护

（1）在实验室工作时，任何时候都必须穿着连体衣、隔离服或工作服。

（2）在进行可能直接或意外接触到血液、体液以及其他具有潜在感染性的材料或感染性动物的操作时，应戴上合适的手套。手套用完后，应先消毒再摘除，随后必须洗手。

（3）在处理完感染性实验材料和动物后，以及在离开实验室工作区域前，都必须洗手。

（4）为了防止眼睛或面部受到泼溅物、碰撞物或人工紫外线辐射的伤害，必须戴安全眼镜、面罩（面具）或其他防护设备。

（5）严禁穿着实验室防护服离开实验室（如去餐厅、茶室、办公室、图书馆和卫生间）。

（6）不得在实验室内穿露脚趾的鞋子。

（7）禁止在实验室工作区域进食、饮水、吸烟、化妆和处理隐形眼镜等。

（8）禁止在实验室工作区域储存食品和饮料。

（9）在实验室内用过的防护服不允许和日常服装放在同一柜子内。

1.6.4.3　操作规范

（1）严禁用口吸移液管。

（2）严禁将实验材料置于口内，严禁舔标签。

（3）所有的技术操作要按尽量减少气溶胶和微小液滴形成的方式来进行。

（4）应限制使用皮下注射针头和注射器。除了进行肠道外注射或抽取实验动物体液，皮下注射针头和注射器不能用于替代移液管或用作其他用途。

（5）出现溢出、事故以及明显或可能暴露于感染性物质时，必须向实验室主管报告。实验室应保存这些事件或事故的书面报告。

（6）必须制订关于如何处理溢出物的书面操作程序，并予以遵守执行。

（7）污染的液体在排放到生活污水管道以前必须清除污染（采用化学或物理学方法）。根据所处理的微生物因子的危险度评估结果，可能需要准备污水处理系统。

（8）需要带出实验室的手写文件必须保证在实验室内没有受到污染。

1.6.4.4　实验室工作区

（1）实验室应保持清洁整齐，严禁摆放和实验无关的物品。

（2）若有潜在危害性的材料溢出以及在每天工作结束之后，必须立即清除工作台面的污染。

（3）所有受到污染的材料、标本和培养物在废弃或清洁再利用之前，必须清除污染。

（4）如果窗户可以打开，则应安装防止节肢动物进入的纱窗。

1.6.4.5　生物实验安全的必备设施

（1）移液辅助器　杜绝用口吸的方式移液。

（2）生物安全柜　感染性物质在空气中传播感染的危险很大，进行极有可能产生气溶胶的操作（包括离心、研磨、混匀、剧烈摇动、超声破碎、打开内部压力和周围环境压力不同的盛放有感染性物质的容器、动物鼻腔接种以及从动物或卵胚采集感染性组织）时，应使用密封的安全离心杯，并在生物安全柜内装样、取样，可在开放实验室离心。

（3）一次性塑料接种环　可在生物安全柜内使用电加热接种环，以减少生成气溶胶。

（4）螺口盖试管及瓶子。

（5）高压灭菌器　用于清除感染性材料污染。

（6）一次性巴斯德塑料移液管　尽量避免使用玻璃制品。

1.6.4.6　清除污染

高压蒸汽灭菌是清除污染时的首选方法。需要清除污染并丢弃的物品应装在容器中（如根据内容物是否需要进行高压灭菌和/或焚烧而采用不同颜色标记的可以高压灭菌的塑料袋）。也可采用其他可以除去和/或杀灭微生物的替代方法。

1.6.4.7　污染性材料和废弃物的处理

对污染性材料、废弃物及其包装物应进行鉴别并按照相关工作的国家和国际规定分别处理。

1.6.5　生物安全检查

实验室生物安全管理委员会每年对全校的实验室进行至少一次生物安全检查，并将检查情况以书面形式通知被检查单位，检查项目包括：

① 实验室生物安全执行情况；

② 事故记录及处理；

③ 可燃、易燃、可传染性、放射性和有毒物质的存放情况；

④ 去污染和废弃物处理程序及记录；

⑤ 实验室设施，设备，人员的状态；

⑥ 生物安全宣传教育情况。

1.6.6 建立生物安全防护应急预案

应建立生物安全防护应急预案。发生突发性事件（包括突发性传染病，化学品及辐射毒害，基因泄漏或导致生物遗传毒性，环境污染等）时，应在1小时内报学校“实验室生物安全管理委员会”办公室，并启动应急预案。

1.6.7 责任追究

实验室所有从事实验活动人员要严格遵守国家有关法律、法规、条例和技术标准，出现事故应实行责任追究制度；各级生物安全管理人员依法承担相应行政及法律责任；生物安全事故的处理，视事故发生的内容、性质、影响范围，由学校“实验室生物安全管理委员会”办公室协调相关职能部门进行处理与善后工作。

1.7 化学品管理

在化学实验过程中，都会使用各种各样的化学品，而大多数的化学品都有危险性，必须加强化学品管理，特别是剧毒化学品、易制毒物质及易制爆物质的使用和管理，确保实验室和社会的安全稳定。

1.7.1 剧毒化学品、易制毒物质及易制爆物质的管理

剧毒化学品、易制毒物质及易制爆物质的使用具有危险性，流入社会可能产生严重的危害，必须严加管理。

（1）对于剧毒化学品、易制毒物质及易制爆物质的管理，应严格遵守双人保管、双人收发、双人使用、双人运输、双人双锁的“五双”制度。两名实验教师从校危险品仓库领出剧毒品或易制毒品（第一类），必须放入院系（或研究所）剧毒品专用房统一保管、领用。要精确计量和记载，防止被盗、丢失、误领、误用，如发现上述问题必须立即报告学校保卫处和当地公安部门。

（2）为了加强管理，对以上物品的领用必须建立登记制度。对于剧毒化学品、易制毒化学试剂和易制爆化学品，领用人须按要求分别填写《剧毒危险化学品专用领用单》（见表1-1）、《易制毒化学品专用领用单》（见表1-2）和《特定易制爆化学品专用领用单》（见表1-3）。领用单由老师签字后复印一份，交院系办公室存档备案。

易制毒物质共计28种，详见附录3。

易制爆物质共计71种，详见附录4。

表 1-1　剧毒危险化学品专用领用单（一式叁联）

年　　月　　日

编号：

品　　名			规格	
用　　途 注明实验或项目名称			申请领用数量	
			核发数量	
领用单位	院（系）　　　　所（室）			
领用人 1（教工）		联系电话	身份证号	
领用人 2（教工）		联系电话	身份证号	
领用单位地点			领用单位负责人	
领用人声明	我保证所领取的剧毒化学品将完全在实验室使用，并用于教学和科研实验中。如有违法行为由本人负完全责任。			
领用人 1（教工）签名			领用人 2（教工）签名	
院系（单位）主管审核意见（盖章）			保卫处审核意见（盖章）	

第一联：后勤集团技术物资服务中心保存；第二联：校保卫处留存；第三联：领用单位留存。

表 1-2　易制毒化学品专用领用单

年　　月　　日

编号：

领用单位	学院　　　　所（室）			实验室地址		
领用人		联系电话		经费卡号		
品　　名	类别	规格	数量	单价	金额	用途
领用人声明	我保证所领取的易制毒化学品将完全在实验室使用，用于教学和科研实验中。如有违法行为由本人负完全责任。 签名：					
实验室（所）负责人签名		学院（系）负责人签名（公章）				
注：第一类易制毒品须由学院审核、登记、盖章；第二、三类易制毒品由系审核、登记、盖章						

第一联：后勤集团技术物资服务中心保存；第二联：使用人留存。

表 1-3　特定易制爆化学品专用领用单（一式叁联）

年　　月　　日

<table>
<tr><td>品　名</td><td colspan="2">用途:实验或项目名称</td><td colspan="2">规格</td><td>申请领用数</td><td>核发数</td><td>编号</td></tr>
<tr><td></td><td colspan="2"></td><td colspan="2"></td><td></td><td></td><td></td></tr>
<tr><td></td><td colspan="2"></td><td colspan="2"></td><td></td><td></td><td></td></tr>
<tr><td></td><td colspan="2"></td><td colspan="2"></td><td></td><td></td><td></td></tr>
<tr><td>领用单位</td><td colspan="7">院(系)　　　　　　所(室)</td></tr>
<tr><td>领用人 1(教工)</td><td></td><td>联系电话</td><td></td><td>身份证号</td><td colspan="3"></td></tr>
<tr><td>领用人 2(教工)</td><td></td><td>联系电话</td><td></td><td>身份证号</td><td colspan="3"></td></tr>
<tr><td>领用单位地点</td><td colspan="3"></td><td>领用单位
负责人</td><td colspan="3"></td></tr>
<tr><td>领用人声明</td><td colspan="7">我保证所领取的特定易制爆化学品将完全在实验室使用,并用于教学和科研实验中。如有违法行为由本人负完全责任。
签名：</td></tr>
<tr><td>领用人 1(教工)签名</td><td colspan="3"></td><td>领用人 2
(教工)签名</td><td colspan="3"></td></tr>
<tr><td>院系(单位)
主管审核意见
(盖章)</td><td colspan="3"></td><td>保卫处审核
意见
(盖章)</td><td colspan="3"></td></tr>
</table>

第一联：后勤集团技术物资服务中心保存；第二联：校保卫处留存；第三联：领用单位留存。

（3）实验产生的废液、废固物质，不能直接倒入下水道或普通垃圾桶。排放时其有害物质浓度不得超过国家和环保部门规定的排放标准。对实验使用后多余的、新产生的或失效（包括标签丢失、模糊）的危险化学品，严禁乱倒乱丢。实验室负责将各类废弃物品分类包装（不准将有混合危险的物质放在一起），贴好标签后送学校危险品仓库回收。

（4）实验室相关人员不定期检查上述物品的存储和使用记录情况，并将结果通报给各实验室安全责任人。

若出现违纪情况，情节严重者，由院系安全领导与工作小组作出处理决定，并上报上级相关部门备案。

1.7.2　危险化学品（放射源）的申购、领用和管理

（1）危险化学品的申购

① 由学校负责危险化学品的统一采购（包括购买、储运、供应等工作），各使用单位不得自行采购；

② 危险化学品必须使用专门的车辆运输，装运时不得客货混装，禁止随身携带、夹带危险化学品乘坐公共交通工具。

（2）危险化学品的领用

① 领用剧毒品、易制毒物质和易制爆物质时，应填写“剧毒危险化学品专用备案登记表”，详细注明品名、规格、数量和用途，双人签名，由单位负责人审核签字、加盖单位公章，经保卫处审核同意后方能领用；

② 各单位应根据实际需要领用危险化学品，领取时需双人领用（其中一人必须是实验室的教师），做到“随用随领，不得多领”；

③ 严格执行危险化学品安全管理的各项规定；

④ 学生在使用危险化学品前，教师应详细指导、讲授安全操作方法及有关防护知识；

⑤ 使用剧毒物品、爆炸性物品时，应在良好通风条件下进行，并详细记录使用数量等情况；

⑥ 可燃、助燃气瓶使用时与明火的距离不得小于10m。

（3）危险化学品的管理

① 使用和储存易燃、易爆物品的实验室应根据实际情况安装通风装置，严禁吸烟和使用明火，并设立“严禁烟火”的警示牌。配置必要的消防、冲淋、洗眼、报警和逃生设施，并有明显标志；储存危险化学品的仓库必须设置明显标志，严禁吸烟和使用明火，并根据消防法的相关规定，配备专职消防人员、消防器材、设施以及通信、监控、报警等必要装置。

② 危险化学品应按有关安全规定存放在条件完备的专用仓库、专用场地或专用储存室（柜）内，并根据危险物品的种类和性质，设置相应的通风、防爆、泄压、防火、防雷、报警、灭火、防晒、调湿、消除静电、防护围堤等安全设施，并设专人管理。

③ 危险化学品仓库的管理人员需经专业培训才能上岗，要严格遵守出入库管理制度，审批手续必须完备才能予以发放。实行双人双锁管理，定期检查，严加保管。

④ 危险化学品应当分类、分项存放，通道应达到规定的安全距离，不得超量储存。对于遇火、遇潮容易燃烧、爆炸或产生有毒气体的危险化学品，不得在露天、潮湿、漏雨和低洼容易积水地点存放；对于受阳光照射容易燃烧、爆炸或产生有毒气体的危险化学品和桶装、罐装等易燃液体、气体应当在阴凉通风地点存放。

⑤ 对于化学性质或防火、灭火方法相互抵触的危险化学品，不得在同一仓库或同一储存室存放。

⑥ 化学药品存放室要安装防盗门窗，并保持通风。不同类别试剂应分类存放，尤其是氧化剂与易燃、易爆物品不得混放。实验室内不得存放大量危险化学品，走廊等不准存放危险化学品。

⑦ 实验室及走廊等不准囤积危险化学品，对于少量的实验多余试剂，需分类、分项存放，保持通风、远离热源和火源。实验大楼周围禁止存放危险化学品。

⑧ 研究方向为生物化学的实验室还应参照“生物类实验安全管理”相关要求。

1.7.3 危险性气体的管理

(1) 危险性气体（氢气、各种氧化氮类、乙炔、乙烯、各种其他烃类气体、氨气、液化石油气、氯气、硅烷、一氧化碳、二氧化硫、硫化氢等）须有固定设施以防倾倒。

(2) 易燃、易爆气体和助燃气体（氧气等）不得混放在一起，并应远离热源（明火、电炉等）和火源，保持通风。

(3) 不得使用过期、未经检验和不合格的气瓶，各种气瓶必须按期进行技术检验。

(4) 空瓶和暂时不用的危险性气体钢瓶一律存放到危险品仓库。

1.7.4 放射源的管理

使用、贮存放射源的单位，应该严格按国务院颁布的《放射性同位素与射线装置安全和防护条例》的规定执行，建立安全保卫制度，指定专人负责、专人保管。放射性同位素应当单独存放，不得与易燃、易爆、腐蚀性物品等一起存放，其贮存场所应当采取有效的防火、防盗、防射线泄漏等安全防护措施。贮存、领取、使用、归还应当进行登记、检查，做到账物相符。

1.7.4.1 放射工作人员管理

根据卫生部第55号令《放射工作人员职业健康管理办法》，放射工作人员必须持证上岗。申领放射工作人员证的人员，必须具备下列基本条件：

① 学校正式聘任职工、年满18周岁，经职业健康检查，符合放射工作人员的职业健康要求；

② 遵守放射防护法规和规章制度，接受职业健康监护和个人剂量监测管理；

③ 掌握放射防护知识和有关法规，经有资质单位举办的辐射安全培训，考核合格；

④ 放射工作人员必须持培训合格证、个人计量检测数据、健康体检结果参加上级卫生主管部门的定期审查。

对放射工作人员的管理要求：

① 新参加放射工作的人员，须填写《放射工作人员登记表》，在“学校辐射安全管理委员会”登记备案，统一安排到卫生部门指定的医疗单位体检；

② 体检合格后，参加地方环境主管部门举办的辐射安全与防护知识培训班，取得《放射工作人员证》后方能上岗工作，同时须每两年参加一次复训；

③ 放射工作人员必须佩带个人剂量计，定期接受个人剂量监测（3个月一次）；

④ 放射工作人员须到指定医疗单位进行定期检查（每两年一次）；

⑤ 放射工作人员退休或调离学校时，必须到学校辐射安全管理委员会办公室

办理手续，交回《放射工作人员证》及个人剂量监测计；

⑥ 学校不提倡学生从事此类性质实验室工作，如果确实科研需要，其导师或课题组必须按照学校规定，将其纳入统一管理。

1.7.4.2　放射工作场所管理

(1) 凡涉及新建、改建、扩建、退役辐射工作场所的项目或实验室内放射性装置退役、转让、调拨等项目的相关单位及主管部门，应及时向学校辐射安全管理委员会提交项目的辐射防护设施资料，以便对项目进行论证、审核、备案。

(2) 新建、改建、扩建放射工作场所的辐射防护设施，必须与主体工程同时设计审批、同时施工、同时验收投产；辐射防护设施设计方案及相关文件，必须报上级环境保护等主管部门同意后方可实施。在放射源和射线装置类别有提升的情况下，须经政府环保主管部门环评审批。竣工后须经环保、卫生、公安等有关部门验收同意，获得许可登记后方可启用。

(3) 放射性工作必须在辐射工作场所进行，不得以任何理由在非辐射工作场所开展放射性工作。

(4) 辐射工作场所必须安装防盗、防火、防泄漏设施，保证放射性同位素和射线装置的使用安全。同位素的包装容器、含放射性同位素的设备、射线装置、辐射工作场所的入口处必须放置辐射警示标志和工作信号，防止无关人员接近。工作人员进出辐射工作场所须登记。

(5) 对现有的放射性实验室，按工作场所级别严格控制核素使用种类和操作量，确保辐射安全。

(6) 当辐射工作场所改变工作性质不再用于放射性工作时，必须申请退役；退役辐射工作场所必须经专业检测单位进行污染检测，经上级环保主管部门批准，在学校辐射安全管理委员会备案后方可装修、拆迁或改作他用。

1.7.4.3　放射源及放射性废物管理

(1) 放射性废物处理需报学校辐射安全管理委员会，由实验室处牵头，保卫处、后勤管理处、采购中心、后勤集团技术物资服务中心配合，提出处置方案，由后勤管理处联系专业机构（单位）组织实施。

(2) 涉源单位产生放射性废源废物要及时送贮（一般要在3个月内送有资质单位收贮），送贮前要存放在本单位原贮存地或学校放射性废源（物）暂存库中，经公安、环保等有关部门同意后，采取严密措施，统一处置。同时须做好安全保卫工作。

(3) 对同位素实验等产生的放射性废物（包括同位素包装容器），不得作为普通垃圾由使用单位擅自处理。各单位应按照规范要求将放射性废物集中进行处置，或转移到学校放射废源（物）暂存库贮存，然后请专业公司进行统一处置。

(4) 含放射性同位素装置的报废，须经学校辐射安全管理委员会批准；在没有取出放射源的情况下，不得对废放射源以及含放射性同位素装置进行任何处理。

（5）各涉源单位须按照国家标准做好废物分类和记录，内容包括：放射性废物的种类、核素名称、数量、活度、购置日期、状态（气态、液态、固态）、物理和化学性质（可燃性、不可燃性）等。

（6）放射性废源、废物的处置费用，原则上应由产生单位负责，对于历史遗留等特殊情况，学校予以个案处理，对于今后新购放射性物质需要预算足够的废弃处置准备费。

1.7.5 化学废弃物管理

危险化学品使用过程中产生的废气、废液、废渣、粉尘等应尽可能回收利用。各使用单位须指定专人负责收集、处理、存放、监督、检查有毒有害废液和废固的管理工作。主要是废弃物容器、废弃物收集与处理等几个方面的管理。

1.7.5.1 化学废弃物容器的管理

（1）化学废弃物容器的壳体上应有两个标签，分别标明废弃物的“名称”和“危险性”，用户要确保两份标签不脱落遗失。

（2）废弃物日志夹必须与化学品仓库办公室提供的废弃物容器附带在一起。

1.7.5.2 化学废弃物收集的管理

化学废弃物必须用不同的容器分类收集。

（1）卤代溶剂类废弃物容器：收集含卤有机溶剂（如三氯甲烷、四氯乙烯、二氯甲烷等）和其他含卤的有机化合物。

（2）非卤代溶剂类废弃物容器：收集不含卤的有机溶剂和其他化合物，如丙酮、己烷、石油醚等。

（3）酸类废弃物容器：无机酸放入无机酸类废弃物容器，有机酸应装进有机酸废弃物容器中。

（4）碱类废弃物容器：收集氢氧化钠，氢氧化钾，氨水等。

（5）润滑剂类废弃物容器：收集泵油，润滑油，液态烷烃，矿物油等。

（6）胶片显影剂类废弃物容器：用于胶片处理过程中产生的显影剂废弃物。

（7）金属溶液类废弃物容器：收集含金属（离子或沉淀）离子的溶液，含汞、铬（Ⅵ）、硼的废料应另外单独收集。

（8）有机酸类废弃物容器：用来收集废有机酸，如有机酸的产量较低时，允许分别在“非卤溶剂或卤代溶剂”废弃物容器中处理。

（9）氢氟酸类废弃物容器：若现场没有此类容器，且此类废料量又少（小于无机酸废料总体积的30%），可在无机酸废弃物容器中处理。

（10）氰化物类废弃物容器：用来收集含氰化物的废料，此类废料务必保持强碱性，以免有氢氰酸气体逸出。

（11）含有硼和六价铬的溶液：专用于收集含有硼和六价铬的废液，实验室要为它们设计专用的排放管道。

（12）凝胶状废弃物容器：用来盛装凝胶废弃物，如聚丙烯酰胺或琼脂糖凝胶。

只有部分废弃物可以直接进入城市下水道系统，即无机酸中和至 pH＝6～10、碱中和至 pH＝6～10、无毒性的无机盐水溶液（其 pH＝6～10）。

1.7.5.3　化学废弃物处理的管理

（1）在搬运包装前务必要进行废弃物之间的兼容性测试。

（2）在通过兼容性测试后，任何一种新的化学废弃物都应该放入相应的容器中。

（3）为防止溢漏，每次装入新的废弃物前都应该检查容器内的液面高度，只能按照容器容积的 70％～80％盛装。

（4）每装入一种新的废弃物，都应该立即在“化学废弃物日志”中标明。

（5）兼容性测试步骤：兼容性测试必须由有经验的实验员在通风橱中完成。吸取 50mL 废料样品到大口的烧杯中，将一支温度计插入大口烧杯中，缓慢加入新的化学废弃物，容积比例应控制在指定的比例范围内，如在 5 分钟内有气泡产生、冒烟或是有明显的升温，应立即停止混合，这些都表明废弃物之间相互不兼容，必须将废弃物倒入不同的容器中，并且应该将其不兼容的情况记录在“化学废弃物日志”。如无异常情况发生，则可以将新产生的废弃物倒入相应的废弃物容器中。

1.7.5.4　化学废弃物制造者的职责

（1）向化学品仓库办公室索取合适的废弃物容器。

（2）将废弃物安全地盛放于废弃物容器中。

（3）及时正确地填写“化学废弃物日志”。

（4）在实验室中将废弃物分门别类，存放于不同废弃物容器中。

（5）请求化学品仓库办公室收集废弃物。

1.7.5.5　特殊废弃物处理的管理

特殊废弃物的类型：反应活性较高的化学药品、水反应性的化学药品、不能通过兼容性测试的废弃物、废弃的药品、过期的药品。

反应活性较高的化学品：反应活性较高的、易与水反应的、易爆的、浓缩的强氧化剂或还原剂，不允许和其他化学废弃物混合的化学品。

特殊废弃物的处理：尽可能将化学药品存放在原容器中，若原容器不够大，则可把其封装在塑料袋或能与之兼容的坚固容器中，封装好容器后，每个容器（内装按规定收集的废弃物）都必须附带一个“特殊废弃物复核身份证明表”，学校应拒绝接收任何没有完整填写此表的盛有废弃物的容器，填写时必须用永久性黑色墨水。

可能发生爆炸的化学品的处理：不当储存或超过储存期限时，许多普通的化学品和试剂也可能变得易爆或对冲击敏感，这时要求用特殊的搬运方法，且不与其他化学废弃物一起收集。搬运这些材料不当时，它们易变得不稳定。这类特殊废弃物主要如下。

① 有严重危害的过氧化物：包括二异丙醚、二乙烯基乙炔、金属钾、钾酰胺、氨基钾、氨基钠、二氯乙烯（1,1-二氯乙烯）等须在三个月内丢弃；高危害的过氧化物，包括异丙基苯、环已胺、环戊烷、二乙醚、二氧杂环乙烷、甘醇二甲醚、呋喃、甲基异丁酮、乙烯醚等须在六个月内丢弃。

② 苦味酸和其他多硝基化合物：不得将苦味酸贮存在带金属盖的容器中或与任何金属接触；经常检查苦味酸，以确保它保持湿润，根据需要加适量水、贮存在阴凉处，不得将苦味酸放置于干燥器中；切勿试图打开旧的或干的苦味酸的瓶子，尽可能将它们送至化学废弃物管理部门。

③ 叠氮钠：尽管不存在内在的不稳定性，但若受到污染或不正确使用，可形成极易爆炸的叠氮重金属。

1.8　实验室公共设施安全常识与管理

实验室公共设施包含实验室用电、气、水、火、通风、纯净水、加热、冷却冷冻设施等，这些设施的不当使用也会造成各种各样的损失，严重的可能发生重大的安全事故，因此必须重视实验室公共设施的维护和管理。

1.8.1　实验室安全用电的管理

在化学实验室，经常使用电学仪表、仪器，应用交流电源进行实验。应掌握必要的交流电源基本常识，以利安全用电。

1.8.1.1　保险丝

在实验室中，经常使用单相220V、50Hz的交流电，有时也用到三相电。任何导线或电器设备都有规定的额定电流值（即允许长期通过而不致过度发热的最大电流值），当负荷过大或发生短路时，通过电流超过了额定电流，则会发热过度，致使电器设备绝缘损坏和设备烧坏，甚至引起电着火。为了安全用电，从外接电路引入电源时，必须安装适当型号的保险丝。

保险丝是一种自动熔断器，串联在电路中，当通过电流过大时，则会发热过度而烧断，自动切断电路，达到保护电线、电器设备的目的。普通保险丝是指铅（75%）锡（25%）合金丝，各种直径不同的保险丝额定电流值不同。

保险丝应接在相线引入处，在接保险丝时应把电闸拉开。更换保险丝时应换上同型号的，不能用型号比其小的代替（型号小的保险丝粗，额定电流值大），更不能用铜丝代替，否则就失去了保险丝的作用，容易造成用电事故。

1.8.1.2　安全用电

人体若通过50Hz、25mA以上的交流电时会发生呼吸困难，100mA以上则会致死。因此，安全用电非常重要，在实验室用电过程中必须严格遵守以下的操作规程。

用电安全的基本要素有：电器绝缘良好、保证安全距离、线路与插座容量与设备功率相适宜、不使用三无产品。实验室内应使用空气开关并配备必要的漏电保护器；电设备应配备足够的用电功率和电线，不得超负荷用电；电器设备和大型仪器须接地良好，对电线老化等隐患要定期检查并及时排除。不使用不合格的电器设施（如开关、插座插头、接线板等）。

预防电气火灾的基本措施：电气线路改装等必须由持有电工资格证书的专业人员完成，禁止乱拉临时用电线路；做电气类实验时应该 2 人及以上在场；工作现场应清除易燃易爆材料。

实验室固定的电源插座未经允许不得拆装、改线，不得乱接、乱拉电线，不得使用闸刀开关、木质配电板和花线；为了预防电击（触电），电气设备的金属外壳须接地。

实验室用电注意事项：

① 实验前先检查用电设备，再接通电源，实验结束后，先关仪器设备，再关闭电源；

② 工作人员离开实验室或遇到突然断电的情况，应关闭电源，尤其要关闭加热电器的电源开关；

③ 不得将供电线任意放在通道上，以免因绝缘破损造成短路或发生人员触电事故；

④ 实验室同时使用多种电气设备时，其总用电量和分线用电量均应小于设计容量；

⑤ 连接在接线板上的用电总负荷不能超过接线板的最大容量；

⑥ 不使用损坏的电源插座；

⑦ 切勿带电插、拔、接电气线路；

⑧ 电气设备在未验明无电时，一律认为有电，不能盲目触及；

⑨ 在需要带电操作的低电压电路实验时，单手操作比双手操作安全。

在有电加热、电动搅拌、磁力搅拌及其他电动装置参与的化学反应及反应物后处理运行过程中，实验人员不得擅自离开。烘箱、马弗炉、搅拌器、电加热器、冷却水等原则上不准过夜。确需过夜的须经研究所安全员同意，并有专人值班。

凡涉及化学试剂的实验室，原则上不得使用明火电炉，建议使用密封电炉、电磁炉、加热套等加热设备，不使用明火电炉。如确实因科研、教学特殊需要，且无法替代而使用明火电炉的，必须采取有效的防范措施，隔离易燃易爆物品。并经过学校的相关部门，如实验室与设备管理处和保卫处等批准后，方可在规定的范围内使用。

除非工作需要并采取必要的安全保护措施，空调、电热器、计算机、饮水机等不得在无人情况下开机过夜。

实验室防止触电的注意事项：

① 不能用潮湿的手接触电器；

② 有电源的裸露部分都应有绝缘装置；

③ 已损坏的接头、插座、插头或绝缘不良的电线应及时更换；

④ 须先接好线路再插上电源，实验结束时，必须先切断电源再拆线路；

⑤ 如遇人触电，应切断电源后再行处理。

实验室防止着火的注意事项：

① 保险丝型号与实验室允许的电流量必须相配；

② 负荷大的电器应接较粗的电线；

③ 生锈的仪器或接触不良处，应及时处理，以免产生电火花；

④ 如遇电线走火，切勿用水或导电的酸碱泡沫灭火器灭火，应立即切断电源，用沙或二氧化碳灭火器灭火。

实验室要防止短路。电路中各接点要牢固，电路元件两端接头不能直接接触，以免烧坏仪器或产生触电、着火等事故。

实验开始以前，应先由仪器负责人检查线路，经同意后，方可插上电源。

仪器有漏电现象，则可将仪器外壳接上地线，仪器即可安全使用。但应注意若仪器内部和外壳形成短路而造成严重漏电的（可以用万用电表测量仪器外壳的对地电压），接上地线使用仪器，则会产生很大的电流而烧坏保险丝或出现更为严重的事故，应立即检查修理。

1.8.2 烘箱与箱式电阻炉（马弗炉）等的安全管理

实验室使用的烘箱、箱式电阻炉（马弗炉）、油浴设备等加热设备，一般使用年限为 12 年。对于超过使用年限的，每年须有相关单位检查每台加热设备的性能及安全状况确定其是否可继续使用，对于已不能继续正常工作的加热设备须作报废处理，如果使用时间尚未到期限，但是损坏严重、无法修理的也应报废。用于化学相关类实验的加热设备严禁使用开放式电炉，应选用密封电炉、加热套、水浴锅、油浴、砂浴设备等。严禁将易燃、易爆物质以及气体钢瓶和杂物等堆放在烘箱、箱式电阻炉等附近，并保持实验室通风。含有有机溶剂的物质，不得放入烘箱内干燥。

1.8.3 冰箱（冰柜）的安全管理

实验室存放化学易燃物质的冰箱（冰柜），一般使用年限为 10 年。对于超过使用年限的，每年须由相关单位检查每台设备的性能及安全状况确定其是否可继续使用，对于已不能继续正常工作的设备须作报废处理，如果使用时间尚未到期限，但是损坏严重、无法修理的也应报废。

对于现有储藏化学类易燃物质的有霜型冰箱，必须实施防爆改造。对于无法实施防暴改造的冰箱，必须在冰箱门上粘贴“严禁易燃、易爆物质入箱”的醒目标签。无霜型冰箱由于无法实施改造而必须改变其用途，只能储藏普通物质。

机械温控类有霜或无霜型冰箱不能用于储藏化学试剂等易燃易爆物质。严禁将易燃、易爆物质及气体钢瓶和杂物等堆放在冰箱（冰柜）等附近，并保持实验室通风。

1.8.4 低温安全管理

低温液体和低温设备常见于在化学与生物等相关学科的研究中，从低温设备和低温液体两个方面介绍低温实验的安全管理。

1.8.4.1 低温设备的安全管理

（1）实验室常见低温设备有液氮罐、超低温冰箱、液氮制备设备等，超低温设备应指定人员培训和管理，制定必要的操作规程和安全措施。

（2）购置、使用的低温设备，其设计、制造、安装必须符合国家有关规定，电气部分应有良好的控制装置，机件部分无松脱、松动现象，制冷部分和管道必须密封、无渗漏现象。

（3）经常进行设备运行情况检查。如出现异常情况应予停机，请专门的检修人员进行修理。进口设备应由制造商派技术人员修理，严禁擅自拆卸和维修。修理时，应先使设备处在常温条件下，并防止制冷部分和管道残余冷却剂渗漏伤人。

（4）实验人员须遵守操作规程，采取必要的防护措施，防止冻伤，一旦出现事故，须及时送医院治疗。

1.8.4.2 低温液体安全操作指南

低温液体：材料表现极端低的温度特性（－60～－270℃）。

（1）低温操作

① 工作场所必须安装通风设备。

② 在操作低温液体时需要穿戴合适的个人保护装备。包括特殊的防冷冻剂手套、护目镜、完全脸部护罩、密封的围裙或外套、长裤和高筒鞋。手套要防渗漏并且足够大，如果低温液体溅出则易脱去。不能戴手表、戒指和其他珠宝等。

③ 身体其他没有保护的部分不能接触装低温液体的容器或管道，因为极端低温材料有可能牢固结合在皮肤上，如果分离的话会撕裂皮肉。

④ 与低温液体接触的物体要用钳或合适的手套进行操作。

⑤ 需要特别小心防止液态氧与有机材料接触。

⑥ 所有设施表面要保持清洁，特别是工作中有液态或气态的氧。

⑦ 运输和灌注低温液体必须非常缓慢以减少沸腾和溅出。转运液态氧必须有很好的通风条件。

⑧ 低温液体和干冰作为制冷剂进行冷浴时必须与外界大气相通。绝对不允许在一个封闭的系统内进行。

⑨ 液态氢在运输过程中不能与大气中的空气接触。

（2）低温液体的储藏

① 低温液体应储藏在符合相应压力和温度条件的容器中。最常见的低温液体容器是双层、具口的杜瓦长颈瓶，杜瓦长颈瓶需要用带子或金属丝网进行防护。

② 存放低温液体的容器或系统应该有减轻压力的机械装置，存放场所要求通风良好。

③ 圆柱体和其他压力容器如杜瓦长颈瓶，用来存放低温液体的容器所装的液体不能超过容量的80%。如果圆柱体容器的温度有上升到高于30℃的可能性存在，那么容器所装的液体不能超过容量的60%。

④ 在杜瓦长颈瓶上贴上低温液体的全名和危害警告信息。

⑤ 使用无人操作的电梯运输低温液体时，在每个楼层上都需要有人员管理。

（3）个人防护装备

① 防护服：应为操作低温液体提供合适的防护服，特别注意手、眼睛和脸部的防护。

② 防护手套：应戴宽松而容易脱去的干石棉（替代品）或干的皮革（在操作与低温液体接触过的装备）手套。

③ 穿实验服或更全面的保护是明智的选择，可以最大限度减少皮肤的接触，同时，穿长裤可以在有溢出事件时保护脚。

（4）紧急救援

① 若发生冷冻事故，应将身体受害部位快速浸入水温不超过40℃的水中，用身体加热暖和或暴露在温暖的空气中。如果是身体大面积受害，应该立即启用紧急喷淋让身体暖和，在喷淋打开前应该先脱去衣物。保持受害人受伤害部位的体温在人体正常体温，直到医生到达。

② 让受害人保持平静，防止加重伤害。如果脚部受冻就不能用脚步行。不要摩擦和按摩身体受伤的部位。

③ 防止感染，使用温和的香皂清洗受伤部位，如果皮肤是完整无缺的就需要敷料处理。

④ 如果眼睛受伤，要立即用温水冲洗眼睛15min。

（5）培训　所有使用和操作低温液体的人员必须接受培训，包括低温设备的使用、低温液体的特性、防护装备的使用、事故应急程序的培训等。使用液氮的新手需要从有经验的成员或技术员那里接受使用指导。

1.8.5 高压气体及气体钢瓶

在实验室可以使用气体钢瓶直接获得各种气体。气体钢瓶是储存高压气体的特制的耐压钢瓶。使用时，通过减压阀（气压表）有控制地放出气体。国家安全生产监督管理总局等出台专门的《气瓶安全监察规程》，对于高压气瓶颜色标志也有专门的国家标准（GB 7144—1999）。高压气瓶的使用必须遵守上述规程和国家标准。

1.8.5.1　常用高压气体的常识和安全知识

(1) 高压气体的品种

① 压缩气体：氧、氢、氮、氩、氦、氦等；

② 溶解气体：乙炔（溶于丙酮中，加有活性炭）；

③ 液化气体：二氧化碳、一氧化氮、丙烷、石油气等；

④ 低温液化气体：液态氧、液态氮、液态氩等。

对于气瓶盛装的高压气体，通常按照气体的临界温度进行分类，通常有三类：

① 临界温度小于－10℃的为永久气体；

② 临界温度大于或等于－10℃，且小于或等于 70℃的为高压液化气体；

③ 临界温度大于 70℃的为低压液化气体。

(2) 高压气体的性质

① 乙炔：无色，无嗅（不纯净时，因混有 H_2S、PH_3 等杂质，具有大蒜臭味）。比空气轻，易燃，易爆，禁止接触火源，呼吸有麻醉作用；含有 7%～13% 乙炔的乙炔/空气混合气，或含有 30%乙炔的乙炔/氧气混合气最易发生爆炸。乙炔和氯、次氯酸盐等化合物也会发生燃烧和爆炸。

② 一氧化二氮（N_2O）：又称笑气，无色，带芳香甜味，比空气重，助燃，有麻醉性；受热时可分解成为氧和氮的混合物，如遇可燃性气体即可与此混合物中的氧反应燃烧；

③ 氧气：无色，无嗅，比空气略重，助燃，助呼吸，阀门及管道禁油；温度不变而压力增加时，可以和油类发生急剧的化学反应，并引起发热自燃，进而产生强烈爆炸。

④ 氢气：无色，无味，比空气轻，易燃，易爆，禁止接触火源。

⑤ 氨气：无色，有刺激性气味，比空气轻，易液化，极易溶于水。

⑥ 氩气：无色、无味的惰性气体，对人体无直接危害，但在高浓度时有窒息作用。

⑦ 氦气：无色、无味，不可燃气体，在空气中不会发生爆炸和燃烧，但在高浓度时有窒息作用。

⑧ 氮气：无色、无嗅，比空气稍轻，难溶于水。

1.8.5.2　高压气体钢瓶的管理

按照《气瓶安全监察规程》，高压气体钢瓶应是在正常环境温度（－40～60℃）下使用的、公称工作压力为 1.0～30MPa（表压，下同）、公称容积为 0.4～1000L、盛装永久气体或液化气体的气瓶。气瓶的钢印标记是识别气瓶的依据，钢印标记必须准确、清晰。钢印的位置和内容，应符合《气瓶安全监察规程》附录中的《气瓶的钢印标记和检验色标》的规定。气瓶外表面的颜色、字样和色环，必须符合国家标准 GB 7144《气瓶颜色标记》的规定，部分常见气体钢瓶的颜色标记可参见表 1-4。

表 1-4 常见气体钢瓶的颜色标记

序号	充装气体名称	化学式	瓶色	字样	字色	色环
1	乙炔	C_2H_2	白	乙炔不可近火	大红	
2	氢气	H_2	淡绿	氢	大红	P=20 黄色单环 P=30 黄色双环
3	氧气	O_2	淡(酞)蓝	氧	黑	P=20 色单环 P=30 色双环
4	氮气	N_2	黑	氮	淡黄	
5	空气		黑	空气	白	
6	二氧化碳	CO_2	铝白	液化二氧化碳	黑	P=20 色单环
7	氨	NH_3	淡黄	液氨	黑	
8	氯	Cl_2	深绿	液氯	白	
9	氟	F_2	白	氟	黑	
10	一氧化氮	NO	白	一氧化氮	黑	
11	二氧化氮	NO_2	白	液化二氧化氮	黑	
12	碳酰氯	$COCl_2$	白	液化光气	黑	
13	砷化氢	AsH_3	白	液化砷化氢	大红	
14	磷化氢	PH_3	白	液化磷化氢	大红	
15	乙硼烷	B_2H_6	白	液化乙硼烷	大红	
16	四氟甲烷	CF_4	铝白	氟氯烷 14	黑	
17	二氟二氯甲烷	CCl_2F_2	铝白	液化氟氯烷 12	黑	
18	二氟溴氯甲烷	$CBrClF_2$	铝白	液化氟氯烷 12B1	黑	
19	三氟氯甲烷	$CClF_3$	铝白	液化氟氯烷 13	黑	P=12.5 绿色单环
20	三氟溴甲烷	$CBrF_3$	铝白	液化氟氯烷 13B1	黑	
21	六氟乙烷	CF_3CF_3	铝白	液化氟氯烷 116	黑	

对于高压气瓶的安全管理，主要是高压气瓶的储存、检验和使用三方面。

(1) 高压气体钢瓶储存的管理

① 气瓶应置于专用仓库储存，气瓶仓库应符合《建筑设计防火规范》的有关规定。

② 仓库内不得有地沟、暗道，严禁明火和其他热源；仓库内应通风、干燥，避免阳光直射。

③ 盛装易起聚合反应或分解反应气体的气瓶，必须规定储存期限，并应避开放射性射线源。

④ 空瓶与实瓶两者应分开放置，并有明显标志，毒性气体气瓶和瓶内气体相互接触能引起燃烧、爆炸、产生毒物的气瓶，应分室存放，并在附近设置防毒用具或灭火器材。

⑤ 气瓶放置应整齐，配戴好瓶帽。立放时，要妥善固定；横放时，头部朝同

一方向，垛高不宜超过五层。

⑥ 放乙炔气瓶的地方，要求通风良好。使用时应装上回闪阻止器，还要注意防止气体回缩。如发现乙炔气瓶有发热现象，说明乙炔已发生分解，应立即关闭气阀，并用水冷却瓶体，同时最好将气瓶移至远离人员的安全处加以妥善处理。发生乙炔燃烧时，绝对禁止用四氯化碳灭火。

⑦ 氧气瓶一定要防止与油类接触，并绝对避免让其他可燃性气体混入氧气瓶；禁止用盛装其他可燃性气体的气瓶来充灌氧气。氧气瓶禁止放于阳光曝晒的地方。

（2）高压气体钢瓶检验的管理　各类气瓶的检验周期，不得超过下列规定：盛装腐蚀性气体的气瓶，每两年检验一次；盛装一般气体的气瓶，每三年检验一次；液化石油气瓶，使用未超过二十年的，每五年检验一次，超过二十年的，每两年检验一次；盛装惰性气体的气瓶，每五年检验一次。

气瓶在使用过程中，发现有严重腐蚀、损伤或对其安全可靠性有怀疑时，应提前进行检验；库存和停用时间超过一个检验周期的气瓶，启用前应进行检验。

（3）高压气体钢瓶使用的管理

① 不得擅自更改气瓶的钢印和颜色标记。

② 气瓶使用前应进行安全状况检查，对盛装气体进行确认。

③ 气瓶的放置地点，不得靠近热源，距明火 10m 以外。盛装易起聚合反应或分解反应气体的气瓶，应避开放射性射线源。

④ 气瓶立放时应采取防止倾倒措施。

⑤ 夏季应防止曝晒。

⑥ 严禁敲击、碰撞。

⑦ 严禁在气瓶上进行电焊引弧。

⑧ 严禁用温度超过 40℃ 的热源对气瓶加热。

⑨ 瓶内气体不得用尽，必须留有剩余压力，永久性气体气瓶的剩余压力，应不小于 0.05MPa；液化气体气瓶应留有不小于 0.5%～1.0% 规定充装量的剩余气体。

⑩ 液化石油气瓶用户，不得将气瓶内的液化石油气向其他气瓶倒装；不得自行处理气瓶内的残液。

⑪ 在可能造成回流的使用场合，使用设备上必须配置防止倒灌的装置，如单向阀、止回阀、缓冲罐等；气瓶投入使用后，不得对瓶体进行挖补、焊接修理。

1.8.6 大型仪器使用安全管理

（1）大型、贵重、稀缺的精密仪器应建立以技术岗位责任制为核心的管理制度，由专人负责保管、安装调试，以免影响仪器精密度或造成损坏。

（2）操作人员必须经培训上岗，并按照仪器操作规程使用大型仪器设备。学生上机实验等必须在实验室工作人员指导下进行。

（3）使用大型仪器必须按规定和格式要求填写“仪器使用登记本”，出现故障或仪器异常时应记录情况，以便检查和维修。

（4）注意仪器设备的接地、电磁辐射、网络等安全事项，避免事故发生。

1.8.7 实验室废弃物排放管理

（1）化学实验废弃物是实验室重要安全隐患之一，各实验室必须结合安全、卫生值日制度，做到及时清理实验废弃物，各相关实验室至少每星期清理废弃物两次。

（2）化学实验废弃物必须粘贴标签，标明主要成分、类别，分类存放。不得在实验室大量积聚化学废弃物，不要对自己不了解的化学废弃物进行合并（混合）操作。

（3）产生有害废气的实验室必须按规定安装通风、排风设施。对排放氯化氢、硫化氢、二氧化硫等气体的实验室，必须安装废气吸收系统进行吸收处理。

（4）要加强排污处理装置（系统）的建设和管理，对无机废水溶液，要做到达标排放。严禁将实验废弃物倒入自来水下水道或普通垃圾箱等处。

1.8.8 纳米材料的安全管理

纳米材料是国家科技发展的重点之一，2005～2010年间，中国纳米科技研究经费投入超过50亿元，比上一个5年的15亿元增长了3倍多，中国还建立了几所国家级纳米研发基地，积极推进纳米产业的发展。中国国家知识产权局的统计显示，中国纳米技术专利申请数量从2005年的约4600件增长到2009年的超过12000件，跃居世界第二。在过去的十年中，工程纳米材料的使用有了惊人的增长，制药、电子及其他工业部门都利用其改变材料的物理和化学性质。纳米技术的影响已经超过工业技术革命，2006年*Science*上有人预言，2015年纳米技术将达到1万亿美元的市场。

高校实验室和研究所进行了大量的纳米实验研究，但对于纳米材料本身的安全性认识及安全管理等相对缺乏。2003年、2005年和2006年*Science*杂志相继发表文章讨论纳米尺度物质的生物效应以及对环境和健康的影响问题，纳米技术的安全性问题才逐渐引起人们的注意。在我国也同样出现纳米材料引起的安全问题，2009年我国科学家在著名的*European Respiratory Journal*上讨论了7名女工疑似纳米材料引起的职业暴露肺损伤的病例，*Nature*杂志立即进一步报道该问题，在国际上引起很大的轰动，尽管学术界对纳米材料在该中毒事件中所起的作用还有不同的看法，但无疑给中国、乃至世界纳米材料环境与职业健康风险的管理工作敲响了警钟。

正如前述，纳米材料的安全问题已经引起人们的关注，但大部分纳米材料对动植物的影响仍未知晓，研究纳米材料环境效应的科学家本身可能也未能意识到自己正处于危险境地。致力于工作场所安全研究的美国国家职业安全与健康研究院

(Institute for Occupational Safety and Health) 尚未制定纳米材料的推荐暴露限值，美国职业健康与安全管理局 (Occupational Safety and Health Administration) 也未规定工程纳米材料的允许暴露值，但是最近的动物毒理学研究表明，纳米材料可能对健康有特别的不良影响，比如碳纳米管已被证实可导致实验动物出现炎症和氧化应激。最近在评估实验室条件下的碳纳米材料的潜在暴露程度的研究中发现，在实验室接触或者称重过程中，碳纳米材料会随空气传播，空气动力学直径小于1μm的较小颗粒比大的更易分散，更值得注意的发现结果是，在超声降解过程（常见的实验室工艺是将纳米聚合物分散为水分散体）中会持续地释放包含碳纳米颗粒的“薄雾”，这种薄雾可被吸入或者在水蒸发后留在实验室物体表面。

由于纳米材料尺寸通常在1～100nm，远小于细胞尺寸，容易透过细胞膜上的空隙进入细胞内或细胞内的各种细胞器内（包括线粒体、内质网、溶酶体、高尔基体、细胞核等），和生物大分子发生结合或催化化学反应，使生物大分子和生物膜的立体结构发生改变。

在实验室，纳米颗粒材料主要通过呼吸道和皮肤两个途径进入人体，然后透过血脑屏障或穿透或经过神经轴突进入大脑。纳米材料的尺寸效应在毒性或安全方面也有体现，即便体材料无害，但在纳米尺寸时未必就无害，纳米材料的生物安全性与其粒径有关，当粒径减小到一定程度，原本无毒或毒性较小的材料也会显出毒性或毒性较强，毒性大小还与剂量大小密切相关。至于多大的粒径是安全的，纳米颗粒进入人体后是如何代谢的，对人体会产生什么样的作用，这些都需要在深入的研究之后才能给出答案。

对纳米材料潜在的危害，在从事基础研究的单位，尤其是我国高校相关的实验室远未引起重视，常见的情形是：在电镜实验室观察颗粒样品时，大部分研究人员都是将少量纳米颗粒撒到双面胶纸上，然后再将多余的纳米颗粒用压缩空气吹掉，剩余的纳米颗粒倒在垃圾箱或者纸篓里。在纳米材料的合成实验室，追求产品、忽视安全的情形比比皆是。或许由于在研究中，涉及的纳米颗粒的量还不多，尚未引发毒性事件，对毒性的注意力还远远不够。不可忽视的是，随着毒性的积累，对人体的影响将不可忽略。

到目前为止，世界各国还没有制定出针对纳米材料特性的相关保护条例或法规，也许这样的局面将持续一段时间。但是随着高校从事纳米材料研究人员的大量增加，本科生从事纳米材料的合成实验，大多数以开放实验的形式进行，指导老师和学生本身大多数未意识到危险性，硕士生和博士生从事纳米材料相关科学研究的数量大大增加。非常有必要在没有相关法规保护的情况下，提出一些建设性的预防措施，制定纳米实验室的规定，进行安全管理。

(1) 在未能确定纳米材料毒性的情况下，一律将这些纳米材料视作有毒害的材料，纳米级颗粒材料的前处理，一律按照有毒材料的规范进行。

(2) 纳米材料需要吹去附着层的，必须在通风橱中进行。

（3）进行纳米材料前处理的人员必须戴好手套和口罩等防护用品，离开实验室时，防护用品应当留在实验室专门的区域，不能戴着手套出入实验大楼和公用电梯等。实验时最好有专门的衣服和鞋子。

（4）纳米材料样品不允许随意丢弃，需由实验室统一集中处理，或通告学校等相关部门统一处理。

（5）实验室值班人员应抽查样品前处理和废弃物处理情况。

（6）发现未能按照规定执行的，应暂停实验资格，接受教育和培训后，经实验室负责人同意后方可继续实验。

1.8.9 实验室信息安全管理

信息安全管理非常重要，作为高校至少担负两方面的责任，一方面是教育学生如何做好信息安全工作，培养学生的信息安全意识；另一方面是做好实验室和学校的信息安全工作，保证教学和科研成果的安全，保障师生、学校和国家的利益。

高校里无论是哪一方面，学生或者老师，教学、科研或是行政管理等，无一不依赖于网络，也正因为如此，高校面临的信息风险日益加剧；与此同时，广大师生，包括从事国防机密研究的科研团队，普遍存在信息安全意识淡薄的问题，致使事故频发，因此应加强实验室信息安全管理。

以下是某高校国防科技工作保密管理制度，可作为其他高校制定信息安全制度的参考。

××大学国防科技工作保密管理制度（试行）

第一章 总则

第一条 为加强我校国防科技的保密工作，维护国家安全和利益，保障国防科研、生产、试验的顺利进行，根据《中华人民共和国保守国家秘密法》及其《实施办法》、《教育部直属高等学校国防科技工作保密规定（试行）》（教育部科技司教技［2003］6号）和《教育部直属高等学校承担国防科研项目的管理办法（试行）》（教育部科技司教技［2003］8号）的规定，结合我校的实际情况，制定本规定。

第二条 本规定适用于我校所有承担国防科学技术研究和武器装备及其专用配套产品、专用原材料的研制、生产、试验任务的实验室及参与国防科研工作的所有人员。

第三条 校军工保密委员会负责指导我校国防科技保密工作；保密委员会主任总负责；校军工管理办公室负责我校的国防科技保密工作具体事务管理；校军工管理办公室设有专职保密人员。

第四条 凡是承担国防科研、生产任务的有关实验室及参与国防科研工作的所有人员，必须加强国防科技保密工作，保证保密管理措施在科研生产活动中的实施。

第二章 保密管理

第五条 本规定包括保密教育、涉密人员管理、定密和变更密级工作、国家秘密载体保密工作、保密要害部门、部位管理、涉密通信、计算机信息系统及办公自动化保密管理、重大涉密活动和涉外保密工作、对外交流和宣传等方面的审查审批、泄露国家秘密事件报告和查处、保密奖惩等方面的内容。

第六条 我校国防科技保密管理实行“归口管理、分级负责、责任到人”的岗位责任制。校军工保密委员会主任为一级责任人，校军工保密办公室负责人为二级责任人，项目负责人为三级责任人。逐级签订保密责任书。

第七条 我校国防科技秘密的范围、密级划分及调整是根据国防科研、生产任务来源部门制定的保密规定及密级划分的。

第八条 国防科技项目原定密级下达后，校军工管理办公室将根据任务分解情况适时分解定密。需要对该项目原定密级进行变更或者解密的，由校军工管理办公室向原定密级单位提出申请。

第九条 国防科技项目执行过程中所形成的文字资料、数据、图片、软件程序等秘密事项，应参照该项目的原定密级及时确定和表明密级。定密或者变更密级的一般程序是先由承担国防科研、生产任务的课题组提出定密或者变更密级的申请，校军工管理办公室征询该项目原定密级单位的意见后，报学校保密委员会审定。

第十条 确定国防科技秘密事项密级的同时，应当确定保密期限和保密要点。

第十一条 加强对涉密人员的管理，按照密级对涉密岗位人员做出界定；对承担涉密任务、进入涉密岗位的人员，必须经过校军工保密委员会严格审查，对审查情况作出文字记载；实行涉密人员保密补贴、脱密期和签订保密责任书等制度；对涉密人员定期进行保密教育和必要的保密培训，保证涉密人员知悉其必须承担的保密义务和责任，以及应当享有的权利，熟悉基本的保密法规制度，掌握与其工作相关的保密知识和技能。

第十二条 加强对参与国防科技项目人员的管理，对涉密人员应履行的保密义务和责任进行有效的监督和管理。在读本科生不得参与涉及国家秘密的国防科研、生产项目的研究工作；对参加国防科技项目研究工作的硕士生、博士生和博士后研究人员要定期进行国防保密教育，并由校军工保密委员会和涉密研究生签订保密合同，同时项目负责人应当分解任务，合理安排研究内容。

第十三条 涉及国防科技秘密内容的载体（含纸介质、磁介质、光盘、计算机及其存储设备等各类物品）的制作、收发、传递、使用、复制、保存和销毁，必须严格按照国家保密局制定的《关于国家秘密载体保密管理的规定》进行。

第十四条 涉密产品的研制、生产、试验、运输、使用、保存、维修、销毁，必须严格按照国家保密局制定的《国家秘密设备、产品的保密规定》进行。

第十五条 经常或大量涉及机密级以上国防科技秘密的部门，确定为保密要害部门。集中存放、保管机密级以上国防科技秘密载体的场所，涉及机密级以上国防科技产品的研制生产试验场所，应当确定为保密要害部位。

第十六条 保密要害部门、部位的防护措施要求：

（一）保密要害部门、部位必须要有安全保密隔离措施，并安装防盗报警装置；

（二）涉及绝密级国防科技秘密的保密要害部门、部位必须安装电子监控装置，进入该领域的门控系统采用IC卡或者生理特征进行身份鉴别；

（三）存放国防科技秘密载体，必须配备密码文件柜；存放绝密级国防科技秘密载体，必须配备密码保险柜。

第十七条 所有涉密计算机信息系统及办公自动化设备的管理应严格按照国家保密局有关规定执行。处理涉密信息的计算机不得上互联网；涉密计算机信息系统不得直接或者间接接入国家联网，必须实行物理隔离等；计算机中的涉密信息应有相应的密级标志，密级标志不能与正文分离；计算机处理多种密级信息时按最高密级进行防护；明确涉密系统及设备管理人员日常保密监督管理的职责；建立和落实对便携式计算机、传真机、复印机等设备的保密管理措施。

第十八条 严禁通过任何无保密措施的通信设备传递国防科技秘密信息。

第十九条 凡是从事国防科技研究的人员出境或者参加对外交流活动，应严格按照国家保密局、科学技术部《对外科技交流保密提醒制度》的规定执行，对外提供的文件资料和实物样品必须通过学校保密委员会保密审查。未经学校保密委员会批准，国防科研、生产、试验场所不得擅自接待参观。

第二十条 召开涉密会议必须在有安全保密保障措施的内部场所召开；严格控制与会人员的范围；会场使用的扩音设备必须符合保密技术防范要求；会场服务人员必须经过严格审查；机密级以上会议应制定专人负责保密管理工作，并采取无线电屏蔽等措施。

第二十一条 总装备部和国防科技工业委员会下达的国防科技研究项目不得对外发表与项目有关的论文；军工集团和其他渠道的国防科技研究项目一般不得对外发表论文，需要对外发表论文或者参加学术交流的，必须经过校军工管理办公室审查并上报任务下达单位，获得批准后方可发表。

第二十二条 凡承担国防科研、生产、试验的科技人员，其通过验收或鉴定的科技成果，因保密而不宜公开发表、交流、推广时，不影响其职务聘任、晋升、年度考核及先进表彰。凡是通过验收的项目视同鉴定成果；凡是验收合格的《中国国防科学技术报告》视同国内核心刊物发表论文；凡是验收合格后又进行鉴定的项目，鉴定水平为国际先进或国际领先的，视同在SCI收录杂志上发表论文。

第二十三条 参加国防科技工业委员会和总装备部项目的研究生，其毕业论文答辩需到军工管理办公室备案，若需聘请外单位专家评审涉密研究生论文或者担任毕业论文答辩委员会成员，应当经过校军工管理办公室审查同意。

第二十四条 国防科技研究项目申请成果鉴定、验收，应按照项目合同要求征得立项单位要求审查同意后，按照任务下达单位的具体要求执行。

第二十五条　国防科技成果不得参加地方、社会团体评奖；需申请专利的，向国防专利局申请。绝密级的国防科技成果，不得申请专利。

第二十六条　凡涉密的国防科技成果，不得擅自进行技术转让。确因国家经济建设或国防建设需要进行国内技术转让的，需经立项机关或单位审查同意；若成果转为民用，必须经降密或者解密处理。

第二十七条　所有涉及国防科技研究、生产等有关的文字材料（包括研究生论文）及档案应进行保密档案归档，由校保密委员会涉密档案室存放，并由档案馆符合规定的涉密人员负责。

第二十八条　报道国防科研、生产、试验的稿件，由学校军工保密委员会审批。机密级以上国防科技产品或设备，未经校军工保密委员会批准，不得公开宣传、展览或展销。

第二十九条　建立保密工作文档，记录专职保密人员的工作情况；记录保密工作的重要工作部署情况；记录涉密人员审查及管理情况；记录保密要害部门、部位分布和防护措施情况；记录保密审批事项；记录保密监督检查情况；记录泄密事件查处情况；记录保密工作机构、工作人员和经费等方面的材料。

第三十条　对于在国防科技保密工作中做出突出贡献的部门和个人，予以表彰。对于违反国家保密法规的行为，校军工管理办公室和有关部门主管应及时予以批评教育；对于情节严重，给国家安全和利益造成损害的，按照有关法律、法规给予有关责任人以行政处分，触犯刑法的，交由司法机关追究其刑事责任。

第三章　附则

第三十一条　本规定自公布之日起试行。凡与国家有关保密规定相抵触的，以国家有关保密规定为准。

第三十二条　本规定解释权属校军工保密委员会。

1.8.10　实验室装修的管理办法

随着国家的快速发展，各高校及相关实验室的实验室建设也同样面临着快速发展，实验室装修、改造是不可避免的，因此而引发的安全事故数不胜数，对于实验室装修需要有相应的管理办法，例如：

① 实验室需要装修时，装修前将实验室修缮方案通知院系安全领导与工作小组，并报学校有关职能部门审批、备案；

② 装修所请的施工队（包括招标的施工单位）必须有合格资质证；

③ 装修过程中，及时清理建筑垃圾，用袋装后整洁堆放，保持清洁；

④ 新增用电量不能超出该实验室和实验大楼配电设施的设计容量；

⑤ 不得损坏公共设施，不影响其他教师的教学、科研活动。

1.8.11　加强实验室内务管理

（1）每个实验室房间须落实安全与卫生工作责任人，并将实验室名称、责任人、联系电话等信息，统一制作标志牌置于实验室门明显位置，便于督查和联系。

（2）实验室应保持清洁整齐，仪器设备布局合理，建立清扫制度，不得在实验室堆放杂物，保持消防通道畅通。

（3）实验室必须妥善保管消防器材和防盗装置，并定期检查。消防器材不得移作他用，周围禁止堆放杂物。

（4）实验室钥匙的配发、管理由实验室主任负责，不得私自配制钥匙或给他人使用。

（5）严禁在实验室区域吸烟、烹饪、用膳，不得让与工作无关的外来人员进入实验室，不得在实验室内睡觉过夜和进行娱乐活动等。

（6）按规定配备必需的劳保、防护用品，以保证实验人员的安全和健康。

（7）实验室必须建立和健全安全、卫生值日登记制度，设立值日登记本并做好记录。当值人在全天实验结束离开实验室时，必须查看仪器设备、水、电、燃气和门窗关闭等情况，处理好实验材料、实验剩余物和废弃物，化学废弃物存放在规定位置。清除室内外的垃圾，严禁将化学废弃物丢弃在普通垃圾箱内。

（8）各实验室公用房每月进行一次大扫除，对实验室普通垃圾和化学废弃物作一次彻底清理，以杜绝安全隐患。

1.8.12 安全标志的认知

常见实验室相关的安全标志见表1-5。

表1-5 常见实验室相关的安全标志

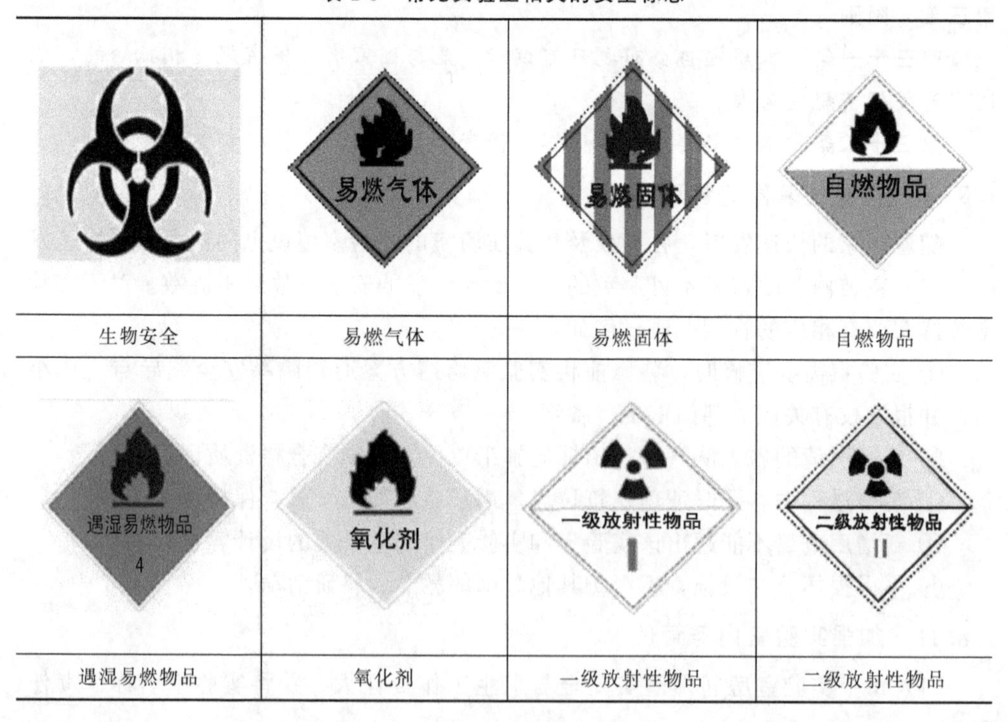

生物安全	易燃气体	易燃固体	自燃物品
遇湿易燃物品	氧化剂	一级放射性物品	二级放射性物品

续表

有毒气体	当心有毒气体	腐蚀品	剧毒品
爆炸品	不燃气体	必须加锁	必须穿防护服
必须穿防护鞋	必须戴防护手套	必须戴安全帽	必须戴防护眼镜
必须戴防尘口罩	必须戴防毒面具	必须戴防护帽	注意安全
当心烫伤	当心爆炸	当心触电	当心电缆

续表

当心电离辐射
当心腐蚀
当心吊物
当心感染
www.anquan.com.cn
当心伤手
当心火灾
当心落物
当心机械伤人
当心坠落
当心扎脚
当心中毒
化纤
禁止穿化纤服装
禁止烟火
禁止触摸
禁止穿带钉鞋
禁止放易燃物
禁止带火种
禁止戴手套
禁止堆放

续表

禁止攀登	禁止合闸	禁止跨越	禁止靠近
禁止跳下	禁止抛物	禁止启动	禁止入内
禁止乘人	禁止通行	禁止停留	禁止吸烟
禁止用水灭火	禁止饮用	禁止转动	

1.9 实验室安全检查条例

定期或不定期的实验室安全自查，或是由各级安全管理部门进行检查，可对实验室安全提供更好保障。实验室安全检查通常包括的内容，具体可参见表1-6。

表 1-6　常规实验室安全检查内容

序号	分　类	重点检查内容
1	制度建设	规章制度、操作规程等是否齐全、上墙 实验室安全责任制是否健全 是否有应急预案(化学、生物、辐射) 实验室门口是否有责任人挂牌
2	安全责任体系	是否建立了学院(系)、研究所(实验室)的两级责任体系
3	安全检查台账	实验室建立安全检查台账、记录问题及整改完成情况
4	卫生环境	实验时是否穿实验服、戴防护眼镜 是否在实验室烧煮食物、进食 是否有该废弃处理的物品没有及时清理现象 实验室内是否有停放电动车、自行车等现象 实验室内是否有堆放私人物品现象 是否有在实验室留宿、过夜现象
5	消防安全	实验室内有无禁止吸烟的警示 消防器材配置是否合理 消防通道是否通畅 是否有堵塞消防通道和在公共通道中堆放仪器、物品等现象 化学实验室是否存在未经批准使用明火电炉现象
6	电气安全	是否有电路容量不适用高功率的设备现象 是否有乱拉乱接电线、使用花线、使用木质配电板现象 是否有电线老化现象 是否有多个大功率仪器使用一个接线板的现象 是否存在仪器使用完后未及时关闭电源的现象 是否存在接线板直接放在地面的现象
7	烘箱、电阻炉	是否超期服役,故障情况 烘箱、干燥箱等附近是否有气体钢瓶、易燃易爆化学品等 是否有影响烘箱、干燥箱等散热的现象(如在其周围堆放杂物) 是否存在使用干燥箱进行烘烤时无人值守现象
8	防盗安全	门窗是否安全 是否存在门开着但无人值守的现象 剧毒品、病原微生物、放射源等存放点是否有防盗和监控设施
9	化学试剂	存放地点是否安全 酸缸与碱缸的安全(是否有标志,放置位置是否合理安全、加盖) 是否存在大桶试剂堆放 是否存在大量化学药品、有机溶剂混放 是否存在标签不明的化学试剂 是否存在试剂瓶盖打开放置的现象
10	剧毒品	是否执行“五双”管理制度(双人收发、双人使用、双人运输、双人双锁保管)
11	“三废”排放	是否配备了实验废弃物分类容器 是否存在实验废弃物和生活垃圾混放的现象 是否发现向下水道倾倒废弃化学试剂等的现象 是否存在在实验室门外堆放实验室废弃物的现象 是否存在随意排放有毒有害气体,是否有气体吸收装置

续表

序号	分 类	重点检查内容
12	冰箱安全	贮存化学试剂的机械有霜冰箱是否进行了防爆改造 机械无霜冰箱不得贮存化学试剂(必须停止使用) 是否有过期没有报废的冰箱 新购机械冰箱是否贮存化学试剂 是否存在影响冰箱散热的现象(如在冰箱周围堆放杂物现象) 是否存在在冰箱放置食品的现象
13	气体钢瓶	是否存放残余废气钢瓶 是否存在气体钢瓶未固定的现象 是否存在危险气体钢瓶混放(主要指可燃性气体与氧气等助燃气体混放)的现象 是否存在危险气体钢瓶存放点通风不够的现象 是否存在大量气体钢瓶堆放的现象 是否存在忘关安全阀现象 是否有相应的气体标志 存放在独立气体钢瓶室的钢瓶连接是否规范 是否对气体连接管路进行检漏 独立的气体钢瓶室是否有专人管理
14	生物安全	是否有相应操作规程,是否按规定实验 是否将实验废弃物进行分类处置 有害微生物实验室是否安全(包括采购、保存、实验、废弃物处置等方面) 有毒有害生物实验废弃物是否经高温高压灭菌
15	放射性安全	是否有操作规程 储存地点和内容是否安全和符合相关规定 操作人员是否有上岗证 在从事放射性实验场所是否有安全警示标志及安全警戒线 从事放射性工作的人员是否佩带个人剂量计 放射性废弃物是否有专门的存放容器和处置方案
16	水	下水道是否畅通及是否存在下水道堵塞现象 化学冷却冷凝系统的橡胶管是否老化或连接不够牢固 是否存在自来水开着却无人值守现象 是否存在水龙头、水管、皮管老化破损现象
17	机械安全	操作规程、设备是否正常 特殊设备的安全警示标志

1.10 化学事故应急处置的基本原则

许多化学品可能具有易燃、易爆、有毒、有害、有腐蚀性等特点中的一种或多种，化学事故一般包括火灾、爆炸、泄漏、中毒、窒息、外伤等类型。当管理和操作失误时易酿成事故，造成人员伤亡、环境污染、经济损失，并可能影响社会稳定等。

1.10.1 化学事故应急救援的基本原则

不论是发生什么类型的化学事故，不论是单位自救或社会救援，都要按照应急救援预案组织实施救援。应急救援的基本原则是第一控制危险源；第二指导群众防护，组织群众撤离；第三抢救受害人员；第四排除现场灾患，消除危害后果。

1.10.2 化学事故应急救援的步骤

化学事故发生后，采取正确的、有效的防火防爆措施，迅速控制泄漏源，抢救受害人员，指导群众防护和组织撤离，清除危害后果，对于遏制事故发展、减少事故损失、防止次生事故发生具有十分重要的作用。

1.10.2.1 自救及报警

当发生突发性化学事故时，现场人员必须根据实验室制定的事故预案采取积极而有效的抑制措施，尽量减少事故的蔓延。而你或你的同事没能力应付时，应该迅速离开事故现场，并在到达安全区域后立即打电话119报警。报警时应讲清发生事故的单位、地址、事故引发物质、事故简要情况、人员伤亡情况等，事故报警的及时与准确是能否及时控制事故的关键环节。

1.10.2.2 紧急疏散及现场控制

事故发生后，应根据化学品泄漏的扩散情况或火焰辐射热所涉及的范围建立警戒区域，迅速将警戒区及污染区内与事故应急处理无关的人员撤离，并将相邻的危险化学品疏散到安全地点，以减少不必要的人员伤亡和财产损失。在通往事故现场的主要干道上实行交通管制。

(1) 疏散　包括撤离和就地保护两种。撤离是指把所有可能受到威胁的人员从危险区域转移到安全区域。一般是从侧上风向撤离，撤离工作必须有组织、有秩序地进行。就地保护是指人进入建筑物或其他设施内，直至危险过去。当撤离比就地保护更危险或撤离无法进行时，可采取就地保护。指挥建筑物内的人，关闭所有门窗，并关闭所有通风、加热、冷却系统。

(2) 现场控制　针对不同事故，开展现场控制工作。应急人员应根据事故特点和事故引发物质的不同，采取不同的防护措施。事故发生后，有关人员要立即准备相关技术资料，咨询有关专家或向化学事故应急咨询机构咨询（如国家化学事故应急咨询专线0532-83889090），了解事故引发物质的危险特性和正确的应急处置措施，为现场决策提供依据。

1.10.2.3 现场急救及就医

为避免救治工作紊乱，可按以下规范程序进行急救：

移离现场→保持呼吸道通畅→清除污染衣服→冲洗→共性处理→个性处理。

选择有利地形设置急救点（一般应设在事故地点的上风向开阔处）；急救时作好自身及伤病员的个体防护，防止发生继发性损害；应至少2～3人为一组集体行动，以便相互照应；所用的救援器材需具备防爆功能。

1.10.2.4　泄漏控制及处理

泄漏控制包括泄漏源控制和泄漏物控制。进入事故现场实施泄漏物控制的应急人员必须穿戴适当的个体防护用品，配备通信设备，不能单兵作战，以防事故发生。

（1）泄漏源控制　泄漏源控制是应急处理的关键。关闭阀门、停止作业或改变工艺流程、物料走副线、局部停车、打循环、减负荷运行、采用合适的材料和技术手段堵住泄漏处等措施控制泄漏源。

（2）泄漏物处理　可采用围堤堵截、稀释与覆盖、收容（集）、废弃等手段。

对于气体泄漏物，可以采取喷雾状水、释放惰性气体等措施，降低泄漏物的浓度或燃爆危害，喷雾状水的同时，筑堤收容产生的大量废水，防止污染水体。对于液体泄漏物，可以采取适当的收容措施如筑堤、挖坑等阻止其流动，若液体易挥发，可以使用适当的泡沫覆盖，减少泄漏物的挥发，若泄漏物可燃，还可以消除其燃烧、爆炸隐患。最后需将限制住的液体清除，彻底消除污染。对固体泄漏物的控制，只要根据物质的特性采取适当方法收集起来即可。

（3）危害监测　对事故危害状况，要不断检测，直至符合国家环保标准。

1.10.2.5　化学事故应急救援单位联系方式

（1）各地火警电话：119

（2）各地报警电话：110

（3）各地医疗急救电话：120

（4）国家安全生产监督管理总局化学品登记中心

（5）国家化学事故应急咨询电话：0532-83889090（24 小时）

（6）国家中毒控制中心 24 小时热线电话：010-83132345，010-63131122

（7）国家中毒控制中心河南分中心（河南省职业病防治研究所）：0371-66959721，0371-66967348

（8）国家中毒控制中心广东分中心（广东省职业病防治院）：020-84198181

（9）国家中毒控制中心沈阳网络医院（沈阳市第九人民医院）：024-25718880，024-25718881

（10）国家中毒控制中心徐州网络医院（徐州第三人民医院）：0516-83575037（白天）0516-83770936（24 小时）

（11）上海市中毒控制中心咨询电话：021-62951860，021-62758710-37

第2章 实验室危险物质与设备的安全使用

化学实验中，危险性物质与设备主要有：易燃物质、易爆物质、有毒物质、环境污染物质、高压设备、高温和低温设备、高能设备、放射性物质及设备、微生物等。

本章将介绍化学实验中通常会接触到的危险性物质与设备的安全使用方法，同时介绍几类典型反应过程的主要危险性及其控制方法。

2.1 易燃物质

2.1.1 易燃物质的定义

易燃物质通常是指燃点或着火温度不是很高的，容易燃烧的物质。

2.1.1.1 燃烧的定义

燃烧是可燃物体与氧气或氧化剂发生快速氧化反应，产生光和热的过程。

2.1.1.2 燃烧的条件

燃烧必须同时具备三个条件。

(1) 可燃物 能与空气中的氧或其他氧化剂起化学反应的物质，如煤炭、天然气、油料、木头、纸张、衣物、某些化学试剂等。按其物理状态可分为气体可燃物（如氢气、一氧化碳等)、液体可燃物（如汽油、酒精等）和固体可燃物（如木材、布匹、塑料等）三类。

(2) 助燃物 具有强氧化性，能与可燃物发生氧化反应，帮助和支持可燃物燃烧的物质，如空气、氧气、氯气、高锰酸钾、氯酸钾等氧化物和过氧化物。能够使可燃物维持燃烧不致熄灭的最低氧含量称为氧指数。一般氧指数越高，燃烧会越猛烈。

(3) 着火源 能使可燃物温度达到燃点及以上的热能源，如明火、电火花、高温热体、化学热能、电热能、机械热能、生物能、光能和核能等。不同的可燃物质燃烧所需的着火能量是不同的，相同的可燃物质在不同的状态下着火能量也是不同的。通常可燃气体比可燃固体和可燃液体所需的着火能量低。着火源的温度越高，越容易引起可燃物燃烧。

2.1.1.3 物质的燃点、着火点和闪点

物质的燃点（ignition point）是将可燃物质在空气中加热，开始并可继续燃烧的最低温度。固体可燃物质的燃点高低跟表面积的大小、组织的粗细、热导率的大

小等都有关系。颗粒越细，表面积越大，燃点越低；热导率越小，燃点越低。液体可燃物质的燃点通常是指在液面上，液体的蒸气与空气混合，能着火并持续燃烧的最低温度。它是可燃性液体物质性质的重要指标之一。液体或气体可燃物质，火焰接触它们的情况和外界压强的大小也都有关系。

着火点（ignition point）又称着火温度，是指可燃物质在空气或氧气中燃烧，必须要达到的最低温度。

可燃物质的燃点与着火点，相同的测定条件下，数据很接近，但随试样的形状、测定方法不同而有一定差异。它们均为物质的重要物理性质。

闪点（flash point）是指在规定的条件下加热可燃性液体，达到某温度时，它的蒸气和周围空气的混合气，一旦与火焰接触，即发生闪蓝色火光时的最低温度。通常比燃点低很多。它是可燃性液体贮存、运输和使用的一个安全指标，同时也是可燃性液体的挥发性指标。闪点低的可燃性液体，挥发性高，容易着火，安全性较差。

实验时一般要求可燃性液体的使用温度比闪点低 20～30℃，以保证使用安全和减少挥发损失。

2.1.2 易燃物质的分类

根据燃点的高低，可将易燃物质分为以下几类：特别易燃物质、高度易燃物质、中等易燃物质、低易燃物质。

2.1.2.1 特别易燃物质

特别易燃物质是指在 20℃时为液态，或 20～40℃时成为液态的物质，且着火温度在 100℃以下，或闪点在－20℃以下和沸点在 40℃以下的物质。

它们由于着火温度或燃点极低而很容易着火，所以使用时，必须熄灭附近的火源。又因为沸点很低，爆炸浓度范围较宽，因此，要保持室内通风良好，以免其蒸气滞留在使用场所。

此类物质一旦着火，由于爆炸范围很宽，引起的火灾很难扑灭。若容器中贮存的该类易燃物减少时，往往容易引起着火爆炸，需要加以特别注意。

常见的此类物质有：乙醚、二硫化碳、乙醛、戊烷、异戊烷、氧化丙烯、二乙烯醚、羰基镍、烷基铝等。常见特别易燃物质的部分物性常数见表 2-1。

2.1.2.2 高度易燃物质

高度易燃物质是指闪点在 20℃以下的易燃物质。

此类物质在室温下有较高的易燃性。它们虽不像特别易燃物质那样易燃，但它们的易燃性仍很高。由电开关及静电产生的火花、赤热物体及烟头残火等，都可能引起着火燃烧。因而，需要注意不要让它们靠近火源，或用明火直接加热。

常见的此类物质为：

表 2-1 常见特别易燃物质的部分物性常数 单位:℃

序号	物质名称	沸点	着火点	自燃点	闪点
1	乙醚	34.6	160		−45
2	二硫化碳	46.5	90	100	−30
3	乙醛	20.8	140		−39
4	戊烷	36.1	260		−40
5	异戊烷	27.8	420		−56
6	氧化丙烯	33.9	420		−37
7	二乙烯醚	29			−30
8	羰基镍	43			<4
9	三乙基铝	194			

第一类石油产品，石油醚、汽油、轻质汽油（含5～10个碳，是煤焦油和煤直接液化产物中沸点低于210℃的馏分）、挥发油、己烷、庚烷、辛烷、戊烯、邻二甲苯、醇类（甲基～戊基的醇）、二甲醚、二氧杂环己烷、乙缩醛、丙酮、甲乙酮、三聚乙醛等；甲酸酯类（甲基～戊基的酯）、乙酸酯类（甲基～戊基的酯）、乙腈(CH_3CN)、吡啶、氯苯等。

2.1.2.3 中等易燃物质

闪点大约在20～70℃的易燃物质可称为中等易燃物质。

此类物质在加热时有较高的易燃性，容易着火。用敞口容器将其加热时，必须注意防止其蒸气滞留不散。

常见的此类物质为：

第二类石油产品，煤油、轻油、松节油、樟脑油、二甲苯、苯乙烯、烯丙醇、环己醇、2-乙氧基乙醇、苯甲醛、甲酸、乙酸等；

第三类石油产品，重油、杂酚油、锭子油、透平油、变压器油、1,2,3,4-四氢化萘、乙二醇、二甘醇、乙酰乙酸乙酯、乙醇胺、硝基苯、苯胺、邻甲苯胺等。

2.1.2.4 低易燃物质

闪点在70℃以上的易燃物质可称为低易燃物质。

此类物质加热到高温时会由于分解出气体而着火，也具有危险性。如果混入水之类的杂物，会产生爆沸，致使引起热溶液飞溅而着火。通常物质的蒸气密度大的，则其蒸气容易滞留。必须保持使用地点通风良好。燃点高的物质，一旦着火，因其溶液温度很高，一般难于扑灭。

常见的此类物质为：

第四类石油产品，齿轮油、马达油之类重质润滑油，及邻苯二甲酸二丁酯、邻苯二甲酸二辛酯之类增塑剂；

动植物油类产品，亚麻仁油、豆油、椰子油、沙丁鱼油、鲸鱼油、蚕蛹油等。

2.1.3 易燃物质的危险性

易燃物质的危险性，大致可根据其燃点的高低加以判断。燃点越低，危险性就越大。但是，即使燃点较高的物质，当加热到其燃点以上的温度时，也是危险的。使用时必须加以注意，切忌麻痹大意而引发事故。

易燃物质引发的事故，主要是火灾、烧伤或烫伤。

2.1.3.1　火灾的定义

火灾是指在时间和空间上失去控制的燃烧所造成的灾害。

在各种灾害中，火灾是最经常、最普遍地威胁公众安全和社会发展的主要灾害之一。

在进行各种化学实验时，经常会使用各种各样易燃的化学试剂，若使用不当，或麻痹大意都极易引发火灾事故。

2.1.3.2　火灾的分类

根据 2008 年 11 月 4 日发布并于 2009 年 5 月 1 日实施的 GB/T 4968—2008 标准，依据可燃物质的类型和燃烧特性，火灾分为 A、B、C、D、E、F 六类。

A 类火灾：指固体物质火灾。如木材、煤、棉、毛、麻、纸张等发生的火灾。这类物质通常具有有机物质性质，在燃烧时一般能产生灼热的余烬。

B 类火灾：指液体或可熔化的固体物质火灾。如煤油、柴油、石蜡、原油、沥青、甲醇、乙醇等发生的火灾。

C 类火灾：指气体火灾。如煤气、天然气、甲烷、乙烷、丙烷、氢气等发生的火灾。

D 类火灾：指金属火灾。如钾、钠、镁、铝镁合金等发生的火灾。

E 类火灾：带电火灾。物体带电燃烧的火灾。它包括家用电器、电子元件、电气设备（计算机、复印机、打印机、传真机、发电机、电动机、变压器等）以及电线电缆等燃烧时仍带电的火灾。

F 类火灾：烹饪器具内的烹饪物火灾。如动、植物油脂的火灾。

2.1.3.3　火灾的等级

根据 2007 年 6 月 26 日，公安部下发的《关于调整火灾等级标准的通知》。新的火灾等级标准由原来的特大火灾、重大火灾、一般火灾三个等级调整为特别重大火灾、重大火灾、较大火灾和一般火灾四个等级。火灾等级常以造成的死亡人数来划分，在统计时一般是“以上”包括本数，“以下”不包括本数。

（1）特别重大火灾　指造成 30 人以上死亡，或者 100 人以上重伤，或者 1 亿元以上直接财产损失的火灾。

（2）重大火灾　指造成 10 人以上 30 人以下死亡，或者 50 人以上 100 人以下重伤，或者 5000 万元以上 1 亿元以下直接财产损失的火灾。

（3）较大火灾　指造成 3 人以上 10 人以下死亡，或者 10 人以上 50 人以下重伤，或者 1000 万元以上 5000 万元以下直接财产损失的火灾。

（4）一般火灾　指造成 3 人以下死亡，或者 10 人以下重伤，或者 1000 万元以下直接财产损失的火灾。

2.1.3.4 火灾的扑救

火灾的扑救，应根据火灾发生的情况区别对待，对于初起的小火可用潮湿的抹布或其他相应的简单方法灭火；而对于各类火灾应根据具体情况选用不同的灭火方法进行扑救。一般可选择各种类型的灭火器来扑救。

(1) 扑救A类火灾　可选择水型灭火器、泡沫灭火器、磷酸铵盐干粉灭火器、卤代烷灭火器等。

(2) 扑救B类火灾　可选择泡沫灭火器（化学泡沫灭火器只限于扑灭非极性溶剂)、干粉灭火器、卤代烷烃灭火器、二氧化碳灭火器等。

(3) 扑救C类火灾　可选择干粉灭火器、卤代烷烃灭火器、二氧化碳灭火器等。

(4) 扑救D类火灾　可选择粉状石墨灭火器、专用干粉灭火器，也可用干砂或铸铁屑末代替。

(5) 扑救E类火灾　可选择干粉灭火器、卤代烷灭火器、二氧化碳灭火器等。

(6) 扑救F类火灾　可选择各类灭火器。

2.1.3.5 实验室常见灭火器材

实验室常见的灭火器材有：各类灭火器、沙箱、灭火毯、湿抹布等。

灭火器的种类很多。按其移动方式可分为：手提式和推车式。按驱动灭火剂的动力来源可分为：储气瓶式、储压式、化学反应式。按所充装的灭火剂可分为：干粉、泡沫、卤代烷、二氧化碳、酸碱、清水等。

图 2-1　干粉灭火器

各类灭火器中，以干粉灭火器（图 2-1）最为常见，大多数化学实验室都配备这类灭火器。

常见灭火器的性能及使用方法如下。

(1) 干粉灭火器　它内装的药剂是粉状磷酸铵盐或碳酸盐。适用于扑救各种易燃、可燃液体和易燃、可燃气体火灾，以及电器设备火灾。

干粉灭火器的使用方法是将灭火器提到起火地点附近，站在火场的上风头，然后拔下保险销；一只手握紧喷管，另一只手捏紧压把；喷嘴对准火焰根部扫射。

具体操作可参见图 2-2。

(2) 泡沫灭火器　它内有两个容器，在内筒和外筒中分别盛放硫酸铝和碳酸氢钠溶液两种液体，内筒内为 $Al_2(SO_4)_3$，外筒内为 $NaHCO_3$，两种溶液互不接触。平时千万不能碰倒泡沫灭火器。

当需要使用泡沫灭火器时，把灭火器倒立，两种溶液便混合在一起，产生大量的二氧化碳气体：

$$Al_2(SO_4)_3 + 6NaHCO_3 = 3Na_2SO_4 + 2Al(OH)_3\downarrow + 6CO_2\uparrow$$

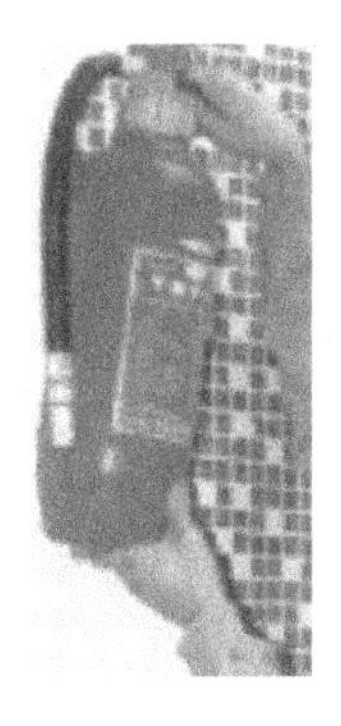

①右手握住压把，左手托着灭火器底部，取下灭火器

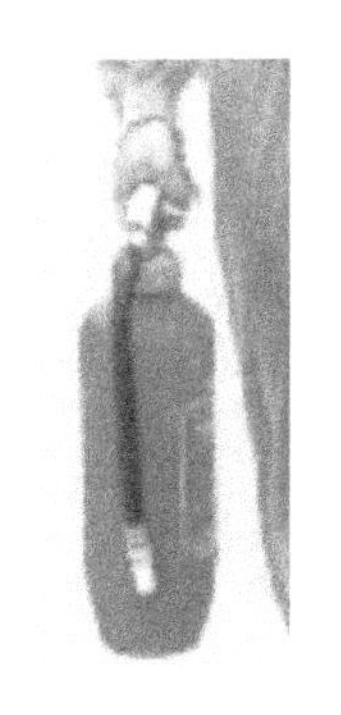

②右手提着灭火器到现场

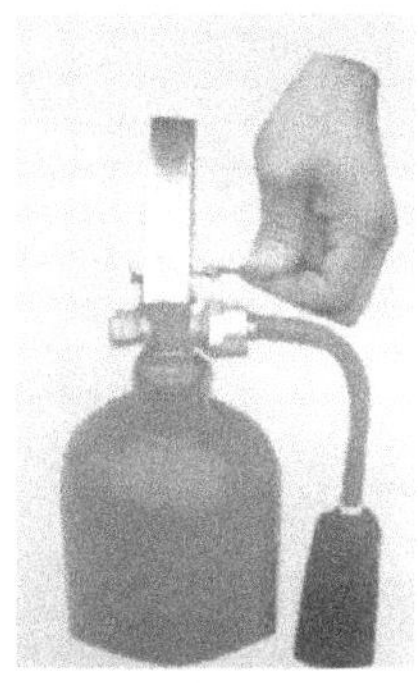

③除掉铅封

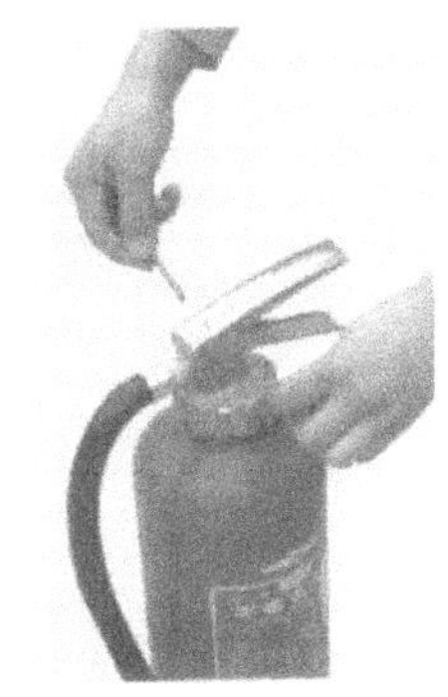

④拔掉插销

⑤左手握着喷管，右手提着压把

⑥在距火焰 2m 的地方，右手用力压下压把，左手拿着喷管左右摆动，喷射干粉覆盖整个燃烧区域

图 2-2　干粉灭火器的操作

通常除了两种反应物外，灭火器中还加入一些发泡剂。发泡剂能使泡沫灭火器在打开开关时，喷射出大量二氧化碳以及泡沫，使其黏附在燃烧物品上，使燃烧着的物质与空气隔离，并降低温度，达到灭火的目的。

由于泡沫灭火器喷出的泡沫中含有大量水分，它不如二氧化碳液体灭火器，后者灭火后不污染物质，不留痕迹。主要适用于扑救各种油类火灾、木材、纤维、橡胶等固体可燃物火灾。

使用泡沫灭火器时，相对应的操作是：

取下灭火器；手提灭火器尽快到起火现场；一只手握提环，另一只手抓住底部；把灭火器颠倒过来，轻轻抖动几下；对准燃烧物喷出泡沫进行灭火。

具体操作可参见图 2-3。

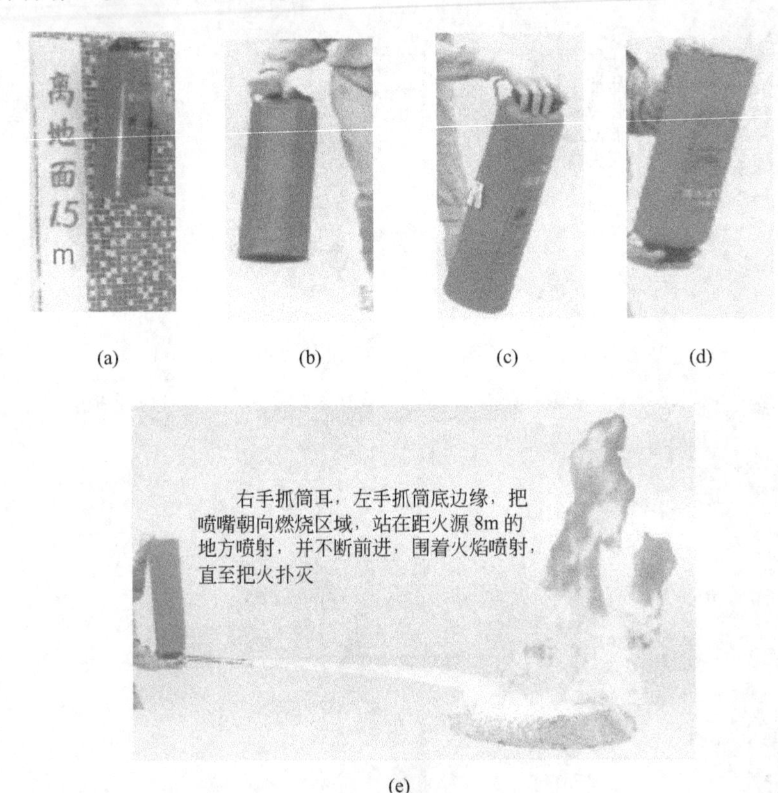

(a) (b) (c) (d)

(e)

图 2-3 泡沫灭火器的操作

(3) 卤代烷灭火器　这类灭火器内充装卤代烷灭火剂。常见的是 1211 灭火器。

1211 灭火器的性能良好、应用范围广泛。它的灭火效率高，灭火速度快，以前是非常常用的灭火器之一。由于氟氯代烷可与臭氧发生作用，使臭氧层受到破坏，产生“臭氧空洞”，所以此类灭火器的使用受到了限制。

1211 灭火器的灭火主要不是依靠冷却、稀释氧或隔绝空气等物理作用来实现的，而是通过其抑制燃烧的化学反应过程，中断燃烧的链反应而迅速灭火的，属于化学灭火。

卤代烷的蒸气有一定的毒性，使用时应避免吸入蒸气和与皮肤接触，使用后应通风换气 10min 以上，方可再进入使用区域。

(4) 二氧化碳灭火器　二氧化碳灭火器是加压将液态二氧化碳压缩在小钢瓶中，灭火时将其喷出，它的气体便可以排除空气而包围在燃烧物体的表面或分布于较密闭的空间中，降低可燃物周围或防护空间内的氧气浓度，产生窒息作用而灭火。同时从容器中急速喷出时，会由液体迅速汽化成气体，而从周围吸收部分热量，起到冷却的作用。有隔绝空气和降温的作用。

二氧化碳灭火器具有流动性好、喷射率高、不腐蚀容器和不易变质等优良性能。适宜用来扑灭图书、档案、贵重设备、精密仪器、600V 以下电气设备及油类的初起火灾；还适用于扑救一般 B 类火灾，如油制品、油脂等火灾；也可适用于 A 类火灾。但不能用来扑救 B 类火灾中的水溶性可燃、易燃液体的火灾，如醇、酯、醚、酮等物质火灾；也不能扑救 C 类和 D 类火灾。

各种二氧化碳灭火器如图 2-4 所示。

在使用时，应首先将灭火器提到起火地点，放下灭火器，拔出保险销，一只手握住喇叭筒根部的手柄，另一只手紧握启闭阀的压把，对准火源根部喷射。

对没有喷射软管的二氧化碳灭火器，应把喇叭筒往上扳 70°～90°，再对准火源根部喷射。使用时，不能直接用手抓住喇叭筒外壁或金属连接管，防止手被冻伤。

在室外使用二氧化碳灭火器时，应选择上风方向喷射；在室内窄小空间使用的，灭火后操作者应迅速离开，以防窒息。

图 2-4 二氧化碳灭火器

(5) 沙箱、灭火毯、湿抹布等 沙箱灭火主要是沙子将火源与空气隔离而窒息灭火。适宜于油类火灾，特别是地淌油类火灾。

灭火毯和湿抹布也是利用将火源与空气隔离来窒息灭火。适宜于实验室的初期小火。

2.1.4 易燃性物质的安全使用

使用易燃性物质时，必须考虑周全，确保安全。注意不要把它靠近火源，不要用明火直接加热；要保持实验室内通风良好，以免其蒸气滞留；应在相应的位置，放置合适数量和种类的灭火器材。

易燃性物质的存储、运输过程中，也应有相应的保障措施及应急预案。

2.2 易爆物质

2.2.1 易爆物质的定义

易爆物质是指在生产、储存、运输和使用过程中容易发生爆炸的物质。

爆炸通常是指在极短时间内，释放出大量的能量，产生高温，并放出大量气体，在周围介质中造成高压的化学反应或状态变化。

2.2.2 爆炸极限或爆炸浓度极限（LEL/UEL）的定义

爆炸极限或爆炸浓度极限（LEL/UEL）是指可燃物质（可燃气体、蒸气和粉尘）与空气（或氧气）必须在一定的浓度范围内均匀混合，形成预混气，遇上火源才会发生爆炸的浓度范围。可燃物质与空气混合气体的爆炸极限，有时也称为可燃物质空气中的燃烧界限。气体或蒸气的爆炸极限是以在混合物中所占体积的百分比（%）来表示；可燃粉尘的爆炸极限是以混合物中所占体积的质量比（g/m^3）来表示的，如铝粉的爆炸极限为 $40g/m^3$。

可燃性混合物能够发生爆炸的最低浓度和最高浓度，可分别称为爆炸下限和爆炸上限，这两者有时亦称为着火下限和着火上限。

2.2.3 易爆物质的爆炸方式

爆炸通常有三种方式。

（1）可燃性气体与空气混合爆炸　达到其爆炸极限浓度范围时着火而发生燃烧爆炸。如氢气、乙炔、甲烷、丙烷等物质。

（2）易于分解的物质爆炸　易于分解的物质，由于加热或撞击而快速剧烈分解，瞬间产生大量气体的分解爆炸。如过氧化物、氯酸钾、硝酸铵、TNT 炸药等物质。

（3）反应性爆炸物质爆炸　反应性爆炸物质某些可发生快速反应，产生易燃易爆物质，并伴随着显著放热的物质。如金属钠、钾等物质遇到水。

2.2.4 易爆物质的分类

根据易爆物质的爆炸方式不同，可将易爆物质分为易爆可燃性气体、分解爆炸性物质及爆炸品、反应性爆炸物质。

2.2.4.1 常见的易爆可燃性气体

（1）由 C、H 元素组成的可燃性气体　由 C、H 元素组成的可燃性气体：氢气、甲烷、乙烷、丙烷、丁烷、乙烯、丙烯、丁烯、乙炔、环丙烷、丁二烯等。

常见的此类易爆可燃性气体空气中的燃烧界限数据见表 2-2。

表 2-2　常见易爆可燃性气体（C、H 元素组成）空气中的燃烧界限数据

序号	名称	空气中的燃烧界限(体积分数)/%
1	氢气	5.0～75
2	甲烷	5.3～15
3	乙烷	3.0～15.5
4	丙烷	2.1～9.5
5	丁烷	1.5～8.5
6	乙烯	2.7～36
7	丙烯	2.0～11.7
8	丁烯	1.8～9.6
9	乙炔	2.3～72.3
10	环丙烷	2.4～10.4
11	丁二烯	1.4～16.3

(2) 由C、H、O元素组成的可燃性气体 由C、H、O元素组成的可燃性气体：一氧化碳、甲醚、环氧乙烷、氧化丙烯、乙醛等。

常见的此类易爆可燃性气体空气中的燃烧界限数据见表2-3。

表2-3 常见易爆可燃性气体（C、H、O元素组成）**空气中的燃烧界限数据**

序号	名称	空气中的燃烧界限(体积分数)/%
1	一氧化碳	12.5～74.2
2	甲醚	3～17
3	环氧乙烷	3.0～80
4	氧化丙烯	2.8～37
5	乙醛	4.0～57

(3) 由C、H、N元素组成的可燃性气体 由C、H、N元素组成的可燃性气体：氨、甲胺、二甲胺、三甲胺、乙胺、氰化氢、丙烯腈等。

常见的此类易爆可燃性气体空气中的燃烧界限数据见表2-4。

表2-4 常见易爆可燃性气体（C、H、N元素组成）**空气中的燃烧界限数据**

序号	名称	空气中的燃烧界限(体积分数)/%
1	氨	16.1～25
2	甲胺	4.9～20.8
3	二甲胺	2.8～14.4
4	乙胺	3.5～14
5	氰化氢	5.6～40
6	丙烯腈	2.8～28

(4) 由C、H、X（卤素）元素组成的可燃性气体 由C、H、X（卤素）元素组成的可燃性气体：氯甲烷、氯乙烷、氯乙烯、溴甲烷等。

常见的此类易爆可燃性气体空气中的燃烧界限数据见表2-5。

表2-5 常见易爆可燃性气体（C、H、X元素组成）**空气中的燃烧界限数据**

序号	名称	空气中的燃烧界限(体积分数)/%
1	氯甲烷	7.0～19.0
2	氯乙烷	3.6～14.8
3	氯乙烯	3.6～21.7
4	溴甲烷	13.5～14.5

(5) 由C、H、S元素组成的可燃性气体 由C、H、S元素组成的可燃性气体：硫化氢、二硫化碳。

常见的此类易爆可燃性气体空气中的燃烧界限数据见表2-6。

表2-6 常见易爆可燃性气体（C、H、S元素组成）**空气中的燃烧界限数据**

序号	名称	空气中的燃烧界限(体积分数)/%
1	硫化氢	4.3～45.5
2	二硫化碳	1.0～60

使用可燃性气体时，要打开窗户，保持使用地点通风良好。以防漏出可燃性气体滞留不散，从而达到一定浓度着火爆炸。

填充有此类气体的高压筒形钢瓶，要放在室外通风良好的地方。保存时，要避免阳光直接照射。并且在保存和使用时，必须做好钢瓶的固定，以防钢瓶倾倒而发生危险。

乙炔和环氧乙烷，由于会发生分解爆炸，因此不可将其加热或对其进行撞击。

2.2.4.2 分解爆炸性物质

由于加热或撞击而引起着火、爆炸的可燃性物质称为分解爆炸性物质。

分解爆炸性物质的危险程度，可分别用下列符号表示。

A：灵敏度大、威力大；

B：灵敏度大、威力中等；

C：灵敏度大、威力小；

A′：灵敏度中等、威力大；

B′：灵敏度中等、威力中等；

C′：灵敏度中等、威力小。

危险程度属于A类的分解爆炸性物质有：硝酸酯类化合物，如硝酸甘油、太安（季戊四醇四硝酸酯）等。

危险程度属于A′类的分解爆炸性物质有：硝基和硝胺类化合物。

危险程度属于B类的分解爆炸性物质有：雷酸盐（M—ONC）、叠氮酸（HN_3）、金属叠氮化合物、卤素叠氮化合物、有机叠氮化合物、烷基氢过氧化物、臭氧化物、高氯酸铵盐、高氯酸酯化合物、烷基氯酸化合物。

危险程度属于B′类的分解爆炸性物质有：氯酸铵盐、亚氯酸酯化合物。

危险程度属于C类的分解爆炸性物质有：重氮盐、重氮含氧化合物、重氮酸酐化合物、重氮氰化物、重氮硫化物、重氮硫醚化合物、卤化氮、硫化氮、金属氮化物、金属亚胺化合物、金属氨基化合物、二烷基过氧化物、有机过氧酸、酯的过氧化物、二酰基过氧化物、卤素氧化物。

危险程度属于C′类的分解爆炸性物质有：亚硝基化合物、重氮亚胺化合物、有机酸叠氮化合物、亚氯酸盐。

此类物质常因烟火、撞击或摩擦等作用而引起爆炸。因此，必须充分了解其危险程度。

由于这些物质能作为各类反应的副产物生成，所以实验时，往往会发生意外的爆炸事故。

因为此类物质一接触酸、碱、金属及还原性物质等，往往会发生爆炸。因此，不可随便将其混合。

对使用此类物质或潜在此类物质时，必须要有充分的思想和技术准备，并采取相应的措施来确保安全。如：准备使用乙醚作溶剂加热溶解某物质时，就必须先检验乙醚中是否含有过氧化物，应消除或确认无过氧化物后，再使用。

2.2.4.3　爆炸品

爆炸品是以其产生爆炸作用为目的的物质。

爆炸品包括以下各类。

(1) 火药　黑色火药、无烟火药、推进火药（以高氯酸盐及氧化铅等为主要药剂）。

(2) 炸药　雷汞、叠氮化铅、硝铵炸药、氯酸钾炸药、高氯酸铵炸药、硝酸甘油、乙二醇二硝酸酯、黄色炸药、液态氧炸药、芳香族硝基化合物类炸药。

(3) 起爆器材　雷管、实弹、空弹、信管、引爆线、导火线、信号管、焰火。

爆炸品是将分解爆炸性物质，经适当调配而制成的成品。

这类物质在实验室中较少使用。

关于这类物质的生产、储存、运输和使用，必须遵守政府有关法令的规定，并按照导师的嘱咐进行处理。

2.2.4.4　反应性爆炸物质

反应性爆炸物质是指某些可发生快速反应，产生大量易燃易爆物质，并伴随着显著放热的物质。

如金属钠、钾等物质遇到水，可发生剧烈反应，产生氢气，并放出大量的热量，足以引起氢气的燃烧和爆炸。

使用金属钠、钾等物质时，必须注意与水的接触，特别是反应的残液中若含有未反应完的金属钠、钾等物质时，切不可将残液直接倒入含水的废液桶中，以免发生燃烧或爆炸事故。

2.2.5　易爆物质的危险性

2.2.5.1　易爆物质的危险性

可燃物在空气中浓度低于爆炸下限时不爆炸也不着火，这是由于可燃物浓度不够，过量空气的冷却作用，阻止了火焰的蔓延。

可燃物在空气中浓度高于爆炸上限不会发生爆炸，但会着火，这是由于空气不足，导致火焰不能蔓延的缘故。

当可燃物在空气中的浓度大致相当于反应当量浓度（即根据完全燃烧反应方程式计算的浓度比例）时，具有最大的爆炸威力。此时危险性最大。

在使用易燃易爆物质时，必须首先了解其可能的爆炸方式，爆炸极限或爆炸浓度极限，再考虑其使用方法和浓度，尽量降低爆炸的可能性，以确保安全。

2.2.5.2　常见可燃气体爆炸极限数据

可燃气体爆炸极限数据对于可燃气体生产、运输、储存、使用等方面的安全是一项非常重要的指标，必须事先了解清楚。

常见可燃气体爆炸极限（LEL/UEL）及毒性数据见表 2-7。

表 2-7 常见可燃气体爆炸极限（LEL/UEL）及毒性数据

序号	物质名称	分子式	爆炸浓度极限(体积分数)/%		毒性
			下限 LEL	上限 UEL	
1	甲烷	CH_4	5.3	15	
2	乙烷	C_2H_6	3.0	15.5	
3	丙烷	C_3H_8	2.1	9.5	
4	丁烷	C_4H_{10}	1.5	8.5	
5	戊烷(液体)	C_5H_{12}	1.4	7.8	
6	己烷(液体)	C_6H_{14}	1.1	7.5	
7	庚烷(液体)	$CH_3(CH_2)_5CH_3$	1.1	6.7	
8	辛烷(液体)	C_8H_{18}	1	6.5	
9	乙烯	C_2H_4	2.7	36	
10	丙烯	C_3H_6	2	11.7	
11	丁烯	C_4H_8	1.8	9.6	
12	丁二烯	C_4H_6	1.4	16.3	低毒
13	乙炔	C_2H_2	2.3	72.3	
14	环丙烷	C_3H_6	2.4	10.4	
15	煤油(液体)	$C_{10}\sim C_{16}$	0.6	5	
16	液化石油气		1	12	
17	汽油(液体)	$C_4\sim C_{12}$	1.1	5.9	
18	松节油(液体)	$C_{10}H_{16}$		0.8	
19	苯(液体)	C_6H_6	1.3	7.1	中等
20	甲苯	$C_6H_5CH_3$	1.2	7.1	低毒
21	氯乙烷	C_2H_5Cl	3.6	14.8	中等
22	氯乙烯	C_2H_3Cl	3.6	21.7	
23	氯丙烯	C_3H_5Cl	2.9	11.2	中等
24	1,2-二氯乙烷	$ClCH_2CH_2Cl$	6.2	16	高毒
25	环氧乙烷	C_2H_4O	3	80	中等
26	甲胺	CH_3NH_2	4.9	20.8	中等
27	乙胺	$CH_3CH_2NH_2$	3.5	14	中等
28	苯胺	$C_6H_5NH_2$	1.3	11	高毒
29	二甲胺	$(CH_3)_2NH$	2.8	14.4	中等
30	乙二胺	$H_2NCH_2CH_2NH_2$			低毒
31	甲醇(液体)	CH_3OH	6.7	36	
32	乙醇(液体)	C_2H_5OH	3.3	19	
33	正丁醇(液体)	C_4H_9OH	1.4	11.2	
34	甲醛	$HCHO$	7	73	
35	乙醛	C_2H_4O	4	57	
36	丙醛(液体)	C_2H_5CHO	2.9	17	
37	乙酸甲酯	CH_3COOCH_3	3.1	16	
38	乙酸	CH_3COOH	5.4	16	低毒

续表

序号	物质名称	分子式	爆炸浓度极限(体积分数)/%		毒性
			下限 LEL	上限 UEL	
39	乙酸乙酯	$CH_3COOC_2H_5$	2.2	11	
40	丙酮	C_3H_6O	2.6	12.8	
41	丁酮	C_4H_8O	1.8	10	
42	氰化氢(氢氰酸)	HCN	5.6	40	剧毒
43	丙烯腈	C_3H_3N	2.8	28	高毒
44	氯气	Cl_2			刺激
45	氯化氢	HCl			腐蚀性
46	氨气	NH_3	16.1	25	低毒
47	硫化氢	H_2S	4.3	45.5	神经
48	二氧化硫	SO_2			中等
49	二硫化碳	CS_2	1.0	60	
50	一氧化碳	CO	12.5	74.2	剧毒
51	氢气	H_2	5	75	

2.2.5.3 易爆物质的危险和危害性

可燃性气体如果其爆炸下限在10%以下，或上下限之差在20%以上，就属于易爆物质。

如果易爆物质发生爆炸，与火灾相比，爆炸发生的过程更短，一旦发生就没有时间采取有效措施控制，而且爆炸对人所造成的伤害和冲击波影响的范围更大，损失也更严重。

有些物质爆炸后还会产生有毒气体，严重危害人们的健康。

2.2.6 易爆物质的安全存放和使用

2.2.6.1 易爆物质的安全存放

易燃易爆试剂应贮存于铁柜（壁厚1mm以上）中，柜子的顶部都有通风口不停地排气。严禁在化学实验室存放大于20L的瓶装易燃易爆液体。需冷藏的，要存放于防爆冰箱内。相互混合或接触后会产生激烈反应、燃烧、爆炸、放出有毒气体的两种或两种以上的化合物称为不相容化合物，这类化合物大多为强氧化性物质或还原性物质，不能混放。应经常检查化学药品的存放期限，某些试剂在存放过程中会逐渐变质，甚至形成危害。对过期化学药品应及时作出妥善处理。药品柜和试剂溶液均应避免阳光直射及靠近热源。要求避光的试剂应装于棕色瓶中或用黑纸或黑布包好存放于暗柜中。发现试剂瓶上标签掉落或将要模糊时应立即重新贴好标签。无标签或标签无法辨认的试剂都要当成危险物品重新鉴别后小心处理，不可随便乱扔，以免引起严重后果。

2.2.6.2 易爆物质的安全使用

易爆物质具有较大的危险性和危害性。在生产、储存、搬运和使用过程中必须注意安全，并且应该针对各类易爆物质建立相应操作规程来确保安全，并以预防为主。

易燃易爆试剂的使用应符合安全规范，应在具有良好通风的环境中进行。使用前应有相应的应急预案。化学试剂应定位放置、用后复位、节约使用，但多余的化学试剂不准倒回原瓶中。

2.3　有毒物质

2.3.1　有毒物质的定义

有毒物质是指通过接触、吸入、食用等方式进入机体，并对机体产生危害作用，引起机体功能或器质性、暂时性或永久性的病理变化的物质。

实验室中大多数化学药品是有毒物质，其毒性大小不一。进行实验时，应根据所使用的化学药品毒性及用量大小，对它制定严格的使用规则，以免引起中毒事故。

在经常使用的药品中，对危险程度大的物质，必须遵照有关法令的规定进行使用。并采取相应的预防措施。

2.3.2　与有毒物质相关的一些概念

(1) 半数致死量（median lethal dose 50%）　简称 LD_{50}，是指用成熟的雌、雄性白鼠做试验，经口摄入，在 14d 内能引起实验动物半数死亡所使用的毒物剂量。结果常以每千克体重的毫克数表示（mg/kg）。

它是描述有毒物质或辐射的毒性的常用指标。

如：$LD_{50}=0.1mg/kg$ 表示在一次性摄入 0.1mg BW（体重）剂量的毒性物质后，14d 内导致一半被测动物死亡。

毒性的定量测定是把不同剂量的被试验物质导入实验动物（如白鼠）体内。足以使占全体数量 50%的个体在试验条件下致死的剂量称为 LD_{50}（致死量 50%），一般用每千克体重所使用的毒物毫克数表示。

如果大量白鼠试验数据的统计分析表明每千克体重 1mg 的剂量可使 50%试验老鼠致死，对实验老鼠而言，这种毒物的 LD_{50} 就是 1mg/kg。显然某种毒物的毒性对于不同种类的动物是不同的。

(2) 半数致死浓度 LC_{50}（Lethal Concentration 50%）　简称 LC_{50}，表示杀死 50%防治对象的药剂浓度，也可称为半致死浓度或致死中浓度。

半数致死浓度是衡量存在于水中的毒物对水生动物和存在于空气中的毒物对哺乳动物乃至人类的毒性大小的重要参数。

毒物的致死效应与受试动物暴露时间有密切关系。

如果用 LC_{50} 表示水中毒物对水生生物的急性毒性，必须在 LC_{50} 前标明暴露时间，如24h LC_{50}、48h LC_{50}和96h LC_{50}等。

如果用LC_{50}表示空气中毒物对哺乳动物的急性毒性，一般是指受试动物吸入毒物2h或4h后的试验结果，可不注明吸入时间，但有时也可写明时间参数。例如LCt_{50}是指引起动物半数死亡的浓度和吸入时间的乘积，时间（t）一般用分钟表示。

根据对人的可能致死剂量，一般可将化学物质的毒性分为剧毒、高毒、中等毒、低毒和微毒五个等级。尽管目前人们对毒性分级的方法、标准以及毒性等级的用语还不统一，但在不断出现新的化学制品并广泛应用的情况下，测定化学物质对哺乳动物的LD_{50}和LC_{50}，进行毒性分级，对于保护人类环境和预防职业性中毒都有非常重大的意义。

可根据LD_{50}和LC_{50}值的大小判断该物质的毒性强弱，其值越低，毒性越强。

（3）容许浓度（allowable concentration）　根据工作场所有害因素职业接触限值GBZ 2.1—2007，工作场所空气中有毒物质容许浓度可分为最高容许浓度、时间加权平均容许浓度、短时间接触容许浓度三类。

（4）最高容许浓度（maximal allowable concentration，MAC）　是指某一外源性化学物质可以在环境中存在而不致对人体造成任何损害作用的浓度。

一般对有毒物的烟雾或粉尘的试验，试验结果以每升空气中的毫克数表示（mg/L）。就蒸气而言，试验结果以每立方米空气中的毫升数表示（mL/m^3）。

（5）饱和蒸气浓度　简称V，指20℃时，标准大气压下的饱和蒸气浓度，以每立方米的毫升数为单位。

（6）时间加权平均容许浓度　简称PC-TWA，指以时间为权数规定的8h工作日的平均容许接触水平。

（7）短时间接触容许浓度　简称PC-STEL，指一个工作日内，任何一次接触不得超过的15min时间加权平均的容许接触水平。

2.3.3　有毒物质的分类

有毒物质有各种各样的分类方法。

按有毒物质的化学结构可分为：有机有毒物质和无机有毒物质。

按有毒物质的生物作用性质可分为：麻醉性有毒物质、窒息性有毒物质、刺激性有毒物质、腐蚀性有毒物质、致敏性有毒物质、致癌性有毒物质等。

按毒害的器官可分为：神经系统有毒物质、血液系统有毒物质、肝脏系统有毒物质、呼吸系统有毒物质、消化系统有毒物质、全身性有毒物质等。某些有毒物质主要伤害一类器官，有些有毒物质则会伤害多类器官或全身性的器官。

按急性毒性可分为：剧毒、高毒、中等毒、低毒、微毒等有毒物质。

根据有毒物质危险程度的大小通常可分为三类：毒气、剧毒物、一般有毒物质三类。

2.3.4 各类有毒物质的介绍

按照有毒物质危险程度分为毒气、剧毒物、一般有毒物质三类进行。

2.3.4.1 毒气

毒气是对生物体有害的气体的统称。一般是指容许浓度在 200mg/m^3（空气）以下的气体物质。它们传播扩散很快，危害很大。

毒气有自然界产生和人工制造的两种。

通常人工通过化学手段制造的毒气一般被用于军事目的，属于化学武器。

有些毒气内所含的物质能够附着于红细胞，令红细胞的载氧量减少，越多的毒气吸入，会使得红细胞的载氧量越低。吸入过量的毒气可以令人窒息，甚至死亡。

化学实验室中所用的某些化学试剂常具有毒气的特性。我们应该加以了解。

常见的毒气包括下列气体：

容许浓度在 0.1mg/m^3（空气）以下的毒气：氟气、光气、臭氧、砷化氢、磷化氢。

容许浓度在 1.0mg/m^3（空气）以下的毒气：氯气、肼、丙烯醛、溴气。

容许浓度在 5.0mg/m^3（空气）以下的毒气：氟化氢、二氧化硫、氯化氢、甲醛。

容许浓度在 10mg/m^3（空气）以下的毒气：氰化氢、硫化氢、二硫化碳。

容许浓度在 50mg/m^3（空气）以下的毒气：一氧化碳、氨、环氧乙烷、溴甲烷、二氧化氮、氯丁二烯。

容许浓度在 200mg/m^3（空气）以下的毒气：氯甲烷。

常见的毒气具体介绍如下。

（1）一氧化碳　一氧化碳是中毒事件中致死人数最多的毒气。

【案例 2-1】 一氧化碳中毒事件

2009 年 7 月 3 日，在浙江某大学，发生了一氧化碳中毒事件，导致一名博士研究生的死亡，留下了深刻的教训。

一氧化碳中毒的发生与接触一氧化碳的浓度及时间有关。

有资料证明，如果持续 3h 吸入一氧化碳浓度为 240mg/m^3 的空气，血红蛋白（Hb）中 COHb（一氧化碳和血红蛋白的结合体）可超过 10%；一氧化碳浓度达 292.5mg/m^3 时，可使人产生严重的头痛、眩晕等症状，COHb 可增高至 25%；一氧化碳浓度达到 1170mg/m^3 时，吸入超过 60min 可使人发生昏迷，COHb 约高至 60%。一氧化碳浓度达到 11700mg/m^3 时，数分钟内可使人致死，COHb 可增高至 90%。

可见，一氧化碳极易与血红蛋白结合，其亲和力比氧与血红蛋白的亲和力高 200～300 倍，形成碳氧血红蛋白，使血红蛋白丧失携氧的能力和作用，造成组织窒息。

一氧化碳中毒通常是其气体钢瓶或管路泄漏、含碳物质燃烧不完全时的产物经呼吸道吸入而引起的中毒。

它对全身的组织细胞均有毒性作用，对大脑皮质的影响最为严重。

当人们意识到已发生一氧化碳中毒时，往往为时已晚。因为支配人体运动的大脑皮质最先受到麻痹损害，使人无法实现有目的的自主运动。手脚已不听使唤。所以，一氧化碳中毒者往往无法进行有效的自救。

一氧化碳是无色、无臭、无味的气体，故易于忽略而致中毒。使用时必须有相应的预防措施。

（2）一氧化氮　一氧化氮属于氮氧化物一种，氮氧化物都具有不同程度的毒性。

一氧化氮的 LC_{50} 为 1068mg/m^3，4h（大鼠吸入）。

它的健康危害主要表现在：它不稳定，在空气中很快转变为二氧化氮而产生刺激作用。

氮氧化物主要损害呼吸道。吸入初期仅有轻微的眼及呼吸道刺激症状，如咽部不适、干咳等。常经数小时至十几小时或更长时间潜伏期后会发生迟发性肺水肿、成人呼吸窘迫综合征，出现胸闷、呼吸窘迫、咳嗽、咯泡沫痰、紫绀等。可并发气胸及纵隔气肿。肺水肿消退后两周左右可出现迟发性阻塞性细支气管炎。

一氧化氮浓度高可致高铁血红蛋白血症。慢性的影响，主要表现为神经衰弱综合征及慢性呼吸道炎症。个别病例出现肺纤维化。可引起牙齿酸蚀症。

一氧化氮的安全使用：

① 使用时严加密闭，并提供充分的局部排风和全面通风；操作人员必须经过专门培训，严格遵守操作规程；建议操作人员佩戴自吸过滤式防毒面具（半面罩），戴化学安全防护眼镜，穿透气型防毒服，戴防化学品手套。

② 远离火种、热源，工作场所严禁吸烟；远离易燃、可燃物；防止气体泄漏到工作场所空气中；避免与卤素接触。

③ 搬运时轻装轻卸，防止钢瓶及附件破损。

④ 配备相应品种和数量的消防器材及泄漏应急处理设备。

一氧化氮的储存安全：

① 储存于阴凉、通风的库房；远离火种、热源。库温不宜超过 30℃。

② 应与易（可）燃物、卤素、食用化学品分开存放，切忌混储。

③ 储区应备有泄漏应急处理设备。

（3）硫化氢　硫化氢（H_2S）是硫的氢化物中最简单的一种，又名氢硫酸。由于 H—S 键能较弱，所以 300℃左右硫化氢就分解。

常温时硫化氢是一种无色有臭鸡蛋气味的剧毒气体，使用时应在通风处进行，并采取必要的防护措施。

硫化氢在空气中的最高容许浓度是 10mg/m^3。

急性毒性：LC_{50}为618mg/m³（大鼠吸入），24h。

硫化氢主要经呼吸道吸收，进入体内一部分很快氧化为无毒的硫酸盐和硫代硫酸盐等经尿排出，一部分游离的硫化氢则经肺排出。无体内蓄积作用。

人吸入70～150mg/m³、1～2h，会出现呼吸道及眼刺激症状，吸入2～5min后引起嗅觉疲劳，不再闻到臭气。

吸入300mg/m³、1h，6～8min出现眼急性刺激症状，稍长时间接触引起肺水肿。

吸入760mg/m³、15～60min，发生肺水肿、支气管炎及肺炎、头痛、头昏、步态不稳、恶心、呕吐。

吸入1000mg/m³、数秒钟，很快就出现急性中毒，呼吸加快后发生呼吸麻痹而死亡。

硫化氢对黏膜的局部刺激作用系由接触湿润黏膜后分解形成的硫化钠以及本身的酸性所引起。对机体的全身作用为硫化氢与机体的细胞色素氧化酶及这类酶中的二硫键（—S—S—）作用后，影响细胞色素氧化过程，阻断细胞内呼吸，导致全身性缺氧，由于中枢神经系统对缺氧最敏感，因而首先受到损害。

硫化氢作用于血红蛋白，产生硫化血红蛋白而引起化学窒息，认为是主要的发病机理。

急性中毒早期，实验观察脑组织细胞色素氧化酶的活性即受到抑制，谷胱甘肽含量增高，乙酰胆碱酯酶活性未见变化。

亚急性和慢性毒性：家兔吸入0.01mg/L，每天2h或3个月，引起中枢神经系统的机能改变，气管、支气管黏膜刺激症状，大脑皮层出现病理改变。小鼠长期接触低浓度硫化氢，有小气道损害。

硫化氢的防护措施：

① 呼吸系统防护，空气中硫化氢浓度超标时，需佩戴过滤式防毒面具（半面罩）。紧急事态抢救或撤离时，建议佩戴氧气呼吸器或空气呼吸器。

② 眼睛防护，戴化学安全防护眼镜。

③ 身体防护，穿防静电工作服。

④ 手防护，戴防化学品手套。

⑤ 其他，实验现场严禁吸烟、进食和饮水。实验毕，淋浴更衣，及时换洗实验服。

实验人员应学会自救互救。进入罐、限制性空间或其他高浓度区操作，须有人监护。

它属于易燃物质，应注意防火，若发生火灾，应用适当的方法灭火。

灭火方法：消防人员必须穿戴全身防火防毒服。迅速切断气源。若不能立即切断气源，则不允许熄灭正在燃烧的气体。应喷水冷却容器，可能的话将容器从火场移至空旷处。灭火剂：雾状水、泡沫、二氧化碳、干粉。

(4) 二氧化硫　常温下，二氧化硫为无色有刺激性气味的有毒气体，其 LC_{50} 为 6600mg/kg，1h（大鼠吸入）。

二氧化硫是大气中主要污染物之一，是衡量大气是否遭到污染的重要标志。

若二氧化硫排放到大气中，会氧化成硫酸雾或硫酸盐气溶胶，是环境酸化的重要前驱物，造成环境污染。

大气中二氧化硫浓度在 0.5mg/m^3 以上对人体已有潜在影响；在 1～3mg/m^3 时，多数人开始感到刺激；在 400～500mg/m^3 时人会出现溃疡和肺水肿直至窒息死亡。

二氧化硫与大气中的烟尘有协同作用，当大气中二氧化硫浓度为 0.21mg/m^3、烟尘浓度大于 0.3mg/m^3，可使呼吸道疾病发病率增高，慢性病患者的病情迅速恶化。如伦敦烟雾事件、马斯河谷事件和多诺拉等烟雾事件，都是这种协同作用造成的危害。

健康危害：它易被湿润的黏膜表面吸收生成亚硫酸、硫酸。对眼及呼吸道黏膜有强烈的刺激作用。大量吸入可引起肺水肿、喉水肿、声带痉挛而致窒息。

二氧化硫的安全使用：

① 严加密闭，提供充分的局部排风和全面通风；操作人员必须经过专门培训，严格遵守操作规程；建议操作人员佩戴自吸过滤式防毒面具（全面罩），穿聚乙烯防毒服，戴橡胶手套。

② 远离易燃、可燃物；防止气体泄漏到工作场所空气中；避免与氧化剂、还原剂接触。

③ 搬运时轻装轻卸，防止钢瓶及附件破损。

④ 配备泄漏应急处理设备。

二氧化硫的储存安全：

① 储存于阴凉、通风的库房；远离火种、热源。库温不宜超过 30℃。

② 应与易（可）燃物、氧化剂、还原剂、食用化学品分开存放，切忌混储。

③ 储区应备有泄漏应急处理设备。

(5) 氯气　氯气是一种黄绿色、具有刺激性气味的剧毒气体，它主要通过呼吸道侵入人体。

氯气对上呼吸道黏膜会造成有害的影响，它会溶解在黏膜所含的水分里，生成次氯酸和盐酸。次氯酸使组织受到强烈的氧化；盐酸刺激黏膜发生炎性肿胀，使呼吸道黏膜水肿，大量分泌黏液，造成呼吸困难。

氯气中毒的明显症状是发生剧烈的咳嗽。症状重时，会发生肺水肿，使循环作用困难而致死亡。由食道进入人体的氯气会使人恶心、呕吐、胸口疼痛和腹泻。

1L（0.1m^3）空气中最多可允许含 Cl_2 0.001mg，超过这个量就会引起人体中毒。

一旦发生氯气泄漏，应立即用湿毛巾捂住嘴、鼻，背风快跑到空气新鲜处。

使用少量氯气的操作，应在通风柜中进行，并采取适当的防护措施。

对于使用较大量氯气的操作，一般使用液氯气瓶，应遵守相关的安全使用方法规定。

液氯气瓶的安全使用方法：

① 液氯用户应持公安部门的准购证或购买凭证，液氯生产厂方可为其供氯。生产厂应建立用户档案。

② 使用液氯的单位不应任意将液氯自行转让他人使用。

③ 充装量为 50kg 和 100kg 的气瓶，使用时应直立放置，并有防倾倒措施；充装量为 500kg 和 1000kg 的气瓶，使用时应卧式放置，并牢靠定位。

④ 使用气瓶时，应有称重衡器；使用前和使用后均应登记重量，瓶内液氯不能用尽；充装量为 50kg 和 100kg 的气瓶应保留 2kg 以上的余氯，充装量为 500kg 和 1000kg 的气瓶应保留 5kg 以上的余氯。使用氯气系统应装有膜片压力表（如采用一般压力表时，应采取硅油隔离措施）、调节阀等装置。操作中应保持气瓶内压力大于瓶外压力。

⑤ 不应使用蒸汽、明火直接加热气瓶。可采用 40℃以下的温水加热。

⑥ 不应将油类、棉纱等易燃物和与氯气易发生反应的物品放在气瓶附近。

⑦ 气瓶与反应器之间应设置截止阀、逆止阀和足够容积的缓冲罐，防止物料倒灌，并定期检查以防失效。

⑧ 连接气瓶用的紫铜管应预先经过退火处理，金属软管应经耐压试验合格。

⑨ 不应将气瓶设置在楼梯、人行道口和通风系统吸气口等场所。

⑩ 开启气瓶应使用专用扳手。

⑪ 开启瓶阀要缓慢操作，关闭时亦不能用力过猛或强力关闭。

⑫ 气瓶出口端应设置针形阀调节氯流量，不允许使用瓶阀直接调节。

⑬ 作业结束后应立即关闭瓶阀，并将连接管线残存氯气回收处理干净。

⑭ 使用液氯气瓶处应有遮阳棚，气瓶不应露天曝晒。

⑮ 空瓶返回生产厂时，应保证安全附件齐全。

⑯ 液氯气瓶长期不用、因瓶阀腐蚀而形成“死瓶”时，用户应与供应厂家取得联系，并由供应厂家安全处置。

(6) 光气　光气又称碳酰氯，常温下为无色气体，有剧毒，是剧烈窒息性毒气，毒性比氯气约大 10 倍。

大鼠吸入 20min 的 LC_{50} 为 $100mg/m^3$；人吸入半数致死量为 $32mg/m^3$。

较低浓度时无明显的局部刺激作用，经一段时间后出现肺泡中毛细血管膜的损害，从而导致肺水肿。

较高浓度时可因刺激作用而引起支气管痉挛，导致窒息。人的嗅觉阈为 0.4～$4mg/m^3$；$8mg/m^3$ 对眼和鼻有轻度刺激作用。

高浓度吸入可致肺水肿。在体内无蓄积作用。以急性中毒为主，主要对呼吸系统造成损害。吸入光气后，发生典型的刺激症状，初为干咳，数小时后加重，轻者出现咳嗽、胸闷、气促、眼结膜刺激和头痛、恶心等；重者可发展为肺水肿、呼吸困难，甚至出现休克。

从吸入光气到出现肺泡性肺水肿有一潜伏期，一般为 6～15h，亦有短至 2h 或更短者。因此，使用光气时，应注意安全防护。

万一有光气漏逸、微量时可用水蒸气冲散；较大量时，可用液氨喷雾解毒，也可被苛性钠溶液吸收。

个人防护措施：

① 皮肤防护使用保温手套与防护服；

② 眼睛防护使用面罩和眼睛防护结合呼吸防护用具；

③ 吸入防护应用密闭系统和通风，局部排气或呼吸防护用品。

(7) 双光气　双光气是氯甲酸三氯甲酯的别称，化学式 $ClCO_2CCl_3$，常温下是无色液体，有刺激性气味，难溶于水，可作其他毒剂的溶剂。

它的性质不稳定，遇热变为两分子光气，有催泪作用。在第一次世界大战中曾被作为生化武器使用。

双光气是一种窒息性毒剂，可对人体的肺组织造成损害，导致血浆渗入肺泡引起肺水肿，从而使肺泡气体交换受阻，机体缺氧而窒息死亡。

双光气中毒的病理生理改变主要由肺水肿所引起。吸入中毒时，会先出现短暂的呼吸变慢，继之呼吸由浅而快变急促。

在出现早期肺水肿后，由于肺泡呼吸表面积减少，肺泡壁增厚，影响了肺泡内气体交换。加上水肿液充塞呼吸道，支气管痉挛及其黏膜肿胀所引起的支气管狭窄，造成肺通气障碍，结果出现呼吸性血缺氧，导致血氧含量降低，CO_2 含量增多，皮肤黏膜呈青紫色。此时呼吸循环功能有代偿性变化，如呼吸加快、肋间肌活动增强、心跳快而有力、血压微升等。

在肺水肿晚期，由于以下原因：

肺泡内含有大量液体，肺内压力增加，使右心负荷增加；血浆大量渗入肺内使血循环内血容量减少、血液浓缩、黏稠度增加，外周阻力增加，使左心负荷加重；长时期严重的血缺氧使肌营养不良，可出现心收缩力减弱、心律失常、循环减慢、血压逐渐降低等心功能衰竭表现。而这又会加重组织缺氧，体内氧化不全产物增加，发生酸中毒和电解质紊乱。会出现血内 CO_2 含量逐渐降低，内脏毛细血管扩张，外周毛细血管收缩，皮肤黏膜转为苍白，血压急剧下降，出现急性循环衰竭，进入休克状态。此期因肺水肿合并循环衰竭，机体失去代偿能力。

随着肺水肿的发展，血浆从肺毛细血管大量外渗，造成血浆容量降低，血液浓缩，出现血浆蛋白减少，红、白细胞数及血红蛋白增加，血细胞比积增高。这些变化与肺水肿程度相一致。由于血液黏稠、血流缓慢，加上组织的破坏，使血液凝固性增加，可形成血栓和栓塞。

中枢神经系统对缺氧很敏感，缺氧初期大脑皮质兴奋，出现烦躁不安、头痛、头晕等；缺氧严重时，逐渐转入抑制，表情淡漠，乏力等。缺氧进一步发展，大脑皮层抑制加深，并向皮层下扩散，呼吸、循环中枢可由兴奋转为抑制，呼吸、心跳减弱，以致出现中枢麻痹，导致呼吸、心跳停止而死亡。

双光气可以用以下方法消毒或防毒：

① 与碱作用，双光气与碱作用会失去毒性。可用氢氧化钠、氢氧化钙和碳酸钠等碱性溶液或浸以碱性溶液的口罩进行消毒或防毒。

② 与氨作用，双光气遇氨生成脲和氯化铵，故氨水可用于消毒。

③ 与乌洛托品作用，光气和乌托洛品［六次甲基四胺，$(CH_2)_6N_4$］作用生成无毒的复合物。因此可用其溶液浸湿口罩预防光气、双光气中毒。

（8）氰化氢　氰化氢，又称山埃，化学式 HCN。它是一种无色而苦，并带杏仁气味的剧毒且致命液体，标准状态下为气体，沸点 26℃，略高于室温。

空气中最大允许的蒸气浓度为 $10mg/m^3$。

第二次世界大战中纳粹德国常作为毒气室的杀人毒气使用。

健康危害：抑制呼吸酶，造成细胞内窒息。

急性中毒：短时间内吸入高浓度氰化氢气体，可立即呼吸停止而死亡。

非骤死者临床分为四期：

① 前驱期　前驱期有黏膜刺激、呼吸加快加深、乏力、头痛；口服有舌尖、口腔发麻等症状。

② 呼吸困难期　呼吸困难期有呼吸困难、血压升高、皮肤黏膜呈鲜红色等症状。

③ 惊厥期　惊厥期出现抽搐、昏迷、呼吸衰竭等症状。

④ 麻痹期　麻痹期出现全身肌肉松弛，呼吸心跳停止而死亡。

它也可致眼、皮肤灼伤，吸收引起中毒。

慢性影响：神经衰弱综合征、皮炎等。

环境危害：本品易燃，高毒，浓度高于 $36mg/m^3$ 可使人致死。

发生氰化氢泄漏的应急处理：

① 应迅速撤离泄漏污染区人员至安全区，并立即隔离 150m，严格限制出入。若有火源，应尽快切断。同时尽可能切断泄漏源。建议应急处理人员戴自给正压式呼吸器，穿防毒服。合理通风，加速扩散。

② 用喷雾状水稀释、溶解，并构筑围堤或挖坑收容产生的大量废水。如有可能，应考虑将其引燃，以排除毒性气体的积聚。或将残余气或漏出气用排风机送至水洗塔或与塔相连的通风橱内。

③ 漏气容器要妥善处理，修复、检验后再用。

使用氰化氢时，应注意的事项：

① 严加密闭，提供充分的局部排风和全面通风，并使用防爆型的通风系统和

设备，要防止气体或蒸气泄漏到工作场所空气中。

② 操作人员必须经过专门培训，严格遵守操作规程。

③ 建议操作人员佩戴隔离式呼吸器，穿连衣式胶布防毒衣，戴橡胶手套。

④ 应远离火种、热源，工作场所严禁吸烟。

⑤ 避免与氧化剂、酸类、碱类接触。

⑥ 搬运时应轻装轻卸，防止钢瓶及附件破损。

⑦ 要配备相应品种和数量的消防器材及泄漏应急处理设备。

⑧ 倒空的容器可能残留有害物，应妥善处理。

氰化氢储存时，应注意的事项：

① 应储存于阴凉、通风的库房；并远离火种、热源，避免光照，库温不宜超过 30℃。

② 包装要求密封，不可与空气接触；应与氧化剂、酸类、碱类、食用化学品分开存放，切忌混储。

③ 应采用防爆型照明、通风设施；禁止使用易产生火花的机械设备和工具。

④ 储区应备有泄漏应急处理设备。

⑤ 应严格执行剧毒物品的“五双”管理制度，即双人收发、双人记账、双人双锁、双人运输、双人使用。

使用氰化氢时的各种安全防护：

① 呼吸系统防护，可能接触毒物时，应该佩戴隔离式呼吸器。紧急事态抢救或撤离时，必须佩戴氧气呼吸器。

② 眼睛防护，呼吸系统防护中已作防护。

③ 身体防护，穿连衣式胶布防毒衣。

④ 手防护，戴橡胶手套。

⑤ 其他防护，实验现场禁止吸烟、进食和饮水。保持良好的卫生习惯。实验场所应配备急救设备及药品。操作人员应学会自救互救。

剧毒物品氰化物（如氰化钠、氰化钾）不应在酸性环境下使用，以免产生氰化氢气体，发生严重的中毒事故。

(9) 芥子毒气（Mustard）　芥子毒气的学名为二氯二乙硫醚，也叫芥子气，是一种散发有害气体的液体毒剂，属化学武器中的糜烂性毒剂，中毒后无特效药。

它是神经性毒剂：这类毒剂特别对脑、膈肌和血液中乙酰胆碱酯酶活性有强烈的抑制作用，致使乙酰胆碱在体内过量蓄积，从而引起中枢和外周胆碱能神经系统功能严重紊乱。因其毒性强、作用快，能通过皮肤、黏膜、胃肠道及肺等途径吸收引起全身中毒，加之性质稳定、使用性能良好，因此成为外军装备的主要化学战剂。其他如塔崩（Tabun）、沙林（Sarin）、梭曼（Soman）和维埃克斯（VX）都是神经毒气。

(10) 沙林（Sarin）毒气　沙林毒气学名为甲氟膦酸异丙酯，是第二次世界大战期间德国纳粹研发的一种致命神经性毒气，可以麻痹人的中枢神经。

它可以通过呼吸道或皮肤黏膜侵入人体，杀伤力极强，一旦散发出来，可以使1.2km范围内的人死亡和受伤。

它分液态和气态两种形式，一滴针眼大小的沙林毒气液体就能导致一名成人很快死亡。中毒后表现为瞳孔缩小、呼吸困难、支气管痉挛和剧烈抽搐等，严重的数分钟内死亡。

(11) 维埃克斯(VX)毒气　维埃克斯毒气是一种比沙林毒性更大的神经性毒剂，是最致命的化学武器之一。

它是一种无色无味的油状液体，一旦接触到氧气，就会变成气体。工业品呈微黄、黄或棕色，储存时会分解出少量的硫醇，因而带有臭味。

它主要是以液体造成地面、物体染毒，可以通过空气或水源传播，几乎无法察觉。

人体皮肤与之接触或吸入就会导致中毒，感染这种毒气的主要症状是头痛恶心，可造成中枢神经系统紊乱、呼吸停止，最终导致死亡。

(12) 梭曼(Soman)毒气　梭曼毒气的化学名称为甲氟磷酸异乙酯。纯净的梭曼是具有微弱水果香味的无色液体，挥发度中等。工业品呈黄色，有樟脑味。能溶于水，易溶于有机溶剂。能渗透皮肤和橡胶制品，易被多孔物质吸附。

梭曼吸入毒性是沙林的2～4倍，皮肤毒性是沙林的5～10倍。

其突出特点是挥发度适中，不仅初生云团很容易达到致死浓度(暴露1min)，再生云团也能达到一定的伤害作用(暴露20min)。冬季其持久度在地面上能达到10～15h。

梭曼的另一特点是中毒作用快且无特效解药，因此有“最难防治的毒剂”之称。

(13) 塔崩(Tabun)毒气　塔崩毒气的学名是N,N'-二甲氨基氰磷酸乙酯，为最早的神经性毒剂之一。

纯品是无色有水果香味的液体，工业品呈棕色，有苦杏仁气味，高浓度时有氨臭。沸点220～240℃。熔点−48～−50℃。25℃时的饱和蒸气压为7.599Pa。挥发度为0.500mg/L。

它是半持久性毒剂，半失能剂量约为300mg/(min·m^3)。

适用于地面染毒，制成气溶胶也可用于空气染毒。

吸入中毒的半致死剂量(LD_{50})约为400mg/(min·m^3)；经皮半致死剂量LD_{50}为14～21mg/L。

消毒与中毒的急救处理措施：

① 迅速采用常备或就便的防护器材保护自己并及时报警。

② 可迅速向上风方向或侧风方向转移，不要在低洼处滞留。有条件的也可转移到有滤毒通风装置的人防工事内。来不及撤离的，可躲在结构较好的多层建筑物

内，堵住明显的缝隙，关闭空调机、通风机等，熄灭火种，人员尽可能在背风无门窗的地方。

③ 离开染毒区域后，要脱去污染衣物，及时进行消毒。必要时应到医务部门检查诊治。

④ 当化学事故发生时，首先应想到使用就便器材进行自我保护，如可用湿毛巾、湿手巾、湿口罩等就便器材保护呼吸道，其次可用雨衣、手套、雨靴等保护皮肤。

【案例 2-2】 毒气泄漏事件

2010 年 10 月 13 日，范县杨集乡一家废弃的造纸厂内发生毒气泄漏事件。

一个装有四氯化硅化学品的大罐发生泄漏。在杨集乡李马桥转盘向南 3km 处，浓烟刺鼻，极可能是有毒气体泄漏。

泄漏的四氯化硅造成周围草木枯死，弥漫方圆数千米，当地多数群众感觉不适。更为严重的是，泄漏的四氯化硅还造成周围数百平方米的草木和墙外部分即将收割的水稻枯死。

事发后当地消防人员紧急出动，接到报警后消防大队立即启动重大灾害事故处置预案。因烟气浓度很大，车辆行驶困难，气味刺鼻，形势危急。濮阳市消防支队调度华龙区一辆泡沫水罐消防车和一辆大吨位水罐车，濮阳县消防大队一辆大吨位水罐车前往增援，用开花水枪对周围空气进行稀释降毒。并组织力量对周围空气浓度进行控制，直至 2010 年 10 月 14 日下午 3 时 30 分，经过近 20 小时的处理，泄漏的化学品得到成功处置。

2.3.4.2 剧毒物

(1) 剧毒物的定义　剧毒物是指少量侵入机体，短时间内即能致人、畜死亡或严重中毒的物质。

一般剧毒物品动物试验中，经口服半数致死量 $LD_{50} \leqslant 50mg/kg$ 的固体、液体。经皮肤接触半数致死量 $LC \leqslant 2mg/L$ 的固体或液体，以及吸入的半数致死浓度符合下述标准的液体或气体：$V \geqslant LC$ 和 $LC \leqslant 300mL/m^3$。

通常情况下，存放剧毒物的地方都会被贴上标签（图 2-5）。

剧毒物品的名目以中华人民共和国公共安全行业标准 GA 58—93《剧毒物品品名表》为准。

剧毒物品分级、分类与品名编号可参考 GA 57—93。

(2) 剧毒物品的分级　以急性毒性指标为主，适当考虑剧毒物品的理化性质和其他危险性质，进行综合分析、全面权衡，将剧毒物品分为 A、B 两级。

图 2-5　剧毒物品标志

A 级剧毒物品：具有非常剧烈的毒害危险，急性毒性符合表 2-8 中 A 级标准的；或急性毒性符合下列项中 B 级标准，无明显颜色、气味、味道，易被用于投毒破坏的，及具有遇水燃烧、爆炸、催泪等其他危险性质，易引起治安灾害事故的。

B 级剧毒物品：具有严重的毒害危险，急性毒性符合表 2-8 中 B 级标准，可能引起治安灾害事故的。

剧毒物品急性毒性分级标准可见表 2-8。

表 2-8 剧毒物品急性毒性分级标准

级别	口服 LD_{50} /(mg/kg)	皮肤接触 LD_{50} /(mg/kg)	LC_{50} /(mg/L)	LC_{50} /(mL/m³)
A	5	40	0.5	V=10LC 同时 LC≤1000
B	5～50	40～200	0.5～2	V≥10LC 同时 LC≤3000(A 级除外)

注：口服 LD_{50}（mg/kg）是指口服剧毒物品半数致死量；皮肤接触 LD_{50}（mg/kg）是指皮肤接触剧毒物半数致死量；LC_{50}（mg/L）是指吸入剧毒物品粉尘、烟雾的半数致死浓度；LC_{50}（mL/m³）是指吸入剧毒物品液体蒸气或气体的半数致死浓度。

(3) 剧毒物品的分类　剧毒物品按照化学类别和毒性大小分为四类：

第 1 类 A 级无机剧毒物；

第 2 类 A 级有机剧毒物；

第 3 类 B 级无机剧毒物；

第 4 类 B 级有机剧毒物。

(4) 剧毒物品的编号　剧毒物品品名编号由一个英文字母和四位阿拉伯数字组成，表明剧毒物品所属的等级、化学类别和顺序号。每一剧毒物品使用一个编号。

举例如下：

品名××××，为 A 级、有机物、顺序号 94。该剧毒物品的编号为 2094。表明该剧毒物品属 A 级有机剧毒物品。

剧毒化学品是指具有非常剧烈毒性危害的化学品：包括人工合成的化学品及其混合物（含农药）和天然毒素。

剧毒化学品毒性判定界限可根据大鼠试验：经口 LD_{50}≤50mg/kg，经皮 LD_{50}≤200mg/kg，吸入 LC_{50}≤500×10^{-6}（气体）或 2.0mg/L（蒸气）或 0.5mg/L（尘、雾）。

(5) 常见的剧毒物质（带 * 的表示同时又为致癌物质）　六氯苯 *、羟基铁、氰化钠、氢氟酸、氢氰酸、氯化氰、氯化汞、砷酸汞、汞蒸气、砷化氢、光气、氟光气、磷化氢、三氧化二砷、有机磷化物、有机砷化物、有机氟化物、有机硼化物、铍及其化合物、蛇毒、羰基镍、砷酸盐、四甲基联苯胺 *（TMB）、四氯化锇、二甲砷酸盐、异硫氰酸苯酯 *、丙烯酰胺、马钱子碱、毒毛旋花素-G、二氨基联苯胺 *（DAB）、二甲亚砜、甲酚。

(6) 常见的致癌物质　黄曲霉素 B_1、3,4-苯并芘、芘及苯并芘、苯及蒽类、2-乙酰胺基芴、1-(或 2-) 萘胺、4-联苯胺类及其硫酸盐、4-氨基联苯、2,3-二甲基-

4-氨基偶氮苯、磷甲苯胺、2,4-二氨基甲苯、乙酰胺-*N*-芴基取代物、乙酰苯胺取代物、环磷酰胺、3,3-二氯联苯胺、4-二甲基氨基偶氮苯、4-硝基联苯、4,4′-亚甲基双（2-氯苯胺）、二甲亚胺、间苯二酚、亚硝胺、二硝基萘、*N*-亚硝基二甲胺、甲基亚硝基脲、二甲（或乙、丙）基亚硝胺、*N*-甲基-*N*-亚硝基氨基甲酸乙酯、*N*-甲基-*N*-亚硝基丙烯胺、*N*-甲基-*N*-亚硝基-*N*′-硝基胍、*N*-甲基-4-亚硝基苯胺、*β*-丙内酯、甲烷磺酸甲酯（或乙酯）、丙磺内酯、重氮甲烷、1,4-二噁烷、二氯二甲硅烷、硫酸二甲酯、双氯甲基醚、氯甲甲醚、氯乙烯、溴乙烯、氟乙烯、砷、三氧化二砷、砷酸钙（或铅、钾）、铍及其盐类、镉及其盐类、镍及其盐类、羰基镍、铬、氧化铬、铬盐类、石棉、氘代试剂。

剧毒化学品的基本概况可参阅 2002 年版的《剧毒化学品目录》，它是根据我国对化学品危险性鉴别水平和毒性认识共收录 335 种剧毒化学品，以列表方式介绍了这些剧毒化学品的基本概况。具体内容可参见附录 5。

2.3.4.3　有毒物质及其他有害物质

有毒物质及其他有害物质是指口服致命剂量为每千克体重 30～300mg 及以上的物质。如硝酸、苯胺等。

它可分为高毒物品、一般性有毒品、腐蚀品、感染性物品、放射性物品。

(1) 高毒物品　卫生部于二 OO 三年六月十日根据《中华人民共和国职业病防治法》和《使用有毒物品作业场所劳动保护条例》的规定，发布了《高毒物品目录》。

该目录中列出了序号、有毒物质名称（包括 CAS No.）、别名、MAC、PC-TWA、PC-STEL 等。具体可见表 2-9。

表 2-9　高毒物品目录

序号	有毒物质名称	CAS No.	别名	MAC /(mg/m³)	PC-TWA /(mg/m³)	PC-STEL /(mg/m³)
1	*N*-甲基苯胺	100-61-8		—	2	5
2	*N*-异丙基苯胺	768-52-5		—	10	25
3	氨	7664-41-7	阿摩尼亚	—	20	30
4	苯	71-43-2		—	6	10
5	苯胺	62-53-3		—	3	7.5
6	丙烯酰胺	79-06-1		—	0.3	0.9
7	丙烯腈	107-13-1		—	1	2
8	对硝基苯胺	100-01-6		—	3	7.5
9	对硝基氯苯/二硝基氯苯	100-00-5 /25567-67-3		—	0.6	1.8
10	二苯胺	122-39-4		—	10	25
11	二甲基苯胺	121-69-7		—	5	10

续表

序号	有毒物质名称	CAS No.	别名	MAC /(mg/m³)	PC-TWA /(mg/m³)	PC-STEL /(mg/m³)
12	二硫化碳	75-15-0		—	5	10
13	二氯代乙炔	7572-29-4		0.4	—	—
14	二硝基苯(全部异构体)	582-29-0 /99-65-0 /100-25-4		—	1	2.5
15	二硝基(甲)苯	25321-14-6		—	0.2	0.6
16	二氧化(一)氮	10102-44-0		—	5	10
17	甲苯-2,4-二异氰酸酯(TDI)	584-84-9		—	0.1	0.2
18	氟化氢	7664-39-3	氢氟酸	2	—	—
19	氟及其化合物(不含氟化氢)			—	2	5
20	镉及其化合物	7440-43-9		—	0.01	0.02
21	铬及其化合物	305-03-3		0.05	0.15	—
22	汞	7439-97-6	水银	—	0.02	0.04
23	碳酰氯	75-44-5	光气	0.5	—	—
24	黄磷	7723-14-0		—	0.05	0.1
25	甲(基)肼	60-34-4		0.08	—	—
26	甲醛	50-00-0	福尔马林	0.5	—	—
27	焦炉逸散物			—	0.1	0.3
28	肼;联氨	302-01-2		—	0.06	0.13
29	可溶性镍化物	7440-02-0		—	0.5	1.5
30	磷化氢;膦	7803-51-2		0.3	—	—
31	硫化氢	7783-06-4		10	—	—
32	硫酸二甲酯	77-78-1		—	0.5	1.5
33	氯化汞	7487-94-7	升汞	—	0.025	0.025
34	氯化萘	90-13-1		—	0.5	1.5
35	氯甲基醚	107-30-2		0.005	—	—
36	氯;氯气	7782-50-5		1	—	—
37	氯乙烯;乙烯基氯	75-01-4			10	25
38	锰化合物(锰尘、锰烟)	7439-96-5		—	0.15	0.45
39	镍与难溶性镍化合物	7440-02-0		—	1	2.5
40	铍及其化合物	7440-41-7		—	0.0005	0.001
41	偏二甲基肼	57-14-7		—	0.5	1.5
42	铅:尘	7439-92-1		0.05	—	—
	铅:烟	/7439-92-1		0.03	—	—

续表

序号	有毒物质名称	CAS No.	别名	MAC /(mg/m³)	PC-TWA /(mg/m³)	PC-STEL /(mg/m³)
43	氰化氢(按 CN 计)	460-19-5		1	—	—
44	氰化物(按 CN 计)	143-33-9		1	—	—
45	三硝基甲苯	118-96-7	TNT	—	0.2	0.5
46	砷化(三)氢;胂	7784-42-1		0.03	—	—
47	砷及其无机化合物	7440-38-2		—	0.01	0.02
48	石棉总尘/纤维	1332-21-4			0.8	1.5
49	铊及其可溶化合物	7440-28-0		—	0.05	0.1
50	(四)羰基镍	13463-39-3		0.002	—	—
51	锑及其化合物	7440-36-0		—	0.5	1.5
52	五氧化二钒烟尘	7440-62-6		—	0.05	0.15
53	硝基苯	98-95-3		—	2	5
54	一氧化碳(非高原)	630-08-0		—	20	30

注：CAS No. 为化学文摘号。

MAC 为工作场所空气中有毒物质最高容许浓度。

PC-TWA 为工作场所空气中有毒物质时间加权平均容许浓度。

PC-STEL 为工作场所空气中有毒物质短时间接触容许浓度。

(2) 一般性有毒物质　一般性有毒物质系指进入肌体后，累积达到一定的量，能与体液和器官组织产生生物化学作用或生物物理学作用，扰乱或破坏肌体的正常生理功能，引起某些器官和系统暂时性或持久性的病理改变，甚至危及生命的物质。

它是指经口摄取半数致死量：固体 $LD_{50} \geqslant 500mg/kg$，$LD_{50} \leqslant 2000mg/kg$；经皮肤接触 24h，半数致死量 $LD_{50} \leqslant 1000mg/L$；粉尘、烟雾及蒸气吸入半数致死量 $LD_{50} \leqslant 10mg/L$ 的固体或液体。

常见的一般性有毒物质见表 2-10。

表 2-10　常见的一般性有毒物质

序号	品名	品名(英文)	别名	分子式(或结构式)	危险特性
1	一氧化铅	lead oxide	黄丹、密陀僧	PbO	5.97、5.107
2	乙二酸	ethanedioic acid	草酸、蓚酸	$(COOH)_2 \cdot 2H_2O$	5.95、5.97、5.107
3	乙二酸二乙酯	diethyl ethanedioate	草酸乙酯、草酸二乙酯	$(COOC_2H_5)_2$	5.8、5.72、5.110
4	乙二酸二丁酯	dibutyl oxalate	草酸二丁酯、草酸丁酯	$(COOC_4H_9)_2$	5.8、5.14、5.110
5	乙二酸二甲酯	dimethyl oxalate	草酸甲酯、草酸二甲酯	$(COOCH_3)_2$	5.8、5.94、5.108

续表

序号	品名	品名(英文)	别名	分子式(或结构式)	危险特性
6	*N*-乙基苯胺	*N*-ethylaniline	乙苯胺	$C_2H_5NHC_6H_5$	5.8、5.35、5.78、5.108、5.111
7	2-乙基苯胺	2-ethylaniline	邻氨基乙苯、邻乙基苯胺	$C_6H_4NH_2C_2H_5$	5.71、5.108、5.111
8	4-乙氧基苯胺	4-phenetidine	对氨基苯乙醚、对乙氧基苯胺	$C_6H_4OC_2H_5NH_2$	5.71、5.97、5.108
9	乙酰甲胺磷	acephate	高灭灵、杀虫灵、*O*,*S*-二甲基-*N*-乙酰基硫代磷酰胺	$C_4H_{10}NO_3SP$	5.97、5.108、5.111
10	*N*,*N*-二乙基邻甲苯胺	*N*,*N*-diethyl-*o*-toluidine	2-(二乙氨基)甲苯	$CH_3C_6H_4N(C_2H_5)_2$	5.8、5.108
11	*N*,*N*-二乙基间甲苯胺	*N*,*N*-diethyl-*m*-toluidine	3-(二乙氨基)甲苯	$CH_3C_6H_4N(C_2H_5)_2$	5.8、5.71、5.97、5.104、5.108
12	*N*,*N*-二乙基苯胺	*N*,*N*-diethylaniline	二乙氨基苯	$(C_2H_5)_2NC_6H_5$	5.8、5.97、5.108
13	二甲苯酚	xylenol	二甲酚	$(CH_3)_2C_6H_3OH$	5.99、5.104、5.108
14	2,3-二甲基苯胺	2,3-xylidine	1-氨基-2,3-二甲基苯	$(CH_3)_2C_6H_3NH_2$	
15	2,4-二甲基苯胺	2,4-xylidine	1-氨基-2,4-二甲基苯	$(CH_3)_2C_6H_3NH_2$	
16	2,5-二甲基苯胺	2,5-xylidine	1-氨基-2,5-二甲基苯	$(CH_3)_2C_6H_3NH_2$	5.8、5.72、5.97、5.108、5.111
17	2,6-二甲基苯胺	2,6-xylidine	1-氨基-2,6-二甲基苯	$(CH_3)_2C_6H_3NH_2$	
18	3,4-二甲基苯胺	3,4-xylidine	1-氨基-3,4-二甲基苯	$(CH_3)_2C_6H_3NH_2$	
19	*N*,*N*-二甲基苯胺	*N*,*N*-dimethylaniline		$(CH_3)_2NC_6H_5$	5.8、5.72、5.97、5.108、5.111
20	3,3′-二甲基联苯胺	3,3′-dimethylbenzidine	邻联甲苯胺	$[C_6H_3(CH_3)NH_2]_2$	
21	2,4-二异氰酸甲苯酯	2,4-tolylene diisocyanate	甲苯-2,4-二异氰酸酯	$CH_3C_6H_3(NCO)_2$	5.8、5.17、5.108
22	2,6-二异氰酸甲苯酯	2,6-tolylenediisocyanate	甲苯-2,6-二异氰酸酯	$CH_3C_6H_3(NCO)_2$	5.72、5.95、5.108
23	1,1-二苯肼	1,1-diphenylhydrazine	1,1-二苯基联胺	$[C_6H_5]_2NNH_2$	5.8、5.16、5.104、5.108
24	1,2-二苯肼	1,2-diphenylhydrazine	对称二苯胺	$C_6H_5NHNHC_6H_5$	5.8、5.72、5.104、5.108
25	二氧化硒	selenium dioxide	亚硒酐	SeO_2	5.77、5.94、5.105
26	2,4-二氨基甲苯	2,4-toluenediamine	甲苯-2,4-二胺	$CH_3C_6H_3(NH_2)_2$	

续表

序号	品名	品名(英文)	别名	分子式(或结构式)	危险特性
27	2,5-二氨基甲苯	2,5-toluenediamine	甲苯-2,5-二胺	$CH_3C_6H_3(NH_2)_2$	5.71、5.108
28	2,6-二氨基甲苯	2,6-toluenediamine	甲苯-2,6-二胺	$CH_3C_6H_3(NH_2)_2$	
29	2,4-二硝基二苯胺	2,4-dinitrodiphenylamine		$(NO_2)_2C_6H_3NHC_6H_5$	5.8、5.71、5.108
30	3,4-二硝基二苯胺	3,4-dinitrodiphenylamine		$(NO_2)_2C_6H_3NHC_6H_5$	
31	2,4-二硝基甲苯	2,4-dinitrotoluene		$C_6H_3CH_3(NO_2)_2$	5.2、5.12、5.76、5.110、5.111
32	4,6-二硝基邻甲苯酚	4,6-dinitro-o-cresol	4,6-二硝基邻甲酚	$(NO_2)_2C_6H_2(CH_3)OH$	5.13、5.97、5.99、5.10
33	1,2-二硝基苯	1,2-dinitrobenzene	邻二硝基苯	$C_6H_4(NO_2)_2$	
34	1,3-二硝基苯	1,3-dinitrobenzene	间二硝基苯	$C_6H_4(NO_2)_2$	5.2、5.13、5.94、5.97、5.110
35	1,4-二硝基苯	1,4-dinitrobenzene	对二硝基苯	$C_6H_4(NO_2)_2$	
36	2,4-二硝基苯胺	2,4-dinitroaniline		$(NO_2)_2C_6H_3NH_2$	
37	2,6-二硝基苯胺	2,6-dinitroaniline		$(NO_2)_2C_6H_3NH_2$	5.8、5.71、5.108
38	3,5-二硝基苯胺	3,5-dinitroaniline		$(NO_2)_2C_6H_3NH_2$	
39	2,4-二硝基氟化苯	2,4-dinitrofluorobenzene		$C_6H_3F(NO_2)_2$	5.72、5.108
40	2,4-二硝基萘酚	2,4-dinitro-1-naphthol		$(NO_2)_2C_{10}H_5OH$	5.15、5.57、5.108
41	1,3-二氯丙酮	1,3-dichloroacetone		$CH_2ClCOClCH_2$	5.8、5.71、5.101、5.104、5.108
42	2,4-二氯甲苯	2,4-dichlorotoluene		$CH_3C_6H_3Cl_2$	
43	2,5-二氯甲苯	2,5-dichlorotoluene		$CH_3C_6H_3Cl_2$	5.72、5.108
44	3,4-二氯甲苯	3,4-dichlorotoluene		$CH_3C_6H_3Cl_2$	
45	二氯甲烷	dichloromethane	亚甲基氯、甲撑氯	CH_2Cl_2	5.77、5.102、5.104
46	二氯乙酸乙酯	ethyl dichloroacetate	二氯醋酸乙酯	$Cl_2CHCO_2CH_2CH_3$	5.16、5.72、5.108
47	二氯乙酸甲酯	methyl dichloroacetate	二氯醋酸甲酯	$Cl_2CHCO_2CH_3$	5.71、5.104、5.108、5.121
48	1,2-二氯苯	1,2-dichlorobenzene	邻二氯苯	$C_6H_4Cl_2$	5.8、5.72、5.104、5.108、5.131
49	1,4-二氯苯	1,4-dichlorobenzene	对二氯苯	$C_6H_4Cl_2$	5.22、5.72、5.97、5.110、5.131
50	1,3-二氯苯	1,3-dichlorobenzene	间二氯苯	$C_6H_4Cl_2$	5.8、5.72、5.95、5.108、5.131

续表

序号	品名	品名(英文)	别名	分子式(或结构式)	危险特性
51	2,3-二氯苯胺	2,3-dichloroaniline		$Cl_2C_6H_3NH_2$	5.72、5.97、5.108
52	2,4-二氯苯胺	2,4-dichloroaniline		$Cl_2C_6H_3NH_2$	
53	2,5-二氯苯胺	2,5-dichloroaniline	对二氯苯胺	$Cl_2C_6H_3NH_2$	
54	2,6-二氯苯胺	2,6-dichloroaniline		$Cl_2C_6H_3NH_2$	
55	3,4-二氯苯胺	3,4-dichloroaniline		$Cl_2C_6H_3NH_2$	
56	3,5-二氯苯胺	3,5-dichloroaniline		$Cl_2C_6H_3NH_2$	
57	2,3-二氯硝基苯	2,3-dichloronitrobenzene		$Cl_2C_6H_3NO_2$	5.8、5.72、5.97、5.108
58	2,4-二氯硝基苯	2,4-dichloronitrobenzene		$Cl_2C_6H_3NO_2$	
59	2,5-二氯硝基苯	2,5-dichloronitrobenzene		$Cl_2C_6H_3NO_2$	
60	3,4-二氯硝基苯	3,4-dichloronitrobenzene		$Cl_2C_6H_3NO_2$	
61	二氯化苄	benzal chloride	苄叉二氯、二氯甲基苯	$C_6H_5CHCl_2$	5.99、5.104、5.101、5.108
62	2,2-二氯二乙醚	2,2-dichlorodiethyl ether	对称二氯二乙醚	$ClCH_2CH_2OCH_2CH_2Cl$	5.8、5.34、5.72、5.84、5.97、5.104、5.108
63	1,2-二溴乙烷	1,2-dibromoethane	乙撑二溴	CH_2BrCH_2Br	5.71、5.95、5.97、5.109
64	二溴磷(含量>50%)	dibrom	*O*,*O*-二甲基-*O*-(1,2-二溴-2,2-二氯乙基)磷酸酯	$(CH_3O)_2P(O)OC(Br)HC(Br)Cl_2$	5.97、5.108、5.111
65	二碘甲烷	diiodomethane		CH_2I_2	5.71、5.102、5.104、5.110
66	三苯膦	triphenyl phosphine		$(C_6H_5)_3P$	5.8、5.71、5.108
67	三氟乙酰苯胺	trifluoroacetanilid		$C_6H_5NHCOCF_3$	5.108
68	三氧化二砷	arsenic trioxide	砒霜、亚砷酸酐、白砒	As_2O_3	5.74、5.97、5.105
69	1,1,1-三氯乙烷	1,1,1-trichloroethane	甲基氯仿、α-三氯乙烷	CH_3CCl_3	5.97、5.102、5.109
70	1,1,2-三氯乙烷	1,1,2-trichloroethane	β-三氯乙烷	$ClCH_2CHCl_2$	
71	三氯乙烯	trichloroethylene		$CHClCCl_2$	5.110、5.111
72	三氯乙醛(无水的、抑制了的)	trichloroacetaldehyde	氯醛	CCl_3CHO	5.48、5.73、5.97、5.99、5.104
73	三氯化砷	arsenic trichloride	氯化砷	$AsCl_3$	5.78、5.84、5.97、5.98、5.104、5.105

续表

序号	品名	品名(英文)	别名	分子式(或结构式)	危险特性
74	1,2,3-三氯丙烷	1,2,3-trichloropropane		$CH_2ClCHClCH_2Cl$	5.8、5.71、5.76、5.97、5.104
75	α,α,α-三氯甲苯	α,α,α-benzotri-chloride	三氯甲苯、三氯苄、苯氯仿	$C_6H_5CCl_3$	5.84、5.94、5.97、5.108、5.111
76	三氯甲烷	chloroform	氯仿	$CHCl_3$	5.77、5.92、5.102、5.110、5.111
77	1,2,3-三氯苯	1,2,3-trichlorobenzene		$C_6H_3Cl_3$	
78	1,2,4-三氯苯	1,2,4-trichlorobenzene		$C_6H_3Cl_3$	5.108、5.111
79	1,3,5-三氯苯	1,3,5-trichlorobenzene		$C_6H_3Cl_3$	
80	2,4,5-三氯苯胺	2,4,5-trichloroaniline	1-氨基-2,4,5-三氯苯	$Cl_3C_6H_2NH_2$	
81	2,4,6-三氯苯胺	2,4,6-trichloroaniline	1-氨基-2,4,6-三氯苯	$Cl_3C_6H_2NH_2$	5.108、5.111
82	三溴乙烯	tribromoethylene		Br_2CCHBr	5.108
83	三溴甲烷	tribromomethane	溴仿	$CHBr_3$	5.72、5.92、5.101、5.102、5.110、5.111
84	三碘化砷	arsenic triiodide	碘化亚砷	AsI_3	5.61、5.77、5.84、5.92、5.105
85	三聚氰酸三烯丙酯	triallyl cyanurate		$(CH_2CHCH_2OC)_3N_3$	5.72、5.79、5.108
86	己二腈	adipic dinitrile	1,4-二氰基丁烷,氰化四亚甲基	$NC(CH_2)_4CN$	5.8、5.72、5.109
87	己腈	hexanenitrile	氰化正戊烷、戊基氰	$CH_3(CH_2)_4CN$	5.72、5.78、5.89、5.108
88	马拉硫磷	Malathion	马拉松、四零四九	$(CH_3O)_2P(S)SCH(CH_2CO_2C_2H_5)COOC_2H_5$	5.97、5.108
89	五氧化二砷	arsenic pentoxide	砷酸酐	As_2O_5	5.77、5.105
90	五氧化二锑	antimony pentoxide		Sb_2O_5	5.16、5.40、5.94、5.97、5.107
91	五氯乙烷	pentachloroethane		$CHCl_2CCl_3$	5.72、5.108
92	六氯乙烷	hexachloroethane	六氯化碳、全氯乙烷	CCl_3CCl_3	5.8、5.12、5.97、5.111
93	六氯-1,3-丁二烯	hexachloro-1,3-butaiene	全氯 1,3-丁二烯	$Cl_2CCClCClCCl_2$	5.104、5.110
94	六氯苯	hexachlorobenzene	六氯代苯	C_6Cl_6	5.72、5.97、5.108
95	丙二腈	cyanoacetonitrile	二氰甲烷、氰化亚甲基、缩苹果腈	$CH_2(CN)_2$	5.72、5.108
96	丙烯酰胺	acrylamide		$CH_2CHCONH_2$	5.73、5.97、5.108
97	丙酮氰醇	acetone cyanohydrine	氰丙醇、2-羟基异丁腈	$(CH_3)_2C(OH)CN$	5.16、5.109
98	戊二腈	glutaronitrile	1,3-二氰基丙烷	$NC(CH_2)_3CN$	5.7、5.108

续表

序号	品名	品名(英文)	别名	分子式(或结构式)	危险特性
99	戊腈	pentanenitrile	氰化丁烷、丁基氰	$CH_3(CH_2)_3CN$	5.72、5.78、5.89、5.109
100	2-甲苯酚	2-cresol	邻甲苯酚	$C_6H_4OHCH_3$	5.72、5.73、5.99、5.104、5.108
101	3-甲苯酚	3-cresol	间甲酚	$C_6H_4OHCH_3$	
102	4-甲苯酚	4-cresol	对甲酚	$CH_3C_6H_4OH$	5.72、5.73、5.99、5.108
103	(混合)甲酚	cresol(mixed)		$C_6H_4(OH)CH_3$	5.71、5.73、5.99、5.103、5.108、5.111
104	甲拌磷	phorate	赛美特、西梅脱、3911、*O*,*O*-二乙基-*S*-(乙硫基甲基)二硫代磷酸酯	$(C_2H_5O)_2PSSCH_2 \cdot SC_2H_5$	5.71、5.97、5.106、5.111
105	甲胺磷	methamidophos	多灭灵、脱麦隆、*O*,*S*-二甲基硫代磷酰胺	$C_2H_8NO_2PS$	
106	2-甲氧基苯胺	2-anisidine	邻氨基苯甲醚、邻茴香胺、邻甲氧基苯胺	$CH_3OC_6H_4NH_2$	
107	3-甲氧基苯胺	3-anisidine	间甲氧基苯胺、间氨基苯甲醚、间茴香胺	$NH_2C_6H_4OCH_3$	5.72、5.108
108	4-甲氧基苯胺	4-anisidine	对甲氧基苯胺、对氨基苯甲醚、对茴香胺	$NH_2C_6H_4OCH_3$	
109	4-甲氧基二苯胺-4-氯化重氮苯	4-methoxydianiline-4-diazobenzene chloride	凡拉明蓝盐B、安安蓝B色盐	$C_{13}H_{12}N_3OCl$	5.14、5.16、5.92、5.95、5.110
110	甲基三乙氧基硅烷	methyltriethoxysilane	三乙氧基甲基硅烷	$CH_3Si(OC_2H_5)_3$	5.8、5.72、5.104、5.108
111	甲基对硫磷	methyl parathion	*O*,*O*-二甲基-*O*-(对硝基苯基)硫代磷酸酯	$(CH_3O)_2P(S)OC_6H_4NO_2$	5.97、5.106、5.111
112	*N*-甲基苯胺	*N*-methylaniline		$C_6H_5NHCH_3$	5.72、5.97、5.109
113	2-甲基苯胺	2-toluidine	邻甲苯胺、邻氨基甲苯、2-氨基甲苯	$C_6H_4(CH_3)NH_2$	5.35、5.72、5.97、5.108
114	3-甲基苯胺	3-toluidine	间甲苯胺、间氨基甲苯、3-氨基甲苯	$CH_3C_6H_4NH_2$	5.8、5.72、5.97、5.108

续表

序号	品名	品名(英文)	别名	分子式(或结构式)	危险特性
115	4-甲基苯胺	4-toluidine	对甲苯胺、对氨基甲苯、4-氨基甲苯	$CH_3C_6H_4NH_2$	5.8、5.72、5.97、5.108
116	四乙基铅	lead tetraethyl		$Pb(C_2H_5)_4$	5.8、5.72、5.97、5.106
117	四氧化三铅	lead tetroxide	红丹、铅丹	Pb_3O_4	5.72、5.108、5.116
118	1,1,2,2-四氯乙烷	1,1,2,2-tetrachloro-ethane		$CHCl_2CHCl_2$	5.61、5.72、5.97、5.110、5.111、5.121
119	四氯乙烯	tetrachloroethylene	全氯乙烯	C_2Cl_4	5.72、5.94、5.111
120	四氯化碳	carbon tetrachloride	四氯甲烷	CCl_4	5.72、5.97、5.102、5.107、5.111
121	1,2,3,4-四氯苯	1,2,3,4-tetrachlorobenzene		$C_6H_2Cl_4$	5.72、5.108
122	1,2,3,5-四氯苯	1,2,3,5-tetrachlorobenzene		$C_6H_2Cl_4$	
123	1,2,4,5-四氯苯	1,2,4,5-tetrachlorobenzene		$C_6H_2Cl_4$	5.8、5.72、5.108
124	2,3,4,6-四氯苯酚	2,3,4,6-tetrachlorophenol		C_6HCl_4OH	5.72、5.99、5.108、5.111
125	代森铵	dithane stainless	乙烯双二硫代氨基甲酸铵、阿巴姆	$C_4H_{14}N_4S_4$	5.97、5.108
126	代森锌	dithane Z-18	乙烯双二硫代氨基甲酸锌	$C_4H_6N_2S_4Zn$	5.71、5.78、5.97、5.108
127	乐果	rogor	*O*,*O*-二甲基-*S*-(*N*-甲氨基甲酰甲基)二硫代磷酸酯	$(CH_3O)_2P(S)SOH_2C(O)NHCH_3$	5.97、5.108
128	对苯醌	quinone	1,4-环己二烯二酮	$C_6H_4O_2$	5.71、5.94、5.108、5.111
129	对硝基苄基吡啶	*p*-nitrobenzylpyridine	4-硝基苯甲基吡啶	$NCHCHC(CH_2C_6H_4NO_2)CHCH$	5.16、5.108
130	对硝基苯甲酰肼	*p*-nitrobenzoylhydrazine		$C_6H_4(NO_2)CONHNH_2$	5.16、5.72、5.108
131	对硝基苯甲酰氯	*p*-nitrobenzoyl chloride	氯化对硝基苯甲酰	$NO_2C_6H_4COCl$	5.71、5.84、5.104、5.108、5.112
132	对硫氰酸苯胺	*p*-thiocyanatoaniline	硫氰酸对氨基苯酯	$NCSC_6H_4NH_2$	5.78、5.108
133	对溴基溴化苯乙酮	*p*-bromophenacyl bromide		$BrC_6H_4COCH_2Br$	5.72、5.99、5.101、5.108
134	亚砷酸钠	sodium arsenite	亚砒酸钠、偏亚砷酸钠	$NaAsO_2$	5.8、5.77、5.80、5.105

续表

序号	品名	品名(英文)	别名	分子式(或结构式)	危险特性
135	*N*-亚硝基二苯胺	*N*-nitrosodiphenylamine	二苯亚硝胺	$(C_6H_5)_2NNO$	5.8、5.71、5.108
136	亚碲酸钠	sodium tellurite		Na_2TeO_3	5.107
137	杀虫脒	chlordimeform	氯苯脒、杀螨脒、5701、*N'*-(2-甲基-4-氯苯基)-*N*,*N*-二甲基甲脒	$Cl(CH_3)C_6H_3NCHN(CH_3)_2$	5.38、5.71、5.97、5.108
138	杀虫脒盐酸盐	chlordimeform hydrochloride		$C_{10}H_{14}Cl_2N_2$	
139	杀鼠灵	warfarin	华法灵、3-(丙酮基代苄基)-4-羟基香豆素	$C_{19}H_{16}O_4$	5.71、5.97、5.108
140	杀螟松	sumithion	杀螟硫磷、速灭虫、*O*,*O*-二甲基-*O*-(3-甲基-4-硝基苯基)硫代磷酸酯	$(CH_3O)_2P(S)OC_6H_3(CH_3)NO_2$	5.97、5.108、5.111
141	异硫氰酸苯酯	phenyl isothiocyanate	苯基芥子油	C_6H_5NCS	5.72、5.79、5.104、5.108
142	异硫氰酸烯丙酯(抑制了的)	allyl isothiocyanate	人造芥子油	CH_2CHCH_2NCS	5.8、5.72、5.79、5.95、5.97、5.101、5.108、5.111
143	异硫氰酸-1-萘酯	1-naphthyl isothiocyanate		$C_{10}H_7NCS$	5.108
144	异氰酸苯酯	phenyl isocyanate	苯基异氰酸酯	C_6H_5NCO	5.101、5.104、5.108
145	异稻瘟净	kitazine P	*O*,*O*-二异丙基-*S*-苄基硫代磷酸酯、克打净P	$C_{13}H_{21}O_3PS$	5.38、5.78、5.97、5.108、5.111
146	克瘟散	hinosan	西双散、*O*-乙基-*S*,*S*-二苯基二硫代磷酸酯	$C_{14}H_{15}O_2PS_2$	5.38、5.78、5.97、5.108
147	苄胺	benzylamine	氨基甲苯	$CH_3C_6H_4NH_2$	5.71、5.104、5.108
148	2-苄基吡啶	2-benzylpyridine	2-苯甲基吡啶	$C_6H_5CH_2C_5H_4N$	5.8、5.72、5.108
149	4-苄基吡啶	4-benzylpyridine	4-苯甲基吡啶、γ-苄基吡啶	$C_6H_5CH_2C_5H_4N$	5.72、5.108
150	苄硫醇	benzyl mercaptan	α-甲苯硫醇	$C_6H_5CH_2SH$	5.8、5.71、5.78、5.108、5.111

续表

序号	品名	品名(英文)	别名	分子式(或结构式)	危险特性
151	呋喃丹(含量>10%)	furadan	克百威、虫螨威、*O*-2,3-二氢化-2,2-二甲基苯并呋喃基-*N*-甲基氨基甲酸酯	$C_{12}H_{15}NO_3$	5.38、5.72、5.78、5.104、5.106
152	2-吡咯酮	2-pyrrolidone		$HNCH_2CH_2CH_2CO$	5.8、5.71、5.106
153	狄氏剂	dieldrin	氧桥氯甲桥萘、化合物497	$C_{12}H_8Cl_6O$	5.38、5.72、5.97、5.108
154	间苯三酚	phloroglucinol	1,3,5-三羟基苯、均苯三酚	$C_6H_3(OH)_3\cdot 2H_2O$	5.71、5.72、5.97、5.108
155	苯乙腈	benzyl cyanide	氰化苄、苄基氰	$C_6H_5CH_2CN$	5.72、5.97、5.108
156	1,2-苯二酚	pyrocatechol	邻苯二酚、焦儿茶酚	$C_6H_4(OH)_2$	
157	1,4-苯二酚	hydroquinone	对苯二酚、氢醌、几奴尼	$C_6H_4(OH)_2$	5.39、5.72、5.95、5.97、5.108
158	1,3-苯二酚	resorcin	间苯二酚、间位二羟基苯、雷琐辛	$C_6H_4(OH)_2$	
159	1,4-苯二胺	1,4-phenylenediamine	对苯二胺、毛皮元D、乌尔丝D、1,4-二氨基苯	$C_6H_4(NH_2)_2$	5.8、5.94、5.108
160	苯甲腈	benzonitrile	氰化苯、苯基氰、苄腈、氰基苯	C_6H_5CN	5.72、5.97、5.108

注：表中危险特性是根据每种常用危险化学品易发生的危险，综合归纳为以下多种基本危险特性。对每种危险化学品选用适当的基本危险特性用数字符号来表示它们易发生的危险性。

5.1　与空气混合能形成爆炸性混合物。

5.2　与氧化剂混合，能形成爆炸性混合物。

5.3　与铜、汞、银能形成爆炸性混合物。

5.4　与还原剂及硫、磷混合能形成爆炸性混合物。

5.5　与乙炔、氢、甲烷等易燃气体能形成有爆炸性的混合物。

5.6　本品蒸气与空气易形成爆炸性混合物。

5.7　遇强氧化剂会引起燃烧爆炸。

5.8　与氧化剂发生反应，有燃烧危险。

5.9　与氧化剂会发生强烈反应，遇明火、高热会引起燃烧爆炸。

5.10　与氧化剂会发生反应，遇明火、高热易引起燃烧。

5.11　遇明火极易燃烧爆炸。

5.12　遇明火、高热易引起燃烧爆炸。

5.13　遇明火、高热会引起燃烧爆炸。

5.14　遇明火、高热能燃烧。

5.15 遇高温剧烈分解，会引起爆炸。
5.16 遇高热分解。
5.17 受热时分解。
5.18 受热、光照会引起燃烧爆炸。
5.19 受热、遇酸分解，放出氧气，有燃烧爆炸危险。
5.20 受热后瓶内压力增大，有爆炸危险。
5.21 暴热、遇冷有引起爆炸危险。
5.22 遇高热、明火及强氧化剂易引起燃烧。
5.23 遇水或潮湿空气会引起燃烧爆炸。
5.24 遇水或潮湿空气会引起燃烧。
5.25 受热、遇潮气分解，放出氧、有燃烧爆炸危险。
5.26 遇潮气、酸类会分解，放出氧气，助燃。
5.27 遇水会分解。
5.28 遇水爆溅。
5.29 遇酸会引起燃烧。
5.30 遇酸发生剧烈反应。
5.31 遇酸发生分解反应。
5.32 遇酸或稀酸会引起燃烧爆炸。
5.33 遇硫酸会引起燃烧爆炸。
5.34 与发烟硫酸、氯磺酸发生剧烈反应。
5.35 与硝酸发生剧烈反应或立即燃烧。
5.36 与盐酸发生剧烈发生，有燃烧爆炸危险。
5.37 遇碱发生剧烈反应，有燃烧爆炸危险。
5.38 遇碱发生反应。
5.39 与氢氧化钠发生剧烈反应。
5.40 与还原剂能发生反应。
5.41 与还原剂发生剧烈反应，甚至引起燃烧。
5.42 与还原剂接触有燃烧爆炸危险。
5.43 遇卤素会引起燃烧爆炸。
5.44 遇卤素会引起燃烧。
5.45 遇胺类化合物会引起燃烧爆炸。
5.46 遇 H 发泡剂会引起燃烧。
5.47 遇金属粉末增加危险性或有燃烧爆炸危险。
5.48 见光、受热或久储易聚合，有燃烧爆炸危险。
5.49 遇油脂会引起燃烧爆炸。
5.50 遇双氧水会引起燃烧爆炸。
5.51 与酸类、卤素、醇类、胺类发生强烈反应，会引起燃烧。
5.52 遇易燃物、有机物会引起燃烧。
5.53 遇易燃物、有机物会引起爆炸。
5.54 遇乙醇、乙醚会引起爆炸。
5.55 遇硫、磷会引起爆炸。
5.56 遇甘油会引起燃烧或强烈燃烧。
5.57 撞击、摩擦、振动有燃烧爆炸危险。
5.58 在干燥状态下会引起燃烧爆炸。
5.59 能使油脂剧烈氧化，甚至燃烧爆炸。
5.60 在空气中久置后能生成有爆炸性的过氧化物。
5.61 遇金属钠及钾有爆炸危险。
5.62 与硝酸盐及亚硝酸盐发生强烈反应，会引起爆炸。

5.63　在日光下与易燃气体混合时会发生燃烧爆炸。
5.64　遇微量氧易引起燃烧爆炸。
5.65　与多数氧化物发生强烈反应，易引起燃烧。
5.66　接触铝及其合金能生成自燃性的铝化合物。
5.67　接触空气能自燃或干燥品久储变质后能自燃。
5.68　与氯酸盐或亚硝酸钠能组成爆炸性混合物。
5.69　接触遇水燃烧物品有燃烧危险。
5.70　与硫、磷等易燃物、有机物、还原剂混合，经摩擦、撞击有燃烧爆炸危险。
5.71　受热分解放出有毒气体。
5.72　受高热或燃烧发生分解，放出有毒气体。
5.73　受热分解放出腐蚀性气体。
5.74　爱热升华，产生剧毒气体。
5.75　受热后容器内压力增大，泄漏物质可导致中毒。
5.76　遇明火燃烧时放出有毒气体。
5.77　遇明火、高温时，产生剧毒气体。
5.78　接触酸或酸雾产生有毒气体。
5.79　接触酸或酸雾产生剧毒气体。
5.80　接触酸或酸雾产生剧毒、易燃气体。
5.81　受热、遇酸或酸雾产生有毒、易燃气体，甚至爆炸。
5.82　受热、遇酸或酸雾产生有毒、易燃气体。
5.83　遇发烟硫酸分解，放出剧毒气体，在碱和乙醇中加速分解。
5.84　与水和水蒸气发生反应，放出有毒的腐蚀性气体。
5.85　遇水产生有毒的腐蚀性气体，有时会引起爆炸。
5.86　受热、遇水及水蒸气能生成有毒、易燃气体。
5.87　遇水或水蒸气会产生剧毒、易燃气体。
5.88　遇水、潮湿空气、酸放出能自燃的剧毒气体。
5.89　遇水分解产生有毒气体。
5.90　与还原剂发生激烈反应，放出有毒气体。
5.91　遇氰化物会产生剧毒气体。
5.92　见光分解，放出有毒气体。
5.93　遇乙醇发生反应产生有毒的、腐蚀性气体。
5.94　对眼、黏膜或皮肤有刺激性，有烧伤危险。
5.95　对眼、黏膜或皮肤有强烈刺激性，会造成严重烧伤。
5.96　触及皮肤有强烈刺激作用，造成灼伤。
5.97　触及皮肤易经皮肤吸收或误食，吸入蒸气、粉尘会引起中毒。
5.98　有强腐蚀性。
5.99　有腐蚀性。
5.100　可燃，有腐蚀性。
5.101　有催泪性。
5.102　有麻醉性或蒸气有麻醉性。
5.103　有毒、有窒息性。
5.104　有刺激性气味。
5.105　剧毒。
5.106　剧毒，可燃。
5.107　有毒，不燃烧。
5.108　有毒，遇明火能燃烧。
5.109　有毒，易燃。
5.110　有毒或蒸气有毒。

5.111 有特殊的刺激性气味。

5.112 有吸湿性或易潮解。

5.113 极易挥发，露置空气中立即冒白烟，有燃烧爆炸危险。

5.114 助燃。

5.115 有强氧化性。

5.116 有氧化性。

5.117 有强还原性。

5.118 有放射性。

5.119 易产生或聚集静电，有燃烧爆炸危险。

5.120 与氢氧化铵发生强烈反应，有燃烧危险。

5.121 水解后产生腐蚀性产物。

5.122 接触空气、氧气、水发生剧烈反应，能引起燃烧，分解时放出有毒气体。

5.123 遇氨、硫化氢、卤素、磷、强碱、遇水燃烧物品等有燃烧爆炸危险。

5.124 遇过氯酸、氯气、氧气、臭氧等易发生燃烧爆炸危险。

5.125 与铝、锌、钾、氟、氯、叠氮化合物等反应剧烈，有燃烧爆炸危险。

5.126 碾磨、摩擦或有静电火花时，能自燃。

5.127 与空气、氧、溴强烈反应，会引起爆炸。

5.128 遇碘、乙炔、四氯化碳易发生爆炸。

5.129 遇二氧化碳、四氯化碳、二氯甲烷、氯甲烷等会引起爆炸。

5.130 与氯气、氧、硫黄、盐酸反应剧烈，有燃烧爆炸危险。

5.131 与铝粉发生猛烈反应，有燃烧爆炸危险。

5.132 与镁、氟发生强烈反应，有燃烧爆炸危险。

5.133 与氟、钾发生强烈反应，有燃烧爆炸危险。

5.134 与磷、钾、过氧化钠发生强烈反应，有燃烧爆炸危险。

5.135 强烈震动、受热或遇无机碱类、氧化剂、烃类、胺类、三氯化铝、六甲基苯等均能引起燃烧爆炸。

5.136 遇氨水、氟化氢、酸有爆炸危险。

5.137 遇水分解为盐酸、亚碲酸和有很强刺激性、腐蚀性、爆炸性的氧氯化物，

5.138 与酸类、碱类、胺类、二氧化硫、硫脲、金属盐类、氧化剂类等猛烈反应，遇光和热有加速作用，会引起爆炸。

5.139 遇三硫化二氢有爆炸危险。

5.140 与过氯酸银、硫酸甲酯反应剧烈、有燃烧爆炸危险。

5.141 能在二氧化碳及氮气中燃烧。

5.142 遇磷、氯会引起燃烧爆炸。

5.143 遇二氧化铅发生强烈反应。

5.144 会缓慢分解放出氧气、接触金属（铝除外）分解速率亦增加。

5.145 遇水时对金属和玻璃有腐蚀性。

(3) 腐蚀品 腐蚀品是指能灼伤人体组织并对金属等物品造成损坏的固体或液体。

它们与皮肤接触在4h内会出现可见坏死现象。

如液氮、强酸、强碱、强氧化剂、溴、磷、钠、钾、苯酚、醋酸等物质都会灼伤皮肤，危险性很大。

该类物质按化学性质可分为三类：

① 酸性腐蚀品，如硫酸、硝酸、盐酸、氯磺酸、冰醋酸等。

② 碱性腐蚀品，如氢氧化钠、硫氢化钙、乙二胺等。

③ 其他腐蚀品，如二氯乙醛、苯酚钠、甲醛、肼等。

按其腐蚀性的强弱又细分为一级腐蚀品和二级腐蚀品。

腐蚀品，按国家标准（GB 6944）规定，危险货物的第八类危险品。腐蚀品的标记见图 2-6。

图 2-6　腐蚀品的标记

各类腐蚀品编号、品名、别名、备注可见表 2-11《腐蚀品目录》。

表 2-11　腐蚀品目录

编号	品　　名	别　　名	备注
第一类　酸性腐蚀品			
81001	发烟硝酸		2032
81002	硝酸		2031
81003	硝化酸混合物	硝化混合酸	1796
81004	废硝酸		
	废硝化混合酸		1826
81005	硝酸羟胺		
81006	发烟硫酸	焦硫酸	1831
81007	硫酸		1830
81008	含铬硫酸		2240
81009	废硫酸		1832
	如:淤渣硫酸		1906
81010	三氧化硫(抑制)	硫酸酐	1829
81011	亚硫酸		1833
81012	亚硝基硫酸	亚硝酰硫酸	2308
81013	盐酸	氢氯酸	1789
81014	硝基盐酸	王水	1798
81015	氟化氢(无水)		1052
81016	氢氟酸	氟化氢溶液	1790
81017	氢溴酸	溴化氢溶液	1788
81018	溴化氢乙酸溶液	溴化氢醋酸溶液	
81019	氢碘酸	碘化氢溶液	1787

续表

编号	品名	别名	备注
81020	溴酸		
81021	溴	溴素	1744
	溴水(含溴≥3.5%)		
81022	高氯酸(含酸≤50%)	过氯酸	1802
81023	氯磺酸		1754
81024	氟磺酸		1777
81025	氟硅酸	硅氟酸	1778
81026	氟硼酸		1775
81027	氟磷酸(无水)		1776
81028	二氟磷酸(无水)	二氟(代)磷酸	1768
81029	六氟合磷氢酸(无水)	六氟(代)磷酸	1782
81030	硒酸		1905
81031	铬酸溶液		1755
81032	一氯化硫		1828
81033	二氯化硫		1828
81034	四氯化硫		1828
81035	氧氯化硫	硫酰氯、二氯硫酰、磺酰氯	1834
81036	氯化二硫酰	二硫酰氯、焦硫酰氯	1817
81037	氯化亚砜	亚硫酰(二)氯、二氯氧化硫	1836
81038	氧氯化铬	氯化铬酰、二氯氧化铬、铬酰氯	1758
81039	氧氯化硒	氯化亚硒酰、二氯氧化硒	2879
81040	氧氯化磷	氯化磷酰、磷酰氯、三氯氧化磷	1810
81041	三氯化磷		1809
81042	五氯化磷		1806
81043	四氯化硅	氯化硅	1818
81044	四氯化碲		
81045	三氯化铝(无水)		1726
81046	三氯化锑		1733、1730
81047	五氯化锑		1731
81048	四氯化锗	氯化锗	
81049	四氯化铅		
81050	三氯化钛混合物		2869
81051	四氯化钛		1838
81052	四氯化钒		2444

续表

编号	品名	别名	备注
81053	四氯化锡(无水)	氯化锡	1827
81054	一氯化碘		1792
81055	氧溴化磷	溴化磷酰、磷酰溴、三溴氧(化)磷	1939、2576
81056	三溴化磷		1808
81057	五溴化磷		2691
81058	三溴化铝(无水)	溴化铝	1725
81059	三溴化硼		2692
81060	二水合三氟化硼	三氟化硼水合物	2851
81061	五氟化锑		1732
81062	硫酸铅(含游离酸>3%)		1794
81063	五氧化(二)磷	磷酸酐	1807
81064	硫代磷酰氯	硫代氯化磷酰、三氯化硫磷	1837
81065	灭火器药剂(腐蚀性液体)		1774
81066	电池液(酸性的)		2796
81067	一级无机酸性腐蚀品(未列名)		
81101	甲酸		1779
81102	三氟乙酸	三氟醋酸	2699
	三氟乙酸酐	三氟醋酸酐	
81103	三氟化硼乙酸酐	三氟化硼醋(酸)酐	
81104	乙基硫酸	酸式硫酸乙酯	2571
81105	二苯胺硫酸溶液		
81106	苯酚二磺酸硫酸溶液		
81107	苯酚磺酸		1803
81108	邻硝基苯磺酸		2305
	间硝基苯磺酸		2305
	对硝基苯磺酸		2305
81109	烷基、芳基或甲苯磺酸(含游离硫酸>5%)		2583、2584
81110	溴(化)乙酰	乙酰溴	1716
81111	溴(化)丙酰	丙酰溴	
81112	溴乙酰溴	溴化溴乙酰	2513
81113	1-溴丙酰溴	溴化-1-溴丙酰	
	2-溴丙酰溴	溴化-2-溴丙酰	
81114	碘(化)乙酰	乙酰碘	1898

续表

编号	品　　名	别　　名	备注
81115	戊酰氯		2502
	异戊酰氯		
	己酰氯	氯化己酰	
81116	乙二酰氯	氯化乙二酰、草酰氯	
	丙二酰氯	缩苹果酰氯	
	丁二酰氯	氯化丁二酰、琥珀酰氯	
	癸二酰氯	氯化癸二酰	
	丁烯二酰氯(反式)	富马酰氯	1780
81117	三甲基乙酰氯	三甲基氯乙酰、新戊酰氯	2438
81118	氯乙酰氯	氯化氯乙酰	1752
	二氯乙酰氯		1765
	三氯乙酰氯		2442
81119	二甲氨基甲酰氯		2262
81120	呋喃甲酰氯	氯化呋喃甲酰	
81121	苯甲酰氯	氯化苯甲酰	1736
81122	2,4-二氯苯甲酰氯	2,4-二氯(代)氯化苯甲酰	
81123	甲氧基苯甲酰氯	茴香酰氯	1729
81124	2,6-二甲氧基苯甲酰氯		
81125	邻苯二甲酰氯	二氯化(邻)苯二甲酰	
	间苯二甲酰氯	二氯化(间)苯二甲酰	
	对苯二甲酰氯		
81126	苯磺酰氯	氯化苯磺酰	2225
81127	甲(基)磺酰氯	氯化硫酰甲烷	
81128	苯(基)氧氯化膦	苯磷酰二氯	
81129	1-萘氧(基)二氯化膦		
81130	苯硫代二氯化膦	苯硫代磷酰二氯;硫代二氯(化)膦苯	2799
81131	二甲基硫代磷酰氯		2267
81132	二乙基硫代磷酰氯		2751
81133	一级有机氯硅烷化合物		
	如:丙基三氯硅烷		1816
	丁基三氯硅烷		1747
	戊基三氯硅烷		1728
	己基三氯硅烷		1784

续表

编号	品　　名	别　　名	备注
81133	辛基三氯硅烷		1801
	壬基三氯硅烷		1799
	十二烷基三氯硅烷		1771
	十六烷基三氯硅烷		1781
	十八烷基三氯硅烷		1800
	二氯苯基三氯硅烷		1766
	氯苯基三氯硅烷		1753
	苯基三氯硅烷	苯代三氯硅烷	1804
	烯丙基三氯硅烷(稳定)		1724
	环己基三氯硅烷		1763
	环己烯基三氯硅烷		1762
	二乙基二氯硅烷	二氯二乙基硅烷	1767
	苯基二氯硅烷	二氯苯基硅烷	
	甲基苯基二氯硅烷		2437
	乙基苯基二氯硅烷		2435
	二苯(基)二氯硅烷		1769
	二苄基二氯硅烷		2434
	三苯基氯硅烷		
	氯甲基三甲基硅烷	三甲基氯甲硅烷	
81134	3-甲基-2-戊烯-4-炔醇		2705
81135	一级有机酸性腐蚀品(未列名)		
81501	正磷酸	磷酸	1805
81502	亚磷酸		2834
81503	三氧化(二)磷	亚磷(酸)酐	2578
81504	次磷酸		
81505	多聚磷酸	四磷酸	
81506	氨基磺酸		2967
81507	氯铂酸		2507
81508	硫酸羟胺	硫酸胲	2865
81509	硫酸氢钾	酸式硫酸钾	2509
	硫酸氢钠	酸式硫酸钠	1821
	硫酸氢钠溶液	酸式硫酸钠溶液	2837
	硫酸氢铵	酸式硫酸铵	2506

续表

编号	品名	别名	备注
81510	亚硫酸氢盐及其溶液		2693
	如：亚硫酸氢铵	酸式亚硫酸铵	
	亚硫酸氢钙	酸式亚硫酸钙	
	亚硫酸氢钾	酸式亚硫酸钾	
	亚硫酸氢钠	酸式亚硫酸钠	
	亚硫酸氢锌	酸式亚硫酸锌	
	亚硫酸氢镁	酸式亚硫酸镁	
81511	2-氨基噻唑硫酸盐		
	2-氨基噻唑盐酸盐		
81512	三氯化铝溶液	氯化铝溶液	2581
81513	三氯化铁	氯化铁	1773
	三氯化铁溶液	氯化铁溶液	2582
81514	三氯化钼、五氯化钼		2508
81515	五氯化铌		
81516	五氯化钽		
81517	四氯化锆		2503
81518	三氯化钛溶液		
81519	三氯化钒		2475
81520	四氯化锡五水合物		2440
81521	三氯化碘		
81522	三溴化铝溶液	溴化铝溶液	2580
81523	三溴化锑		
81524	四溴化锡		
81525	一溴化碘		
81526	三溴化碘		
81527	三碘化锑		
81528	四碘化锡		
81529	除锈磷化液，如：B205 型除锈磷化处理剂		
81530	蓄电池(注有酸液)		2794
81531	二级无机酸性腐蚀品(未列名)		
81601	乙酸(含量＞80％)	醋酸、冰醋酸	2789
	乙酸溶液(含量＞10％～80％)	醋酸溶液	2790
81602	乙酸酐	醋酸酐	1715

续表

编号	品　　名	别　　名	备注
81603	氯乙酸	氯醋酸	1750
81604	氯乙酸酐	氯醋酸酐	1751
81605	二氯乙酸	二氯醋酸	1764
81606	三氯乙酸	三氯醋酸	1839、2564
81607	溴乙酸	溴醋酸	1938
81608	三溴乙酸	三溴醋酸	
81609	碘乙酸	碘醋酸	
81610	三碘乙酸	三碘醋酸	
81611	巯基乙酸	氢硫基乙酸、硫代乙醇酸	1940
81612	三氟化硼乙酸络合物	乙酸三氟化硼	1742
81613	丙酸		1848
81614	丙(酸)酐		2496
81615	2-氯丙酸	2-氯代丙酸	2511
	3-氯丙酸	3-氯代丙酸	
81616	三氟化硼丙酸络合物		1743
81617	丙烯酸(抑制)		2218
81618	甲基丙烯酸(抑制)	异丁烯酸	2531
81619	丙炔酸		
81620	丁酸		2820
81621	丁酸酐		2739
81622	己酸		2829
81623	2-丁烯酸	巴豆酸	2823
81624	丁烯二酸酐(顺式)	马来(酸)酐、失水苹果酸酐	2215
81625	二氯醛基丙烯酸	黏氯酸、糠氯酸、二氯代丁烯醛酸	
81626	甲(基)磺酸		
81627	1,3-苯二磺酸溶液		
81628	烷基、芳基或甲苯磺酸(含游离硫酸＝5%)		2585、2586
81629	2-氯(代)乙基膦酸	乙烯利、一试灵	
81630	硝酸甲胺		
81631	邻苯二甲酸酐	苯酐、酞酐	2214
81632	四氢邻苯二甲酸酐(含马来酐＞0.05%)	四氢酞酐	2698

续表

编号	品　　名	别　　名	备注
81633	辛酰氯		
	十二(烷)酰氯	月桂酰氯	
	十四(烷)酰氯	肉豆蔻酰氯	
	十六(烷)酰氯	棕榈酰氯	
	十八(烷)酰氯	硬质酰氯	
81634	己二酰(二)氯		
81635	苯乙酰氯		2577
81636	3-氯苯甲酰氯	邻氯苯甲酰氯、氯化邻氯苯甲酰	
	4-氯苯甲酰氯	对氯苯甲酰氯、氯化对氯苯甲酰	
81637	2-溴苯甲酰氯	邻溴苯甲酰氯	
	4-溴苯甲酰氯	对溴苯甲酰氯、氯化对溴代苯甲酰	
81638	2-硝基苯甲酰氯	邻硝基苯甲酰氯	
	3-硝基苯甲酰氯	间硝基苯甲酰氯	
81639	2-硝基苯磺酰氯	邻硝基苯磺酰氯	
	3-硝基苯磺酰氯	间硝基苯磺酰氯	
	4-硝基苯磺酰氯	对硝基苯磺酰氯	
81640	苯甲氧基磺酰氯		
81641	氰尿酰氯	三聚氰(酰)氯	2670
81642	3-硝基苯甲酰溴	间硝基苯甲酰溴	
81643	异丙基磷酸	酸式磷酸异丙酯	1793
81644	丁基磷酸	酸式磷酸丁酯	1718
81645	二戊基磷酸	酸式磷酸(二)戊酯	2819
81646	二异辛基磷酸	酸式磷酸二异辛酯	1902
81647	二级有机酸性腐蚀品(未列名)		
	第二类　碱性腐蚀品		
82001	氢氧化钠	苛性钠、烧碱	1823
	氢氧化钠溶液	液碱	1824
82002	氢氧化钾	苛性钾	1813
	氢氧化钾溶液		1814
82003	氢氧化锂		2680
	氢氧化锂溶液		2679
82004	氢氧化铷		2678
	氢氧化铷溶液		2677

续表

编号	品　　名	别　　名	备注
82005	氢氧化铯		2682
	氢氧化铯溶液		2681
82006	氧化钠		1825
82007	氧化钾		2033
82008	铝酸钠溶液		1819
82009	多硫化铵溶液		2818
82010	硫化铵溶液		2683
82011	硫化钠(含结晶水=30%)		1849
82012	硫化钾(含结晶水=30%)		1847
82013	硫化钡		
82014	硫氢化钠(含结晶水=25%)	氢硫化钠	2949
82015	硫氢化钙		
82016	电池液(碱性的)		2797
82017	一级无机碱性腐蚀品(未列名)		
82018	烷基醇钠类		
	乙醇钠	乙氧基钠	
	丁醇钠	丁氧基钠	
	异戊醇钠	异戊氧基钠	
	己醇钠		
82019	四甲基氢氧化铵		1835
	四乙基氢氧化铵		
	四丁基氢氧化铵		
82020	水合肼(含肼=64%)	水合联氨	2030
	肼水溶液(含肼=64%)		
82021	环己胺	六氢苯胺、氨基环己烷	2357
82022	*N*,*N*-二甲基环己胺	二甲氨基环己烷	2264
82023	苄基二甲胺	*N*,*N*-二甲基苄胺	2619
82024	*N*,*N*-二乙基乙(撑)二胺		2685
82025	二亚乙基三胺	二乙(撑)三胺	2079
82026	三亚乙基四胺	二缩三乙二胺、三乙(撑)四胺	2259
82027	二(正)丁胺		2248
82028	1,2-乙二胺	1,2-二氨基乙烷、乙(撑)二胺	1604
82029	铜乙二胺溶液		1761

续表

编号	品　　名	别　　名	备注
82030	1,2-丙二胺	1,2-二氨基丙烷 1,3-二氨基丙烷	2258
	1,3-丙二胺		
82031	1,6-己二胺	1,6-二氨基己烷、己(撑)二胺	1783、2280
82032	聚乙烯聚胺	多乙烯多胺、多乙撑多胺	2733
82033	一级有机碱性腐蚀品(未列名的)		
82501	钠石灰(含氢氧化钠＞4%)	碱石灰	1907
82502	铝酸钠(固体)		2812
82503	氨溶液(含氨10%～35%)	氨水	2672
82504	1-氨基乙醇	乙醛合氨	1841
	2-氨基乙醇	乙醇胺、2-羟基乙胺	2491
82505	四亚乙基五胺	三缩四乙二胺、四乙(撑)五胺	2320
82506	2-(2-氨基乙氧基)乙醇		3055
82507	2,2′-二羟基二乙胺	二乙醇胺	
82508	2,2′-二羟基二丙胺	二异丙醇胺	
82509	3-二乙氨基丙胺	*N*,*N*-二乙基-1,3-二氨基丙烷	2684
82510	三(正)丁胺		2542
82511	2-乙基己胺	2-(氨基甲基)庚烷	2276
82512	二环己胺		2565
82513	三甲基环己胺		2326
82514	3,3,5-三甲基己撑二胺	3,3,5-三甲基六亚甲基二胺	2327
82515	3,3′-二氨基二丙胺	二丙三胺、3,3′-亚氨基二丙胺	2269
82516	异佛尔酮二胺	1-氨基-3-氨基甲基-3,5,5-三甲基环己烷、3,3,5-三甲基-4,6-二氨基-2-烯环己酮、4,6-二氨基-3,5,5-三甲基-2-环己烯-1-酮	2289
82517	三氟化硼甲苯胺		
82518	哌嗪	对二氮己环	2579
82519	*N*-氨基乙基哌嗪	1-哌嗪乙胺、*N*-(2-氨基乙基)哌嗪	2815
82520	蓄电池		2795
	(注有碱液的)		3028
	(含氢氧化钾固体)		
82521	二级碱性腐蚀品(未列名的)		
	第三类　其他腐蚀品		
83001	亚氯酸钠溶液(含有效氯＞5%)		1908

续表

编号	品　　名	别　　名	备注
83002	氟化铬	三氟化铬	1756、1757
83003	氟化氢铵	酸性氟化铵	1727、2817
83004	氟化氢钠	酸性氟化钠	2439
	氟化氢钾	酸性氟化钾	1811
83005	三氟化硼乙醚络合物		2604
83006	氯甲酸烯丙(基)酯(含稳定剂)		1722
83007	氯甲酸苄酯	苯甲氧基碳酰氯	1739
83008	硫代氯甲酸乙酯	氯硫代甲酸乙酯	2826
83009	二氯乙醛		
83010	二氯化膦苯	苯基二氯磷、苯膦化二氯	2798

使用和处理此类物质时，要戴橡皮或塑料手套，在抽气柜内进行，同时应注意不要让皮肤与之接触，尤其防止溅入眼中。

各种危险化学品的安全贮存要求：

① 危险品贮藏室应干燥、朝北、通风良好。门窗应坚固，门应朝外开。并应设在四周不靠建筑物的地方。易燃液体贮藏室温度一般不许超过28℃，爆炸品贮温不许超过30℃。

② 危险品应分类隔离贮存，量较大的应隔开房间，量小的也应设立铁板柜和水泥柜以分开贮存。

③ 对腐蚀性物品应选用耐腐蚀性材料作架子。

④ 对爆炸性物品可将瓶子存于铺干燥黄沙的柜中。

⑤ 相互接触能引起燃烧爆炸及灭火方法不同的危险品应分开存放，绝不能混存。

⑥ 照明设备应采用隔离，封闭，防爆型。室内严禁烟火。

⑦ 经常检查危险品贮藏情况，及消除事故隐患。

⑧ 实验室及库房中应准备好消防器材，管理人员必须具备防火灭火知识。

(4) 感染性物品和放射性物品　感染性物品和放射性物品将在后面的相关章节作进一步的介绍。

总之，应加强对危险化学品的管理，预防和减少各类事故的发生。危险化学品生产、储存、使用、经营和运输的安全管理必须符合2011年12月1日起施行的《危险化学品安全管理条例》。

《危险化学品安全管理条例》具体见附录6。

2.4 环境污染物质

环境污染物质通常是指影响我们生存环境的物质。

环境污染物一般来源于自然和人工两个方面。导致环境污染的原因大致可分为化学的、物理的和生物的三种类型。

环境污染物对人类生存环境的影响日趋严重。环境问题已成为当今世界所面临的重大问题之一。保护环境应是我国的一项基本国策。

环境污染可根据不同的方法进行分类。

按环境要素可分为：大气污染、水体污染、土壤污染。

按人类活动可分为：工业环境污染、城市环境污染、农业环境污染。

按造成环境污染的性质、来源可分为：化学污染、生物污染、物理污染（噪声污染、放射性、电磁波）固体废物污染、能源污染等。

化学实验室环境污染物质主要是化学实验产生的废弃物，包括实验过程中产生的固体废弃物、液体废弃物、气体废弃物，还有噪声、辐射等危害人体健康的因素。这些废弃物在被排放处理过程中，稍有不慎就会造成环境污染。

以下按液体废弃物、固体废弃物、气体废弃物进行介绍。

2.4.1 液体废弃物

化学实验过程中通常都会产生大量的液体废弃物，它们是引起环境污染的主要因素之一。这些化学物质种类繁多，有无机物和有机物。处理不当，会造成各种程度的环境污染，危害人类健康。我们必须将实验后的液体废弃物根据具体情况分类收集，妥善处理。

液体废弃物通常有以下几类。

(1) 废酸　常见的废酸有硫酸、硝酸、盐酸、磷酸、(次) 氯酸、溴酸、氢氟酸、氢溴酸、硼酸、砷酸、硒酸、氰酸、氯磺酸、碘酸、王水等。

(2) 废碱　常见的废碱有氢氧化钠、氢氧化钾、氢氧化钙、氢氧化锂、碳酸(氢) 钾、硼砂、(次) 氯酸钾、(次) 氯酸钙、磷酸钠石棉尘、石棉等。

(3) 含酚废物　常见的含酚废物有含氨基苯酚、氯甲苯酚、煤焦油、二氟酚、三羟基苯、硝基苯酚、氯酚、硝基苯甲酚、苦味酸、苯酚胺的废物。

(4) 含醚废物　常见的含醚废物有含苯甲醚、乙二醇单丁醚、甲乙醚、二氯乙醚、二苯醚、乙二醇甲基醚、氯甲基乙醚、乙二醇二甲基醚的废物。

(5) 含有机卤化物废物　常见的含有机卤化物废物有苄基氮、苯甲酰氯、三氮乙醛、二氯醋酸、二溴氯丙烷、溴萘酚、碘代甲烷、三氯酚、磺酸的废物。

(6) 有机溶剂废液　常见的有机溶剂废液有苯、苯胺、氯仿、四氯化碳、醇类、醛类、液态烃类化合物等。

(7) 含重金属离子的废物　常见的含重金属离子的废物是含铬、汞、铅、铜、银等的废液。

下面所列的废液不能互相混合：

① 过氧化物与有机物；

② 氰化物、硫化物、次氯酸盐与酸；

③ 盐酸、氢氟酸等挥发性酸与不挥发性酸；

④ 浓硫酸、磺酸、羟基酸、聚磷酸等酸类与其他的酸；

⑤ 铵盐、挥发性胺与碱。

否则会产生各种各样的危险或危害。

2.4.2　固体废弃物

固体废弃物主要指人们在社会生产、流通和消费等过程中产生的不具原始使用价值的废弃固体或半固体物质，包括一般性固体废物和极具危害性固体废物两种。

根据美国环境保护局（EPA）的定义：

一般性固体废物主要包括城市生活垃圾、污水处理过程产生的污泥以及工业、农业、商业、采矿等活动中所产生的固体、半固体甚至液体废物；极具危害性固体废物主要指具有放射性、易燃易爆性、毒害性、腐蚀性、传染性、化学反应性等的固体废弃物。

化学实验过程中也会产生大量的固体废弃物，它主要是化学反应的残渣，丢弃的破碎玻璃、塑料、橡胶等仪器或制品。若处理不当，它们也会造成各种程度的环境污染，危害人类健康。我们必须将实验后的固体废弃物根据具体情况分类收集，妥善处理。

2.4.3　气体废弃物

化学实验过程中也会产生一些气体废弃物，它主要是化学反应产生及化学反应中未反应掉的有毒有害有危险的气体，如卤化氢、乙炔、一氧化碳、氮化物、氢气等。对气体废弃物处理不当极易造成重大环境污染和安全事故。

在进行化学实验前，必须对实验情况作充分的评估，了解出现的“三废”状况，做出相应措施和应急预案。

2.4.4　废弃物名录

更多的废弃物种类，可参见附录七国家危险废物名录。

2.5　高压设备

化学实验过程中也会用到一些高压设备或带高压气体钢瓶的仪器设备，如果使用不当，将造成重大安全事故，使用前必须对相关的仪器设备有所了解。

高压装置一般由高压发生源、高压反应器、高压流体输送器、高压器械、安全器械等组合而成。

高压装置一旦发生破裂，碎片会以很高速度飞溅，同时急剧地释放出气体而形成冲击波，使人身、实验装置及设备等造成重大危害。同时往往还会使所用的煤气或放置在其周围的药品，引发火灾或爆炸等严重的二次灾害。因此，使用高压装置时，必须严格遵守《高压气体管理法》的有关规定进行。

使用高压装置一般应注意的事项是：

① 充分明确实验的目的，熟悉实验操作的条件。应选用适合于实验目的及操作条件要求的装置、器械种类及设备材料。

② 购买或加工制作所用器械、设备时，应选择质量合格，并满足标明的使用压力、温度及化学药品的性状等各种条件的产品。

③ 要安装必要的安全器械，设置安全设施。若预计实验特别危险时，应采用遥测、遥控仪器进行操作。同时，要经常定期检查安全器械，确保使用正常。

④ 要有预案，即使由于停电等原因而使器械失去功能，亦不致发生事故。

⑤ 应在其使用压力的 1.5 倍的压力下进行耐压试验，要确认高压装置在超过其常用压力下使用也不漏气。即使漏气，也要防止其滞留不散，经常注意室内的换气。

⑥ 实验室内的电气设备，要根据使用气体的不同性质，选用防爆型之类的合适设备。

⑦ 实验室内仪器、装置的布局，要预先充分考虑到倘若发生事故，也要使其所造成的损害限制在最小范围内。

⑧ 在实验室的门外及其周围，要挂出明显的标志，以便其他人也清楚地知道实验内容及使用的气体等情况。

⑨ 由于高压实验危险性大，所以必须在事先熟悉各种装置、器械的构造及其使用方法的基础上，才谨慎地进行操作。如果有不明了的地方，可参阅有关专著或向专家请教。

⑩ 应在使用高压装置现场的合适地方，放置合适的灭火器和急救用品。

2.5.1 高压反应釜

高压反应釜是常见的高压设备，它一般由物料传送、搅拌混合、加热或冷却、密封等装置组成。高压釜除高压容器主体外，往往还与压力计、高压阀、安全阀、电热器及搅拌器等附属器械构成一个整体，见图 2-7。

图 2-7 高压反应釜

使用高压反应釜应注意的事项为：

① 高压反应釜要在指定的地点使用，并按照使用说明进行操作。

② 查明标于主体容器上的试验压力、使用压力及

最高使用温度等条件，应在其容许的条件范围内进行使用。

③ 压力计所使用的压力，最好在其标明压力的 1/2 以内使用。并经常把压力计与标准压力计进行比较，并加以校正。

④ 加入高压反应釜中的原料，不可超过其有效容积的 1/3。

⑤ 氧气用的压力计，要避免与其他气体用的压力计混用。

⑥ 安全阀及其他安全装置，要使用经过定期检查符合规定要求的器械。

⑦ 操作时必须注意，温度计要准确地插到反应溶液中。

⑧ 高压反应釜内部及衬垫部位要保持清洁。

⑨ 盖上盘式法兰盖时，要将位于对角线上的螺栓，一对对地依次同步拧紧。

⑩ 测量仪表破裂时，多数情况在其玻璃面的前后两侧碎裂。因此，操作时不要站在这些有危险的地方。预计将会出现危险时，要把玻璃卸下，换上新的。

【案例 2-3】 氯化反应釜发生爆炸

2011 年 3 月 27 日 19 点 40 分左右，鑫富药业全资子公司安庆市鑫富化工有限责任公司在三氯蔗糖项目试生产过程中，制造车间 3 号低温氯化釜发生爆炸，同时引发车间局部火灾，造成当班 2 名工人死亡（其中 1 人在送往抢救途中死亡）、2 名工人受伤（其中 1 人重伤，1 人轻伤）。

2011 年 3 月 28 日，安庆市政府对安庆公司“3.27”爆炸事故进行了通报，通报中初步分析事故原因为：该起事故是由当班操作人员在 3 号低温氯化釜充氮过程中，因操作不当，导致反应釜物料冲料，而引发的爆炸及火灾安全事故。该起事故暴露出安庆公司安全培训教育不到位、日常安全管理不严格等问题。

2.5.2　高压钢瓶

在化学实验过程中时常也会用到一些需要高压气体钢瓶的仪器，如气相色谱仪、原子吸收或发射仪等。在使用过程中，必须对它有所了解，并随时注意安全操作，以免事故的发生。

2.5.2.1　高压气体钢瓶的标志

高压气体钢瓶的标志应根据《高压气体管理法》的规定，具体可参见第 1 章中有关高压气体的内容。

2.5.2.2　使用高压气体钢瓶应注意的事项

使用高压气体钢瓶一般应注意的事项如下。

（1）检查确认标牌　应检查确认容器证明书，再次检验的时间及容器上镌刻的标牌等。

（2）及时装上保护阀门的瓶帽　钢瓶生产检验完成后，应及时装上保护阀门的瓶帽，以避免在搬运或运输中瓶头阀、压力表受到损坏。

（3）钢瓶的搬运

① 钢瓶搬运以前，必须先了解钢瓶的重量，确定搬运的方法，做好相应的安

全防护工作。

② 搬运时，应采用正确方法，轻装轻卸，竖直平稳放置。在实验室搬运时，可采用滚动的方式，即用一只手托住瓶帽，使瓶身倾斜，另一只手推动瓶身沿地面旋转、用瓶底边走边滚。严禁把装有灭火气体或药剂的钢瓶放倒，随地平滚或者几人抬运，以免造成人体伤害或者摔坏瓶阀，酿成事故。

（4）钢瓶的运输　运输钢瓶应做到文明装卸，妥善固定，分类装运，禁止烟火，防晒防雨。同时还应做到以下几方面。

① 装车　在装车时，首先要确认瓶阀无泄漏、有保护的瓶帽以及瓶体无损伤。

② 捆扎　为了防止钢瓶在途中移位和撞碰，装车完成后用绳索将钢瓶捆扎严实。

③ 拼车　拼车时，钢瓶不能和易燃品拼车或油脂等物品装在一辆车上，以防止着火爆炸。

④ 防热防湿　夏季运输钢瓶时，为避免阳光照射，车上必须有遮雨遮阳设备。

⑤ 卸货　到达运输目的地后，要确认打开车厢板或解开绳索气瓶不会坠落时，方可卸车。卸货时，严禁用抛、滑、滚、摔、碰等方式，以避免因野蛮装卸而发生事故。

（5）钢瓶的储存　储存钢瓶时，应按照气体的不同种类分别存放。并要符合《高压气体管理法》的规定。

（6）钢瓶的使用　使用钢瓶时应注意安全，要做到以下几点。

① 合理装载　根据气体钢瓶上涂的不同颜色及标志装载各种压缩气体。

② 专用器材　必须配有合适的减压阀和压力表，氢气表与氧气表由于结构不同，不同钢瓶间不准随意调换使用；要选用适合各种高压气体的导管，连接导管一定要用活接头管件。

③ 试漏　要检查各连接部位是否密封，可用肥皂液进行试漏，调整至确实不漏气后才进行实验。阀门漏气时，要把钢瓶移到室外，防止在室内引起中毒或爆炸。

④ 钢瓶阀门的开关　开关钢瓶阀门操作时要慢慢地进行，切不可过急地或强行用力把它拧开。开启时应先检查减压阀螺杆是否松开，操作者必须站在气体出口的侧面。严禁敲打阀门，关气时应先关闭钢瓶阀门，放尽减压阀中气体，再松开减压阀螺杆。钢瓶阀门的开、关，与平常螺丝螺帽松紧的旋转方向相反。

⑤ 气体置换　绝对禁止将某一钢瓶的气体用来置换另一钢瓶的气体。

⑥ 加热钢瓶　若需要加热钢瓶中的气体，可用 40℃以下的热水喷淋或用热的湿布包裹加热，切不可用明火直接加热。

⑦ 钢瓶的放置　钢瓶要直立放置，用柜子、架子、套环、铁链等牢牢固定，以免翻倒发生事故。

⑧ 钢瓶余气　钢瓶内气体不得完全用尽，应留有不少于 0.5kgf/cm^2（1kgf/

cm^2 =8.0665kPa）的剩余残气，以免充气和再使用时发生危险。

⑨ 钢瓶用后　钢瓶用后要完全关闭气门阀并旋上瓶帽。

⑩ 定期检验　各种钢瓶应定期进行技术检验，并盖有检验钢印，不合格的钢瓶不能灌气。

2.5.3 钢瓶高压气体的主要危害性

钢瓶高压气体的主要危害性如下。

（1）燃烧与爆炸　当高压气瓶遇到高温或强烈碰撞时，易发生爆炸。易燃气体在空气中泄漏达到一定程度时遇明火易发生燃烧与爆炸。

（2）中毒　高压气瓶使用不当，容易发生泄漏，有毒气体泄漏会造成人体中毒。

（3）腐蚀　当高压气体不纯或潮湿时，某些气体有强腐蚀性。如氯化氢气体。

使用过程中，应规范操作，避免危害的发生。

2.5.4 各种常见高压气体钢瓶的介绍

各种常见高压气体钢瓶有氧气钢瓶、氢气钢瓶、氯气钢瓶、氨气钢瓶、乙炔钢瓶、可燃性气体钢瓶、有毒气体钢瓶、不活泼气体钢瓶等。

2.5.4.1 氧气钢瓶

氧气钢瓶为天蓝色、黑字，工作压力一般都在 150kgf/cm^2 左右。氧气钢瓶的结构见图 2-8。

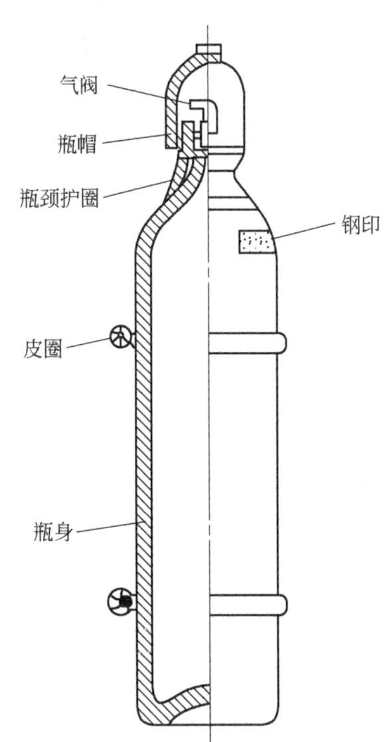

图 2-8　氧气钢瓶的结构

氧气钢瓶运输和储存期间不得曝晒，不能与易燃气体钢瓶混装、并放，要与氢气等可燃性气体的钢瓶隔开足够的距离，间距不应小于 20m。

瓶嘴、减压阀及焊枪上均不得有油污，否则高压氧气喷出后会引起自燃。

调节器之类的器械，要用氧气专用装置。

压力计则要使用标明“禁油”的氧气专用压力计。

连接部位，禁止使用可燃性的衬垫。在器械、器具及管道中，常常会积有油分。若不把它清除掉，接触氧气时是很危险的。

此外，将氧气排放到大气中时，要确认在其附近不会引起火灾等危险后，才可排放。

氧气钢瓶的使用方法如下。

① 使用前　使用前先检查连接部位是否漏气，通常是涂上肥皂液进行检查，确认不漏气

后才进行实验。

② 使用时　在确认减压阀处于关闭状态（T 形调节螺杆松开状态）后，逆时针打开钢瓶总阀，并观察高压表读数，然后再逆时针打开减压阀左边的一个小开关，并顺时针慢慢转动减压阀调节螺杆（T 形旋杆），使其压缩主弹簧将活门打开。使减压表上的压力处于所需压力，记录减压表上的压力数值。

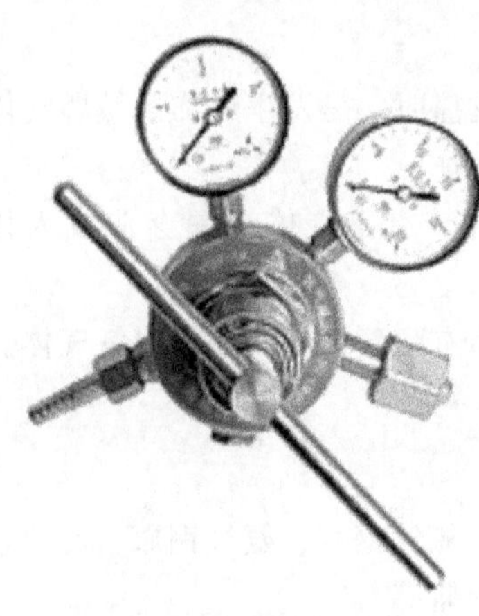

图 2-9　氧气钢瓶减压阀

③ 使用后　使用结束后，先顺时针关闭钢瓶总开关，再逆时针旋松减压阀。

氧气钢瓶减压阀也是非常重要的部件，使用过程中应很好地加以保护。常见的氧气钢瓶减压阀可见图 2-9。

2.5.4.2　氢气钢瓶

使用氢气时，若从钢瓶急剧地放出氢气，即使没有火源存在，有时也会着火。所以打开氢气钢瓶时应缓慢进行。

氢气与空气混合物的爆炸范围很宽，当含氢气 4.0%～75.6%（体积分数）时，遇火即会爆炸。氢气要在通风良好的地方使用，或者可考虑用导管尽量把室内气体排到大气中。

应经常性地检查用气情况是否正常，防止漏气。可用肥皂水之类东西进行试漏检查，尽可能安装氢气泄漏报警装置。

不可使氢气靠近火源，操作地点要严禁烟火。

使用氢气的设备，用后要用氮气等不活泼气体进行置换，然后才可保管。注意不可与氧气瓶一起存放。

2.5.4.3　氯气钢瓶

氯气即使含量甚微，也会刺激眼、鼻、咽喉等器官。因而使用氯气应在通风良好的地点或通风橱内进行。调节器等应是专用的器械。

如果氯气中混入水分，就会使设备严重腐蚀。因此每次使用都要除去水分。即使这样，仍会有腐蚀现象。故充气六个月以上的氯气钢瓶，不宜继续存放。

2.5.4.4　氨气钢瓶

氨气也会刺激眼、鼻、咽喉，具有一定的毒性，使用时应注意通风。

由于高压下的氨常常是液态，使用时汽化会快速降温，要注意防止冻伤。

氨能被水充分吸收，故可在允许洒水的地方使用及贮藏。

2.5.4.5　乙炔钢瓶

乙炔非常易燃，且燃烧温度很高，有时还会发生分解爆炸。乙炔与空气混合时的爆炸范围是含乙炔 2.5%～80.5%（体积分数），危险性程度很高。

要把贮存乙炔的容器置于通风良好的地方。要严禁烟火，注意防止漏气。

在使用、贮存过程中，一定要直立。

在调节器出口，其使用压力不可超过 1kgf/cm^2；因而适当打开气门阀即可（一般旋开阀门不超过一圈半）。

调节器等要使用专用的器械。

2.5.4.6　可燃性气体钢瓶

可燃性气体，如一氧化碳、氢气、乙炔、煤气等气体钢瓶。

使用场所要严禁烟火，并设置灭火装置。

应在通风良好的室内使用，要预先充分考虑到发生火灾或爆炸事故时的措施。

使用时必须查明确实没有漏气。

为了防止因火花等而引起着火爆炸，操作地点要使用防爆型的电气设备，并设法除去其静电荷。

在使用可燃性气体之前及用后，都要用不活泼气体置换装置内的气体。

可燃性气体与空气混合的爆炸范围很宽的，要加以充分注意。同时，考虑到气体与空气的密度关系，要注意室内换气。

2.5.4.7　有毒气体钢瓶

有毒气体钢瓶是装有毒气的，如一氧化碳、氰化氢等气体的钢瓶。

使用毒气，要具备足够的知识。

要准备好防毒面具，对于防毒设备或躲避之类措施，也要考虑周全。

要在通风良好的地方使用，并经常检测有无毒气泄漏滞留。

把毒气排入大气中时，要将它转化成完全无毒物质，然后才可排放。

毒气会腐蚀钢瓶，使其容易生锈、降低机械强度，故必须十分注意加强钢瓶的保养。

毒气钢瓶长期贮存会发生破裂，此时要把它交给管理人员处理。

2.5.4.8　不活泼气体钢瓶

如氦气、氖气、氩气、二氧化碳气等不活泼气体。常填充成高压来使用，因而也要遵守使用高压气体一般应注意的事项，谨慎地进行处理。用量大时，要注意室内通风，避免在密闭的室内使用，以防引起窒息。

2.6　高温和低温设备

在化学实验过程中，经常会用到高温或低温的实验条件和设备，如用电炉、烘箱、电热板、马弗炉、油浴或水浴等热载体加热产生高温的过程；用冰、干冰、液氨、液氮等低温制冷过程，以及冰箱、冰柜、冷冻机等低温制冷设备。

2.6.1　高温设备装置

使用高温设备装置时，容易发生烫伤、烤焦、着火、爆炸等事故。因此，必须制定一些规则及应注意的事项来保证使用的安全。

2.6.1.1 使用高温设备的注意事项

(1) 高温防护 注意高温对人体辐射的防护，与热源应保持一定的距离。

(2) 细心操作 熟悉高温装置的使用方法，并细心地进行操作，避免差错的发生。

(3) 防火设施 使用高温装置的实验，要求在防火建筑内或配备有防火设施的室内进行，并保持室内通风良好。

(4) 灭火设备 按照实验的性质，配备最合适的灭火设备。如粉末、泡沫或二氧化碳灭火器等。

(5) 设施防护 不得已需将高温炉之类高温装置，置于耐热性差的实验台上进行实验时，装置与台面之间要保留 1cm 以上的间隙，或垫以防火板，以防台面受损。

(6) 耐温材料 按照操作温度的不同，选用合适的容器材料和耐火材料。选定时亦要考虑到所要求的操作气氛及接触的物质之性质。

(7) 防止接触水或低沸点物质 高温物体应禁止接触水或低沸点物质。如果在高温物体中混入水或低沸点物质，水会急剧汽化，发生水蒸气爆炸，低沸点物质会快速汽化。高温物质落入水中时，也同样会产生大量爆炸性的水蒸气而四处飞溅，将会发生严重的烫伤事故。

(8) 预防触电 使用电器加热时，还应避免触电事故的发生。

2.6.1.2 人体的防护

(1) 合适服装 使用高温装置时，要预计到衣服有可能被烧着。因而要选用能简便脱去的服装，如实验服。

(2) 合适手套 要使用干燥的手套。如果手套是潮湿的，导热性即增大。同时，手套中的水分汽化变成水蒸气而有烫伤手的危险。故最好采用难于吸水的材料。

(3) 防护眼镜 需要长时间注视赤热物质或高温火焰时，要戴防护眼镜。所用的眼镜要使用视野清晰的绿色眼镜，比用深色的好。

(4) 流焰热源 对发出很强紫外线的等离子流焰及乙炔焰的热源，除使用防护面具保护眼睛外，还应注意保护皮肤。

(5) 高温流体 处理熔融金属或熔融盐等高温流体时，还要穿上皮靴之类防护鞋。

2.6.1.3 使用电炉、高温炉等加热仪器的注意事项

(1) 电气装置 对电线、配电箱及开关等电气装置，要充分考虑其安全措施。要遵守使用电气装置的注意事项。

(2) 避免触电 有些耐火材料，在高温情况下其导电性往往增强。遇到此种情况时，注意不要拿金属棒之类东西去接触电炉材料，以免触电。

（3）电源线　要特别注意使电源线不要与高温的部件接触，以免烤焦或加速老化。

2.6.1.4　使用燃烧炉的注意事项

高温燃烧炉，又名电弧燃烧炉或碳硫燃烧炉，简称电弧炉。它是利用高压、高频振荡电路，形成瞬间大电流点燃样品，使样品在富氧条件下迅速燃烧后产生的混合气体，经过化学分析程序，定量而快捷地分析出样品中碳、硫含量的设备。

它们适合用于钢铁样品的燃烧分析，也可在加入某些添加剂的情况下燃烧其他样品（如赤铁矿、硅铁、锰铁、炉渣、焦炭、矿石、煤、玻璃、橡胶等）进行分析。电弧炉可与碳硫联测分析仪配套使用，采用电导法、非水滴定法、气容法、碘量法、酸碱滴定法等各种分析方法，来定量分析样品的碳与硫含量。

（1）点火　燃烧炉点火时，要先使其喷出燃料，再进行点火，接着送入空气或氧气。如果违反点火顺序，往往会发生爆炸。

（2）供氧　从高压钢瓶供给氧气时，应注意管道系统不要残留有油类等可燃性物质。

（3）防过热　注意采用合理的炉子结构，以防产生局部过热现象。

2.6.1.5　实验室常见加热仪器的安全使用

（1）酒精灯　酒精灯如果使用不当，往往会引发火灾。往酒精灯内添加酒精时，一定要使灯火熄灭，并冷却到室温，然后用漏斗加入；绝对禁止拿酒精灯到另一已经燃着的酒精灯上去点火，要用火柴或木条引燃，以免失火；酒精灯灭火时不准用嘴吹，应该用加盖灯帽来灭火；灯内酒精耗到少于容积1/4以下时应及时补充，防止在灯内形成酒精与空气的爆炸混合物而引起爆炸。

（2）酒精喷灯　酒精喷灯在使用前，应点燃预热盆中的酒精，以加热金属灯管，否则酒精在灯管内汽化不完全而使液态酒精由管口喷出，形成“火雨”，引起火灾。不用时，必须关好储罐的开关，以免酒精泄漏。

（3）烘箱　有少量水分的实验仪器或物料，常常利用烘箱烘烤除去水分。禁止烘焙易燃、易爆物品及有挥发性和有腐蚀性的物品；用烘箱时，温度不能超过烘箱的最高使用温度（一般烘箱在250℃以下）；烘焙完毕后先切断电源，然后戴隔热手套取烘焙的物品，以免烫伤。

（4）油浴　油浴是化学反应中最常用的加热方法。

使用油浴加热时要特别小心，防止着火和倒翻；油浴加热时切忌有水及其他低沸点的物质掉入，以免热油飞溅伤害人体；当油浴受热冒烟时，应立即停止加热；油浴的温度应低于油的沸点；放置时间较长的油浴应及时更换油。

油浴锅中还要防止腐蚀性的物质进入，以免油浴锅的损坏。

（5）电加热套　电加热套也是常用的加热热源，常用于蒸馏、回流反应等操作。加热工作时，人体不要接触电热套，以免烫伤；操作使用时，注意不要将化学药品溅到加热套上，以免化学品受热分解发散有毒气体。

（6）水浴锅 使用水浴锅时要严禁干烧。必须先加水，后通电；要注意水浴中的水量，避免水被蒸干或溢出。

（7）电炉 电炉使用时间不要过长，过长会缩短电炉寿命；加热的容器如是金属，不要触及电炉丝，以免发生触电事故或短路，烧坏炉丝。尽量不要使用裸露电炉丝的明火电炉。电炉要严格按照各类电炉使用规范进行。

（8）马弗炉（Muffle furnace） 马弗炉是一种通用的加热高温设备。

依据外观形状可分为箱式炉、管式炉、坩埚炉。按加热元件区分有：电炉丝马弗炉、硅碳棒马弗炉、硅钼棒马弗炉。按额定温度来区分一般分为：900℃系列马弗炉、1000℃马弗炉、1200℃马弗炉、1300℃马弗炉、1600℃马弗炉、1700℃马弗炉。按控制器来区分有如下几种：指针表、普通数字显示表、PID调节控制表、程序控制表。按保温材料来区分有：普通耐火砖、陶瓷纤维两种。

马弗炉的维护与使用的注意事项如下。

① 烘炉 当马弗炉第一次使用或长期停用后再次使用时，必须进行烘炉。烘炉的时间应为室温～200℃ 4h，200～600℃ 4h。使用时，炉温最高不得超过额定温度，以免烧毁电热元件。禁止向炉内灌注各种液体及易溶解的金属，炉温最好在低于最高温度50℃以下工作，可使炉丝有较长的寿命。

② 工作场所 马弗炉和控制器必须在相对湿度不超过85%，没有导电尘埃、爆炸性气体或腐蚀性气体的场所工作。凡附有油脂之类的金属材料需进行加热时，有大量挥发性气体将影响和腐蚀电热元件表面，使之销毁和缩短寿命，加热时应及时预防和做好密封容器或适当开孔加以排除。马弗炉控制器应限于在环境温度0～40℃范围内使用。

③ 定期检查 根据技术要求，定期经常检查电炉、控制器的各接线的连线是否良好，指示仪指针运动时有无卡住滞留现象，并用电位差计校对仪表因磁钢、退磁、涨丝、弹片的疲劳、平衡破坏等引起的误差增大情况。

④ 热电偶 热电偶不要在高温时骤然拔出，以防外套炸裂。

⑤ 炉膛清洁 经常保持炉膛清洁，及时清除炉内氧化物之类东西。

⑥ 取放样品 取放被烘烤的样品时，应该用坩埚钳、厚手套等专门工具，并做好防护措施和急救预案。

（9）真空干燥箱 真空干燥箱是用来干燥固体样品中少量的水分及可能存在的易挥发有机溶剂。真空干燥箱应缓慢加热，加热后的真空烘箱应该冷却到室温后再解除真空，解除真空应缓慢进行防止样品飞溅。真空箱工作室无防爆、防腐蚀等处理的，易燃、易爆、易产生腐蚀性气体的样品不能放入真空箱进行干燥。

（10）旋转蒸发仪 旋转蒸发仪是实验室中常用的仪器，主要用于溶剂的回收或溶液的浓缩。使用旋转蒸发仪应注意下列事项：

① 玻璃器件 玻璃器件装接应轻拿轻放，装前应清洗干净，并擦干或烘干。

② 密封 各磨口、密封面、密封圈及接头安装都要达到密封要求。

③ 物料体积　旋转蒸发仪烧瓶中的物料体积不能超过瓶容量的一半。

④ 旋转速度　旋转蒸发仪必须以适当的速度旋转，速度以 50～160r/min 为宜。用加热浴加热蒸馏烧瓶中的溶液，加热的温度可接近该溶液中溶剂的沸点。

2.6.2　低温设备装置

低温液体具有较大的危险性，使用前必须熟悉相关的知识和操作须知，以免发生安全事故，首要是防止冻伤。

处理低温液化气体，应使用开口的或符合规格的容器，避免把低温液化气体注入密封的容器中，否则易引起爆炸。

倾倒低温液化气体时，应远离火源，并保持室内空气流通状况良好。

应仔细储存和搬运低温制冷剂，减少受热爆裂的危险。

实验室中使用的冰箱应是防爆型，并经常性地关注使用年限。

2.6.2.1　使用冷冻机的注意事项

（1）大型冷冻机　使用大型冷冻机要按照《高压气体管理法》的有关规定进行操作。若不是经过国家考试合格的冷冻机作业操作者，不能进行运转及维修。

（2）小型冷冻机　小型冷冻机虽不受管理法的限制，但也必须遵照管理法的主要要求进行运转及维修。

（3）安装安全装置　因冷冻机在相当高的压力下工作，故应购买保证质量的制造厂的合格产品，并且也要安装安全装置。

（4）冷冻剂　冷冻机通常用氨、氟利昂、甲烷、乙烷及乙烯等作冷冻剂。但这些冷冻剂必须经过适当的处理。

2.6.2.2　使用干冰冷冻剂的注意事项

干冰与某些物质混合，可得到－60～－80℃的低温。但与其混合的大多数物质为丙酮、乙醇之类有机溶剂，因而必须有防火的安全措施。

使用时若不小心，身体接触到用干冰冷冻剂冷却的容器时，往往皮肤会被粘冻于容器上而不能脱落，致使引起冻伤。因此要加以充分注意。

2.6.2.3　使用低温液化气体的注意事项

由于低温液化气体能得到极低的温度及超高真空度，所以在实验室里也经常会被使用。但是它具有很高的危险性，操作必须熟练并要小心谨慎。

（1）液化气体　使用液化气体及处理使用液化气体的装置时，要由二人以上进行实验。初次使用时，必须在有经验人员的指导下一起进行操作。

（2）防护用具　一定要穿防护衣，戴防护面具或防护眼镜，并戴皮手套等防护用具，以免液化气体直接接触皮肤、眼睛或手脚等部位。

（3）实验室　使用液化气体的实验室，要保持通风良好。实验的附属用品要固定起来。

（4）液化气体的容器　液化气体的容器要放在没有阳光照射、通风良好的地点。处理液化气体容器时，要轻快平稳。液化气体不能放入密闭容器中。装液化气体的容器必须开设排气口，用玻璃棉等作塞子，以防着火和爆炸。

(5) 冷冻剂的容器　装冷冻剂的容器，特别是真空玻璃瓶，新的时候容易破裂，不要把脸靠近容器的正上方。

(6) 预防措施　如果液化气体沾到皮肤上，要立刻用水洗去，沾到衣服时，要马上脱去衣服。严重冻伤时，要请专业医生治疗。如果实验人员被窒息了，要立刻把他移到空气新鲜的地方进行人工呼吸，并迅速找医生抢救。由于发生事故而引起液化气体大量汽化时，要采取与相应的高压气体场合的相同措施进行处理。

2.6.2.4 使用冰箱的注意事项

冰箱内存放的易燃试剂或溶液必须加盖密闭，严禁敞口放入冰箱。

实验用的冰箱必须是防爆型的。

2.7 高能设备

在化学实验过程中，有时也会用到高能设备和装置，如：微波炉、超声波振荡器、超声波洗涤器、激光、X射线装置等。

由于这些装置采用直流高压电或高频高压电，因此，在使用这些装置时，必须注意防止触电和电气灾害。同时，随着使用的能量增高，其发生事故的危险性也就愈大。例如能放出强大电磁波的激光或雷达等高频装置，由它们释放出的微波或光波，瞬间即会使人严重烧伤。还会使人眼睛失明、耳朵失聪，甚至会危及生命。因此，必须予以足够的重视。

关于各种高能装置，应制订相应的《使用规则》，并确明《操作注意事项》。为了安全使用高能设备和装置。一般应注意以下事项。

(1) 有明显的标志　在出现这类装置的地方，应有明显的标志，标明为危险区域，并在特别危险的地点（如高压电、放出电磁波等部位），要设置栅栏，以免误入。

(2) 合理布局装置　这类装置的装配、布线及修理等，均要由专家进行。装置必须安装地线，并配备接地棒。

(3) 高压电场及强磁场　变压器周围可能会产生高压电场或很强的磁场；电解电容器有时也会爆炸；连接多个干电池时，其所产生的电压会很高，也有危险；在真空系统中安装带电部件时，若泄漏真空即会通电；15kV以上的高压电，有放出射线的危险等，都要加以注意。关于高压电场对人体的危害，尚有很多未弄清楚的地方。因此，尽量避免靠近这类区域为好。

(4) 多人在场实验　鉴于实验场所的危险性，需要由二人以上进行实验，以便相互照应。

（5）实验室整洁　注意经常整理实验室并保持整洁，可以进一步提高安全性。

2.8　放射性物质及设备

在化学实验过程中，有时也会用到放射性物质及设备，如：激光器、X 衍射仪、放射性同位素等，首先应该对所使用的物质及设备充分了解，并采取相应的安全防范措施，制定完善的制度；再进行相关的实验。

2.8.1　激光器

在某些实验中需要使用激光器，激光器因可放出强大的激光光线（可干涉性光线），所以若用眼睛直接观看，即会烧坏视网膜，甚至还会失明。同时，还有人体被烧伤的危险。

使用激光器，一般应注意的事项如下。

（1）戴防护眼镜　使用激光器时，必须佩戴防护眼镜。

（2）关注光线方向　常常会有意料不到的反射光射入眼睛，故需要十分关注射出光线的方向，必须查明确实没有反射壁面之类东西存在。最好把整个激光装置都覆盖起来。

（3）配备光线捕集器　对放出强大激光光线的装置，要配备捕集光线的捕集器。

（4）注意高压电源　激光装置使用高压电源，故操作时必须加以注意。

2.8.2　X 射线发射装置

发出放射性射线的装置常见的有：

① 加速电荷粒子的装置，如回旋加速器、电磁感应加速器以及各种加速装置等；

② 发射 X 射线的装置，如 X 射线发生装置、X 射线衍射仪、X 射线荧光分析仪等；

③ 盛载放射性物质的装置。

关于上述装置的处理，应符合政府颁布的法令或政令中规定的相应义务和限制。通常进行上述实验时，必须进行周密的准备和细心的操作。

在上述装置中，由于 X 射线装置加速电压既低，装置又是小型的，而且运转也简单，所以使用广泛。但是，进行实验时，不仅实验者本人，而且在其周围的人都要倍加注意，防止被 X 射线照射；并且，要遵照管理装置的负责人或管理人员的指示进行使用，决不可随意进行操作。

2.8.3　放射性物质

放射性射线常见的是：α 射线、氘核射线及质子射线；β 射线及电子射线；中子射线；γ 射线及 X 射线。

2.8.3.1 α射线

它也称“甲种射线”，是放射性物质所放出的α粒子流。它可由多种放射性物质（如镭）发射出来。α粒子的动能可达4～9MeV。从α粒子在电场和磁场中偏转的方向，可知它们带有正电荷。由于α粒子的质量比电子大得多，通过物质时极易使其中的原子电离而损失能量，所以它能穿透物质的本领比β射线弱得多，容易被薄层物质所阻挡，但是它有很强的电离作用。从α粒子的质量和电荷的测定，可确定α粒子就是氦的原子核。α射线是一种带电粒子流，由于带电，它所到之处很容易引起电离。α射线有很强的电离本领，这种性质既可被利用，也会带来一定的破坏，对人体内组织破坏能力较大。由于其质量较大，穿透能力差，在空气中的射程只有几厘米，只要一张纸或健康的皮肤就能挡住。

只释放出α粒子的放射性同位素在人体外部不构成危险，然而释放α粒子的物质（镭、铀等）一旦被吸入或注入，那将是十分危险的，它能直接破坏内脏的细胞。

2.8.3.2 β射线

它是一种带电荷的、高速运行、从核素放射性衰变中释放出的粒子。

人类会受到来源于人造或自然界β射线的照射。β射线比α射线更具有穿透力，但在穿过同样距离，其引起的损伤更小。一些β射线能穿透皮肤，引起放射性伤害。但它一旦进入体内引起的危害更大。β粒子能被体外衣服消减、阻挡或一张几毫米厚的铝箔完全阻挡。

2.8.3.3 中子射线

中子射线是不带电的粒子流。它的辐射源为核反应堆、加速器或中子发生器，是原子核受到外来粒子的轰击时产生核反应，从原子核里释放出来的中子流。中子按能量大小分为：快中子、慢中子和热中子。

中子电离密度大，常常引起基因大的突变。目前辐射育种中，应用较多的是热中子和快中子。

2.8.3.4 γ射线

它又称γ粒子流，是原子核能级跃迁蜕变时释放出的射线，是波长短于0.2Å（$1Å=10^{-10}m$）的电磁波。

γ射线有很强的穿透力，工业中可用来探伤或流水线的自动控制。

γ射线对细胞有杀伤力，医疗上可用来治疗肿瘤。

2.8.3.5 电离辐射

它是一种有足够能量使电子离开原子所产生的辐射。

这种辐射来源于一些不稳定的原子，这些放射性的原子（指的是放射性核素或放射性同位素）为了变得更稳定，原子核释放出次级和高能光量子（γ射线），这个过程称为放射性衰变。例如，自然界中存在的天然核素镭、氡、铀、钍。

放射性衰变也存在于人类活动（例如在核反应堆中的原子裂变），与自然界活动一样也释放出电离辐射。在衰变过程中，辐射的主要产物有 α，β 和 γ 射线。X 射线是另一种由原子核外层电子引起的辐射。

电离辐射能引起细胞化学平衡的改变，某些改变会引起癌变。

电离辐射能引起体内细胞中遗传物质 DNA 的损伤，这种影响甚至可能传到下一代，导致新生一代畸形、先天白血病等。在大量辐射的照射下，能在几小时或几天内引起病变，甚至导致死亡。

2.8.3.6　X 射线

它是波长介于紫外线和 γ 射线间的电磁辐射。由德国物理学家 W. K. 伦琴于 1895 年发现，故又称伦琴射线，是由 X 光机产生的高能电磁波。波长比 γ 射线长，射程略近，穿透力不及 γ 射线。具有危险性，应用几毫米厚的铅板来屏蔽。

X 射线室必须有明显的标志，同时应做到：

(1) 入口标志　在 X 射线室入口的门上，必须标明安置的机器名称及其额定输出功率。

(2) 危险区域标志　对每周超出 30mrem（毫雷姆，1rem＝10mSv）照射剂量的危险区域（管理区域），必须作出明确的标志。

(3) 指示灯标志　在 X 射线室外的走廊里，安装表明 X 射线装置正在使用的红灯标志。当使用 X 射线装置时，保持红灯闪亮。

使用 X 射线时应注意的事项如下。

(1) 凭证使用　实验者及进入实验室的人员，必须佩戴 X 射线室专用的证件，证件定期调换，将其被照射的剂量，记入放射线同位素使用者的记录簿中。

(2) 出口方向　通常从 X 射线装置出口处射出的 X 射线很强（常为 10^5 R/min，1R＝2.58×10^4 C/kg），应注意防止直接被照射。在确定 X 射线射出口的方向时，要选择向着没有人居住或出入的区域。另外，R/min 表示伦琴/分钟，是 X 射线的强度单位。

(3) 屏蔽射线　尽管对 X 射线装置充分加以屏蔽，但要完全防止 X 射线泄漏或散射是非常困难的。必须经常检测工作地点 X 射线的剂量，发现泄漏时，要及时加以遮盖。

(4) X 射线管理　需要调整 X 射线束的方向或试样的位置以及进行其他的特殊实验时，必须取得 X 射线装置负责人的许可，并遵照其指示进行操作。装置出现异常或发生事故或自感受到 X 射线照射时，要立刻停止发射 X 射线，并向装置的负责人报告并接受指示。

(5) 人员防护　实验人员应按照实验的要求，穿上防护衣及戴上防护眼镜等适当的防护用具。实验前，要认真研究实验步骤，并做好充分的准备，注意尽量缩短发射 X 射线的时间。应经常测定进入区域的 X 射线的照射剂量，要考虑在 X 射线工作场所的允许剂量（30mR/周）以内，安排实验时间。使用 X 射线的人员，要定期进行健康检查。

2.8.3.7　放射线的防护措施

针对辐射的来源、辐射的危害，我们应保护自己免受过量照射，在辐射防护中有三个主要因素：时间，距离，屏蔽。

（1）时间　当你在辐射源附近时，你必须尽可能缩短停留的时间，以减少辐射的照射。试想假设我们去海滨度假，若你花费大量时间在海滨上，你将会长时间暴露在太阳下，最后被太阳灼伤。如果你花费较少的时间在太阳下，而更多的时间在阴影处，你便不至于被太阳灼伤。

（2）距离　越是远离辐射源，将受到越少的照射。试想一场室外音乐会，你可能坐在表演者面前，或是坐在离舞台 50m 的距离，或是坐在穿过街道公园的草地上，你的耳朵将受到不同程度的刺激。你坐在表演者面前，你的耳朵将受到损伤。50m 处，你将接受平均水平。如果是坐在远处的草坪上，你也许根本听不见所举行的音乐会。辐射暴露如同上述例子，越是靠近源，你受到损伤的概率越大，越是远离，照射越低。

β粒子一般具有很强的穿透能力，它在空气中能走几百厘米的路程，也就是说它们可以穿过几毫米厚的铝片。故更应保持适当的距离。

（3）屏蔽　如果你在辐射源周围增加屏蔽，你将减少照射。

2.8.3.8　放射线的基本单位介绍

（1）R（伦琴）　它是指电离 0℃、760mmHg（1mmHg＝133.322Pa）的干燥空气 $1cm^3$（0.001293g）所产生正或负电荷一静电单位的 X 射线（γ线）的剂量。

（2）rem（雷姆）　当被人体吸收的放射线所显示出的效果，与吸收γ射线时的生物学效果相等时，就把这个剂量叫做 1rem。它与受到 1R 的照射剂量大致相等。

2.9　微生物

在进行化学生物学或生物化学实验时，通常会使用或接触到微生物，它是指那些肉眼看不见或看不清的微小生物。

微生物种类多种多样，如健康人肠道中通常有大量细菌存在，称正常菌群，其中包含的细菌种类高达上百种。在肠道环境中这些细菌相互依存，互惠共生。菌群在食物、有毒物质甚至药物的分解与吸收过程中，发挥作用。一旦菌群失调，就会引起腹泻。

有些微生物是腐败性的，可引起食品气味和组织结构发生不良变化；能够致病；能够造成食品、布匹、皮革等发霉腐烂。

当然有些微生物是有益的，最典型的是弗莱明从青霉菌抑制其他细菌的生长中发现了青霉素，这对医药界来讲是一个划时代的发现。后来大量的抗生素从放线菌等的代谢产物中筛选出来。抗生素的使用挽救了无数人的生命。

一些微生物被广泛应用于工业发酵，生产乙醇、食品（如奶酪、面包、泡菜、啤酒和葡萄酒等）及各种酶制剂等。

有些微生物能够降解塑料、处理废水废气等，并且可再生资源的潜力极大，称为环保微生物。

某些能在极端环境中生存的微生物，例如：高温、低温、高盐、高碱以及高辐射等普通生命体不能生存的环境，依然存在着。

微生物对人类最重要的影响之一是导致传染病的流行。在人类疾病中有 50% 是由病毒引起的。世界卫生组织公布的资料显示：传染病的发病率和病死率在所有疾病中占据第一位。微生物导致人类疾病的历史，也就是人类与之不断斗争的历史。在疾病的预防和治疗方面，人类取得了长足的进展，但是新现和再现的微生物感染还是不断发生，大量病毒性疾病一直缺乏有效的治疗药物。一些疾病的致病机制并不清楚。大量广谱抗生素的滥用造成了强大的选择压力，使许多菌株发生变异，导致耐药性的产生，人类健康受到新的威胁。

一些分阶段的病毒之间可以通过重组或重配发生变异，最典型的例子就是流行性感冒病毒。每次流感大流行，流感病毒都与前次导致感染的株型发生了变异，这种快速的变异给疫苗的设计和疾病的治疗造成了很大的障碍。而耐药性结核杆菌的出现使原本已近控制住的结核感染又在世界范围内猖獗起来。

凡是能够引起人类、动物和植物病害的微生物，称为致病性的微生物。常见的有：沙门菌、葡萄球菌、链球菌、副溶血性弧菌、变形杆菌、志贺菌、禽流感病毒、黄曲霉菌及病毒、口蹄疫病毒等。

它们严重影响着人类的健康，如 20 世纪 80 年代上海因为生吃毛蚶引起 30 万人甲肝流行，到目前为止这还是世界纪录，国际上很多教科书都引用了上海甲肝爆发事件。我们还有其他的例子，如 2001 年大肠杆菌使江苏、安徽等地发生 2 万人中毒，177 人死亡。沙门菌每年都会引起数以百人的中毒事件爆发。这些足以证明微生物引起的食源性疾病是非常严重的。

因此，在进行化学生物学或生物化学实验时，使用或接触微生物也会对人类健康和生态系统产生潜在的风险及现实的危害，必须加以防范和控制。

2.9.1　微生物的危害

微生物的危害根源是病原性微生物，危害的大小主要取决于病原性微生物的种属、形态、抗原、变异等特性以及自身的免疫系统功能。

病原性微生物造成生物危害的致病作用，取决于以下因素：毒力和侵袭力。

毒力：以毒力的大小来表示病原性微生物致病的能力。

侵袭力：侵袭力是指病原性微生物突破机体防御机能，在体内生长繁殖、蔓延扩散的能力。

2.9.1.1 微生物危害的等级

根据《实验室生物安全通用要求》（GB 19489—2008），一般微生物的危害程度等级可分为四级。

（1）危害等级Ⅰ（低个体危害，低群体危害） 危害等级Ⅰ不会导致健康工作者和动物致病的细菌、真菌、病毒和寄生虫等生物因子。

（2）危害等级Ⅱ（中等个体危害，有限群体危害） 危害等级Ⅱ能引起人或动物发病，但一般情况下对健康工作者、群体、家畜或环境不会引起严重危害的病原体。实验室感染不导致严重疾病，具备有效治疗和预防措施，并且传播风险有限。

（3）危害等级Ⅲ（高个体危害，低群体危害） 危害等级Ⅲ能引起人或动物严重疾病，或造成严重经济损失，但通常不能因偶然接触而在个体间传播，或能用抗生素抗寄生虫药物治疗的病原体。

（4）危害等级Ⅳ（高个体危害，高群体危害） 危害等级Ⅳ能引起人或动物非常严重的疾病，一般不能治愈，容易直接、间接或因偶然接触在人与人，或动物与人，或人与动物，或动物与动物之间传播的病原体。

2.9.1.2 微生物危害的途径

微生物危害的途径通常有以下几条。

（1）气溶胶吸入 气溶胶是悬浮于气体介质中的粒径为0.001～100μm的固态或液态微小粒子形成的相对稳定的分散体系。

含有病原微生物的气溶胶是产生微生物危害的重要途径。

（2）皮肤接触 通过皮肤接触发生微生物感染，也是产生微生物危害的重要途径。

（3）外伤 进行某些操作时容易发生外伤，继而引起感染，是实验室最常见的事故之一。

2.9.1.3 微生物危害的防止

为了减少或防止微生物危害的发生，必须建立微生物实验室安全技术规范，并严格按照规范的要求进行实验操作。

微生物实验室安全技术规范主要有：

① 实验室标本的安全处置技术；

② 使用试管和移液辅助器的技术；

③ 防止感染性材料扩散的技术；

④ 防止感染性材料的食入及与皮肤和眼睛接触的技术；

⑤ 防止因刺激感染的技术；

⑥ 使用匀浆器、振荡器及超声波器的技术；

⑦ 使用冰箱和低温冰柜的注意事项；

⑧ 开启含有感染性冻干材料安瓿的技术；

⑨ 含感染性材料安瓿的存放；

⑩ 废弃物的处置；

⑪ 个人操作及卫生习惯；

⑫ 做好医学预防；

⑬ 加强监测；

⑭ 事故报告制度和应急措施。

2.9.2　微生物实验室的安全原则和措施

微生物实验室的安全原则和措施可参考 2002 年 12 月 03 日发布，2003 年 08 月 01 日实施的中华人民共和国卫生行业标准 WS 233—2002，即《微生物和生物医学实验室生物安全通用准则》。

2.9.2.1　实验人员须遵守的预防措施

为了安全地进行实验，所有实验人员必须遵守以下预防措施。

(1) 实验服　所有实验室人员在实验期间必须始终穿着所提供的实验服。

在处理含有或怀疑含有生物安全Ⅲ级物质的标本时，必须在实验服外穿隔离衣。

在生物安全操作台内处理标本和培养基时，必须戴手套。

(2) 洗手　洗手池须供应洗洁剂和纸巾，所有实验人员在离开实验室时必须洗手，并且要先脱去实验服和手套。

(3) 食物，饮水，吸烟，化妆品　食物和饮料不允许带入任何处理标本的实验室，不允许在处理标本的任何地方吸烟，不允许在处理标本的任何地方使用化妆品。

(4) 伤口和擦伤　手上的伤口和擦伤处必须覆盖保护物。

(5) 移液　禁用口吸移液管，要求使用机械移液装置。

2.9.2.2　血液、体液、组织标本操作的预防措施

在所有血液、体液、组织标本的操作中，都应遵守的常规预防措施如下。

① 应尽可能避免使用注射器，针头或其他锐器。

② 使用过的针头和一次性切割器必须丢入专门的带有盖子的桶内，以备安全处理、并防止容器盛装过满。

③ 使用过的针头不许重新使用或再用手操作。

④ 打烂的玻璃必须放入坚硬的容器（不要用手），然后再放入黑色垃圾袋，如果是污染的，使用黄色垃圾袋。

⑤ 在接触具有潜在性传染性标本培养基、组织，必须戴保护性手套，防止皮肤直接接触。如果手套有可见的污染，必须先除去污染，再更换。手上有皮炎或伤口的实验人员需要间接接触传染性物质时应戴保护性手套。

⑥ 在处理完标本、结束实验，甚至在上述规定戴手套时，均应按常规洗手。

⑦ 当血液、血液制品或其他体液污染发生时，应停止实验洗手，戴一次性手

套再清除污染区。建议用含有效氯 0.01%的次氯酸钠溶液消毒。如果污染区较大用浸有次氯酸钠溶液的湿布覆盖 10min 去污染，并标示相应的警告，丢弃废物及手套到生物安全级物理容器。注意飞溅的水滴和流淌会将污染带到主污染区以外。

⑧ 所有在实验室使用的具有潜在污染性的物质都需去污染，最好先高压，再做处理。

⑨ 任何可能产生飞溅或气雾的操作都应在生物安全操作台里进行。这些操作包括离心，分离血清，混合，超声，收集组织受精卵，以及处理含有浓集的感染物质标本。

2.9.2.3 废弃物的处理

在实验过程中产生的实验废弃物应如下方法妥善处理。

① 黑色塑料袋用来收集未污染或经高压过需处理的废物。

② 废纸篓用来收未污染的废纸，用过的纸巾等。

③ 所有可能传染的物质必须高压或焚化。

④ 所有丢弃的标本，培养基和实验室废物必须放在专门容器里。

⑤ 用白色聚丙烯罐盛装 2%新鲜配制的次氯酸液，以供实验中丢弃的标本、污染的吸头、棉拭子临时处理，待一天实验结束之后，再经高压处理。

⑥ 黄色塑料袋用来处理污染的实验室废物。它们应先封口再由其他人员拿去焚烧。

⑦ 用带盖、带标签的硬质容器来盛装针头之类的锐器。

2.9.2.4 传染性物质的消毒

对实验室传染性物质要高度重视，必须严格消毒。一般采用高压和焚烧。

所有培养基的传染性物质都要高压，除非准备焚烧的，高压的最大好处是使传染性物质离开实验室可保证安全。

用作此目的的高压设备应由实验室专业人员操作。

高压设备应定期进行测试，检修。高压设备应有使用记录，并自使用之日起由专人连续记录。任何不符都要向安全人员报告。

在高温炉中焚烧是一种彻底消毒的方法，只是成本较高。

2.10 典型反应过程的主要危险性及其控制

化学实验室是进行化学实验教学和科学研究的重要场所。在化学实验室中，除了所用到的药品具有易燃、易爆、有毒、有害、有腐蚀性等特点外，在化学实验过程中，还经常使用水、电、煤气等，也经常遇到高温、低温、高压、真空、高电压、高频和带有辐射源的实验条件和仪器。还有不少化学反应，如氧化、硝化反应等也存在火灾和爆炸的危险性，并且操作难以控制，若缺乏必要的安全防护知识，会造成生命和财产的巨大损失。

2.10.1　氧化反应过程的主要危险性和控制

氧化反应过程中主要危险性在于容易发生火灾和爆炸。

氧化反应的原料和产物常常是易燃、易爆的物质，如甲苯氧化制取苯甲酸中，甲苯是易燃易爆物质。某些氧化中间体很不稳定，也有发生火灾和爆炸的危险，如乙醛氧化生产醋酸的过程中有过醋酸生成，当其浓度积累到一定程度后会发生分解而导致爆炸。部分氧化产物具有火灾危险性，如环氧乙烷是可燃气体。氧化反应及其副反应常常放热强烈，反应温度高，且传热情况复杂，这些反应热如不及时移去，将会使温度迅速升高，当温度达到物料的自燃点就可能发生燃烧。被氧化物与氧化剂的配比也是反应过程中重要的火灾和爆炸因素，如控制不当，极易爆炸起火。

氧化反应过程中的控制在于严格控制反应物料的配比；氧化剂的加料速度也不宜过快；要有良好的搅拌和冷却装置，防止超温、超压和混合气处于爆炸范围之内。

2.10.2　还原反应过程的主要危险性及控制

还原反应过程中主要危险性在于还原反应常常会使用或产生氢气，并在加热、加压下进行。由于氢气的爆炸极限为4%～75%，存在非常大的潜在危险性，如果操作失误或设备泄漏，极易发生火灾和爆炸。

有些还原反应使用的还原剂和催化剂具有很大的燃烧爆炸危险性。常用还原剂硼氢化钾（钠）、氢化铝锂等都遇水燃烧，在潮湿的空气中能自燃，所以应储存于干燥的密闭容器内；催化剂雷氏镍吸潮后在空气中有自燃危险，会使氢气和空气的混合物引燃形成着火燃烧，应当储存在酒精中。

还原反应的操作中要严格控制温度、压力和流量；采用还原性强而危险性又小的新型还原剂如硫化钠代替铁粉还原，可以避免氢气产生，对安全生产具有重要意义。

2.10.3　硝化反应过程的主要危险性及控制

有机化合物分子中硝基取代氢原子而生成硝基化合物或用硝酸根取代羟基生成硝酸酯的化学反应都称为硝化反应。硝化反应是放热反应，硝化反应中常用的硝化剂是浓硝酸或混酸（浓硝酸和浓硫酸的混合物），具有强烈的氧化性和腐蚀性，与有机物特别是不饱和有机物接触即能引起燃烧；混酸在制备时，若温度过高或落入少量水，会促使硝酸的大量分解，造成爆炸事故；硝化产物如硝基化合物、硝酸酯等具有爆炸性，受热、摩擦、撞击等极易发生爆炸或着火，所以硝化反应的危险性较大，处理时要格外小心。

为避免反应失常或产生爆炸，硝化过程应严格控制加料速度，控制硝化反应温度，避免一切摩擦、撞击、高温因素，不得接触明火和酸、碱物质等。硝化反应器要有良好的冷却和搅拌装置，要注意设备、管道的防腐蚀性能，确保严密不漏。

2.10.4 氯化反应过程的主要危险性及控制

以氯原子取代有机化合物中氢原子的过程称为氯化。最常用的氯化剂是氯气、三氯化磷等，它们都是有高毒的、强腐蚀性和刺激性的、易燃易爆的物质。

氯气毒性很大，必须严防泄漏；三氯化磷遇水或酸会猛烈分解产生大量氯化氢和热，易引起冲料或爆炸，必须要防水或酸。反应所用的原料一般是甲烷、乙烯、苯、甲苯等，它们都是易燃易爆物质。氯化反应是一个放热反应，在较高的温度下进行氯化反应是剧烈的，所以氯化反应的设备要有良好的冷却系统，并严格控制氯气的流量，以避免因氯气流量过大、升温过快而发生爆炸；由于氯化反应几乎都有氯化氢气体生成，因此所用的装置必须应保证严密不漏。

2.10.5 磺化反应过程的主要危险性及控制

磺化反应是指向有机化合物分子中引入磺酸基的反应过程。通常用浓硫酸或发烟硫酸作为磺化剂，有时也用三氧化硫、氯磺酸、二氧化硫加氯气、二氧化硫加氧以及亚硫酸钠等作为磺化剂。所用试剂都是具有强氧化性、腐蚀性、刺激性和毒性的物质。

磺化反应的原料苯、硝基苯、氯苯等都是可燃物，而磺化剂浓硫酸、发烟硫酸（三氧化硫）、氯磺酸都是强氧化性物质，具备了可燃物与氧化剂作用发生放热反应的燃烧条件，存在反应温度超高，以致发生燃烧反应、引起着火或爆炸事故的危险性。

反应过程中必须进行有效的冷却和良好的搅拌以控制反应体系的温度。并且反应体系还要有很好的密封性，防止有毒和腐蚀性的物质逸出。

2.10.6 重氮化反应过程的主要危险性及控制

重氮化是指一级胺与亚硝酸在低温下作用生成重氮盐的反应。它也是非常常见的有机化学反应。

在重氮化反应中，反应物胺与亚硝酸钠均有毒，产物重氮盐不稳定，它们在水溶液中逐渐分解，在干燥状态下，有些重氮盐不稳定，可在振动、摩擦、加热或电击的条件下发生分解爆炸。在重氮化的生产过程中，若亚硝酸钠的投料过快或过量，均会增加亚硝酸的浓度，使反应温度过高，加速重氮盐的分解，产生大量的一氧化氮气体，有引起着火爆炸的危险。

在实际操作中要注意反应原料胺与亚硝酸钠安全使用，避免将反应液洒出或直接接触。应控制生产过程中亚硝酸钠的投料速率和数量，并严格控制反应温度。特别要避免产生干燥的重氮盐。

2.10.7 烷基化反应过程的主要危险性及控制

烷基化（亦称烃化）反应是在有机化合物中的氮、氧、碳等原子上引入烷基（R—）的化学反应。

在烷基化反应过程中，被烷基化的物质、烷基化剂和烷基化产品都具有燃烧、爆炸的危险；烷基化催化剂具有自燃危险性，遇水剧烈反应，放出大量热量，容易引起火灾甚至爆炸；烷基化反应都是在加热条件下进行，加料次序颠倒、加料速率过快或者搅拌中断停止等异常现象容易引起局部剧烈反应，造成跑料、引发火灾或爆炸事故。

烷基化反应过程中必须要控制反应原料的加入次序及速率，要有合适的搅拌装置，并很好地控制反应温度。同时做好防火防爆工作。

第 3 章　实验室危险废弃物的处理

实验室危险废弃物有毒有害，有些甚至是剧毒物或强致癌物，其任意排放必将污染环境、破坏生态平衡、威胁人类健康。如果所有实验人员牢记可持续发展的绿色化学原则，自觉采取措施，规范操作不但不会造成环境污染，还可能变废为宝，实现发展与环境的“双赢”。

本章首先介绍危险废弃物的种类，然后介绍实验室危险废弃物的收集、贮存及处理原则，最后分别对各类实验室的废弃物提出一些处理方法，同时提供一些案例。

3.1　危险废弃物的种类

危险废弃物是指列入国家危险废弃物名录或者根据国家规定的危险废弃物鉴别标准和鉴别方法认定的具有危险特性的废弃物，它们具有毒性、腐蚀性、易燃性、爆炸性、反应性或感染性等特性。对于危险废弃物的定义和分类，不同国家、不同组织以及不同版本的书籍中有所不同。本书附录 7 是中华人民共和国环境保护部、中华人民共和国国家发展和改革委员会于 2008 年 6 月 6 日发布，2008 年 8 月 1 日起施行的《国家危险废弃物名录》。

3.2　实验室危险废弃物的收集和贮存

实验室危险废弃物产生后一般要经过收集、贮存后才进行处理。

收集实验室危险废弃物的容器应存放在符合安全与环保要求的专门房间或室内特定区域，要避免高温、日晒、雨淋，远离火源及生活垃圾。存放危险废弃物的房间应张贴危险废弃物标志、实验室危险废弃物管理制度、实验室危险废弃物收集注意事项及危险废弃物意外事故防范措施和应急预案、危险废弃物贮存库房管理规定等。

每个贮存废弃物的容器上必须用以下信息标明：“危险废弃物品”字样、产生危险废品的地址和人员姓名、危险废弃物的贮存日期、危险废弃物的名称、危险废弃物的成分及其物理状态、危险废弃物质的性质等。

实验室废弃物要用密闭式容器收集贮存。废弃物质必须和容器是不反应的。液体废弃物质必须放在拧紧盖子的容器里，即使容器被弄翻了液体也不会漏出来。贮存容器应保持良好状况，如有严重生锈、损坏或泄漏之虞，应立即更换。报废及过期化学品用原容器暂存。及时清理实验室废弃物，不得在实验室大量积聚化学废弃物，原则上，废液在实验室的停留时间不应超过 6 个月。

实验室危险废弃物应严格投放在相应的收集容器中，严禁将危险废弃物与生活垃圾混装。

实验废弃物应依不同性质进行分类收集，不具相容性的废弃物应分别收集，不相容废弃物的收集容器不可混贮。各实验室要根据本实验室产生的废弃物情况列出废弃物相容表或不相容表，悬挂于实验室明显处，并公告周知。特别要注意：

① 酸不能与活泼金属（如钠、钾、镁）、易燃有机物、氧化性物质、接触后即产生有毒气体的物质（如氰化物、硫化物及次卤酸盐）收集在一起；

② 碱不能与酸、铵盐、挥发性胺等收集在一起；

③ 易燃物不能与有氧化作用的酸或易产生火花、火焰的物质收集在一起；

④ 过氧化物、氧化铜、氧化银、氧化汞、含氧酸及其盐类、高氧化价的金属离子等氧化剂不能与还原剂（如锌、碱金属、碱土金属、金属的氢化物、低氧化价的金属离子、醛、甲酸等）收集在一起；

⑤ 含有过氧化物、硝酸甘油之类爆炸性物质的废液，要谨慎地操作，并应尽快处理；能与水作用的废弃物应放在干冷处并远离水；

⑥ 不要把金属和流体废溶液放在一起；

⑦ 能与空气易发生反应的废弃物（如黄磷遇空气即生火）应放在水中并盖紧瓶盖；

⑧ 对硫醇、胺等会发出臭味的废液和会产生氢氰酸、磷化氢等有毒气体的废液，以及易燃性大的二硫化碳、乙醚之类废液，要把它加以适当的处理，防止泄漏，并应尽快进行处理。

另外不要将锋利的废弃物质或吸管装入塑料袋里，要使用存放锋利废弃物质的容器。存放废液的容器丢弃之前必须先清洗干净。热玻璃或反应性化学品，绝不可与可燃性垃圾混在一起。

产生放射性废弃物和感染性废弃物的实验室应将废弃物收集密封，明显标示其名称、主要成分、性质和数量，并予以屏蔽和隔离，严防泄漏。

3.3　实验室危险废弃物的处理原则

化学工作者应树立绿色化学思想，依据减量化、再利用、再循环的整体思维方式来考虑和解决化学实验出现的废弃物问题。

3.3.1　绿色化学十二项原则

绿色化学十二项原则是从源头上减少或消除化学污染的角度出发提出的，绿色化学原则是对绿色化学内涵最好的诠释，废弃物的处理理应遵循绿色化学十二项原则。绿色化学十二项原则如下。

① 防止产生废弃物　从源头制止污染，而不是在末端治理污染，防止产生废弃物要比产生后再去处理和净化好得多。

② 原子经济　合成方法应具备“原子经济性”原则，使反应过程中所用的物料最大限度地进到终极产物中。

③ 较少危害性　在合成方法中尽量不使用和不产生对人类健康和环境有毒、有害的物质，应尽量采用毒性小的化学合成路线。

④ 产品安全性　设计的化学产品不仅具有所需的性能，还应具有最小的毒性。

⑤ 溶剂和辅料安全性　尽可能避免使用辅助物质（如溶剂、分离剂等），在迫不得已时，应尽可能使用无害的。

⑥ 能量消耗低　应考虑到能源消耗对环境和经济的影响，并尽量少地使用能源，生产过程尽可能在常温和常压下进行。

⑦ 回收原材料　尽量采用可再生的原料，特别是用生物质代替石油和煤等矿物原料。

⑧ 减少派生物产生　应尽可能避免或减少多余的衍生反应，尽量减少副产品。

⑨ 使用催化剂　使用高选择性的催化剂，催化剂优于当量试剂。

⑩ 产物降解　设计可降解的产物，产物在使用后应可降解为无害的物质，而不会在环境中累积。

⑪ 实时分析　不断发展分析方法，在生产过程中进行实时分析、全程监控，特别是对形成危害物质的控制上。

⑫ 防止安全事故发生　在化学过程中，反应物（包括其特定形态）的选择应着眼于使包括释放、爆炸、着火等化学事故的可能性降至最低。

3.3.2　从源头上减少化学废弃物的产生和数量

通过正确管理化学物质的储存，把化学废弃物品减少到最低限度。建立集中购买、总量管理、跟踪检测和合理储存制度。根据需要购买和使用合适的量，合理储存，防止化学物质过期而无法使用。

充分考虑试剂和产物的毒性及整个过程所产生的“三废”对环境的污染情况，尽量排除或减少对环境污染大、毒性大、危险大、“三废”处理困难的实验项目，选择低毒、污染小且后处理容易的实验项目。

要大力推广微型化学实验，以减轻末端实验室“三废”处理的压力。

把产生最少废弃物品的过程写进现有的实验草案，以此来减少废品的最终量。在实验过程中，尽量中和一些中间产物、附带物质，使它们的毒性消失。把处理或破坏掉危险物品作为实验的最后一个步骤。

尽量利用无害或易于处理的代用品。

由于废弃物的组成不同，在处理过程中，往往伴随着有毒气体的产生以及发热、爆炸等危险，因此，处理前必须充分了解废液的性质，然后分别加入少量所需添加的药品。同时，必须边注意观察边进行操作。

对废弃物的处理应以不造成更大的浪费为出发点。尽量回收溶剂，在对实验没有影响的情况下，把它反复使用。

一般无害之无机中性盐类，或阴阳离子废液，可经由大量清水稀释后，由下水道排放。无机酸碱或有机酸碱，需中和至中性或以水大量稀释后，再排入下水道中。

一般的有毒气体可通过通风橱或通风管道，经空气稀释排出。大量的有毒气体必须通过与氧充分燃烧或吸收处理后才能排放。例如，CO_2、NO_2、SO_2、Cl_2、H_2S、HF 等废气应先用碱溶液吸收；NH_3 用酸吸收；CO 可先点燃转变成 CO_2 等。对个别毒性很大或者数量多的废气，可用吸附、吸收、氧化、分解等方法进行处理。

由于甲醇、乙醇、丙酮等能被细菌作用而易于分解，故浓度不大时对这类溶剂用大量水稀释后可直接排放。

处理废液时，为了节约处理所用的药品，可将废铬酸混合液用于分解有机物，以及将废酸、废碱互相中和。要积极考虑废液的利用。

含重金属等的废液，将其有机质分解后，作无机类废液进行处理。

含有络离子、螯合物之类物质的废液，只加入一种消除药品有时不能把它处理完全。因此，要采取适当的措施，注意防止一部分还未处理的有害物质直接排放出去。

对于为了分解氰基而加入次氯酸钠，以致产生游离氯，以及由于用硫化物沉淀法处理废液而生成水溶性的硫化物等情况，其处理后的废液往往有害。因此，必须把它们加以再处理。

沾附有有害物质的滤纸、包药纸、棉纸、废活性炭及塑料容器等东西，不要丢入垃圾箱内。要分类收集，加以焚烧或其他适当的处理，然后保管好残渣。

对于没有被化学物质或放射性物质污染的动物尸体，按照有关的规定来处理。如果要处理受到污染的动物尸体，一般深埋。

3.4　实验室无机类废液的处理

实验室中无机类废液种类和数量繁多，处理方法也各有不同，本小节主要介绍含重金属废液、含氰化物废液和含氟废液这三类无机废液的处理方法，处理后的废液应达到中华人民共和国国家标准《污水综合排放标准》(GB 8978—2002) 后才能排放。无机类废液任意排放会造成重大环境污染，本小节也列举了一些由无机类废液造成环境污染的典型案例。最后把中华人民共和国国家标准《污水综合排放标准》(GB 8978—2002) 以及主要污染物含量测定方法也列入本小节中。

3.4.1 含重金属废液的处理

3.4.1.1 氢氧化物沉淀法

在废液中加入 NaOH 使溶液呈碱性（一般调 pH 至 9～11），并加以充分搅拌，很多重金属可生成氢氧化物沉淀。溶液放置一段时间后，将沉淀滤出并妥善保存，对滤液进行检测（检测方法见 3.4.5），确证滤液达到排放标准后排放（排放标准见表 3-4～表 3-6）。用这种方法处理含重金属的废液，可使 Ag^{+}、Al^{3+}、As^{3+}、Bi^{3+}、Ca^{2+}、Cd^{2+}、Co^{2+}、Cr^{3+}、Cu^{2+}、Fe^{3+}、Fe^{2+}、Mn^{2+}、Ni^{2+}、Pb^{2+}、Sb^{3+}、Sn^{2+}、Zn^{2+} 等除去。反应方程式如下：

$$M^{2+} + 2OH^{-} \longrightarrow M(OH)_2 \downarrow$$

$$M^{3+} + 3OH^{-} \longrightarrow M(OH)_3 \downarrow$$

但在强碱性下，两性金属的沉淀会发生溶解。如：

$$Cr(OH)_3 + OH^{-} \longrightarrow [Cr(OH)_4]^{-}$$

两性金属沉淀溶解的 pH 值见表 3-1，所以要注意其最适宜的 pH 值。

表 3-1 两性金属沉淀溶解的 pH 值

金属离子	Al^{3+}	Cr^{3+}	Sn^{2+}	Zn^{2+}	Pb^{2+}
pH 值	8.5	9.2	10.6	>11	>11

废液中同时含有两种以上重金属时，因其处理的 pH 值各不相同，必须加以注意。

中和剂除了 NaOH 外，还可用 $Ca(OH)_2$ 和 Na_2CO_3。因 $Ca(OH)_2$ 可防止两性金属的沉淀再溶解，且其沉降性能也较好。Na_2CO_3 还可使 Ba^{2+}、Ca^{2+}、Sr^{2+} 等离子生成难溶性的碳酸盐而除去（pH＝10～11）。

$$M^{2+} + Ca(OH)_2 \longrightarrow M(OH)_2 \downarrow + Ca^{2+}$$

$$Ba^{2+} + CO_3^{2-} \longrightarrow BaCO_3 \downarrow$$

为了使沉淀更完全，可再加入凝聚剂产生共沉淀。常用的凝聚剂有 $Al_2(SO_4)_3$、$FeCl_3$、$Fe_2(SO_4)_3$ 和 $ZnCl_2$。用共沉淀法处理时，由于产生沉淀的 pH 值范围相当宽，因而在 pH 值较小时就能完全沉淀。

如果废液中含有六价铬，可用硫酸亚铁、亚硫酸盐、铁屑、二氧化硫等还原剂将废液中六价铬还原成三价铬离子，再加碱调整 pH 值，使三价铬形成氢氧化铬沉淀除去。具体方法是：在含铬废液中加入 H_2SO_4 调溶液的 pH 值在 2～3，分批少量加入 $NaHSO_3$ 晶体至溶液由黄色变成绿色为止（此时 Cr^{6+} 全部还原成 Cr^{3+}），再用 NaOH 或 $Ca(OH)_2$ 调 pH 值至 7～8，将 Cr^{3+} 以 $Cr(OH)_3$ 形式沉淀析出，再加混凝剂，使 $Cr(OH)_3$ 沉淀除去。氧化还原反应方程式为：

$$4H_2CrO_4 + 6NaHSO_3 + 3H_2SO_4 \longrightarrow 2Cr_2(SO_4)_3 + 3Na_2SO_4 + 10H_2O$$

3.4.1.2 硫化物沉淀法

在废液中加入 Na_2S、NaHS 或 H_2S 溶液，充分搅拌后，许多重金属离子可以形成硫化物沉淀。由于大多数金属硫化物的溶解度一般比其氢氧化物的溶解度要小得多，采用硫化物可使重金属得到较完全的去除。一些常见的氢氧化物和硫化物的溶度积 K_s 见表 3-2。

$$M^{2+} + S^{2-} \longrightarrow MS\downarrow$$

表 3-2　一些常见的氢氧化物和硫化物的 K_s

难溶氢氧化物	K_s	难溶硫化物	K_s
AgOH	2.0×10^{-8}	Ag_2S	6.3×10^{-50}
$Bi(OH)_3$	4.0×10^{-31}	Bi_2S_3	1.0×10^{-97}
$Cd(OH)_2$	2.5×10^{-14}(新析出)	CdS	3.6×10^{-29}
$Co(OH)_2$	1.6×10^{-15}(新析出)	CoS	4.0×10^{-21}(α 型) 2.0×10^{-25}(β 型)
$Cr(OH)_3$	6.3×10^{-31}		
$Cu(OH)_2$	2.2×10^{-20}	CuS	6.3×10^{-36}
$Fe(OH)_2$	8.0×10^{-16}	FeS	6.3×10^{-18}
$Hg(OH)_2$	3.0×10^{-26}	HgS	1.6×10^{-52}(黑) 4.0×10^{-53}(红)
$Mn(OH)_2$	1.9×10^{-13}	MnS	2.5×10^{-10}(无定形) 2.5×10^{-13}(晶形)
$Ni(OH)_2$	2.0×10^{-15}(新析出)	NiS	3.2×10^{-19}(α 型) 1.0×10^{-24}(β 型) 2.0×10^{-26}(γ 型)
$Pb(OH)_2$	1.2×10^{-15}	PbS	8.0×10^{-28}
$Zn(OH)_2$	1.0×10^{-17}	ZnS	1.6×10^{-24}(α 型) 2.5×10^{-22}(β 型)

注：摘自 John A Dean. Analytical Chemistry Handbook. McGraw-Hill，1998.

但硫化物沉淀比较细致、沉淀较困难，常常需要投加凝聚剂和助凝剂以加强去除效果，常用的凝聚剂为 $FeCl_3$ 和 $Al_2(SO_4)_3$，助凝剂为聚丙烯酰胺。

虽然硫化物法比氢氧化物法可更完全地去除重金属离子，但是由于它的处理费用较高，硫化物沉淀困难，因此使用并不广泛，有时仅作为氢氧化物沉淀法的补充方法使用。此外，在使用过程中还应注意避免造成硫化物的二次污染问题，要检查滤液有无 S^{2-}，如果含有 S^{2-} 时，要用 H_2O_2 将其氧化、中和后才可排放。

3.4.1.3　铁氧体共沉淀法

铁氧体共沉淀法是向重金属废液中投加铁盐，通过工艺控制，达到有利于形成铁氧体的条件，使污水中多种重金属离子与铁盐生成稳定的铁氧体晶粒共沉淀，再通过磁力分离等手段，达到去除重金属离子的目的。

铁氧体的化学结构式是 $FeO\cdot Fe_2O_3$，形成理想铁氧体的条件是废液中 $Fe^{3+}:Fe^{2+}=2:1$，当溶液中含有其他重金属离子时，二价重金属离子就占据 Fe^{2+} 的晶格，三价重金属离子就占据 Fe^{3+} 晶格形成多种多样的铁氧体，相对密度大于 3.8 的重金属如钒、铬、汞、铁、钴、镍、铜、锌、镉、锡、锰、铋、铅等离子都可以形成铁氧体。

经典铁氧体共沉淀法工艺过程是：①往重金属废液中加入 $FeSO_4$，Fe^{2+} 首先和 Cr^{6+} 等发生氧化还原反应生成 Fe^{3+}、Cr^{3+} 及其他低价重金属离子，Fe^{2+} 的量应为废液中除铁以外各种重金属离子物质的量浓度的 2 倍或 2 倍以上；②向废液中加入 NaOH 或其他碱，过量的 Fe^{2+} 和反应生成的 Fe^{3+} 及其他重金属离子形成氢氧化物沉淀，碱的量为废液中所有阴离子（包括加入盐）的 0.9～1.2 倍；③碱化后立即通蒸汽加热到 60～80℃或更高，通空气并加以搅拌，一部分 $Fe(OH)_2$ 转化为 $Fe(OH)_3$，这样就逐渐形成了铁氧体晶体而沉淀；④待氧化完全后再用磁铁法或沉淀法分离铁氧体。

经典铁氧体法能一次去除多种重金属离子，形成的沉淀颗粒大且不会再溶解，无二次污染问题，易于分离，设备简单，操作方便。但经典铁氧体法不能单独回收重金属，操作过程中需加热到 60～80℃，耗能多，需通空气氧化，氧化速度慢，处理时间长。为克服这些缺点，改进的铁氧体法即 GT 铁氧体法应运而生。

GT 铁氧体法与经典铁氧体法的不同之处在于碱化后的处理，要把废液的 1/2～1/4 打入铁屑还原塔，反应 5～15min 后，混合两部分废液，搅拌均匀即可形成铁氧体。该方法一般用于处理重金属离子浓度高的废液。

3.4.1.4 吸附法

吸附法处理重金属废液主要是通过吸附材料的高比表面积的蓬松结构或者特殊功能基团对水中重金属离子进行物理或化学吸附。吸附法因吸附材料有很宽的来源范围、选择性强和便于操作，是一种理想的实验室废液处理的方法。

活性炭因其特殊的孔隙结构具有巨大的比表面积、较多的表面化合物和良好的机械强度而成为常用的吸附剂之一。活性炭对重金属离子的吸附包括重金属离子在活性炭表面的离子交换吸附、重金属离子与活性炭表面的含氧官能团之间的化学吸附以及重金属离子在活性炭表面沉积而发生的物理吸附。活性炭可以同时吸附多种重金属离子，吸附容量大，对 $Cr^{Ⅵ}$ 阳离子也有较强的还原作用，但价格昂贵、使用寿命短，材料的再生处理也很麻烦。

近年来，发现矿物材料具有强大的吸附能力，如沸石、蛇纹石、硅藻土等。其中，沸石是目前发现的天然矿物中比表面积最大、吸附性能最好的矿物。有研究发现斜发沸石在静态条件下对 Pb^{2+}、Cu^{2+} 和 Ni^{2+} 的最大吸附容量分别为 27.7mg/g、25.76mg/g 和 13.03mg/g（初始质量浓度为 800mg/L），且吸附顺序为：$Pb^{2+} > Cu^{2+} > Ni^{2+}$。自然资源制备的吸附剂原料来源广、制造容易、价廉，但吸附剂使用寿命短，重金属吸附饱和后再生困难，难以回收重金属资源。

在我国，也有利用褐煤、草炭、风化煤、煤粉灰等作为重金属离子吸附剂。煤粉灰是煤粉在高温下燃烧后的产物，其主要成分是 SiO_2、Al_2O_3、Fe_2O_3。煤粉中大量活性点可与吸附质发生化学吸附和物理吸附，因此煤粉灰有很强的吸附能力。将废液通过装有煤粉灰、沸石的滤柱，控制一定的流量，大部分无机离子和有机物被吸附。

目前所采用的吸附材料还有树脂、蟹壳、活性污泥等。树脂中含有羧基、羟基、氨基等活性基团，可与重金属离子进行螯合，形成网状结构的笼形分子，因此能有效地吸附重金属离子。其中壳聚糖及其衍生物是处理重金属废液的理想树脂材料，壳聚糖对 Ag^{+}、Cd^{2+}、Cu^{2+}、Mn^{2+}、Ni^{2+}、Pb^{2+} 和 Zn^{2+} 等都有很强的吸附能力。近年来，对改性壳聚糖的吸附研究也大量涌现。如将球形壳聚糖与戊二醛交联，与磁性元素结合后具有一定的磁性，同时它的表面积比壳聚糖薄片大 100 倍，研究表明，球形交联壳聚糖对 Cd^{2+} 的最大吸附容量为 518mg/g，而粉末壳聚糖只有 420mg/g。

3.4.1.5　膜分离技术

膜分离技术是利用一种特殊的半透膜，在外界压力作用下，在不改变溶液中物质化学形态的基础上，将溶剂和溶质进行分离或浓缩的方法。膜分离技术是在对含重金属废液进行适当前处理如氧化、还原、吸附等手段之后，将废液中的重金属离子转化为特定大小的不溶态微粒，然后通过滤膜将重金属离子过滤除去。

膜分离技术包括反渗透、超滤、电渗析、液膜、渗透蒸发等。

目前反渗透、超滤膜等已大规模用于镀锌、镍、镉漂洗水及混合重金属废液处理，如用芳香聚酰胺型高分子作为膜材料（DP-1）组装成反渗透器对去除电镀废液中的镍、镉效果极佳。

液膜法分离快、耗能少，重金属资源可回收，近年来也已用于小型电镀厂含 Cr^{3+}、Zn^{2+} 废液处理。

电渗析法处理重金属废液时，阳离子膜只允许阳离子通过，阴离子膜只允许阴离子通过，在电流作用下，电镀废液得到浓缩和淡化。

膜分离技术在重金属废液处理中具有技术可靠、操作费用低、占地面积小、不需加化学试剂、不产生废渣、不会造成二次污染的优点，膜分离技术作为一种高新技术在含重金属废液处理领域已有广泛的研究、探索和应用。但浓缩重金属离子浓度有一定限度，膜分离效率随时间衰退需定期更换，而且某些微粒不能完全除去。

随着膜技术在废液领域研究的进一步深入，将膜技术与其他工艺组合起来处理重金属废液，同时发挥各自的长处，取得了较好效果。胶束强化超滤是最近发展起来的与表面活性剂技术相结合的方法。当表面活性剂浓度超过其临界胶束浓度时，大的两性聚合物胶束形成，溶液经过超滤膜时，吸附有大部分金属离子和有机溶质的胶束被截留，透过液可回用，含重金属的浓缩液则进一步被电解，可回收重金属。

3.4.1.6　离子交换树脂法

离子交换树脂法是重金属离子与离子交换树脂发生离子交换，以除去或者回收重金属的方法。它是在固相离子交换剂和液相电解质溶液间进行的，树脂性能对重金属去除有较大影响。常用的离子交换树脂有阳离子交换树脂、阴离子交换树脂、螯合树脂和腐殖酸树脂等。

阳离子交换树脂由聚合体阴离子和可供交换的阳离子组成。树脂型号多，如001X7型阳离子交换树脂、710型阳离子交换树脂、732型阳离子交换树脂等，主要用于Cr^{3+}、Cu^{2+}、Zn^{2+}、Fe^{3+}、Ni^{2+}等重金属阳离子废液的处理。

阴离子交换树脂是由高聚合阳离子和可供交换的阴离子组成。树脂上的阴离子主要与废液中的$Cr_2O_7^{2-}$或$HCrO_4^-$交换，从而达到净化含Cr^{VI}废液的目的。大孔弱碱370型阴离子交换树脂和大孔强碱D290型阴离子交换树脂都可用于含Cr^{VI}的废液处理。

螯合树脂具有螯合基团，对特定重金属离子具有选择性。如木屑柠檬树脂能与Cu^{2+}螯合等，可用于含Cu^{2+}的废液处理。

腐殖酸树脂是由腐殖酸和交联剂交联而成的高分子材料，含有酚羟基、羧基、甲氧基等官能团，具有阳离子交换和络合能力。近年来腐殖酸树脂已在电镀废液离子交换法治理工艺方面作出了贡献。

离子交换树脂法是一种重要的重金属废液治理方法，具有处理量大、出水水质好、可回收水和重金属资源的优点。缺点是树脂易受污染或氧化失效再生频繁，离子交换树脂价格昂贵，再生也需要很高的费用，因此，一般废液处理上很少使用，但它用于处理量小、毒性大、有回收价值的重金属是不错的方法。

3.4.1.7 气浮法

气浮法处理重金属废液时，须先将重金属离子析出。加入表面活性剂，使析出的重金属疏水化，疏水的重金属然后黏附于上升气泡表面，上浮去除。按黏附方式不同，气浮法可分为离子气浮法、泡沫气浮法、沉淀气浮法、吸附胶体气浮法四类。

离子气浮法是重金属离子直接和表面活性剂形成沉淀，然后黏附于气泡上的分离方法。

泡沫气浮法是重金属离子表面通过表面活性剂的桥梁作用直接与气泡黏附。

沉淀气浮法是重金属离子先形成氢氧化物、硫化物等沉淀，然后通过表面活性剂桥梁作用或直接黏附于气泡上。常见的表面活性剂是月桂磺酸钠、黄原酸酯、十二烷基苯磺酸钠等。

吸附胶体气浮法是利用絮凝剂$AlCl_3$或$FeCl_3$先形成氢氧化物胶体，然后废液中的重金属离子被胶体吸附，通过表面活性剂桥梁作用或直接黏附于气泡上。

气浮法对处理稀有的重金属废液具有独特优点。重金属残留低，操作速度快，占地少，废液处理量大，生成的渣泥体积小，运转费低。但出水盐分和油脂含量高，浮渣和净化水回用问题须进一步解决。

3.4.1.8 电解法

电解法是利用电极与重金属离子发生电化学作用，使废液中重金属离子通过电解在阳、阴两极上分别发生氧化还原反应使重金属富集，然后进行处理的方法。电解法是集氧化还原、分解和沉淀为一体的处理方法，包括电凝聚、电气浮、电解氧化和还原等多种净化过程。按照阳极类型不同，电解法可分为电解沉淀法和回收重金属电解法。

电解沉淀法主要用于含铬废液的处理，一般采用铁板作为阴极和阳极，在酸性含铬废液和导电介质 NaCl 作用下，铁阳极不断溶解，产生的 Fe^{2+} 在酸性条件下将 Cr^{VI} 还原成 Cr^{3+}。阴极主要是 H^+ 还原为 H_2，随着电解反应的进行，废液的 pH 值不断上升，重金属离子 Cr^{3+} 和 Fe^{3+} 形成稳定的氢氧化物沉淀。在电解沉淀法中，也有应用废铁屑填充层作阳极代替铁板，以减少操作费用。

回收重金属电解法主要用来处理不含铬的废液，阳极使用惰性电极，通过电化学作用，贵金属沉积到阴极板上而回收。

电解法工艺成熟，设备简单，占地面积小，无二次污染，操作方便，而且可以回收有价金属。但电耗大，出水水质差，废液处理量小，不适合处理低浓度废液。

近年来，一种新型的水处理技术——内电解法克服了上述缺点。内电解法絮凝床中电化学反应均自发进行，无需消耗能源，以废治废。可以同时处理多种污染物，并提高难降解污染物的可生化性，可作为难生化有机废液的预处理手段。

3.4.1.9 溶剂萃取法

溶剂萃取法是利用重金属离子在有机相和水中溶解度不同，使重金属浓缩于有机相的分离方法。常见的有机溶剂有磷酸三丁酯、三辛基氧化磷、*N*,*N*-二（1-甲基庚基）乙酰胺、三辛胺、油酸和亚油酸等。萃取法处理重金属废液设备简单、操作简便，萃取剂中重金属离子含量高，有利于进一步回收利用，但萃取剂价格昂贵。

3.4.1.10 光催化法

光催化法是利用光催化剂表面的光生电子或空穴等活性物种，通过氧化或还原反应去除水中的重金属离子的方法。目前，实验室常用的光催化剂有 TiO_2、ZnO、WO_3、$SrTiO_3$ 等，其中 TiO_2 以良好的光催化热力学和动力学优势应用最广。纳米 TiO_2 能将高氧化态银、铂、汞等重金属离子吸附于表面，利用光生电子将其还原为细小的金属晶体，并沉积在催化剂表面，这样既消除了废液的毒性，又可从含重金属废液中回收重金属。

光催化法是一种环境友好型水处理方法，能在常温常压下进行，并且无毒性、耗能低、选择性好、快速高效等，在重金属废液处理中前景广阔日益受到重视。但从实际应用的角度出发还存在着许多问题，如重金属离子在光催化剂表面的吸附率低、光催化剂的吸光范围窄等。

3.4.1.11 生物方法

运用生物方法去除水中的重金属离子是生物技术一个新的应用领域。生物方法是利用菌体、藻类及一些细胞提取物等微生物细胞将溶液中的重金属离子吸附到细胞表面，通过细胞膜将重金属离子运输到细胞体中“积累”起来，然后通过一定的方法使金属离子从微生物体内释放出来，以降低重金属离子的浓度，从而消除重金属离子对环境的污染。

微生物体的吸附机理较为复杂，主要包括静电吸引、络合、离子交换、微沉淀、氧化还原反应等过程。微生物吸附的影响因素有很多，pH 值、温度、吸附时间、吸附剂粒径大小、重金属离子初始浓度、化学预处理等因素对吸附效果都有影响。

生物方法具有如下特点：操作的 pH 值和温度条件范围宽；处理效率高、节能、运行费用低；在低浓度下，金属可以被选择性地去除；易解吸，可回收重金属；来源丰富，可利用从工业发酵工厂及废液处理厂中排放出大量的微生物菌体吸附处理重金属。

生物方法在处理重金属污染和回收重金属方面有广阔的应用前景。但是，目前这方面的研究主要处于经验、实验室阶段，在实用化和工业化应用中还存在着许多有待解决的问题，主要是微生物对重金属离子的去除能力不够大，在去除过程中达到平衡的时间比较长。

【案例 3-1】 水俣病事件（1953～1956 年）——含汞废液直接排放导致的环境污染

在日本九州有个名为水俣的小镇，小镇西面有个名为“水俣湾”的海湾，这里风平浪静，水好鱼多，是当地渔民的乐园。1939 年，日本氮肥公司的合成醋酸厂开始在此生产氯乙烯，而产生的废液一直排放入水俣湾。该公司在生产氯乙烯和醋酸乙烯时，使用了含汞的催化剂，因而废液中含有大量的汞。这些含汞废液直接排入水俣湾后经过某些生物的转化，形成甲基汞，这些有机汞在海水、底泥和鱼类中富集，又经过食物链使人中毒。1950 年，在水俣湾附近的渔村中，出现了一些莫名其妙的疯猫，它们一开始走路摇摇晃晃，还不时出现抽筋麻痹等症状，最后跳入海中溺死。没有几年，水俣地区连猫的踪影都不见了。1956 年，该地区出现了与猫的症状相似的病人，患者开始时只是口齿不清、步履蹒跚，继而面部痴呆、全身麻木、耳聋眼瞎，最后变成神经失常，直至躬身狂叫而死。水俣病患者见图 3-1。因为开始病因不清，所以用当地地名命名。

“水俣病”给当地人带来无穷的灾难，因为鱼虾有毒，居民不敢再吃，捕鱼的

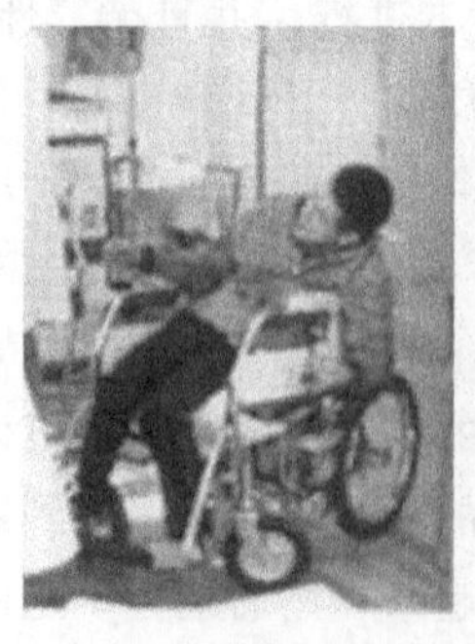
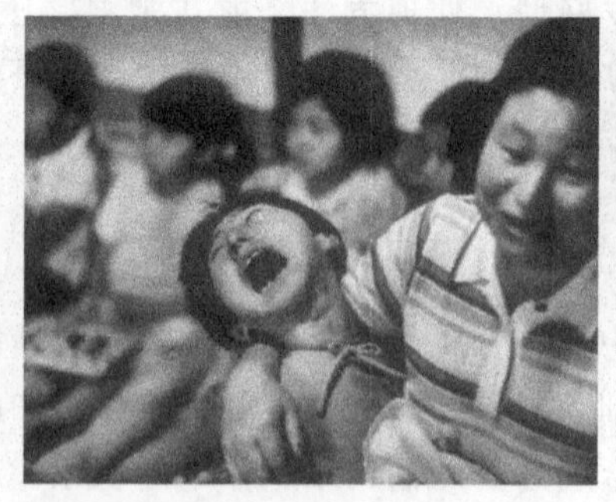
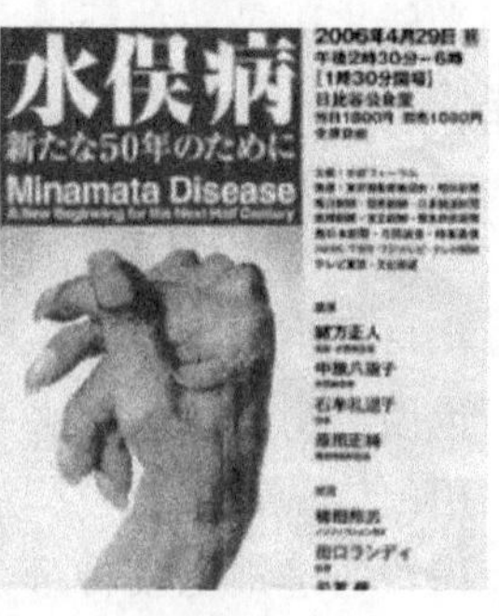

图 3-1 水俣病患者（图片分别来自互动百科网、中国新闻网和网易）

企业开始倒闭，成千上万的渔民因此失业。据 1972 年日本环境厅统计，水俣地区的患者有 180 多人，其中有 50 多人死亡。1991 年，日本环境厅公布的中毒病人仍有 2248 人，其中 1004 人死亡。而实际上，患者人数远不止此，仅水俣镇的受害居民就高达 1 万人。

【案例 3-2】 神东川骨痛病事件（1955—1972 年）——含镉废液直接排放导致的环境污染

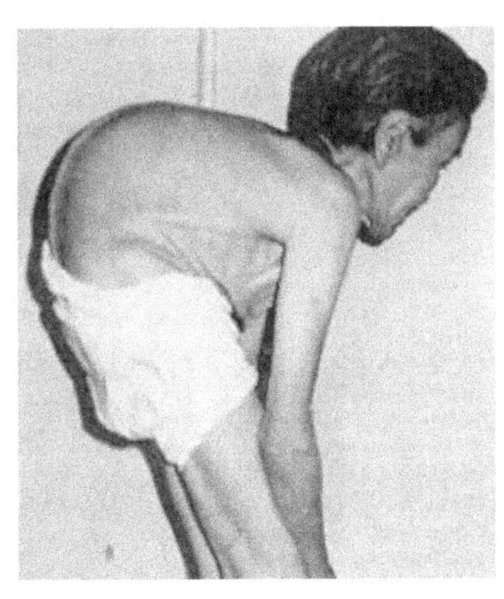

图 3-2　骨痛病患者（图片来自网易）

在日本富川平原上有一条河叫神东川。多年来，两岸人民用河水灌溉农田，使万亩稻田飘香。自从三井矿业公司在神东川上游开设了炼锌厂后，就发现有草木死亡现象。1955 年以后就流行一种不同于水俣病的怪病：对死者解剖发现全身多处骨折，最多的达 73 处，身长也缩短了 30cm。这种起因不明的疾病就是骨痛病，直到 1963 年才查明骨痛病与三井矿业公司炼锌厂的废液有关。原来，炼锌厂成年累月向神东川排放的废液中含有金属镉，农民引河水灌溉，便把废液中的镉转到土壤和稻谷中，两岸农民饮用含镉之水，食用含镉之米，便使镉在体内积存，而镉是人体不需要的元素，最终导致骨痛病。骨痛病病人骨骼严重畸形、剧痛，身长缩短，骨脆易折，见图 3-2。到 1972 年 3 月，骨痛病患者已达到 230 人，死亡 34 人，还有一部分人出现可疑症状。

【案例 3-3】 浏阳某化工厂“镉污染”事件（2009 年）——超标排放含镉废液导致的环境污染

浏阳市××镇是距离长沙市区约 70 公里的小镇。长沙××化工厂是 2003 年由该镇引进的一家民营股份制化工企业，位于该镇双桥村，主要生产粉状硫酸锌和颗粒状硫酸锌。2004 年 4 月，这家企业未经审批建了一条炼铟生产线，从此，这个村的宁静就被悄然打破。2006 年，村民们发现郁郁葱葱的树林开始枯死，新买的铝锅煮过东西之后被“镀”上一层擦不去的漆黑色，部分村民相继出现全身无力、头晕、胸闷、关节疼痛等症状。见图 3-3～图 3-6。

环境污染的后果愈来愈明显，2009 年端午节，年仅 44 岁的双桥村村民罗某突然死亡。此后一个多月内，双桥村的另外 4 名村民相继去世。经检测，他们体内的镉都严重超标。一些出现类似症状的村民检查后，也发现体内镉超标。

湖南省长沙市的环境监测部门的监测结果和专家调查咨询意见认为，化工厂是该区域镉污染的直接来源，非法生产过程中造成多途径的镉污染是造成区域性镉污染事件的直接原因。

图 3-3 被关闭的化工厂生产车间极为简陋

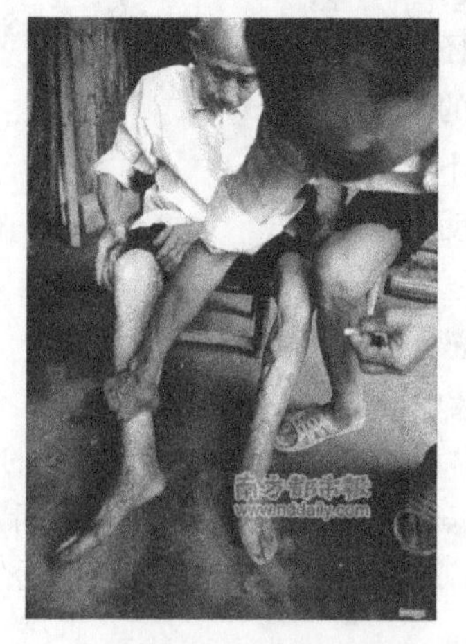

图 3-4 许多村民中毒后出现严重皮肤病，一有伤口便很难止血

图 3-5 丝瓜因中毒而开裂，接下来便会慢慢腐烂

图 3-6 茄子因中毒而发生严重畸形以及颜色改变

（以上四幅图片均来自南方都市报）

化工厂在生产过程中排放镉超标，造成了大范围镉污染。根据认定，该厂周边 500m 范围内的土壤已经受到明显的镉污染，500～1200m 范围属轻度污染区，1200m 外才基本达标。

2009 年 4 月，化工厂被迫停产，相关责任人已被停职接受调查。8 月 1 日，长沙市有关部门宣布，化工厂法人代表已被刑事拘留，浏阳市环保局局长和分管副局长被停职，相关责任人在接受调查。

事件发生后，污染区内民众接受了全面体检，截至 2009 年 7 月 31 日，已出有效检测结果的 2888 人中尿镉超标 509 人。

【案例 3-4】 紫金矿业事件（2010 年）——废液外渗导致重大污染

2010 年 7 月 3 日，紫金矿业位于福建上杭县的紫金山金铜矿铜矿湿法厂发生污水渗漏事故，9100m^3 废液外渗引发福建汀江流域污染，造成沿江上杭、永定鱼类大面积死亡和水质污染（图 3-7 和图 3-8）。

图 3-7　工人在清理发生渗漏的紫金矿业铜矿湿法厂污水池内剩余的污水（图片来自新华网）

图 3-8　鱼类大面积死亡（图片来自华媒网）

龙岩市新罗区人民法院于 2011 年 1 月 30 日作出刑事判决，判处被告单位紫金矿业集团股份有限公司紫金山金铜矿犯重大环境污染事故罪，判处罚金人民币

3000万元。紫金矿业原副总裁陈家洪，紫金山金铜矿环保安全处原处长黄福才，紫金山金铜矿铜矿湿法厂原厂长林文贤、原副厂长王勇、原环保车间主任刘生源5名被告分别被判处3年至3年6个月的有期徒刑（其中部分被告被判缓刑），并处罚金。

3.4.2 含氰化物废液的处理

含氰量高的废液，应回收利用，回收方法有酸化回收法、蒸汽解吸法等。含氰量低的废液应净化处理后方可排放，治理方法有碱氯法、电解氧化法、过氧化氢氧化法、臭氧氧化法、加压水解法、生物化学法、离子交换法、硫酸亚铁法和空气吹脱法等，其中碱氯法应用较广，硫酸亚铁法处理不彻底亦不稳定，空气吹脱法既污染大气，出水又达不到排放标准，较少采用。

3.4.2.1 酸化回收法

酸化法处理含氰废液回收氰化物的方法是：用硫酸或二氧化硫将含氰废液的pH值调至2.8～3，此时金属氰络合物便分解生成HCN；鼓入空气使HCN挥发逸出（HCN的沸点仅25.6℃）；用氢氧化钠或氢氧化钙溶液吸收，达到回收利用的目的。经过酸化回收法处理后，水中氰化物浓度降低到3.0×10^{-6}，氰化物的回收率为85%～95%。

酸化回收法的经济效益显著，但处理成本高，处理后废液含氰达不到排放要求，需进行二次处理。

3.4.2.2 碱氯法

碱氯法是用含氯氧化剂将氰化物分解为N_2和CO_2达到无害排放。

在含氰化物的废液中加入NaOH溶液，调节pH至10以上。然后加入约10%的NaOCl溶液，搅拌约20min，再加入NaOCl溶液，搅拌后，放置数小时。

$$NaCN + NaOCl \xrightarrow{pH>10} NaOCN + NaCl$$

若pH值在10以下就加入氧化剂，则会发生如下反应：

$$HCN + NaOCl \xrightarrow{pH<10} CNCl\uparrow + NaOH$$

因产生刺激性很大的有害气体CNCl，处理时必须特别注意。

再加入5%～10%的H_2SO_4（或盐酸），调节pH至7.5～8.5，然后放置一昼夜。

$$2NaOCN + 3NaOCl + H_2O \xrightarrow{pH=8} N_2\uparrow + 3NaCl + 2NaHCO_3$$

如果pH值过高，则反应时间过长，故调整pH在8左右较好。

最后加入Na_2SO_3溶液，还原剩余的氯。

查明废液确实没有CN^-后，才可排放。

其他可用作氰化物的含氯氧化剂有Cl_2、HOCl、$Ca(OCl)_2$等。

如废液中含有其他重金属，在分解氰基后，必须进行相应的重金属处理。

3.4.2.3　过氧化氢氧化法

H_2O_2 具有一定的氧化能力，可有效地氧化氰化物。在 H_2O_2 处理含氰化物的废液过程中，游离的氰化物分2步被分解，反应如下：

$$CN^- + H_2O_2 \longrightarrow CNO^- + H_2O$$

$$CNO^- + 2H_2O \longrightarrow NH_3 + HCO_3^-$$

处理时可不加催化剂，通过控制pH值、温度和时间等参数，达到破坏氰化物的目的。也可加入铁、铜、镁等催化剂促进 H_2O_2 分解，提高处理效果。典型的反应条件是：$m(H_2O_2):m(CN)=(5\sim8):1$，铜的质量浓度小于25mg/L，pH=10～11，反应时间2～3h。

H_2O_2 既能处理高浓度氰化物如丙烯腈生产排放物，也能用于处理沥取金矿时产生的含氰废液。

用 H_2O_2 处理含氰废液效果好、无二次污染、处理过程简单，但处理成本较高。

3.4.2.4　臭氧氧化法

我国从20世纪80年代开始研究臭氧氧化法处理含氰废液，并取得了一定的进展。在pH=11～12时，臭氧氧化氰化物生成无害的 HCO_3^- 和 N_2，用铜、镁离子等作催化剂能加快反应。反应方程式如下：

$$CN^- + O_3 \longrightarrow CNO^- + O_2$$

$$2CNO^- + 3O_3 + H_2O \longrightarrow N_2 + 2HCO_3^- + 3O_2$$

臭氧氧化法简单方便、原料易得，只需1台臭氧发生器即可，这对于边远山区的氰化厂尤为有利。另外，臭氧氧化法不向废液中引入其他离子，无二次污染。

但臭氧氧化法适应性差，仅适于处理氰化物浓度小于30mg/L的澄清液，对于氰化物浓度在80mg/L以上的含氰废液，这种方法只能作为二级处理方法。由于臭氧对铁、亚铁氰化物中的氰无氧化能力，所以臭氧氧化法不能除去铁氰络合物。另外臭氧发生器设备复杂、投资高、电耗大，处理费用高于碱氯法，应用前景远不如碱氯法。

3.4.2.5　SO_2-空气法

SO_2-空气法的原理是用 SO_2 和空气作氧化剂，用铜离子作催化剂，在pH值为8～10的条件下将废液中的氰化物氧化生成 HCO_3^-、NH_3 的方法。

$$CN^- + SO_2 + O_2 + H_2O \longrightarrow CNO^- + H_2SO_4$$

$$CNO^- + 2H_2O \longrightarrow NH_3 + HCO_3^-$$

该法的优点是不仅可除去所有氰化物，而且能除去碱氯化法和臭氧氧化法难以除去的铁氰络合物，反应快，处理后的废液达到国家排放标准。处理成本比臭氧氧化法、湿式空气氧化法和碱氯法低，药剂来源广，可利用焙烧 SO_2 烟气或固体 $Na_2S_2O_3$ 代替 SO_2。同时该法对重金属离子也有一定的去除作用，是目前最常用的方法之一。

3.4.2.6 电解氧化法

电解氧化法也可以处理含氰废液，其方法是电解前先调 pH 值大于 7，并加入少量食盐，电解时 CN^- 在石墨阳极上被氧化生成氰酸根离子：

$$CN^- + 2OH^- - 2e^- \longrightarrow CNO^- + H_2O$$

CNO^- 不稳定，一部分水解产生氨与碳酸氢根离子，另一部分继续电解被氧化为二氧化碳和氮气：

$$CNO^- + 2H_2O \longrightarrow NH_3 + HCO_3^-$$

$$2CNO^- + 4OH^- - 6e^- \longrightarrow 2CO_2 + N_2 + 2H_2O$$

同时 Cl^- 被氧化成 Cl_2，Cl_2 进入溶液后生成的 HClO 有对氰起氧化作用。阴极上则析出金属。

电解氧化法不仅对氰化物有较好的去除效果，同时能去除重金属。但电解氧化法只对含氰化物浓度在 2g/L 以上的废液较为有效，并且处理含有 Co、Ni、Fe 络合物的废液较困难。所以电解氧化法对于含氰浓度较高的电镀厂废液进行初步处理后还需用碱氯法进行二次处理。

3.4.2.7 离子交换法

离子交换法就是用阴离子交换树脂（如 R_2SO_4）吸附废液中以阴离子形式存在的各种氰化物：

$$R_2SO_4 + 2CN^- \longrightarrow 2RCN + 2O_4^{2-}$$

$$R_2SO_4 + Zn(CN)_4^{2-} \longrightarrow R_2Zn(CN)_4 + SO_4^{2-}$$

$$R_2SO_4 + Cu(CN)_3^{2-} \longrightarrow R_2Cu(CN)_3 + SO_4^{2-}$$

$$2R_2SO_4 + Fe(CN)_6^{4-} \longrightarrow R_4Fe(CN)_6 + 2SO_4^{2-}$$

被吸附的氰络合物用含氧化剂的酸性溶液洗提，吸收放出的氰化氢循环再用。也可把溶液中的游离氰转化为各种金属氰络合物溶液后用碱性阴离子交换树脂进行交换，酸洗后的溶液用石灰水回收。

该法的优点是不受废液流量及浓度的影响，无需调节 pH，不但能除去游离氰，也能除去金属络合物，还能除去其他方法难以去除的铁氰化物及硫氰酸盐（硫氰化物阴离子在树脂上的吸附力比 CN^- 更大）。但是该法投资费用高，而且只适用于澄清液，因此应用不广泛。

3.4.2.8 生物处理法

许多微生物具有将氰化物转化为二氧化碳、氨、甲酸或甲酰胺等的特殊酶系统和途径，有的微生物甚至以氰化物作为唯一的碳源和氮源。据不完全统计，假单胞菌、诺卡菌、木霉等 14 个属 49 种菌株对氰化物有不同程度的分解能力。

1984 年美国 Homestake 金矿投产了一个日处理能力为 $1.96\times10^4 m^3$ 的含氰废液生物处理系统。该系统脱氰分为两个阶段：第一阶段用假单胞菌在旋转生物反应器中除去氰化物和硫氰酸盐，这个阶段使 CN^- 转化为 CO_2 和 NH_3，S 转化为 SO_4^{2-}。第二阶段用普通的亚硝化杆菌和硝化杆菌使 NH_3 转变为亚硝酸盐，再转化为硝酸盐。该方法能将硫氰酸盐、铁氰络合物几乎全部除去，氰化物的去除率在 98%以上。

生物法能够有效地脱除氰化物及各种氰络合物，操作简便，但是存在处理浓度低、投资费用高、抗冲击负荷能力差等问题。

【案例 3-5】 氰化物倒进下水道，新婚夫妇中毒身亡

2007 年 10 月 30 日，深圳龙岗坂田亚洲工业园发生一起氰化物泄漏事件，在该事件中，一对从安徽到深圳打工的新婚夫妇不幸双双中毒死亡（图 3-9、图 3-10）。

图 3-9　中毒死亡的新婚夫妇
（图片来自深圳新闻网）

图 3-10　鉴定结论通知书
（图片来自深圳新闻网）

根据警方的侦查，涉嫌倾倒氰化物的是名称为“三泰电镀实业有限公司”的无牌无证电镀公司。事发前，三泰公司整体卖给了深圳鸿锦制品公司，当天是在搬运物品，工人们在清理现场残留物品时，将铁桶内的氰化物倒进下水道冲走。而下水道与一墙之隔的福盈公司员工宿舍连在一起，氰化物在那边挥发，导致中毒事件的发生。

在深圳龙岗公安分局 11 月 2 日出具的鉴定结论通知书上写明，死者系氰化物中毒致死。而在该局 11 月 2 日出具的另一张鉴定结论通知书上写着：经过鉴定，死者所住宿舍的下水道氰化物含量为 1.37mg/L，同排另外三间宿舍下水道氰化物含量分别为 1.02mg/L、1.22mg/L 和 1.84mg/L。

【案例 3-6】 氰化物毒死阳新一鱼塘 2500kg 鱼

2009 年 3 月份，湖北省阳新县富池镇丰山村养殖户周某投资 7000 多元从外地购买回一批鲫鱼、草鱼等品种鱼苗投放到承包的鱼塘养殖。大半年来，35 岁的周某每天精心侍弄着这片水面，全身心投入到鱼塘中。

2009 年 11 月，就在这些鱼即将上市之际，周某发现了很多鱼死在鱼塘中。经统计，至少有 2500kg 鱼死亡（图 3-11），光成本就得 2 万多元。望着水面上漂浮着

的一条条死鱼，周某欲哭无泪。对于鱼死亡的原因，周某一开始就怀疑是水质受到了污染。随后，他提取鱼塘的水样送到省城相关部门检测，结果表明水体已被氰化钠等化学物品污染。

图 3-11 氰化物毒死阳新一鱼塘 2500kg 鱼（图片来自网易）

在周某的鱼塘附近有一家以工业废渣提取黄金的加工作坊。他认为是作坊的废液排放到他承包的鱼塘内，造成鱼成片死亡。

【案例 3-7】 氰化物超标 372 倍，村民生活在剧毒边缘

辽宁省本溪满族自治县草河城镇曾经是一个青山秀水之地。白水村是该镇的一个美丽小山村，村旁是一条较有名气的套峪河。可是，自从 20 世纪 90 年代中期，村里建了一个金矿之后，小河里的鱼虾无影无踪，树木和庄稼长得也不如从前。村民家的牛、羊、鸡、鸭等畜生不断地死亡，村民也被环保部门告之不准再喝自家门前的井水……这一切都是金矿污染造成的，环保部门曾经鉴定过（图 3-12、图 3-13）。

3.4.3 含氟废液的处理

3.4.3.1 化学沉淀法

化学沉淀法是含氟废液最常用的处理方法，主要用于高浓度含氟废液的处理，采用较多的是钙盐沉淀法，即石灰沉淀法。向废液中加入石灰乳，至废液完全呈碱性为止，并加以充分搅拌，放置一夜后进行过滤。滤液作含碱废液处理。反应方程式如下：

$$2F^- + Ca^{2+} \longrightarrow CaF_2 \downarrow$$

图 3-12　含毒河冬天不冻
（图片来自千龙网）

图 3-13　水中有一股苦杏仁味
（图片来自千龙网）

在 25℃时，CaF_2 的溶度积 $K_s=1.46\times10^{-10}$，CaF_2 在水中的饱和溶解度为 16.5mg/L，折合含氟 8.03mg/L。但实际上单独使用加消石灰除氟的方法，余氟浓度一般在 10～30mg/L；如果加大消石灰用量不但带来过量的碱度和硬度，造成新的污染，而且余氟浓度也很难降到 10mg/L 以下，也就是说简单地用 $Ca(OH)_2$ 去中和含氟废液，结果无法达到现行国家废液排放标准。

无法达到国家排放标准的原因主要有：CaF_2 在一般温度下饱和溶解度过高，石灰乳的溶解度又较小，未能提供充足的 Ca^{2+} 使之形成 CaF_2 沉淀；用石灰中和产生的 CaF_2 沉淀是一种细微的结晶，沉降速度很慢；若含氟废液中还含有别的物质时，会对氟化物的除去效果产生影响，如水中含有一定数量氯化钠、硫酸钠、氯化铵等盐类时，将会增大氟化钙的溶解度。另外，产生的 CaF_2 沉淀包裹在 $Ca(OH)_2$ 颗粒的表面，因此 $Ca(OH)_2$ 不能被充分利用，造成浪费。因此该方法一般适合于高浓度含氟废液的一级处理或预处理。

根据同离子效应，在难溶电解质的饱和溶液中，加入含有同离子的另一种电解质时，原有的电解质溶解度降低。氯化钙溶解性很好，能有效地提高溶液中 Ca^{2+} 的浓度，当与消石灰并用时产生同离子效应，使上述方程式平衡向右移动而析出更多的 CaF_2 沉淀，有效降低氟离子的浓度。而且氯化钙是一种中性盐，投加后不会对 pH 值产生影响。比较实际的操作方法是投加盐酸，与投加的 $Ca(OH)_2$ 反应生成 $CaCl_2$。因此投加的 $Ca(OH)_2$ 不仅要满足中和 HF 的量，还要能满足与 HCl 反应生成 $CaCl_2$ 的量。消石灰与氯化钙配合使用，可以使水中氟化物含量降到 10mg/L 以下（达到现行国家废液排放标准），并且减少了消石灰用量，出水中氟离子浓度稳定。此方法唯一的缺点是排泥管易堵塞。

在含氟废液实际处理过程中还可用更廉价的电石渣（生产乙炔气、聚氯乙烯、聚乙烯醇等产品排出的废渣）来代替石灰。电石渣的主要成分也是 $Ca(OH)_2$，其基本原理与石灰石处理基本一致，但处理效果优于石灰法。按废液 10%的比例，将电石渣投入含氟废液中，用机械搅拌，控制 pH=5.5～6.5，中和效果与石灰石相似，但沉降速度比石灰快2～3倍，并且进一步降低了处理费用，达到以废治废的目的。

近年来，一些专业人士对工艺进行了大量的研究，在加钙盐的基础上联合使用铝盐、镁盐、磷酸盐等，除氟效果增加的同时提高了利用率。

在加石灰的基础上加入镁盐，通过石灰与含镁盐的水溶液作用，生成氢氧化镁沉淀实现对氟化物的吸附。一般是先向废液中投加石灰乳，调节pH在10～11，然后投加$MgSO_4$、$MgCl_2$、白云石等镁盐，生成的$Mg(OH)_2$吸附水中的CaF_2及F^-，沉淀后除去。镁盐和氟的摩尔比为（12～18）∶1。这种方法的缺点是会使出水硬度增大。

在废液中加入硫酸铝、明矾等铝盐，与碳酸盐反应生成氢氧化铝，在混凝过程中氢氧化铝与氟离子发生反应生成氟铝络合物，生成的氟铝络合物被氢氧化铝吸附而产生沉淀。具体过程是先在废液中投加氯化钙，搅溶后再加入三氯化铝，混合均匀后用氢氧化钠调pH至7～8，沉降15min后过滤，出水氟离子浓度为4mg/L左右。氯化钙、三氯化铝和氟的摩尔比大约为(0.8～1)∶(2～2.5)∶1。

如果联合使用钙盐和磷酸盐，则生成难溶的氟磷灰石沉淀，反应方程式如下：

$$3H_2PO_4^- + 5Ca^{2+} + 6OH^- + F^- \longrightarrow Ca_5F(PO_4)_3 + 6H_2O$$

其操作步骤是先在废液中加入氯化钙，调pH至9.8～11.8，然后加入NaH_2PO_4、六偏磷酸钠、过磷酸钙等磷酸盐，再调pH为6.3～7.3，反应4～5h，最后静止澄清、过滤，出水氟离子浓度为5mg/L左右。钙盐、磷酸盐、氟三者的摩尔比大约为（15～20）∶2∶1。

3.4.3.2　混凝沉淀法

由于钙盐中和产生的氟化钙沉淀是一种微细的结晶，不经凝聚难以沉降，因而常常在加入钙盐的基础上再加入混凝剂来处理含氟废液。混凝沉淀法常用的混凝剂有铝盐、铁盐等无机混凝剂和聚丙烯酰胺类有机混凝剂两类。

铝盐沉淀法是在水中加入硫酸铝、聚合氯化铝、聚合硫酸铝等铝盐混凝剂，利用Al^{3+}与F^-的络合以及铝盐水解后生成的$Al(OH)_3$絮体对氟离子的配体交换、物理吸附、卷扫作用去除废液中的F^-，效果良好。

铁盐沉淀法所使用的铁盐主要有氯化铁、硫酸亚铁、改性聚铁等。铁盐类混凝剂一般除氟效率在10％～30％之间，一般需要用$Ca(OH)_2$调节pH＞9，处理后的废液需要用酸中和后才能排放，因此工艺比较复杂。

与无机混凝剂相比，有机混凝剂具有用量少且不会向排放水中引入SO_4^{2-}、Cl^-等离子，也不会向残渣中引入铁、铝等新的污染物等特点而受到关注，聚丙烯酰胺（PAM）是目前使用最广泛的有机混凝剂。聚丙烯酰胺主要有非离子、阴离子、阳离子三大类，可根据被处理物不同的pH值而选择不同型号规格的聚丙烯酰胺产品。阳离子PAM适用于带负电荷含有机物质的悬浮液，阴离子PAM适用于浓度较高的带正电荷的无机悬浮物及悬浮离子较粗，非离子PAM适用于无机混合状态的悬浮物分离。在含氟废液处理中，加入聚丙烯酰胺，通过絮状沉淀的凝结作用，进而加快沉淀速度，强化除氟效果。

3.4.3.3　吸附法

吸附法是将装有氟吸附剂的设备放入含氟废液中，使氟离子通过与固体介质进行离子交换或者化学反应，最终吸附在吸附剂上而被除去，吸附剂可通过再生恢复交换能力。为保证处理效果，废液的 pH 值一般控制在 5 左右，吸附温度不能太高。吸附法常用于处理低浓度含氟废液，可作为含氟废液的深度处理方法。由于成本较低，操作简便，除氟效果较好，吸附法是含氟废液处理的重要方法。

根据所用的原料不同，通常将氟吸附剂分为四类：①活性氧化铝、载铝离子树脂、聚合铝盐、铝土矿、分子筛吸附剂等含铝吸附剂；②壳聚糖吸附剂、功能纤维吸附剂、褐煤吸附剂、粉煤灰吸附剂、木质素吸附剂等天然高分子吸附剂；③把稀土金属氧化物负载在纤维状吸附剂上的稀土吸附剂；④其他类吸附剂如活性氧化镁、活性二氧化钛、多孔羟基磷酸钙、氧化锆树脂、镁型活化沸石、斜发沸石、骨炭、氢氧化镁、用活性氧化铝改性过的石英砂、用 Al^{3+} 溶液改性过的沸石等。一些常用氟吸附剂的吸附容量和最佳吸附 pH 值见表 3-3。

表 3-3　常用氟吸附剂的吸附容量和最佳吸附 pH 值

吸附剂种类	吸附容量	最佳吸附 pH 值
斜发沸石	0.06～0.3	7.3～7.9
活性氧化铝	0.8～2.0	4.5～6
活性氧化镁	6～14	6～7
粉煤灰	0.01～0.03	3～5
羟基磷酸钙	2～3.5	6～7
氧化锆树脂	30	3.5～8
镁型活化沸石	＞8	6～8
植物胶改性后的负载镧	18.66	5～6

注：数据来自韩建勋，贺爱国．含氟废水处理方法．有机氟工业，2004 (3)，27～36.

3.4.3.4　其他方法

除了上述几种比较常用的方法外，还有一些方法在一些特种含氟废液处理中取得较好的效果，如电渗析法、电凝聚法、反渗透膜法、离子交换法和液膜法等方法。

电渗析法是在外加直流电场作用下，利用离子交换膜的选择透过性，使水中的阴、阳离子作定向迁移。如用苯乙烯磺酸型阳离子交换膜和季铵盐型阴离子交换膜，当淡浓水比为 20∶1 时，可将含氟浓度为 49.7～18.4mg/L 的水降到含氟浓度 7mg/L 以下。电渗析法除氟效果好、设备简单、成本低，但对膜的种类、寿命等有待进一步研究。

电凝聚法主要是依靠电解析生成的活性絮状沉淀的静电吸附和离子交换作用除氟，可将浓度为 20mg/L 的含氟废液降至含氟量在 1～2mg/L 以下。电凝聚法处理含氟废液的原理是：将铝镁合金电极放在酸性废液中，通入直流电后，铝镁合金电极发生电离析出铝和镁离子，生成的氢氧化铝和氢氧化镁絮状物能吸附氟离子，从而使氟离子在水中浓度很快降低。电凝聚法不需吸附剂再生过程、不排放化学污染物质、操作容易、可连续生产，是一种低氟含量废液处理方法。

图 3-14 氟斑牙患者（图片来自网易）

图 3-15 严重的氟骨症已经让他根本直不起腰来（图片来自中国广播网）

反渗透技术是借助比渗透压更高的压力，使高氟水中的水分子改变自然渗透方向，通过反渗透膜被分离出来的一种方法。反渗透系统对原水水质要求较高，一般应进行预处理，主要应用于海水淡化和超纯水制造工艺中。目前使用的反渗透膜主要有低压复合膜、海水膜和醋酸纤维素膜等。

离子交换法是使用离子交换树脂或离子交换纤维实现除氟离子的一种方法。离子交换树脂需要用铝盐进行预处理和再生，因此费用会比较高。与离子交换树脂相比，离子交换纤维耗资小，而且比表面积较大、吸附能力强、交换速度及再生速度快，具有良好的耐辐照性能，并且处理后不会给水体带来任何污染，反而具有清洁作用，是一种理想的深度去除水中氟离子的方法。

图 3-16 年纪轻轻拄拐杖的氟骨病患者（图片来自网易）

【案例 3-8】 氟中毒

氟中毒已经成为我国危害最严重的地方性疾病之一（图 3-14～图 3-16）。中华人民共和国卫生部、发展与改革委员会和财政部联合发布的数据称，截至 2003 年年底，我国流行的各类地方病中，氟中毒患者数量最大。全国有氟斑牙患者 3877 万人、氟骨症患者 284 万人。如果按照我国 13 亿人口计算，平均约每 30 人就有一名氟中毒患者。

氟中毒患者的两种主要症状是氟斑牙和氟骨症。在氟中毒的各种类型中，只有发生在我国西南地区的燃煤污染型氟中毒的危害最严重，而且至今没有既有效又普遍可行的防病措施。

3.4.4　污水综合排放国家标准

1998 年 1 月 1 日实施的中华人民共和国国家标准《污水综合排放标准》(GB 8978—96) 分年限规定了 69 种水污染物最高允许排放浓度及部分行业最高允许排水量。该标准适用于现有单位水污染物的排放管理，以及建设项目的环境影响评价、建设项目环境保护设施设计、竣工验收及其投产后的排放管理。《污水综合排放标准》(GB 8978—96) 中规定的第一类污染物最高允许排放浓度、第二类污染物最高允许排放浓度分别见表 3-4～表 3-6。

表 3-4　第一类污染物最高允许排放浓度　　单位：mg/L

序号	污染物	最高允许排放浓度
1	总汞	0.05
2	烷基汞	不得检出
3	总镉	0.1
4	总铬	1.5
5	六价铬	0.5
6	总砷	0.5
7	总铅	1.0
8	总镍	1.0
9	苯并(*a*)芘	0.00003
10	总铍	0.005
11	总银	0.5
12	总 α 放射性	1Bq/L
13	总 β 放射性	10Bq/L

表 3-5　第二类污染物最高允许排放浓度

(1997 年 12 月 31 日之前建设的单位)　　单位：mg/L

序号	污染物	适用范围	一级标准	二级标准	三级标准
1	pH	一切排污单位	6～9	6～9	6～9
2	色度(稀释倍数)	染料工业	50	180	—
		其他排污单位	50	80	—
3	悬浮物(SS)	采矿、选矿、选煤工业	100	300	—
		脉金选矿	100	500	—
		边远地区砂金选矿	100	800	—
		城镇二级污水处理厂	20	30	—
		其他排污单位	70	200	400
4	五日生化需氧量(BOD_5)	甘蔗制糖、苎麻脱胶、湿法纤维板工业	30	100	600
		甜菜制糖、酒精、味精、皮革、化纤浆粕工业	30	150	600
		城镇二级污水处理厂	20	30	—
		其他排污单位	30	60	300

续表

序号	污染物	适用范围	一级标准	二级标准	三级标准
5	化学需氧量(COD)	甜菜制糖、焦化、合成脂肪酸、湿法纤维板、染料、洗毛、有机磷农药工业	100	200	1000
		味精、酒精、医药原料药、生物制药、苎麻脱胶、皮革、化纤浆粕工业	100	300	1000
		石油化工工业(包括石油炼制)	100	150	500
		城镇二级污水处理厂	60	120	—
		其他排污单位	100	150	500
6	石油类	一切排污单位	10	10	30
7	动植物油	一切排污单位	20	20	100
8	挥发酚	一切排污单位	0.5	0.5	2.0
9	总氰化合物	电影洗片(铁氰化合物)	0.5	5.0	5.0
		其他排污单位	0.5	0.5	1.0
10	硫化物	一切排污单位	1.0	1.0	2.0
11	氨氮	医药原料药、染料、石油化工工业	15	50	—
		其他排污单位	15	25	—
12	氟化物	黄磷工业	10	20	20
		低氟地区(水体含氟量<0.5mg/L)	10	20	30
		其他排污单位	10	10	20
13	磷酸盐(以P计)	一切排污单位	0.5	1.0	—
14	甲醛	一切排污单位	1.0	2.0	5.0
15	苯胺类	一切排污单位	1.0	2.0	5.0
16	硝基苯类	一切排污单位	2.0	3.0	5.0
17	阴离子表面活性剂(LAS)	合成洗涤剂工业	5.0	15	20
		其他排污单位	5.0	10	20
18	总铜	一切排污单位	0.5	1.0	2.0
19	总锌	一切排污单位	2.0	5.0	5.0
20	总锰	合成脂肪酸工业	2.0	5.0	5.0
		其他排污单位	2.0	2.0	5.0
21	彩色显影剂	电影洗片	2.0	3.0	5.0
22	显影剂及氧化物总量	电影洗片	3.0	6.0	6.0
23	元素磷	一切排污单位	0.1	0.3	0.3
24	有机磷农药(以P计)	一切排污单位	不得检出	0.5	0.5
25	粪大肠菌群数	医院①、兽医院及医疗机构含病原体污水	500个/L	1000个/L	5000个/L
		传染病、结核病医院污水	100个/L	500个/L	1000个/L

续表

序号	污染物	适用范围	一级标准	二级标准	三级标准
26	总余氯（采用氯化消毒的医院污水）	医院①、兽医院及医疗机构含病原体污水	<0.5②	>3(接触时间=1h)	>2(接触时间=1h)
		传染病、结核病医院污水	<0.5②	>6.5(接触时间=1.5h)	>5(接触时间=1.5h)

① 指 50 个床位以上的医院。

② 加氯消毒后须进行脱氯处理，达到本标准。

注：排入《地面水环境质量标准》（GB 3838）Ⅲ类水域（划定的保护区和游泳区除外）和排入《海水水质标准》（GB 3097）中二类海域的污水，执行一级标准；排入《地面水环境质量标准》（GB 3838）中Ⅳ、Ⅴ类水域和排入《海水水质标准》（GB 3097）中三类海域的污水，执行二级标准；排入设置二级污水处理厂的城镇排水系统的污水，执行三级标准。

表 3-6　第二类污染物最高允许排放浓度

（1998 年 1 月 1 日后建设的单位）　　单位：mg/L

序号	污染物	适用范围	一级标准	二级标准	三级标准
1	pH	一切排污单位	6～9	6～9	6～9
2	色度(稀释倍数)	一切排污单位	50	80	—
3	悬浮物(SS)	采矿、选矿、选煤工业	70	300	—
		脉金选矿	70	400	—
		边远地区砂金选矿	70	800	—
		城镇二级污水处理厂	20	30	—
		其他排污单位	70	150	400
4	五日生化需氧量(BOD_5)	甘蔗制糖、苎麻脱胶、湿法纤维板、染料、洗毛工业	20	60	600
		甜菜制糖、酒精、味精、皮革、化纤浆粕工业	20	100	600
		城镇二级污水处理厂	20	30	—
		其他排污单位	20	30	300
5	化学需氧量(COD)	甜菜制糖、合成脂肪酸、湿法纤维板、染料、洗毛、有机磷农药工业	100	200	1000
		味精、酒精、医药原料药、生物制药、苎麻脱胶、皮革、化纤浆粕工业	100	300	1000
		石油化工工业(包括石油炼制)	60	120	—
		城镇二级污水处理厂	60	120	500
		其他排污单位	100	150	500
6	石油类	一切排污单位	5	10	20
7	动植物油	一切排污单位	10	15	100

续表

序号	污染物	适用范围	一级标准	二级标准	三级标准
8	挥发酚	一切排污单位	0.5	0.5	2.0
9	总氰化合物	一切排污单位	0.5	0.5	1.0
10	硫化物	一切排污单位	1.0	1.0	1.0
11	氨氮	医药原料药、染料、石油化工工业	15	50	—
		其他排污单位	15	25	—
12	氟化物	黄磷工业	10	15	20
		低氟地区（水体含氟量＜0.5mg/L）	10	20	30
		其他排污单位	10	10	20
13	磷酸盐（以P计）	一切排污单位	0.5	1.0	—
14	甲醛	一切排污单位	1.0	2.0	5.0
15	苯胺类	一切排污单位	1.0	2.0	5.0
16	硝基苯类	一切排污单位	2.0	3.0	5.0
17	阴离子表面活性剂（LAS）	一切排污单位	5.0	10	20
18	总铜	一切排污单位	0.5	1.0	2.0
19	总锌	一切排污单位	2.0	5.0	5.0
20	总锰	合成脂肪酸工业	2.0	5.0	5.0
		其他排污单位	2.0	2.0	5.0
21	彩色显影剂	电影洗片	1.0	2.0	3.0
22	显影剂及氧化物总量	电影洗片	3.0	3.0	6.0
23	元素磷	一切排污单位	0.1	0.1	0.3
24	有机磷农药（以P计）	一切排污单位	不得检出	0.5	0.5
25	乐果	一切排污单位	不得检出	1.0	2.0
26	对硫磷	一切排污单位	不得检出	1.0	2.0
27	甲基对硫磷	一切排污单位	不得检出	1.0	2.0
28	马拉硫磷	一切排污单位	不得检出	5.0	10
29	五氯酚及五氯酚钠（以五氯酚计）	一切排污单位	5.0	8.0	10
30	可吸附有机卤化物（AOX）（以Cl计）	一切排污单位	1.0	5.0	8.0
31	三氯甲烷	一切排污单位	0.3	0.6	1.0
32	四氯化碳	一切排污单位	0.03	0.06	0.5
33	三氯乙烯	一切排污单位	0.3	0.6	1.0
34	四氯乙烯	一切排污单位	0.1	0.2	0.5
35	苯	一切排污单位	0.1	0.2	0.5

续表

序号	污染物	适用范围	一级标准	二级标准	三级标准
36	甲苯	一切排污单位	0.1	0.2	0.5
37	乙苯	一切排污单位	0.4	0.6	1.0
38	邻二甲苯	一切排污单位	0.4	0.6	1.0
39	对二甲苯	一切排污单位	0.4	0.6	1.0
40	间二甲苯	一切排污单位	0.4	0.6	1.0
41	氯苯	一切排污单位	0.2	0.4	1.0
42	邻二氯苯	一切排污单位	0.4	0.6	1.0
43	对二氯苯	一切排污单位	0.4	0.6	1.0
44	对硝基氯苯	一切排污单位	0.5	1.0	5.0
45	2,4-二硝基氯苯	一切排污单位	0.5	1.0	5.0
46	苯酚	一切排污单位	0.3	0.4	1.0
47	间甲酚	一切排污单位	0.1	0.2	0.5
48	2,4-二氯酚	一切排污单位	0.6	0.8	1.0
49	2,4,6-三氯酚	一切排污单位	0.6	0.8	1.0
50	邻苯二甲酸二丁酯	一切排污单位	0.2	0.4	2.0
51	邻苯二甲酸二辛酯	一切排污单位	0.3	0.6	2.0
52	丙烯腈	一切排污单位	2.0	5.0	5.0
53	总硒	一切排污单位	0.1	0.2	0.5
54	粪大肠菌群数	医院①、兽医院及医疗机构含病原体污水	500 个/L	1000 个/L	5000 个/L
		传染病、结核病医院污水	100 个/L	500 个/L	1000 个/L
55	总余氯(采用氯化消毒的医院污水)	医院①、兽医院及医疗机构含病原体污水	＜0.5[2]	＞3(接触时间=1h)	＞2(接触时间=1h)
		传染病、结核病医院污水	＜0.5②	＞6.5(接触时间=1.5h)	＞5(接触时间=1.5h)
56	总有机碳(TOC)	合成脂肪酸工业	20	40	—
		苎麻脱胶工业	20	60	—
		其他排污单位	20	30	—

① 指 50 个床位以上的医院。

② 加氯消毒后须进行脱氯处理，达到本标准。

注：1. 其他排污单位：指除在该控制项目中所列行业以外的一切排污单位。

2. 排入《地面水环境质量标准》(GB 3838) Ⅲ类水域（划定的保护区和游泳区除外）和排入《海水水质标准》(GB 3097) 中二类海域的污水，执行一级标准；排入《地面水环境质量标准》(GB 3838) 中Ⅳ、Ⅴ类水域和排入《海水水质标准》(GB 3097) 中三类海域的污水，执行二级标准；排入设置二级污水处理厂的城镇排水系统的污水，执行三级标准。

3.4.5 主要污染物含量测定方法

表 3-7 列出了一些主要污染物含量的测定方法。

表 3-7 主要污染物含量测定方法

序号	项目	测定方法	方法来源
1	总汞	冷原子吸收光度法	GB/T 17136—97
2	烷基汞	气相色谱法	GB/T 14204—93
3	总镉	原子吸收分光光度法	GB/T 17141—97
4	总铬	高锰酸钾氧化-二苯碳酰二肼分光光度法	GB/T 17137—97
5	六价铬	二苯碳酰二肼分光光度法	GB 7467—87
6	总砷	硼氢化钾-硝酸银分光光度法	GB/T 17135—97
7	总铅	原子吸收分光光度法	GB/T 17141—97
8	总镍	火焰原子吸收分光光度法	GB/T 17139—97
9	苯并(*a*)芘	乙酰化滤纸层析荧光分光光度法	GB 11895—89
10	总铍	活性炭吸附-铬天菁 S 光度法	1
11	总银	火焰原子吸收分光光度法	GB 11907—89
12	总 α	物理法	2
13	总 β	物理法	2
14	pH 值	玻璃电极法	GB 6920—86
15	色度	稀释倍数法	GB 11903—89
16	悬浮物	重量法	GB 11901—89
17	生化需氧量(BOD_5)	稀释与接种法	GB 7488—87
		重铬酸钾紫外光度法	
18	化学需氧量(COD)	重铬酸钾法	GB 11914—89
19	石油类	红外光度法	GB/T 16488—96
20	动植物油	红外光度法	GB/T 16488—96
21	挥发酚	蒸馏后用 4-氨基安替比林分光光度法	GB 7490—87
22	总氰化物	硝酸银滴定法	GB 7486—87
23	硫化物	亚甲基蓝分光光度法	GB/T 16489—96
24	氨氮	纳氏试剂比色法	GB 7478—87
		蒸馏和滴定法	GB 7479—87
25	氟化物	离子选择电极法	GB 7484—87
26	磷酸盐	钼蓝比色法	1
27	甲醛	乙酰丙酮分光光度法	GB 13197—91
28	苯胺类	*N*-(1-萘基)乙二胺偶氮分光光度法	GB 11889—89
29	硝基苯类	还原-偶氮比色法或分光光度法	1
30	阴离子表面活性剂	亚甲蓝分光光度法	GB 17494—87
31	总铜	原子吸收分光光度法	GB/T 17138—97
		二乙基二硫化氨基甲酸钠分光光度法	GB 7474—87
32	总锌	原子吸收分光光度法	GB/T 17138—97
		双硫腙分光光度法	GB 7472—87
33	总锰	火焰原子吸收分光光度法	GB 11911—89
		高碘酸钾分光光度法	GB 11906—89
34	彩色显影剂	169 成色剂法	3
35	显影剂及氧化物总量	碘-淀粉比色法	3

续表

序号	项目	测定方法	方法来源
36	元素磷	磷钼蓝比色法	3
37	有机磷农药(以 P 计)	有机磷农药的测定	GB 13192—91
38	乐果	气相色谱法	GB 13192—91
39	对硫磷	气相色谱法	GB 13192—91
40	甲基对硫磷	气相色谱法	GB 13192—91
41	马拉硫磷	气相色谱法	GB 13192—91
42	五氯酚及五氯酚钠(以五氯酚计)	气相色谱法	GB 8972—88
		藏红 T 分光光度法	GB 9803—88
43	可吸附有机卤化物(AOX)(以 Cl 计)	微库仑法	GB/T 15959—95
44	三氯甲烷	顶空气相色谱法	GB/T 17130—97
45	四氯化碳	顶空气相色谱法	GB/T 17130—97
46	三氯乙烯	顶空气相色谱法	GB/T 17130—97
47	四氯乙烯	顶空气相色谱法	GB/T 17130—97
48	苯	气相色谱法	GB 11890—89
49	甲苯	气相色谱法	GB 11890—89
50	乙苯	气相色谱法	GB 11890—89
51	邻二甲苯	气相色谱法	GB 11890—89
52	对二甲苯	气相色谱法	GB 11890—89
53	间二甲苯	气相色谱法	GB 11890—89
54	氯苯	气相色谱法	HJ/T 74-01
55	邻二氯苯	气相色谱法	GB/T 17131—97
56	对二氯苯	气相色谱法	GB/T 17131—97
57	对硝基氯苯	气相色谱法	GB 13194—91
58	2,4-二硝基氯苯	气相色谱法	GB 13194—91
59	苯酚	气相色谱法	
60	间甲酚	气相色谱法	
61	2,4-二氯酚	气相色谱法	
62	2,4,6-三氯酚	气相色谱法	
63	邻苯二甲酸二丁酯	气相、液相色谱法	HJ/T 72-01
64	邻苯二甲酸二辛酯	气相、液相色谱法	HJ/T 72-01
65	丙烯腈	气相色谱法	HJ/T 73-01
66	总硒	2,3-二氨基萘荧光法	GB 11902—89
67	粪大肠菌群数	多管发酵法	1
68	余氯量	*N*,*N*-二乙基-1,4-苯二胺分光光度法	GB 11898—89
		N,*N*-二乙基-1,4-苯二胺滴定法	GB 11897—89
69	总有机碳(TOC)	非色散红外吸收法 直接紫外荧光法	

注：1. “1” 指《水和废液监测分析方法（第四版）》，国家环境保护局，中国环境科学出版社，2002 年。

2. “2” 指《环境监测技术规范（放射性部分）》，国家环境保护局，中国环境科学出版社，1986 年。

3. “3” 指《水质分析》，北京大学出版社，1991 年。

3.5 实验室有机类废弃物的处理

有机类实验废液与无机类实验废液不同，大多易燃、易爆，不溶于水，故处理方法也不尽相同。

3.5.1 回收溶剂

在对实验没有影响的情况下，尽量回收溶剂，反复使用。

【案例 3-9】 自主创新开发循环利用技术，从环保投入中产出了高效益

草甘膦是一种广谱灭生性除草剂，是全球产量最大的农药原药，占整个除草剂市场的 30%，但草甘膦生产过程中的尾气中含有大量的氯甲烷，若不对氯甲烷进行回收利用，势必对环境造成影响，草甘膦发展也将面临窘境。

1997 年，浙江新安化工集团股份有限公司科研人员对草甘膦生产过程中的尾气进行定性和定量分析、同位素跟踪，对生产过程中的物料进行衡算，最后提出回收氯甲烷可以生产有机硅的大胆设想。经过反复试验，新安化工集团股份有限公司终于在 2001 年 3 月建成了一套万吨有机硅单体装置，氯甲烷的回收利用取得了实质性的进展。公司首先将草甘膦生产过程中的副产物氯甲烷进行回收，回收的氯甲烷用作有机硅单体生产的主要原料；有机硅单体生产过程中产生的废盐酸，全部回用于草甘膦生产中，从而形成了氯元素的大循环，大大地提高了氯元素利用率。这一套封闭式循环生产工艺不仅获得国家发明专利，同时获得了 2002 年度国家科技进步二等奖。

浙江新安化工集团股份有限公司（图 3-17，图 3-18）从环保投入中产出了高效益：一套环保型封闭式循环工艺，让它在国内草甘膦市场独领风骚，产能稳居中国第一、世界第二位；一套环保回收装置，让它从废气中找到“金元宝”，刚进入有机硅行业就晋级全国第二。以浙江新安化工集团股份有限公司目前 8 万吨/年草甘膦、10 万吨/年的有机硅单体生产能力，公司每年通过回收氯甲烷 8 万吨，可创

图 3-17 浙江新安化工集团股份有限公司马目有机硅基地

（图片来自杭州企联网）

图 3-18　浙江新安化工集团股份有限公司（图片来自建德新闻网）

利 2 亿元，循环利用盐酸 15 万吨，又可创利 4000 万元，仅此两项公司每年可增收 24000 多万元。

3.5.2　焚烧法

大多数有机类废液都是可燃的，对于可燃性的有机类废液，最常用的方法是焚烧法处理。一般是在燃烧炉中燃烧，但废液数量很少时，可把它装入铁制或瓷制容器，选择室外安全的地方把它燃烧，具体做法是：取一长棒，在其一端扎上蘸有油类的破布，或直接用木片、竹片等东西，站在上风方向进行点火燃烧。必须监视整个燃烧过程。

因含 N、S、X 的可燃性有机废液燃烧会产生 NO_2、SO_2 或 HX 等有害气体，所以处理这类废液必须在配备有洗涤器的焚烧炉中燃烧，并用碱液洗涤燃烧废气，除去其中的有害气体。这类有机物主要包括：吡啶、喹啉、噻吩等杂环化合物；酰胺、酰卤等羧酸衍生物；二硫化碳、硫醇、烷基硫、硫脲、硫酰胺、二甲亚砜等含硫化合物；氯仿、氯乙烯、氯苯等卤代烃；氨基酸；含 N、S、X 的染料、农药、颜料及其中间体等。

对于有些难燃烧的有机废液，可把它们和可燃性物质混在一起燃烧，或者把它们喷入配备有助燃器的焚烧炉中燃烧。含磷酸、亚磷酸、硫代磷酸及膦酸酯类、磷化氢类以及磷系农药等物质的有机磷废液大多难于燃烧，多采用这种方法处理。对多氯联苯之类难于燃烧的物质，往往会排出一部分还未焚烧的物质，要特别加以注意。对含水的高浓度有机类废液，也能用这种方法进行焚烧。

对固体物质，可将其溶解于可燃性溶剂中，然后进行燃烧。

如果废液中同时含有重金属，则要保管好焚烧残渣。

3.5.3　溶剂萃取法

对难以燃烧的物质和含水的低浓度有机废液，可用与水不相混溶的正己烷、石油醚之类挥发性溶剂进行萃取，分离出有机层后，进行蒸馏回收或把它焚烧。

但对形成乳浊液之类的废液，不能用此法处理，只能用焚烧法处理。

3.5.4 吸附法

对难以焚烧的物质和含水的低浓度有机废液，还可用吸附法处理。常用的吸附剂有活性炭、矾土、硅藻土、聚酯片、聚丙烯、氨基甲酸乙酯泡沫塑料、层片状织物、锯木屑及稻草屑等。用这些吸附剂吸附有机废液后，与吸附剂一起焚烧处理。

3.5.5 氧化分解法

对易氧化分解的含水低浓度有机类废液，先用 H_2O_2、$KMnO_4$、NaOCl、$H_2SO_4+HNO_3$、HNO_3+HClO_4、$H_2SO_4+HClO_4$ 及废铬酸混合液等物质将其氧化分解，再按无机类实验废液的处理方法加以处理。

含酚浓度在 300mg/L 以下的废液可用生物氧化、化学氧化、物理化学氧化等方法进行处理后排放或回收。

低浓度含酚废液中加入次氯酸钠或漂白粉，酚氧化后生成二氧化碳。H_2O_2 用于处理苯酚、甲酚、氯代酚等酚类化合物效果较好。在室温、pH＝3～6 和 $FeSO_4$ 催化剂存在下，H_2O_2 可快速破坏酚结构，氧化过程中先将苯环分裂为二元酸，最后生成 CO_2 和 H_2O。苯酚被 H_2O_2 氧化的反应方程式如下：

$$C_6H_5OH+14H_2O_2 \longrightarrow 6CO_2+17H_2O$$

3.5.6 水解法

对容易发生水解的酯类和一些有机磷化合物，可加入 NaOH 或 $Ca(OH)_2$，在室温或加热下进行水解。如果水解后的废液无毒害时，把它中和、稀释后即可排放；如果水解后的废液含有有害物质时，用上述适当的方法加以处理。

3.5.7 生物化学处理法

由于乙醇、乙酸、动植物性油脂、蛋白质、氨基酸、纤维素及淀粉等易被微生物分解，所以对含有这类有机物的稀溶液，可用活性污泥之类东西并吹入空气进行处理，也可用水稀释后直接排放。

近几年来，利用微生物或植物将芳香族硝基化合物转化为低毒或无毒物质的过程，因其效率高、成本低引起研究者广泛关注。生物法与生物强化技术和基因工程技术联用后，可有效提高芳香族硝基化合物的降解效率，具有广泛的应用前景。

从受污染的土壤、水体和活性污泥中可以筛选驯化得到芳香族硝基化合物降解菌株，芳香族硝基化合物在降解菌株作用下发生降解。芳香族硝基化合物的微生物降解因起始反应的不同，可以分为氧化分解途径和还原分解途径。氧化分解多发生在好氧条件下，而还原分解在好氧和厌氧条件下都可以发生。

早在 1953 年，人们就认识到了单加氧酶在芳香族硝基化合物降解中的重要作用。Simpson 及其后研究者的工作表明 4-硝基酚可以在单加氧酶的作用下释放 NO_2、生成 1,4-苯醌，这种不稳定的中间产物继而转化为对苯二酚，对苯二酚进一步在双加氧酶的作用下开环降解形成 β-己酮二酸。

3.5.8　光催化降解法

近几十年来，有关环境污染物的光催化转化、降解和矿化的研究备受人们的关注。这些反应能在常温常压下发生，仅需要光、氧气和水，就能使许多有毒的有机污染物发生转化、降解或矿化，生成易被生物降解的小分子、CO_2 和无机离子。与现有的吸附、焚烧、生物氧化等环保技术相比，光催化降解法具有成本低、矿化率高、二次污染少等优势，有望成为下一代环保新技术。

在太阳紫外线和可见光作用下，绝大多数环境污染物难以发生光解，也不易与氧气等分子发生氧化还原反应，因此需要借助于某一合适的催化剂，才有可能使目标污染物发生快速和高效的降解。

大量研究表明，半导体二氧化钛以其无毒、催化活性高、氧化能力强、稳定性好成为合适的环保型光催化剂。利用太阳光，在二氧化钛催化下，多种有机污染物如氯酚、染料、多溴联苯醚等被氧化分解成 CO_2、水和无机盐。

其他类型的环保型光催化剂有氧化铁、杂多酸、类卟啉金属酞菁等。

【案例 3-10】 有机废液处理不当遭投诉

某高校研究生用对氯苄醇与氯化亚砜制备对氯苄氯的实验。由于实验需要制备较大量对氯苄氯，该同学使用了 256g 对氯苄醇和 200mL 氯化亚砜，在无溶剂条件下进行回流反应。

OH　　　　Cl

$\xrightarrow{SOCl_2}$

Cl　　　　Cl

实验结束后，按照正确的操作规程，应将过量的氯化亚砜蒸馏、回收，但该同学违反操作规程，采取了滴液漏斗滴加水来水解多余氯化亚砜进行后处理。氯化亚砜遇水分解放出氯化氢，从通风橱排出室外。由于恰逢当日阴雨，氯化氢遇水蒸气

图 3-19　某实验楼房顶上的氯化氢白雾

凝结形成白雾。附近居民拍了当时的照片（见图 3-19），并投诉到环保部门。

图 3-20　市民捂鼻过马路

图 3-21　现场人员戴防毒面具在排查

图 3-22　消防官兵喷水稀释刺鼻气味

【案例 3-11】　广东东莞化学品被倒下水道致毒气弥漫

2010 年 7 月 30 日上午 9 时多，人流车流熙攘的广东东莞市四环路景湖花园大门对面红绿灯十字路口，一股不明刺激性气体弥漫在空气中，过往人群不是掩鼻疾走，就是戴口罩匆忙过马路（图 3-20），多名治安员把守路口对市民进行紧急疏导，禁止往大岭山方向过往，消防车紧急戒备。

相关部门调查人员进行紧急排查（图 3-21、图 3-22），在景湖湾酒楼旁一辅道绿化带发现该处杂草有烧焦枯萎，且周边刺激性气味浓度较高，有化学品倾倒痕迹，初步确定为异味来源。倾倒物通过下水道扩散数公里。

经东莞市环保监测站对异味源周边余液及受污染土壤进行快速监测，初步断定为三氯乙烯、二氯乙烷等含氯有机气体，气体有毒有害，属于中等毒性物质。

3.6　实验室生物类废弃物的处理方法及相关国家标准

3.6.1　实验室生物类废弃物的处理

生物类废弃物应根据其病源特性、物理特性选择合适的容器和地点，专人分类收集，进行消毒、烧毁处理，日产日清。液体废弃物一般可加漂白粉进行氯化消毒处理；固体可燃性废弃物分类收集、整理，最后作焚烧处理；固体非可燃性废弃物分类收集，先加漂白粉进行氯化消毒处理，满足消毒条件后作最终处理。除了焚烧和深埋以外，还应该提倡回收和综合利用的方式，减少资源浪费。

实验室应有盛装废弃物的容器，容器里面装有适宜的、新鲜配制的消毒液。废弃物应保持和消毒液直接接触并根据所使用的消毒液选择浸泡时间，然后把消毒液及废弃物倒入一个容器里以备高压灭菌或焚烧。盛装废弃物的容器在再次使用前应高压灭菌并洗净。

3.6.1.1　感染性生物材料的处理

所有感染性生物材料在被丢弃前都应考虑以下三个问题：这些生物材料是否已按规定程序进行了有效的清除污染或消毒灭菌？如果没有消毒灭菌，这些生物材料在就地焚烧或运送到其他有焚烧设施的地方进行处理前是否按规定的方式包裹？丢弃已清除污染的生物材料时，是否会对直接参与丢弃的人员，或在实施外可能接触到丢弃物的人员造成任何潜在的危害？

所有感染性材料都应该在防渗漏的容器里高压灭菌，在处理以前，感染性材料装入可高压的黄色塑料袋。高压灭菌后，这些材料可放到运输容器里以备运输至焚烧炉。可重复使用的运输容器应防渗漏，并且有密闭的盖子。这些运输容器在送回实验室重新使用前要消毒并清洗干净。

没有发现病虫害的植物检疫样品可以利用，发现有病虫害的植物检疫样品要装于密闭容器内，在 60～120℃下烘干 1～2h 后，做焚烧或深埋处理。

肉、蛋、奶、精液、胚胎、蚕茧等动物检疫样，在没有异常的情况下可以加以利用；若有病变或异常，则应集中销毁，焚烧或深埋。对于利用效率不大或不能利用的检样，高压灭菌后集中储存、妥善保管，最后统一作深埋或焚烧处理。如果检样量大，可加工成一些有用的副产品，减少资源浪费，变废为宝、化害为利。

微生物检验接种培养过的琼脂平板或不能回收的染色液应高压灭菌 30min，趁热将琼脂倒弃处理。

尿、唾液、血液、分泌物等生物样品，加漂白粉搅拌后作用 2～4h，然后倒入化粪池或厕所，或者进行焚烧处理。

盛标本的玻璃、塑料、搪瓷容器可煮沸 15min 或者用 1000mg/L 有效氯漂白粉澄清液浸泡 2～6h，消毒后用洗涤剂及流水刷洗、沥干；用于微生物培养的器皿，用压力蒸汽灭菌后使用。

一次性使用的制品如手套、口罩、帽子等使用后放入污物袋内集中烧毁或及时用消毒剂浸泡，彻底消毒后，重新利用，减少资源浪费。

3.6.1.2　锐器的处理

皮下注射用针头、手术刀及破碎玻璃等锐器用过后不应再重复使用，应收集在带盖的不易刺破的容器内，并按感染性物质处理。

盛放锐器的一次性容器必须是不易刺破的，而且不能将容器装得过满。当达到容量的 3/4 时，应将其放入“感染性废弃物”的容器中进行焚烧。

盛放锐器的一次性容器绝对不能丢弃于垃圾场。

3.6.1.3　非感染性生物材料的处理

防止将感染性生物材料和非感染性生物材料混放在一起。

单克隆抗体、质粒、细胞等非感染性生物材料集中放置在指定的位置，以备高压蒸汽灭菌后废弃。

过期的生物性试剂材料应废弃，禁止使用。

3.6.1.4 有毒、有害化学物品的处理

见 3.4 和 3.5 节。

3.6.1.5 同位素的处理（见 3.7 节）

需要废弃的同位素不应被随意携带出专门的实验室。

在保证密封的情况下，穿戴全套防护服将其送至指定地点，途中务必防止泄漏。

在当日实验记录中记录处理方法和结果。

【案例 3-12】 美国实验室病毒外泄事件

2004 年，美国最有名的出版商哈珀·科林斯出版集团推出的一本名为《257 实验室——美国政府操控的病毒实验室内幕》新书（图 3-23），书中披露了一个让世界感到震惊的秘密：从 20 世纪 60 年代到 21 世纪在美国本土先后莫名其妙出现的莱姆关节炎、变异口蹄疫、西尼罗河病毒等怪异的疾病均源于纽约普拉姆岛的“动物疾病中心”，即美国陆军的生化战绝密实验室（图 3-24）。

图 3-23　当代中国出版社出版的《257 实验室》

图 3-24　病毒很可能是从普拉姆岛的实验室外泄（图片来源于新浪网）

这本书是纽约曼哈顿的律师迈克尔·卡洛尔在调阅了大量美国军方绝密档案和已解密的美国政府文件基础上，费时 7 年实地调查研究后得出的结论。卡罗尔在书中写道：“1975 年，第一例莱姆关节炎源于普拉姆岛西南数英里处康涅狄格州的莱姆小镇。根据绝密档案记载，当时‘动物疾病研究中心’养着成千上万只虱蝇，而

这恰恰就是莱姆关节炎病毒的宿体和传播者。美国政府的绝密档案还准确记载着，在莱姆关节炎大规模暴发两三年之后，安全检查人员发现实验室主楼的房顶居然有多处 3/4 英寸的裂缝，空调系统也有外漏现象，而按要求，整个实验室是不容许有丝毫裂缝的，因为这意味着实验室的病毒极可能会外泄。”

卡罗尔还认为 1999 年让美国人闻之色变的西尼罗河病毒与距离普拉姆岛不远的布洛克斯动物园内大量动物染病有关。这家曾经被美国称为“世界上最安全的实验室”现在却是“世界上最危险的实验室”。它栖身在美国人口最密集的城市边，收藏有地球上最危险的多种病原微生物，而它的安全保卫设施还不抵美国普通中学的生物实验室。

我们现在还无法评判《257 实验室》一书的真实性，但随着人类对各种微生物研究的不断深入，实验室泄漏事件日益突出，甚至形成公害却是不争的事实。

经美国权威机构鉴定，从 2001 年以来，在美国境内屡屡制造恐慌的炭疽病毒，来自于美国军队的生化实验室。这一可怕病毒已造成数人死亡，几十人染病。

2003 年 1 月 11 日，美国得克萨斯理工大学的微生物学家巴特勒教授检查实验室的时候发现，实验室中 30 份鼠疫杆菌样本不翼而飞。60 多名联邦调查局的特工紧急搜查后，并没找到这批鼠疫杆菌样本，且实验室似乎也没遭到入侵迹象。

发生于美国密执安州立大学布氏杆菌病实验室的一起布氏杆菌泄漏事件，共感染了 45 人，其中死亡 1 人。

【案例 3-13】 前苏联斯维尔德洛夫斯克炭疽实验室外泄事件

1979 年 4 月的一天上午，在前苏联乌拉尔南部的斯维尔德洛夫斯克，一家陶瓷厂的一些工人来到医院。他们先是发烧、咳嗽、胸痛，不一会儿病人病情迅速恶化，开始吐血，几个小时以后，数人死亡。4 月 19 日达到高潮，一天就增加了 10 多个病人，事件一直持续到 5 月份。事后人们得知，当地的生物武器实验室在 1979 年 4 月 3 日夜里发生了一次爆炸，约 10 公斤的炭疽芽孢粉剂泄漏，爆炸释放出了大量细菌雾，造成附近 1000 多人发病，数百人死亡（图 3-25、图 3-26）。

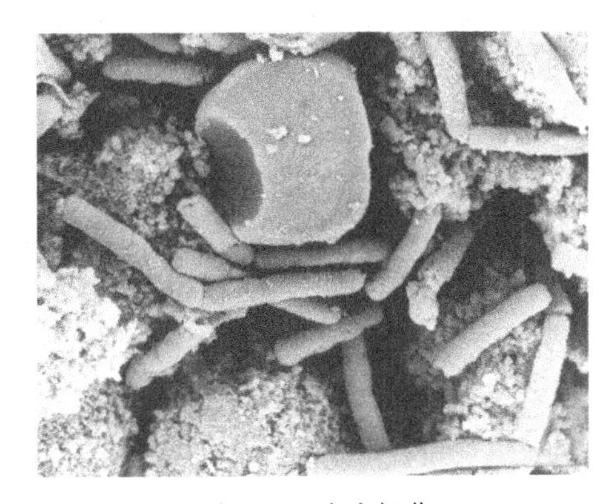

图 3-25　炭疽杆菌

【案例 3-14】 英国的口蹄疫事件

2001 年，在英国波布特莱尔实验室东北方向 50 公里的布伦特伍德地区首先发生了口蹄疫。据分析，口蹄疫病毒很可能就是从波布特莱尔实验室里泄漏出来，经过空气传播到布特伍德的地区，从而造成了大规模的口蹄疫爆发（图 3-27）。

图 3-26　前苏联曾爆发炭疽病
（图片来自《环球时报》）

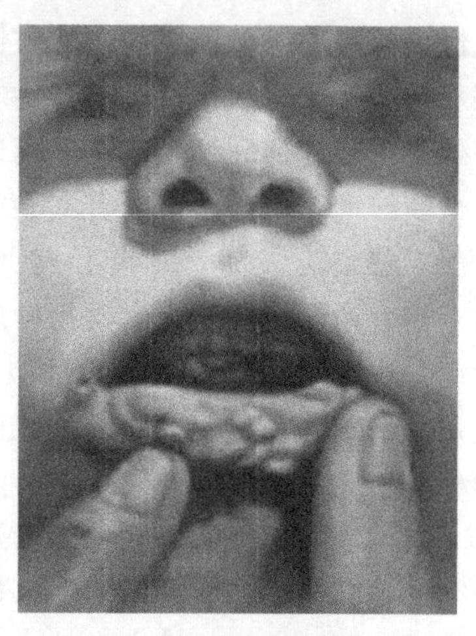

图 3-27　口蹄疫
（图片来自中国生物信息技术网）

2007 年，英格兰南部暴发的口蹄疫疫情，英国官方认为“极可能”源自疫情发生地附近实验室。

【案例 3-15】 三起严重的实验室 SARS 病毒感染事件

2003 年 8 月，一名新加坡国立大学 27 岁的研究生在环境卫生研究院实验室中感染 SARS 病毒。经查，这名研究生曾经到过这个实验室进行有关西尼罗病毒的研究，结果显示，他所研究的西尼罗病毒样本遭到 SARS 冠状病毒的交叉污染，从而使研究生受到感染。

2003 年 12 月，中国台湾病毒实验室一研究员在清理运输箱废弃物时，未按规定戴上手套，因而感染了 SARS（图 3-28、图 3-29）。

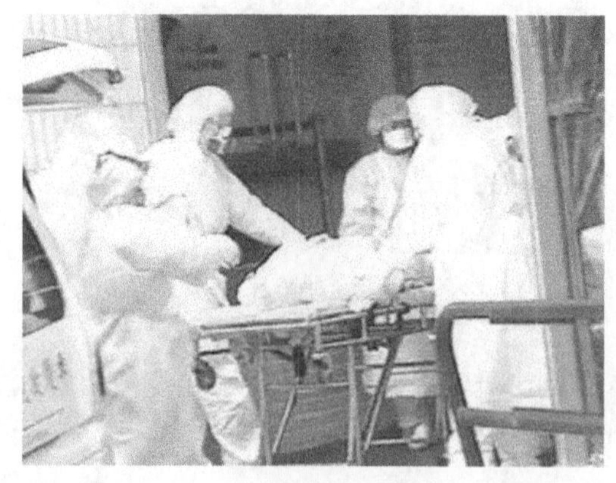

图 3-28　SARS 患者被紧急送入院隔离
（图片来自央视国际）

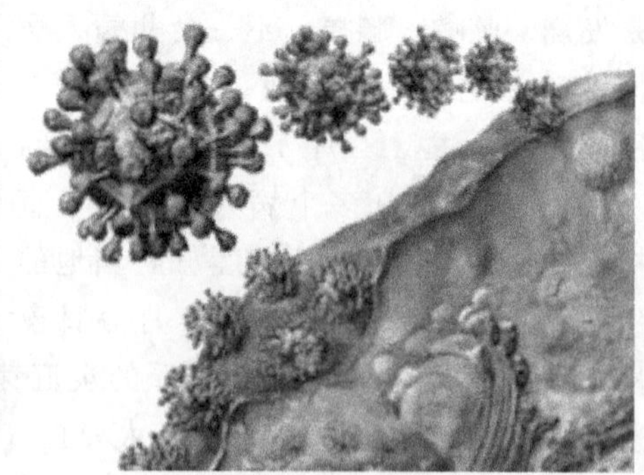

图 3-29　SARS 病毒

2004 年，中国疾病预防控制中心病毒病预防控制所腹泻病毒室跨专业从事非典病毒研究，采用未经论证和效果验证的灭活 SARS 病毒，在不符合防护要求的普通实验室内进行实验，造成人员感染。这是一起实验室安全管理不善，执行规章制度不严，技术人员违规操作，安全防范措施不力的重大责任事故。

3.6.2　实验室生物类废弃物处理的国家标准

中华人民共和国《实验室生物安全通用要求》(GB 19489—2008) 的第 7 章第 19 节中有关废弃物处置的条款如下。

(1) 实验室危险废弃物处理和处置的管理应符合国家或地方法规和标准的要求，应征询相关主管部门的意见和建议。

(2) 应遵循以下原则处理和处置危险废弃物：将操作、收集、运输、处理及处置废弃物的危险减至最小；将其对环境的有害作用减至最小；只可使用被承认的技术和方法处理和处置危险废弃物；排放符合国家或地方规定和标准的要求。

(3) 应有措施和能力安全处理和处置实验室危险废弃物。

(4) 应有对危险废弃物处理和处置的政策和程序，包括对排放标准及监测的规定。

(5) 应评估和避免危险废弃物处理和处置方法本身的风险。

(6) 应根据危险废弃物的性质和危险性按相关标准分类处理和处置废弃物。

(7) 危险废弃物应弃置于专门设计的、专用的和有标志的用于处置危险废弃物的容器内，装量不能超过建议的装载容量。

(8) 锐器（包括针头、小刀、金属和玻璃等）应直接弃置于耐扎的容器内。

(9) 应由经过培训的人员处理危险废弃物，并应穿戴适当的个体防护装备。

(10) 不应积存垃圾和实验室废弃物。在消毒灭菌或最终处置之前，应存放在指定的安全地方。

(11) 不应从实验室取走或排放不符合相关运输或排放要求的实验室废弃物。

(12) 应在实验室内消毒灭菌含活性高致病性生物因子的废弃物。

(13) 如果法规许可，只要包装和运输方式符合危险废弃物的运输要求，可以运送未处理的危险废弃物到指定机构处理。

3.7　实验室放射性废弃物的处理

放射性废弃物，按其物态可分为固体废弃物、液体废弃物和气载废弃物，简称“放射性三废”；按放射性活度（或放射性浓度）水平的高低，又可以分为低水平放射性废弃物、中水平放射性废弃物和高水平放射性废弃物，简称高放、中放、低放废弃物。

采用一般的物理、化学及生物学的方法都不能将放射性废弃物中的放射性物质消灭或破坏，只有通过放射性核素的自身衰变才能使放射性衰减到一定的水平。由于许多放射性元素的半衰期十分长，并且衰变的产物可能是另一种放射性元素，所以放射性废弃物不能用普通废弃物的方法进行处理，而要根据废弃物所含放射性核素的种类、半衰期、比活度等情况相应处理，不使放射性物质对环境造成危害。

3.7.1 固体放射性废弃物的处理

固体放射性废弃物包括带放射性核素的试纸、废注射器、安瓿瓶、敷料、实验动物尸体及其排泄物等。一般实验室的放射性废弃物为中低水平放射性废弃物，可将实验过程中产生的固体放射性废弃物放置于周围加有屏蔽的专门的污物桶内，根据放射性同位素的半衰期长短，分别贮存，不可与非放射性废弃物混在一起。污物桶的外部应有醒目的标志，放置地点应避开工作人员作业和经常走动的地方，存放时在污物桶显著位置标上废弃物类型、核素种类和存放日期等。

短半衰期核素（如金 198 的半衰期 2.7d、铂 103 的半衰期 17d 等）的固体放射性废弃物主要用放置衰变法处理，放置 10 个半衰期，放射性比活度降低到7.4×10^4Bq/kg 以下后，即可作为非放射性废弃物处理。

长半衰期核素（如铁 59 的半衰期 46.3d、钴 60 的半衰期 5.3 年等）的固体放射性废弃物，应定期集中送交区域废弃物库作最终处理，处理方法主要是焚烧法或埋存法。

可燃烧的放射性废弃物用焚烧法处理，焚烧炉要特制，焚烧炉周围要有足够的隔离区，烟囱要足够高并装有过滤装置，以防止污染环境。焚烧产生的较少量的放射性气体可直接排入大气，但产生的放射性气体量较多时要用冷凝法或吸附剂捕集。

因为低、中放固体废弃物一般隔离 300 年就可以达到安全水平，所以国际社会普遍接受低、中放废弃物的近地表处理。不可燃的放射性固体废弃物及可燃性废弃物燃烧后的残渣用埋存法作最终处理，埋存地要选择在没有居民活动、不靠近水源、不易受风雨侵袭扩散的地方。

长寿命高放废弃物的最终处置备受世人关注，也是极复杂的技术问题。当今公认比较现实的方案是把包装妥当的高放废弃物放置到深地层的稳定地质构造中或深海海床的沉积物中。

3.7.2 液体放射性废弃物的处理

液体放射性废弃物包括含放射性核素的残液、患者用药后的呕吐物和排泄物、清洗器械的洗涤液及污染物的洗涤水等。

液体放射性废弃物的处理主要有稀释法、放置法及浓集法。稀释法是用大量水将放射性废液稀释，再排入本单位下水道，适用于量不多且浓度不高的放射性废液。浓集法是采用沉淀、蒸馏或离子交换等措施，将大部分本身不具放射性的溶剂与其中所含的放射性物质分开，使溶剂可以排入下水道，浓集的放射性废弃物再做其他处理。

短半衰期核素的液体放射性废弃物主要用放置衰变法处理。

长半衰期核素的液体放射性废弃物应先用蒸发、离子交换、混凝剂共沉淀等方法进行有效减容，再经沥青固化法、水泥固化法、塑料固化法以及玻璃固化法等固化，之后按固体放射性废弃物收集处理。

对极低水平（指放射性浓度 $<10^{-6}$ mg/L）的放射性废液可以排入到海洋、湖泊和河流等水域中，通过稀释和扩散使放射性废液达到无害水平。

对极高水平（指放射性浓度 $>10^{4}$ mg/L）、高水平、中水平和低水平的放射性废液，可将放射性废液及其浓缩产物同人类的生活环境长期隔离开，任其自然衰变，使放射性废液对人和自然界中的其他生物的危害减轻到最低限度。

3.7.3　气载放射性废弃物的处理

实验室放射性废气中碘 131 的危害较大，排放之前先用液体溶液吸收，或用固体材料吸附，然后通过高效过滤后再排入大气。滤膜定期更换，并作固体放射性废弃物处理。燃料后处理过程的废气，大部分是放射性碘和一些惰性气体。呼出的氙 133 用特殊的吸收器收集，放置衰变。

【案例 3-16】 地震导致福岛第一核电站发生重大泄漏事故

2011 年 3 月 11 日下午 2 点 46 分左右，日本东北宫城县北部地区发生里氏 9.0 级特大地震，随后又发生巨大海啸，福岛第一核电站发生多次爆炸，造成严重核泄漏事故，酿成人类历史上第二大核灾难（图 3-30）。

发生核泄漏后，日本政府将核电站周边 20 公里区域设为“禁区”，禁区内有大量被污染的水和土壤，8 万多家庭被迫撤离。

2011 年 4 月 4 日，日本东京电力公司未经国际社会同意，以优先安置高浓度污水为由，将福岛第一核电站内含低浓度放射性物质的 1.15 万吨污水直接排入大海。这种做法遭到了国际会社的广泛谴责。

2011 年 6 月 3 日，日本东京电力公司宣布，截至 2011 年 5 月底，福岛第一核电站几座反应堆厂房内部的高辐射浓度污水共约有 10.51 万吨，所含辐射量为 7.2×10^{17} 贝克勒尔，超过了法律规定限度的 320 万倍。

日本电力中央研究所的研究人员称至 5 月底，福岛第一核电站内已经发生多次高辐射浓度污水外泄事故，大量污染水排入大海，流入大海的放射性物质主要有铯 137、碘 131、锶 89 和锶 90 等，其中放射性铯 137 达到 7.2×10^{15} 贝克勒尔。

核电站放射性污水处理，只是福岛第一核电站所做的核废料处理的第一步，随着第一核电站的全面关闭，核电站还要面临更多的核废料处理问题。日本原子能委员会指定的专家小组说，要安全关闭遭海啸破坏的福岛第一核电站很可能需要 30 年甚至更长的时间。

在日本，一般低污染废弃物都采取埋藏的方式。高放射性废弃物经过一定时间的保管之后，进行地下深埋。目前仅日本青森县就有 6 个村庄有核废料掩埋处和两

图 3-30 日本福岛第一核电站发生爆炸

个在建处理场。

日本各地核电站内存放的核废料在 1997 年就已达到 6450 吨，此后平均每年增加 900 吨。面对存放空间不足的问题，日本一直在海外寻找核废料存放点。

3.8 实验室其他危险废弃物的处理

实验室还可能产生其他的危险废弃物。如不小心打碎的水银温度计、实验用剩的金属钠等，如果处理不当，也会造成严重的后果。

3.8.1 金属汞的处理

若不小心将金属汞散落在实验室里（如打碎温度计、水银压力计等），必须及时将汞清除。用滴管或用在硝酸汞的酸性溶液中浸过的薄铜片、铜丝将汞收集到烧杯中用水覆盖。散落在地面上的汞颗粒可撒上硫黄粉，生成毒性较小的硫化汞后再清除；或喷上用盐酸酸化过的高锰酸钾溶液（5∶1000，体积比），过 1～2h 后清除；或喷上 20%氯化铁水溶液，干后再清除。

【案例 3-17】 某实验室汞中毒事件

油浴是化学实验室和工厂化验室常用的仪器，合成、提取实验都要用油浴加热。某食品企业化验室技术人员要经常使用水银温度计测量油浴温度，也会有人不小心打破温度计，水银掉进油浴锅，但有位技术人员很大意没有及时处理掉油浴中的水银，也没有告诉同事。而一位不知情的女同事仍几乎每天用该油浴加热，进行各种实验。一段时间后的一天，女同事晕倒在地，查不出原因，再后来她严重脱发，身体状况愈来愈差，到处就医，最后才明白是汞中毒导致。

3.8.2　钾、钠等碱金属的处理

实验室处理钠渣时，可用乙醇处理，所产生的热量不足以使放出的氢气燃烧。生成的醇钠可用来洗玻璃仪器或加水生成氢氧化钠后再用酸中和。

【案例 3-18】 成都一生化厂发生严重化学事故——用乙醇与金属钠反应处理得当

2002 年 10 月 9 日下午，四川省成都市龙泉驿区一生化厂发生一起严重化学事故。当时工人正往一 200L 的反应釜内注入 10kg 左右的金属钠，为的是去掉反应釜内纯苯的少量水分。正常情况下，金属钠经化学反应会变成没有爆炸危险的氢氧化钠从反应釜内排出。但这次他们却意外发现，纯苯抽出后，反应釜内金属钠没反应完，约 5kg 左右的粉末状金属钠残留在反应釜四壁。由于金属钠属遇水即爆的高危险物质，而一旦爆炸，后果不堪设想，该反应釜严重威胁着该厂和周围群众的安全。该厂的技术人员紧急协商了几种方案处理，但因为是第一次遇到这种情况，没有把握，所以慌忙报警。

事故起因是供货方误将该厂需要的纯苯送成甲苯，他们也没有仔细检查出来，误将约 1300kg 甲苯投放进反应釜。

成都市 119 指挥中心接警后，一方面对该公司周围方圆 500m 内的上千居民进行了紧急疏散，另一方面与中国工程物理研究院、四川省化工研究院、四川大学化工学院等专家制定排险方案。专家小组最终制订出“以注入乙醇反应掉金属钠”的行动方案。各路人马进入厂区做最后的安全检查，厂方将 3 个排气管设置好，3 个管道分别朝向 3 个方向。在总工程师的指挥下，几名技术人员站在离反应釜 50m 外的实验室过道，用一根小手指粗的长管子向反应釜内滴加乙醇，整个过程极为小心、缓慢，反应也非常正常。经过 4 个多小时的紧张作业，终于排除了险情。此时离事发时间过去了整整 26 个小时。

【案例 3-19】 安徽滁州来安县金邦医药化工有限公司“7.30”火灾事故——金属钠外露导致火灾

2006 年 7 月 30 日上午，安徽滁州来安县金邦医药化工有限公司发生火灾，几百平方米的厂房燃起熊熊大火，浓烟遮蔽了附近方圆几公里的天空（图 3-31）。最后在南京、合肥、蚌埠、马鞍山等地支援的消防官兵的奋力扑救下，历经 7h 才将火势扑灭，没有发生大的化工爆炸事故。

该化工厂主要生产无水乙醚和甲醇钠等，而失火的是一堆放金属钠（生产甲醇钠的原料之一）的仓库。金属钠用蛇皮袋装着，为了防止钠氧化，外面还加了石蜡

图 3-31 化工厂上空浓烟遮蔽了附近方圆几公里的天空（图片来自《现代快报》）

用来隔离空气。可能是夏天温度太高，石蜡熔化，金属钠外露，从而导致火灾的发生。

3.8.3 含有其他爆炸性残渣的处理

对于实验过程中使用的或产生的有可能引起爆炸的物质残渣，如卤氮化合物、过氧化物等，不能在实验室里随便放置，应将其及时销毁。处理卤氮化合物废渣的方法是加入氨水，使其溶液 pH 值呈碱性，这样就可以把它们销毁。处理过氧化物废渣的方法是：加入一定的还原剂（如硫酸亚铁、盐酸羟胺或亚硫酸钠），利用还原的方法把它们销毁。

银镜反应、乙炔银（亚铜）等在水中较稳定，但干燥受热或震动会发生爆炸，所以实验完毕后应立即加硝酸或浓盐酸把它分解掉。

第4章　实验室安全事故的应急处理

实验室事故不仅危害人民生命安全、造成巨大的经济损失，而且易引起实验室工作人员的恐惧心理，因此应根据“安全第一，预防为主”的原则，保障实验室工作人员安全，促进实验室各项工作顺利开展，防范安全事故发生；对因操作不当而可能引发的灾害性事故，要有充分的思想准备和应变措施，确保实验室在发生事故后，能科学有效地实施处理，切实有效降低事故的危害。

化学实验安全事故的主要类型：第一类是化学药品中毒和窒息事故，有毒的化学物质，不论是脂溶性的还是水溶性的，如重金属盐、苯、硫化氢、一氧化碳等，稍有不慎摄入人体即能引起中毒甚至危及生命；第二类是火灾事故；第三类是爆炸事故，易燃易爆物品如过氧化钠、汽油、苯、三硝基甲苯等在常温常压下，经撞击、摩擦、热源、火花等火源的作用，能发生燃烧与爆炸；第四类是外伤（割伤、灼伤、冻伤、电击伤）；第五类是放射性物质中毒。实验时发生险情，受伤的可能不仅仅是实验室的工作人员，损失的可能不仅仅是实验室的设备，考验的不仅仅是实验室平时的管理，还有实验室的应急处理能力。要让每一个实验室工作人员增强人员自我保护意识，提高他们对付突发性灾害的应变能力，做到遇灾不慌、临阵不乱、正确判断、正确处理、减少伤亡。

发生化学实验安全事故的处理程序为：当发生火灾和化学或放射性物质泄漏事故时、先自行选用合适的方法进行处理，同时打急救电话（119）求救，讲清报告人的姓名、发生事件的地点、事件的原因、此事件可能会引起的后果；若有人受伤或中毒，先采取措施进行应急救援，同时拨打120，送医院治疗。以下将按照化学实验室易发生的五种安全事故发生时需采用的应急处理分别加以介绍。

4.1　化学药品中毒及应急处理

大多数化学药品都有不同程度的毒性，化学物质潜在的毒性会对身体造成伤害，毒物侵入人体而引起的局部刺激或整个机体功能障碍的任何病症，都称为中毒。避免中毒的唯一方法就是防止吸入、吸收有毒化学物质。操作人员必须了解化学药品进入人体的途径、影响毒害的因素、中毒危害，以及预防和急救措施等知识。

4.1.1　化学药品侵入人体的途径

化学药品可通过呼吸道、皮肤和消化道进入人体而发生中毒现象。因此，我们切忌口尝、鼻嗅及用手触摸化学药品。

呼吸道吸入是化学药品进入体内的最重要的途径，如各种气体、溶剂的蒸气、烟雾和粉尘等经人的呼吸道进入肺部，被肺泡表面所吸收，随血液循环引起中毒。

皮肤、黏膜吸收也可使一些能溶于水或脂肪的化学药品经皮肤吸收，再由血液运输到各器官，引起中毒，这是高沸点化合物入侵的主要途径，如苯胺类、硝基苯等；而氯苯二酮等毒物对人体的眼角膜有较大危害。皮肤上有伤口时，绝不能操作剧毒药品。

在进行化学药品操作后，由于个人卫生习惯不良，毒物随进食、吸烟等由消化道吞入而进入人体。

化学药品从呼吸道、皮肤吸收或消化道进入人体以后，逐渐进入血液而分布于人体一些主要器官，在人体内能引起病变甚至死亡。

4.1.2 影响毒害性的因素

化学药品在水中的溶解度越大，其危险性也越大。因为人体内含有大量水分，所以越易溶解于水的化学药品越易被人体吸收；有些化学药品若能溶于脂肪，同样能通过溶解于皮肤表面的脂肪层侵入毛孔或渗入皮肤而引起中毒。化学药品经过皮肤破裂的地方侵入人体，会随血液蔓延全身，加快中毒速度。

固体化学药品的颗粒越小，分散性越好，越易引起中毒，因为颗粒小容易飞扬，容易经呼吸道吸入肺泡、被人体吸收而引起中毒。

液体化学药品的挥发性越大，空气中浓度就越高，从而越容易从呼吸道侵入人体引起中毒。无色无味者比色浓味烈者难以察觉，隐蔽性更强，更易引起中毒。

4.1.3 中毒危害

化学药品中毒会损伤全身器官，如腐蚀性药物会使皮肤、黏膜、眼睛、气管、肺受严重损伤；许多药物如汞、铅、芳香族有机物会使肝脏受到严重的损害；有些药物会积累在某一器官，造成器官损坏。化学药品对人体的危害表现为急性中毒和慢性中毒。

4.1.3.1 急性中毒

急性中毒时指短时间内受到大剂量的有毒物质的侵蚀而对身体造成损害。急性中毒作用包括窒息、麻醉作用、全身中毒、过敏和刺激作用。

（1）窒息　窒息是指人体的呼吸过程由于某种原因受阻或异常，所产生的全身各器官组织缺氧而引起的组织细胞功能紊乱和形态结构损伤的病理状态。在实验室中发生窒息的原因有：由于周围氧气被惰性气体所代替，身体无法得到足够的氧气（如二氧化碳代替了房间里的氧气）或由于化学物质直接影响机体传送和结合氧的能力（如一氧化碳代替氧进入到血液，导致血液携氧能力严重下降；氰化物与细胞色素及细胞色素氧化酶的三价铁结合，影响细胞和氧的结合能力）而发生细胞内窒息。

（2）麻醉作用　由于接触高浓度的某些化学药品导致中枢神经抑制而引起头昏，头晕，头痛或昏迷的症状（如许多有机溶剂会引起这些症状）。

（3）全身中毒　化学药品直接破坏肌体组织（如铅和汞可引起大脑神经中毒；强酸腐蚀肌体组织的作用）而引起。

（4）过敏和刺激作用　重复接触某一化学药品引起过敏，如皮肤产生皮炎、呼吸系统引起职业性哮喘；化学药品对皮肤、眼睛及呼吸系统刺激后发生化学反应，引起炎症。

4.1.3.2　慢性中毒

慢性中毒是指毒物在不引起急性中毒的剂量条件下，长期反复进入机体而出现的中毒状态或疾病状态。这种伤害通常是难以治愈的。慢性中毒作用包括致癌作用、诱变和致畸作用、具体器官中毒。

致癌性指慢性毒性导致癌症，如砷、石棉、氯甲醚可导致肺癌，苯引起再生障碍性贫血；氯乙烯单体引起肝癌；诱变和致畸作用指慢性毒性能够改变细胞基因，威胁正在发育的胎儿，后代的基因会受到损害，使胎儿变成畸形；慢性毒性能够损坏具体器官，如石英晶体、石棉能引起尘肺。

4.1.4　中毒事故的应急处理

实验过程中若感觉咽喉灼痛，出现发绀、呕吐、惊厥、呼吸困难和休克等症状时，则可能系中毒所致。发生急性中毒事故，应进行现场急救处理后，将中毒者送医院急救，并向医院提供中毒的原因、化学物品的名称等以便能对症医疗，如化学物不明，则需带该物料及呕吐物的样品，以供医院及时检测。

在进行现场急救时，实验人员根据化学药品的毒性特点、中毒途径及中毒程度采取相应措施，要立即将患者转移至安全地带，并设法清除其体内的毒物，如服用催吐剂、洗肠、洗胃或应用“解毒剂”，使毒物对人体的损伤减至最小，并立即送医院治疗。

4.1.4.1　经呼吸道吸入中毒者的救治

首先保持呼吸道畅通，并立即转移至室外，向上风向转移，解开衣领和裤带，呼吸新鲜空气并注意保暖；对休克者应施以人工呼吸，但不要用口对口法，立即送医院急救。

4.1.4.2　对于经皮肤吸收中毒者的救治

应迅速脱去污染的衣服、鞋袜等，用大量流动清水冲洗 15～30min，也可用微温水，禁用热水；头面部受污染时，要注意眼睛的冲洗。

4.1.4.3　对于误服吞咽中毒者的救治

常采用催吐、洗胃、清泻、药物解毒等方法。

（1）催吐　适用于神志清醒合作者，禁用于吞强酸、强碱等腐蚀品及汽油、煤油等有机溶剂者。因为误服强酸、强碱，催吐后反而使食道、咽喉再次受到严重损伤；对失去知觉者，呕吐物会误吸入肺；误喝了石油类物品，易流入肺部引起肺炎。有抽搐、呼吸困难、神志不清或吸气时有吼声者均不能催吐。

(2) 洗胃　是治疗常规，有催吐禁忌者慎用。通常根据吞服的毒物，选择1∶5000高锰酸钾溶液、2%碳酸氢钠溶液、生理盐水或温开水，最后加入导泻药（一般为25%～50%硫酸镁）以促进毒物排出。

(3) 清泻　可通过口服或胃管送入大剂量的泻药，如硫酸镁、硫酸钠等而进行清泻。

4.1.4.4 注意事项

(1) 使用解毒、防毒及其他排毒药物进行解毒如强腐蚀性毒物中毒时，禁止洗胃，并按医嘱给予药物及物理性对抗剂，如牛奶、蛋清、米汤、豆浆等保护胃黏膜。强酸中毒可用弱碱，如镁乳、肥皂水、氢氧化铝凝酸等中和；强碱中毒可用弱酸，如1%醋酸、稀食醋、果汁等中和，强酸强碱均可服稀牛奶、鸡蛋清。

(2) 对中毒引起呼吸、心跳停者，应进行心肺复苏术，主要的方法有人工呼吸和心脏胸外挤压术。

(3) 参加救护者，必须做好个人防护，进入中毒现场必须戴防毒面具或供氧式防毒面具。如时间短，对于水溶性毒物，如常见的氯、氨、硫化氢等，可暂用浸湿的毛巾捂住口鼻等。在抢救病人的同时，应想方设法阻断毒物泄漏处，阻止蔓延扩散。

表4-1中列出了常见毒物进入人体的途径及中毒症状和救治方法。

表4-1　常见毒物进入人体的途径及中毒症状和救治方法

毒物名称及特别警示	入体途径	中毒症状	救治方法
氰化物或氢氰酸（氰化物遇酸生成氢氰酸造成呼吸道中毒）	呼吸道、皮肤	轻者刺激黏膜、喉头痉挛、瞳孔放大，重者呼吸不规则、逐渐昏迷、血压下降、口腔出血昏迷、惊厥而死	急性氰化物中毒的病情发展迅速，故急性中毒的抢救应分秒必争，强调就地应用解毒剂 吸入：迅速将患者移至新鲜空气处，保持呼吸道通畅（不进行口对口人工呼吸），吸氧，给吸入亚硝酸异戊酯 眼睛：立即用流动清水或生理盐水冲洗至少10min 皮肤：立即脱去被污染的衣物，用流动清水或5% $Na_2S_2O_3$ 清洗 误服：饮温水，催吐；用1∶5000 $KMnO_4$ 溶液洗胃 注：一切患者应请医生治疗
氨气（与空气能形成爆炸性混合物；引起肺水肿和灼伤；处理时，应穿防寒服）	黏膜、皮肤	大量吸入后可出现流泪、咽痛、胸闷、呼吸困难，出现紫绀，严重者发生肺水肿、喉头水肿或支气管黏膜坏死脱落、窒息。0.05%浓度下，5min可死亡；液氨或高浓度氨气可致眼睛和皮肤灼伤	吸入：迅速将患者移至新鲜空气处，维护呼吸、循环功能 眼睛：立即用流动清水或生理盐水冲洗至少10min 皮肤：立即脱去被污染的衣物用流动清水或2%硼酸彻底冲洗；误服者给饮牛奶 注：一切患者应请医生治疗

续表

毒物名称及特别警示	入体途径	中毒症状	救治方法
氢氟酸或氟化物	呼吸道、皮肤	吸入氢氟酸气后，气管黏膜受刺激可引起支气管炎症；接触氢氟酸气可出现皮肤发痒、疼痛湿疹和各种皮炎，深入皮下组织及血管时可引起化脓溃疡	吸入：迅速脱离现场至空气新鲜处，保持呼吸道通畅，如呼吸困难，给输氧；如呼吸停止，立即进行人工呼吸，就医 眼睛：立即提起眼睑，用大量流动清水或生理盐水彻底冲洗至少 15min，就医 皮肤：立即脱去污染的衣着，用大量流动清水冲洗至少 15min，再用 5% $NaHCO_3$ 溶液清洗，最后用甘油-氧化镁（2∶1）糊剂涂敷，或用冰冷的硫酸镁洗液，也可涂敷松油膏就医 误服：用水漱口，给饮牛奶或蛋清，就医 注：一切患者应请医生治疗
氮氧化物	呼吸道	急性中毒会导致口腔咽喉黏膜、眼结膜充血，头晕，支气管炎，肺炎，肺水肿；慢性中毒将导致呼吸道病变；硝气中如一氧化氮浓度高可致高铁血红蛋白症	吸入：移至空气新鲜处，必要时吸氧 眼睛：被污染时可用水冲洗 注：一切患者应请医生治疗
三氧化硫（有强烈的刺激和腐蚀作用，与水发生剧烈反应）	眼、呼吸道	对皮肤、黏膜等组织有强烈的刺激和腐蚀作用，对上呼吸道及眼结膜有刺激作用，引起结膜炎、支气管炎、胸痛、胸闷	吸入：迅速脱离现场至空气新鲜处。保持呼吸道通畅。如呼吸困难，给输氧。如呼吸停止，立即进行人工呼吸 眼睛：立即提起眼睑，用大量流动清水或生理盐水彻底冲洗至少 15min 皮肤：立即脱去污染的衣着并迅速擦净接触部分，之后用大量流动清水冲洗至少 15min 误服：用水漱口，给饮牛奶或蛋清 注：一切患者应请医生治疗
二硫化碳（极度易燃，其蒸气与空气混合，能形成爆炸性化合物；损害神经和血管；闪点低，用水灭火无效；不得使用直流水补救）	神经系统、呼吸道	二硫化碳主要影响人体之神经系统、心脏血管及生殖系统，急性轻度中毒表现为麻醉症状，重度中毒出现中毒性脑病，甚至呼吸衰竭死亡	吸入：迅速将患者移至新鲜空气处，维护呼吸、循环功能 眼睛：立即用流动清水或生理盐水冲洗 皮肤：立即脱去被污染的衣物用流动清水彻底冲洗 误服：给饮足量温水，催吐 注：一切患者应请医生治疗
硫化氢（是强烈的神经毒物，对黏膜有强烈的刺激作用；高浓度吸入可发生猝死；及易燃）	呼吸道、神经	硫化氢中毒对中枢神经系统、呼吸系统及心肌造成损害。发病迅速，出现头晕、头痛甚至抽搐昏迷，亦可伴有心脏等器官功能障碍	吸入：移至空气新鲜处、必要时吸氧；对呼吸或心脏骤停者应立即施行心肺脑复苏术，人工呼吸时不宜进行口对口呼吸，以压胸法为宜，以免发生二次中毒 眼睛：大量清水或生理盐水冲洗患眼 注：一切患者应请医生治疗

续表

毒物名称及特别警示	入体途径	中毒症状	救治方法
过氧化氢(蒸气或雾对呼吸道有强烈刺激性;与可燃物混合能形成爆炸性混合物)	眼、呼吸道	刺激呼吸道,导致慢性呼吸道器官疾病如肺水肿;皮肤接触会引起皮肤红肿、起泡,导致皮肤病;眼睛接触,可致灼伤,失明	吸入:迅速将患者移至新鲜空气处,维护呼吸、循环功能 眼睛:立即用流动清水或生理盐水冲洗 皮肤:立即脱去被污染的衣物用流动清水彻底冲洗 误服:给饮水,禁止催吐 注:一切患者应请医生治疗
硫酸(有强腐蚀性;浓硫酸和发烟硫酸与可燃物接触易着火燃烧;浓硫酸遇水大量放热,可发生沸溅)	呼吸道、皮肤	吸入高浓度的硫酸酸雾引起呼吸道刺激,严重者发生喉头水肿、支气管炎甚至肺水肿,甚至死亡;眼睛溅入硫酸后引起结膜炎及水肿,角膜浑浊以至失明;皮肤接触时有强烈的刺激和腐蚀作用;误服将引起消化道烧伤以致溃疡形成	吸入:迅速脱离现场至空气新鲜处,保持呼吸道通畅,如呼吸困难,给输氧;如呼吸停止,立即进行人工呼吸 眼睛:张开眼睑用大量清水或生理盐水彻底冲洗 皮肤:稀硫酸立即用大量冷水冲洗,然后用3%～5% $NaHCO_3$ 溶液冲洗。浓硫酸先用干抹布吸去(不可先冲洗!),然后用大量冷水冲洗剩余液体,最后再用 $NaHCO_3$ 溶液涂于患处或者用0.01% $NaHCO_3$ 溶液(或稀氨水)浸泡 误服:用水漱口,用氧化镁悬浮液、牛奶、豆浆等内服 注:一切患者应请医生治疗
硝酸	呼吸道、皮肤	吸入后会引起呼吸道刺激症状如肺水肿;会对眼睛和皮肤产生化学灼伤	吸入:将患者移离现场至空气新鲜处,保温、安静,必要时吸氧 眼睛:用大量清水冲洗至少20min 皮肤:迅速脱去污染衣服,用大量清水冲洗污染的皮服,然后用5% $NaHCO_3$ 溶液(或稀氨水)浸泡、湿敷 误服:催吐,用牛奶或蛋清(理由:蛋白质的变性作用) 注:一切患者应请医生治疗
氯化氢(有强烈刺激作用,遇水时有强腐蚀性)	眼、呼吸道黏膜	蒸气和烟雾能刺激鼻、喉和上呼吸道,导致咳嗽、鼻和牙龈出血,造成肺水肿。导致头痛和心悸,有窒息感;接触眼睛时会导致结膜炎、角膜坏死和失明;会烧伤皮肤;误服时严重灼伤消化道,导致恶心、呕吐、腹泻、虚脱并可能死亡	吸入:脱离盐酸产生源或将患者移至新鲜空气处,如呼吸困难,给输氧;如患者呼吸停止,应立即进行人工呼吸,避免口对口接触 眼睛:立刻提起眼睑,用生理盐水或微温的、缓慢的流水冲洗患眼20min 皮肤:用微温的、缓慢的流水冲洗患处至少20min后用5% $NaHCO_3$ 溶液洗涤中和,然后再用净水冲洗 口服:用水充分漱口,不可催吐,如可能给患者饮水约50mL。如呕吐自然发生,应使患者身体前倾重复给水 注:一切患者应请医生治疗
氯	呼吸道、消化道、皮肤、黏膜	吸入后会严重刺激鼻、喉和上呼吸道,可引起迷走神经反射性心搏骤停或喉头痉挛而发生"电击样"死亡;对眼睛有严重刺激,气体导致刺痛、灼伤感并流泪,液体导致灼伤,永久性伤害可能失明;对皮肤有严重刺激,高浓度气体导致皮肤灼伤或急性皮炎	吸入:救护前应确保自己安全。将患者移至空气新鲜处,如呼吸停止应立即进行人工呼吸,避免口对口接触;如心脏停止跳动应立即使用心肺复苏术,可由受过训练的人给氧 眼睛:使眼睑张开,用微温的、缓慢的流水冲洗患眼约30min,勿使污水进入未受伤的眼睛 皮肤:用微温的、缓慢的流水冲洗患处至少20min,在流水下脱去受污染的衣服 误服:用水充分清洗口腔,给患者饮水约250mL,不可催吐,如呕吐发生应漱口并重复给水 注:一切患者应请医生治疗

续表

毒物名称及特别警示	入体途径	中毒症状	救治方法
溴	呼吸道、皮肤	吸入高浓度后，鼻咽部和口腔黏膜可呈褐色，呼出气中有特殊臭味，剧烈咳嗽、嘶哑、发绀、呼吸困难、发音异常、支气管炎、支气管喘息样发作，甚至产生窒息；眼睛接触后可见眼球结膜着色；皮肤吸收迅速，会引起高铁血红蛋白血症，出现紫绀	吸入：将患者移离中毒现场，并对现场进行处理，如呼吸困难，输氧；如呼吸停止，立即进行人工呼吸 眼睛：立即提起眼睑，用大量流动清水或生理盐水彻底冲洗至少 15min 皮肤：立即脱去被污染衣物，用大量流动清水冲洗，至少 15min 误服：用水漱口，给饮牛奶或蛋清 注：一切患者应请医生治疗
白磷（剧毒；空气中易自燃；不得用高压水流驱散泄漏物料）	呼吸道、消化道、皮肤、黏膜	吸入后可导致气管炎、肺炎及急性肝损害，肾功能损害；皮肤接触后可引起严重的急性溶血性贫血、急性肾衰竭而死亡；误服半小时后，口腔及胃部有刺激腐蚀症状，大量摄入可因全身出血和循环系统衰竭而死亡	吸入：迅速离开中毒现场，移至空气新鲜处。输氧 皮肤：白磷灼伤皮肤后应立即用清水冲洗，彻底清除嵌入组织的白磷颗粒。涂抹 2%～3% $AgNO_3$ 或用 2% $CuSO_4$ 冲洗，再用 3%～5% $NaHCO_3$ 溶液湿敷。禁用油性敷料 误服：$CuSO_4$（硫酸铜）溶液洗胃，洗胃及导泻应谨慎，防止胃肠穿孔或出血 注：一切患者应请医生治疗
砷及砷化物	呼吸道、消化道、皮肤、黏膜	吸入砷化氢会发生溶血，大量砷化物蒸气时，产生头痛、痉挛、意识丧失、昏迷、呼吸和血管运动中枢麻痹等神经症状；误服大量砷化物时，将出现四肢疼痛性痉挛，意识模糊、血压下降、呼吸困难，数小时内因毒物抑制中枢神经而死亡	吸入：立即离开现场，吸入含 5%二氧化碳的氧气或新鲜空气 鼻咽部损害：用 1%可卡因涂局部，含碘片或用 1%～2% $NaHCO_3$ 溶液含漱或灌洗 皮肤：涂氧化锌或硼酸软膏 误服：催吐，用微温水或生理盐水、1%硫代硫酸钠溶液等洗胃 注：一切患者应请医生治疗
氢氧化钠（有强烈刺激和腐蚀性）	呼吸道、消化道、皮肤、黏膜	有极严重的腐蚀作用，会对鼻、喉和肺产生刺激；眼睛接触后会造成严重的灼伤，严重暴露会造成疼痛和永久失明；误服会产生严重疼痛，口、喉和食道灼伤、呕吐、腹泻、虚脱，可能死亡	吸入：脱离现场至新鲜空气处，必要时进行人工呼吸 眼睛：使眼睑张开，用微温的、缓慢的流水冲洗患处至少 30min 误服：用水充分漱口，给稀释的醋或柠檬酸。如呕吐自然发生，使患者身体前倾并重复给水 注：一切患者都应请医生治疗

续表

毒物名称及特别警示	入体途径	中毒症状	救治方法
汞及汞盐	呼吸道、消化道、皮肤	慢性中毒会损害消化系统和神经系统。发生牙疾患，齿龈带青色或出血，消化不良、贫血、腹痛、腹泻、肝肿大、精神失常、记忆力丧失、头痛、骨节痛；急性中毒会导致全身衰竭，尿含蛋白质，尿量减少或尿闭，很快死亡	吸入：迅速脱离现场至空气新鲜处。注意保暖，必要时进行人工呼吸 眼睛：立即提起眼睑，用大量流动清水或生理盐水冲洗 皮肤：脱去污染的衣服，立即用流动清水彻底冲洗。然后将衣服用塑料袋包裹好，以防止乱扔造成二次污染 误服：误服者立即漱口，给饮牛奶或蛋清 慢性中毒者应脱离中毒环境 注：一切患者应请医生治疗
铅及铅化合物	呼吸道、消化道	主要损害神经系统、造血系统、消化系统、泌尿系统等	口服急性中毒：应先促使呕吐，再立即用1%硫酸钠或硫酸镁洗胃，再进食牛奶或蛋清并给硫化镁30g导泻 注：一切患者应请医生治疗
铬酸、重铬酸钾等铬(Ⅵ)化合物	消化道、皮肤	对黏膜有剧烈的刺激、发生慢性上呼吸道炎、接触性皮炎、皮疹，可能致癌	用大量清水清洗受污染皮肤
甲醛（致癌物；易燃，火场上易发生危险的聚合反应）	呼吸道、消化道、皮肤	皮肤出现过敏，严重者甚至会导致肝炎、肺炎等	吸入：迅速将患者移离现场，脱去污染衣服，吸氧，保持呼吸道畅通 眼睛：张开眼睑，用大量清水冲洗患眼至少20min 皮肤：清水冲洗沾染部位 口服：先饮大量冷水并尽快用清水洗胃 注：一切患者应请医生治疗
苯及其同系物（人类致癌物；易燃，其蒸气与空气混合，能形成爆炸性混合物；用水灭火无效；不得使用直流水扑救）	呼吸道、皮肤	严重损害造血器官与神经系统，慢性中毒会出现头痛、乏力、恶心、头晕、精神错乱；急性中毒会出现意识模糊，严重者可致昏迷以致呼吸、循环衰竭而死亡	吸入：搬移患者至新鲜空气处，如患者停止呼吸应进行人工呼吸，同时输氧 眼睛：使眼睑张开，用生理盐水或微温的、缓慢的流水冲洗患眼至少20min。勿让污水浸入未受伤的眼睛 皮肤：脱去受污染的衣服，擦去残余物质，缓和、充分地用水和无摩擦性肥皂洗涤皮肤 误服：饮水，禁止催吐。如呕吐发生应使患者身体前倾并重复给水 注：一切患者应请医生治疗
苯胺（有毒，毒性经皮肤吸收；静脉注射维生素C和亚甲蓝解毒）	呼吸道、皮肤	引起高铁血红蛋白症、溶血性贫血和肝、肾损害	吸入：搬移患者至新鲜空气处，如患者停止呼吸应进行人工呼吸 眼睛：立刻提起眼睑，用生理盐水或大量清水彻底冲洗 皮肤：脱去受污染的衣服，擦去残余物质，用肥皂及清水彻底冲洗皮肤 误服：饮足够温水，催吐 解毒剂：静脉注射维生素C和亚甲蓝解毒 注：一切患者应请医生治疗
硝基苯（有毒；解毒剂：静脉注射亚甲蓝）	呼吸道、皮肤	致高铁血红蛋白症，出现紫绀、溶血性贫血及肝脏损伤	用温肥皂水（忌用热水）洗 注：一切患者应请医生治疗

续表

毒物名称及特别警示	入体途径	中毒症状	救治方法
苯酚（对皮肤、黏膜有强烈的腐蚀作用）	皮肤、黏膜	高浓度酚蒸气吸入后可迅速发生头痛、眩晕、无力、虚脱；酚液污染皮肤可造成皮肤化学灼伤，大面积（占体表面积的25%）接触皮肤，可造成皮肤吸收致死；可致灼伤眼睛；误服会引起消化道灼伤，出现烧灼痛，呼出气带酚气味，呕吐物或大便可带血，可发生胃肠道穿孔，并可出现休克、肺水肿、肝或肾损害	吸入：将患者移离现场至新鲜空气处 眼睛：酚液溅入眼内，应立即张开眼睑，用清水冲洗至少 20min 皮肤：应立即脱去衣服，长时间用大量水冲洗皮肤后，用50%酒精擦拭创面或用甘油、聚乙二醇或聚乙二醇和酒精混合液（7∶3）抹皮肤后立即用大量流动清水冲洗。再用饱和硫酸钠溶液湿敷 误服：如患者意识清楚，立即口服植物油 15～30mL 催吐，后温水洗胃至呕吐物无酚气味为止，再服用硫酸钠 15～30mg。消化道已有严重腐蚀时勿给上述处理 注：一切患者应请医生治疗
二氯甲烷	呼吸道、皮肤	刺激皮肤、呼吸道、眼睛。高浓度可能会导致中枢神经系统的轻度抑制，如：头晕、头昏眼花、恶心、手脚麻木、疲劳，无法集中精神及协调性减低；非常高浓度暴露可能导致丧失意识及死亡	吸入：迅速脱离现场至空气新鲜处。保持呼吸道通畅。如呼吸困难，给输氧；如呼吸停止，立即进行人工呼吸 眼睛：提起眼睑，用流动清水或生理盐水冲洗 皮肤：脱去被污染的衣着，用肥皂水和清水彻底冲洗皮肤 误服：饮足量温水，催吐 注：一切患者应请医生治疗
三氯甲烷（有很强的麻醉作用，在光的作用下，能与空气中的氧反应生成氯化氢和剧毒的光气）	呼吸道、消化道	慢性中毒可发生消化障碍、精神不安和失眠等症状，具有麻醉作用，对心、肝、肾、中枢神经系统有损害	吸入：使吸入蒸气的患者脱离污染区，呼吸新鲜空气，安置休息并保暖，如果呼吸停止，立即进行人工呼吸 眼睛：用水冲洗并就医诊治 误服：误服立即漱口，急送医院救治 注：一切患者应请医生治疗
四氯化碳	皮肤、呼吸道	典型的肝脏毒物，出现中枢神经系统麻醉及肝、肾损害症状	吸入：脱离中毒现场急救，人工呼吸、吸氧 眼睛：立即提起眼睑，用流动清水或生理盐水冲洗 皮肤：立即脱去被污染衣着，用肥皂水和清水或 2%碳酸氢钠冲洗皮肤 误食：饮足量温水，催吐，洗胃。洗胃前，先用液体石蜡或植物油以溶解四氯化碳 注：一切患者应请医生治疗
丙酮（高度易燃，其蒸气与空气混合，能形成爆炸性混合物；不得使用直流水扑救）	呼吸道、肠胃道和皮肤	对中枢神经系统的抑制、麻醉作用，高浓度接触对个别人可能出现肝、肾和胰腺的损害；对黏膜有刺激性	吸入：搬移患者至新鲜空气处，如患者停止呼吸应进行人工呼吸 眼睛：立刻提起眼睑，用生理盐水或大量清水彻底冲洗 皮肤：脱去受污染的衣服，用清水彻底冲洗皮肤 误服：用水充分漱口，不可催吐，给患者饮水约 250mL 注：一切患者应请医生治疗

续表

毒物名称及特别警示	入体途径	中毒症状	救治方法
乙醚	呼吸道	低浓度吸入，有头痛、头晕、疲倦、嗜睡、蛋白尿、红细胞增多症。长期皮肤接触，可发生皮肤干燥、皲裂；急性大量接触，会导致全身麻醉	吸入：迅速脱离现场至空气新鲜处，保持呼吸道通畅，如呼吸困难，给输氧；如呼吸停止，立即进行人工呼吸 眼睛：提起眼睑，用流动清水或生理盐水冲洗 皮肤：脱去污染的衣服，用大量流动清水冲洗 误服：饮足量温水，催吐 注：一切患者应请医生治疗
汽油（高度易燃，其蒸气与空气混合，能形成爆炸性混合物；用水灭火无效；不得使用直流水扑救）	呼吸道、皮肤	轻度中毒症状有头晕、头痛、恶心、呕吐、意识突然丧失，引起肝、肾损害；慢性中毒对中枢神经系统有麻醉作用，导致神经衰弱综合征、自主神经功能症状类似精神分裂症	吸入：搬移患者至新鲜空气处，如患者停止呼吸应进行人工呼吸，输氧 眼睛：立刻提起眼睑，用大量清水彻底冲洗 皮肤：脱去受污染的衣服，用肥皂水和清水彻底冲洗皮肤 误服：饮水，禁止催吐，给饮牛奶或用植物油洗胃和灌肠 注：一切患者应请医生治疗
甲醇（易燃；有毒，可引起失明；解毒剂：口服乙醇或静脉输乙醇、碳酸氢钠、叶酸）	呼吸道、消化道、皮肤	慢性中毒会引起眩晕、昏睡、头痛、耳鸣、视力减退、消化障碍；急性中毒会引起头疼、恶心、胃痛、疲倦、视力模糊以致失明，最终导致呼吸中枢麻痹而死亡	吸入：搬移患者至新鲜空气处，如患者停止呼吸应进行人工呼吸，输氧 眼睛：立即用流动清水或生理盐水冲洗 皮肤：用清水冲洗 误服：立即用2%碳酸氢钠溶液洗胃后，由医生处置 注：一切患者应请医生治疗
乙腈	呼吸道、皮肤	急性中毒会引起衰弱、无力、面色灰白、恶心、呕吐、腹痛、腹泻、胸闷、胸痛；严重者呼吸及循环系统紊乱，昏迷	吸入：迅速脱离现场至空气新鲜处，保持呼吸道通畅，如呼吸困难，给输氧；如呼吸停止，立即进行人工呼吸 眼睛：用流动清水或生理盐水冲洗 皮肤：脱去污染的衣服，用肥皂水和清水彻底冲洗皮肤 误服：饮足量温水，催吐，用1∶5000 $KMnO_4$ 或5% $Na_2S_2O_3$ 溶液洗胃 注：一切患者应请医生治疗
正丁醇（低毒类）	呼吸道、皮肤	长期吸入，红细胞数减少，全身不适，眼有灼痛感，角膜炎	眼睛：用流动清水或生理盐水冲洗 皮肤：脱去污染的衣着，用肥皂水和清水彻底冲洗皮肤 注：一切患者应请医生治疗
氯乙酸	呼吸道、皮肤	中毒初期为上呼吸道刺激症状，患者可有抽搐、昏迷、休克、血尿和肾衰竭。中毒后数小时即可出现心、肺、肝、肾及中枢神经损害，重者呈现严重酸中毒	吸入：搬移患者至新鲜空气处，如患者停止呼吸应进行人工呼吸，输氧 眼睛：即用流动清水或生理盐水冲洗 皮肤：脱去污染的衣物，用清水冲洗 注：一切患者应请医生治疗，轻度中毒病人以支持疗法为主，同时给予对症治疗；较重中毒病人应早期、适量、短程给予糖皮质激素，以控制肺水肿

续表

毒物名称及特别警示	入体途径	中毒症状	救治方法
醋酸酐(有腐蚀性;易燃;与水剧烈反应生成乙酸,水中有硝酸、硫酸、高氯酸存在时,有爆炸危险)	呼吸道、眼睛、皮肤	吸入会引起咳嗽、胸痛、呼吸困难;对眼有刺激性;皮肤接触可引起灼伤;误服会灼伤口腔和消化道,出现腹痛、恶心、呕吐和休克等	吸入:搬移患者至新鲜空气处,如患者停止呼吸应进行人工呼吸,输氧 眼睛:立刻提起眼睑,用生理盐水或大量清水彻底冲洗 皮肤:脱去受污染的衣服,用清水彻底冲洗皮肤 误服:用水漱口,给饮牛奶或蛋清 注:一切患者应请医生治疗
酰氯(苯甲酰氯、乙酰氯)	吸入、食入、经皮肤吸收	吸入后可能由于喉、支气管的痉挛、水肿、炎症,化学性肺炎、肺水肿而致死	吸入:迅速脱离现场至空气新鲜处,保持呼吸道通畅,必要时进行人工呼吸 眼睛:立即提起眼睑,用流动清水或生理盐水冲洗至少 15min 皮肤:脱去污染的衣着,用肥皂水及清水彻底冲洗 误服:醒时立即漱口,给饮牛奶或蛋清 注:一切患者应请医生治疗
一氧化碳(在保证中毒环境空气流通前,禁止使用易产生明火、电火花的设备,如电灯、电话、手机、电视、燃气灶、手电筒、蜡烛等,防止一氧化碳浓度过高遇明火发生爆炸)	呼吸道	轻度中毒表现为头痛、头晕、心慌、恶心、呕吐;中度中毒表现为面色潮红、口唇樱桃红色、多汗、烦躁,逐渐昏迷;重度中毒表现为神志不清、大小便失禁、四肢发凉、瞳孔散大、血压下降、呼吸微弱或停止、肢体僵硬或瘫软、心肌损害或心律失常昏迷并危及生命	中毒病人必须尽快抬出中毒环境,转移至户外开阔通风处,松解衣扣,保持呼吸道通畅,清除口鼻分泌物,充分给以氧气吸入;在最短的时间内,检查病人呼吸、脉搏、血压情况,若呼吸心跳停止,应立即进行人工呼吸和心脏按压;并尽快将病人护送到医院进一步检查治疗及尽早进行高压氧舱治疗 【警告:即使患者中毒程度较轻脱离危险,或症状较轻,也应尽快到医院检查,进行吸氧等治疗,减少后遗症危险。切记避免因一时脱离危险而麻痹大意,不去医院诊治导致出现记忆力衰退、痴呆等严重后遗症】

【案例 4-1】 甲苯急性中毒事故

刘向阳等人发表在《职业与健康》2004 年 20 卷 2 期的文章报道了一起急性甲苯中毒事件。

(1) 事故概况及经过　2002 年 9 月 7 日，上海某服装有限公司手工裁剪车间 9 位上样工在进行 PVC 复滚速毛衣料的裁剪时出现头昏、头晕、心慌、胸闷、恶心、乏力等症状。厂方立即将她们送往上海宝山区中心医院急诊室救治。

(2) 事故原因分析　该服装有限公司使用的 PVC 复滚速毛衣料是从浙江平湖某塑胶有限公司购买的，该 PVC 复滚速毛衣料的制作过程中使用的胶合剂含甲苯，因此，工人在进行 PVC 复滚速毛衣料裁料时，有大量的甲苯挥发到空气中。甲苯为无色易挥发的液体，气味似苯，可用作汽油添加剂和各种用途溶剂。吸入较高浓度蒸气后有头晕、头痛、恶心、呕吐、四肢无力、意识模糊、步态蹒跚，重症者有躁动、抽搐或昏迷，并伴有眼和上呼吸道刺激症状，可出现眼结膜和咽部充血。由于作业工人在进行手工裁料时未配戴任何个人防护用品，车间自然通风较差，空气严重污染，工人通过呼吸道吸收甲苯从而引起急性甲苯中毒。

(3) 防止同类事故的措施　如果使用的胶合剂含有对人体有毒的物质，应做好通风，保持空气新鲜，做好作业工人的个体防护，并加强工人的职业卫生知识培训，提高其个人防护意识。

【案例 4-2】 硫化氢中毒事件

据天津市安全生产监督管理局（http：//www.tjsafety.gov.cn）报道：2000年1月21日，某厂在对各有关管线进行排液处理时，由于没有按照操作规程操作，导致硫化氢泄漏，造成2人死亡、7人中毒的恶性事故（图4-1）。

图 4-1　疏通管道易发生 H_2S 中毒
(图片来自百度图库)

(1) 事情概况及经过

2000年1月21日，某厂催化装置精制工段酸性水系统停车，对各有关管线进行排液处理。按规定，应先将进料管线上的阀门关上，再打开出口阀排液。操作人员未按规定操作，排放过程中又无人监护，结果在进料管线内酸性水排完后，硫化氢气体经过进料管线排出，迅速弥漫整个泵房。正在泵房内打扫卫生的两名女工立即被熏倒，中毒窒息死亡。抢救中因配戴的是不防硫化氢的活性炭滤毒罐，又有7人不同程度地硫化氢中毒。

(2) 事故原因分析　硫化氢是高度危险的窒息性气体，是强烈的神经毒物。硫化氢无色，有臭蛋味。起初硫化氢臭味的增强与浓度的升高成正比，但浓度升高时臭味反而减弱，所以不能依靠臭味强烈与否来判断有无中毒的危险。接触高浓度硫化氢，会出现神志模糊、昏迷、肌肉痉挛、大小便失禁等症状；当浓度在 $1000mg/m^3$ 以上时，人犹如被电击一样，数秒钟内突然倒下，瞬间停止呼吸，若救护不及时，可致麻痹死亡。

(3) 防止同类事故的措施

第一，作业人员上岗前必须接受中毒急救防护知识的教育培训，并经考试合格方准上岗；还要掌握事故现场急救要点，不断提高作业人员的安全操作技能和应急处理事故的能力。

第二，要掌握中毒危险源的分布情况，设置固定式的报警装置和安全警示牌。给相关人员配备完善、适用的防护用品，要求能熟练使用、正确维护及妥善保管（图4-2）。

第三，所有装置要求都要完全封闭，对不能完全密闭的部分设备，要同时采取局部抽风和安装排毒装置，排出的硫化氢要经过净化处理才能排入大气。

【案例 4-3】 氩气窒息中毒事故

图 4-2　采取防御措施防止 H_2S 中毒
（图片来自百度图库）

据北京安全生产监督管理局 2005 年 12 月 8 日报道，北京某厂单晶硅车间一名工人，由于液态氩泄漏导致急性氩气窒息及皮肤冻伤，由于抢救及时，转危为安。

（1）事故概况及经过　事故现场为 7m×2.5m×3m 无排风设备、门窗均关闭的储罐间，内置一充满液态氩的 5 吨封闭钢罐。由于储罐的塑料排放管冻裂，大量液氩溢出在地面上（−180℃），漂浮着约 30cm 厚的白色雾状氩气。患者进入储罐间关闭排放管阀门时，由于密度大于空气的高纯度氩气不断涌出，造成供氧不足时迅即晕倒，约 1min 后被救离现场。

（2）事故原因分析　氩气为一惰性气体，无色，无臭，空气中含量约 1%；常压下无毒，加压条件下有麻醉作用，高浓度时由于使空气中的氧分压降低，可产生缺氧性窒息；液态氩−180℃，皮肤接触可致冻伤。

本例事故发生的直接原因是液氩储罐塑料排放管使用时间过长，老化冻裂，大量液态氩溢出；储罐间相对密闭，大量氩气弥漫在室内，使氧分压相对降低；进入储罐间未戴防毒面具，亦未打开门窗通风，致使患者出现缺氧性窒息。

（3）防止同类事故的措施　液氩储罐的塑料排放管应更换成耐低温的不锈钢金属管，并经常检查管道系统有无滴漏现象。

室内应安装排风设备，进入前先行排风。

应备有个人防护用品，如防毒面具、氧气瓶等，以防意外的发生。

4.2　火灾性事故及应急处理

化学实验室常存放一些易燃、易爆药品，而这些化学药品有着不同的特性，如易燃液体、易燃固体、自燃物品、遇湿易燃物品等，这些化学药品容易发生火灾、爆炸事故，由于化学药品本身及其燃烧产物大多具有较强的毒害性和腐蚀性，并且大多数危险化学药品在燃烧时会放出有毒气体或烟雾，极易造成人员中毒、灼伤。因此，不同的化学品以及在不同情况下发生火灾，其扑救方法差异很大，若处置不当，不仅不能有效扑灭，反而会使灾情进一步扩大。下面将对进入火灾现场的注意事项、火灾扑救的一般原则、灭火方式、灭火器的选择及灭火的应急处理进行介绍。

4.2.1 进入火灾现场的注意事项

现场应急人员应正确穿着防火隔热服、佩戴防毒面具，如有必要身上还应绑上耐火救生绳，以防万一；消防人员必须在上风向或侧风向操作，选择地点必须方便撤退；通过浓烟、火焰地带或向前推进时，应用水枪跟进掩护；加强火场的通信联络，同时必须监视风向和风力；铺设水带时要考虑如果发生爆炸和事故扩大时的防护或撤退；要组织好水源，保证火场不间断地供水；禁止无关人员进入。

4.2.2 火灾扑救的一般原则

首先尽可能切断通往多处火灾部位的物料源，控制泄漏源；主火场由消防队集中力量主攻，控制火源；喷水冷却容器，可能的话将容器从火场移至空旷处；处在火场中的容器突然发出异常声音或发生异常现象，必须马上撤离：发生气体火灾，在不能切断泄漏源的情况下，不能熄灭泄漏处的火焰。针对不同类别化学品要采取不同控制措施，以正确处理事故，减少事故损失。

4.2.3 灭火方式及灭火器的选择

由第 2 章中可知，燃烧需要具备三大条件：要有可燃性物质，如可燃固体如纸张、木材，易燃液体如汽油、酒精，可燃气体如氢气、一氧化碳等；有助燃物存在，包括空气中的氧气和氯气、氯酸钾和高锰酸钾等氧化物；有燃烧源，包括电气设备、明火、静电和热表面。三大条件具备时才会燃烧。灭火的一切手段基本上围绕破坏形成燃烧的三个条件中任何一个来进行（可燃物，助燃物，点火能源），基本方法有冷却法、窒息法、隔离法、化学抑制法。

4.2.3.1 常用的灭火方法

（1）冷却法　降低着火物质的温度，使其降到燃点以下而停止燃烧。如用水或干冰等冷却灭火剂喷到燃烧物上即可起冷却作用。

（2）窒息法　阻止助燃的氧化剂进入。如用二氧化碳、氮气、水蒸气等来降低氧浓度，使燃烧不能持续。

（3）隔离法　将正在燃烧的物质与不燃烧的物质分开，中断可燃物质的供给而停止燃烧。如用泡沫灭火剂灭火，通过产生的泡沫覆盖于燃烧体表面，在进行冷却作用的同时，把可燃物同火焰和空气隔离开来，达到灭火的目的。

（4）化学抑制法　让灭火剂参与燃烧反应，并在反应中起抑制作用而使燃烧停止。如用干粉灭火剂通过化学作用，破坏燃烧的链式反应，使燃烧终止。

4.2.3.2　灭火器的选择

由第 2 章可知：灭火器按内装灭火剂的不同分为干粉、泡沫、二氧化碳、卤代烷等几种。

根据上述灭火器的工作原理，可对不同特性的物质引发的火灾进行灭火。

（1）扑灭易燃含碳固体引发火灾的方法　易燃含碳固体可燃物，如木材、棉毛、麻、纸张等燃烧发生的火灾，可用水型灭火器、泡沫灭火器、干粉灭火器。

（2）扑灭易燃液体引发火灾的方法　易燃液体如汽油、乙醚、甲苯等有机溶剂着火时，可用干粉灭火器、泡沫灭火器、卤代烷灭火器，绝对不能用水，否则造成液体流淌而扩大燃烧面积。

（3）扑灭可燃气体引发火灾的方法　对可燃烧气体，如煤气、天然气、甲烷等燃烧发生的火灾，可用干粉灭火器、卤代烷灭火器。

（4）扑灭可燃活泼金属引发火灾的方法　可燃的活泼金属，如钾、钠、镁等发生的火灾，可用干沙式铸铁粉末或专用灭火剂；绝对不能用水、泡沫、二氧化碳、四氯化碳等灭火器灭火。

（5）扑灭带电物体引发火灾的方法　扑灭带电物体燃烧发生的火灾，应先切断电源，再用二氧化碳、干粉、卤代烷灭火器，不能用水及泡沫灭火器，以免触电。

4.2.4　火灾事故的应急处理

扑救火灾总的要求是：先控制，后消灭。实验中一旦发生了火灾切不可惊慌失措，应保持镇静，正确判断、正确处理，增强人员自我保护意识，减少伤亡。发生火灾时要做到三会：会报火警、会使用消防设施扑救初起火灾、会自救逃生。灭火人员不应个人单独灭火，要选择正确的灭火剂和灭火方式，出口通道应始终保持清洁和畅通。

（1）火灾初起时采取的措施　火灾初起，立即组织人员扑救，同时报警。救助人员要立即切断电源，熄灭附近所有火源（如煤气灯），移开未着火的易燃易爆物，查明燃烧范围、燃烧物品及其周围物品的品名和主要危险特性、火势蔓延的主要途径等，根据起火或爆炸原因及火势采取不同方法灭火。扑救时要注意可能发生的爆炸和有毒烟雾气体、强腐蚀化学品对人体的伤害。

（2）火灾蔓延时采取的措施　如火势已扩大，在场人员已无力将火扑灭时，要采取措施制止火势蔓延，如关闭防火门、切断电源、搬走着火点附近的可燃物，阻止可燃液体流淌，配合消防队灭火。

下面针对不同原因造成的实验室起火所应采取的应急处理作一介绍。

4.2.4.1　仪器、设备等起火的应急处理

（1）容器局部小火　对在容器中（如烧杯、烧瓶、热水漏斗等）发生的局部小火，用湿布、石棉网、表面皿或木块等覆盖，就可以使火焰窒息。

（2）反应体系着火　在反应过程中，若因冲料、渗漏、油浴着火等引起反应体

系着火时，有效的扑灭方法是用几层灭火毯包住着火部位，隔绝空气使其熄灭。扑救时必须防止玻璃仪器破损，如冷水溅在着火处的玻璃仪器上或灭火器材击破玻璃仪器，从而造成严重的泄漏而扩大火势。若使用灭火器时，由火场的周围逐渐向中心处扑灭。

（3）人体着火　若人的身体着火如衣服着火，应立即用湿抹布、灭火毯等包裹盖熄，或者就近用水龙头浇灭或卧地打滚以扑灭火焰，切勿慌张奔跑，否则风助火势会造成严重后果。

（4）烘箱着火　烘箱有异味或冒烟时，应迅速切断电源，使其慢慢降温，并准备好灭火器备用。千万不要打开烘箱门，以免突然供入空气助燃（爆），引起火灾。

4.2.4.2　对化学物品起火的应急处理

化学品火灾的扑救应由专业消防队来进行，其他人员不可盲目行动，待消防队到达后，介绍起火原因，配合扑救。对以下几种特殊化学药品的火灾扑救时尤其要引起注意。

（1）扑救压缩气体和液化气体类火灾采取的措施　扑救压缩气体和液化气体类如氢气、乙炔、正丁烷等发生的火灾，应先切断气源，然后用雾状水、泡沫、二氧化碳灭火。若不能立即切断气源，则不允许熄灭正在燃烧的气体。喷水冷却容器，可能的话将容器移至空旷处。

（2）扑救爆炸物品火灾采取的措施　扑救爆炸物品如硝酸甘油、雷公酸、叠氮银等发生的火灾，禁止用沙土盖压，应采用吊射水流。这是为了避免增强爆炸物品爆炸时的威力；也要避免强力水流直接冲击堆垛，以免堆垛倒塌引起再次爆炸。

（3）扑救遇湿易燃物品火灾采取的措施　对于遇湿易燃物品如活泼金属钾、钠等及三氯硅烷、硼氢化钠、碳化钙等发生火灾，禁止用水、泡沫等湿性灭火剂扑救，应用水泥、干沙、干粉等进行覆盖，这是由于这些物品能与水发生化学反应，产生可燃气体和热量，有时即使没有明火也能自动着火或爆炸；对遇湿易燃物品中的粉尘火灾，不要使用有压力的灭火剂进行喷射，以防止将粉尘吹扬起来，与空气形成爆炸性混合物而导致爆炸发生。有的化学危险物品遇水能产生有毒或腐蚀性的气体，灭火时要特别注意。

（4）扑救氧化剂和有机过氧化物火灾采取的措施　氧化剂和有机过氧化物的灭火比较复杂，应注意燃烧物不能与灭火剂发生化学反应。如大多数氧化剂和有机过氧化物遇酸会发生剧烈反应甚至爆炸，如过氧化钠、过氧化钾、氯酸钾、高锰酸钾、过氧化二苯甲酰等，因此，这些物质就不能用泡沫和二氧化碳灭火剂，但是过氧化钠、过氧化钾着火不能用水扑灭，必须用砂土或用水泥、盐盖灭；$KMnO_4$ 发生火灾的灭火剂为水、雾状水、沙土；氯酸钾发生火灾时，可用大量水扑救，同时用干粉灭火剂闷熄。用水泥、干沙覆盖应先从着火区域四周尤其是下风等火势主要蔓延方向覆盖起，形成孤立火势的隔离带，然后逐步向着火点进逼。

（5）扑救毒害品和腐蚀品发生火灾采取的措施　扑救毒害品和腐蚀品发生的火

灾时，施救人员要采取全身防护，应尽量使用低压水流或雾状水，干粉、沙土等。氰化钠遇泡沫中酸性物质能生成剧毒气体氰化氢，因此，不能用化学泡沫灭火，可用水及沙土扑救；硫酸、硝酸等酸类腐蚀物品，遇加压密集水流，会立即沸腾起来，使酸液四处飞溅，需特别注意防护。扑救浓硫酸与其他可燃物品接触发生的火灾，浓硫酸数量不多时，可用大量低压水快速扑救。如果浓硫酸量很大，应先用二氧化碳、干粉等灭火，然后再把着火物品与浓硫酸分开。

（6）特殊物品发生火灾采取的措施　易燃固体、自燃物品一般都可用水和泡沫扑救。但也有少数易燃固体、自燃物品的扑救方法比较特殊。

① 易升华的易燃固体起火　2,4-二硝基苯甲醚、二硝基萘、萘等易升华的易燃固体，救火时要不断向燃烧区域上空及周围喷射雾状水，并消除周围一切火源，因为要防止易燃蒸气与空气形成爆炸性混合物。

② 黄磷起火　救火时禁用酸碱、二氧化碳、卤代烷灭火剂，用低压水或雾状水扑救。由于黄磷会自燃，因此，灭火过程中的黄磷熔融液体流淌时应用泥土、砂袋等筑堤拦截并用雾状水冷却；灭火后已固化的黄磷，应用钳子钳入贮水容器中。

③ 特殊易燃固体和自燃物品起火　少数易燃固体和自燃物品如三硫化二磷、铝粉、保险粉（连二亚硫酸钠）易选用干砂和不用压力喷射的干粉扑救，不能用水和泡沫扑救。

④ 对于易燃液体起火　扑救相对密度小于 1 且不溶水的易燃液体（如汽油、苯等）发生的火灾，不能用水扑救。因水会沉在液体下面，可能形成喷溅、漂流而扩大火灾，宜用泡沫、干粉、二氧化碳等扑救；比水重又不溶于水的液体（如二硫化碳）起火时可用水扑救，水能覆盖在液面上灭火，用泡沫也有效；具有水溶性的液体（如醇类、酮类等），最好用抗溶性泡沫扑救，用干粉扑救时，灭火效果要视燃烧面积大小和燃烧条件而定，也需用水冷却罐壁，降低燃烧强度。

【案例 4-4】 实验操作不当引起火灾

（1）事故概况及经过　2008 年 11 月 16 日，北京某大学食品学院大楼楼顶一临时实验室突然起火，过火面积 150m^2 左右，未造成人员伤亡。

（2）事故原因分析　为酒精灯酒精洒在桌面没有及时清理所致。

（3）防止同类事故的措施　操作和处理易燃、易爆溶剂时，应远离火源；实验前应仔细检查仪器装置是否正确、稳妥与严密；操作要求正确、严格；实验室里不允许贮放大量易燃物。

实验中一旦发生了火灾切不可惊慌失措，应保持镇静。首先立即切断室内一切火源和电源。熟悉实验室内灭火器材的位置和灭火器的使用方法，然后根据具体情况正确地进行抢救和灭火，较大的着火事故应立即报警。

【案例 4-5】 铝粉起火爆炸

据都市快报 2011 年 03 月 28 日报道：2011 年 3 月 27 日上午 8 点多，永嘉县黄田镇的一家铝制品抛光作坊突然发生爆炸，造成 1 人死亡、10 人受伤（图 4-3）。

图 4-3 起火现场（图片来自百度图库）

(1) 事故概况及经过 这次爆炸是由于作坊里的排烟机电气线路故障产生火花，引燃了空气中的铝粉而爆炸的。爆炸威力大得惊人，约 50m^2 的车间完全被炸塌了，砖块散落一地。事故造成 1 死 10 伤，其中 2 人伤势严重。

(2) 事故原因分析 由于长时间的抛光作业使得作坊的空气里弥漫了很多铝粉。铝粉粉末与空气混合能形成爆炸性混合物，其在空气中的爆炸下限 37～50mg/m^3，最低点火温度 645℃，最小点火能量 15mJ，最大爆炸压力 0.415MPa，因此当达到一定浓度时，遇火星或一定的静电能量就会发生爆炸。而铝粉溶于酸、碱，同时置换出氢气，不溶于水，遇少量水或受潮会发生化学反应，释放出氢气和热量，易引起燃烧爆炸；与氧化剂混合能形成爆炸性混合物，与氟、氯等接触会发生剧烈的化学反应。

(3) 防止同类事故的措施 在使用、生产、储存及保管运输等过程中要小心，应将其储存于干燥通风的仓库内，远离火种及热源。同时应与酸、碱和氧化剂隔离存放，切忌混储混运。雨天不宜运输铝粉。搬运时应轻装轻卸，防止包装破损。

一旦发现铝粉起火燃烧爆炸，应迅速用干石灰粉扑灭，切忌用水及二氧化碳、四氯化碳灭火器灭火，也不能用有压力的干粉灭火器灭火。因为水与高温铝粉接触会置换出氢气，铝粉在常温下能与氯和溴进行燃烧反应，有喷射压力的干粉会把铝粉扬起来与空气混合，从而加剧燃烧。

【案例 4-6】 化学实验室金属钠操作不慎引发的大火

据 2008 年 3 月 20 日四川在线报道：2008 年 3 月 19 日成都某校一化学实验室突然起火，由于消防队员及时用干粉灭火车及时扑救，实验室内存放着 10kg 金属钠没有进一步爆炸，火灾中仅 1 人受轻伤。

(1) 事故概况及经过 某高校实验室的 3 位学生正在做一个普通的化学合成实

验，由于学生在操作中使钠与水接触，因而导致火灾发生，由于实验室内还存着 10kg 金属钠，一旦引发爆炸，足以让这座 6 层大楼即刻灰飞烟灭，情况相当危险。消防官兵用干粉灭火车对着火实验室喷射干粉，控制住了实验室的火情。随后，官兵们兵分三路，一批官兵扛着沙袋、干粉灭火器等冲上去接力灭火；一批官兵则手握水枪，分别站于实验室的不同角落，数条水龙猛喷着火实验室四面的墙壁，以防止火势蔓延；另一批官兵在水枪掩护下，成功抢出一装 10kg 浸在煤油中的金属钠的塑料桶。

(2) 事故原因分析　金属钠是一种银白色柔软的轻金属，在低温时脆硬，常温时质软如蜡，可用刀割。化学性质极活泼，在空气中易氧化，燃烧时呈黄色火焰，遇酸、水剧烈反应、极易引起燃烧爆炸，平时在使用时要防水，操作时要小心。金属钠保存在煤油中，若发生火灾，应用干沙、干粉灭火，切忌用水、泡沫灭火。

(3) 防止同类事故发生的措施　金属钠属于遇湿易燃品，遇水或潮气会大量放热引起火灾或爆炸，须储存于煤油中。对于碱金属等易燃的危险品要严加保管，如果此类产品发生火灾，报火警时要仔细说明情况，以便消防员携带专用的灭火器材，非专业人士最好不要鲁莽救火，防止失误被伤。

【案例 4-7】 一起灭火不当致氯气中毒的事故

据秦宏等人在《中国工业医学杂志》2008 年 8 月第 21 卷第 4 期报道了“一起灭火不当致氯气中毒事故调查”报告：2004 年 7 月 23 日，无锡市某公司仓库发生火灾，灭火过程中有 11 人不同程度地出现中毒症状。

(1) 事故概况及经过　当日凌晨，该公司化学物品仓库灭火时燃烧的化学物品遇到水后产生了强烈的刺激性有毒气体，并迅速向周围的居民密集区蔓延，导致不少居民出现呼吸道刺激症状，同时在随后的消防抢险过程中，由于未佩戴防毒面具，有 5 名消防队员出现咳嗽、流泪、咽痛、胸闷等急性中毒症状。6h 后现场空气中仍然能检测到氯气。

(2) 事故原因分析　经查实，该公司经营鱼塘水体消毒剂产品，发生火灾仓库里贮存一批三氯异氰尿酸、二氧化氯等消毒剂，受热遇水后发生分解反应，产生含氯刺激性烟雾。

三氯异氰尿酸 TCCA、二氧化氯都是高效、广谱、新型杀菌剂，可以杀灭各种细菌、藻类、真菌和病毒。化学性质比较稳定，便于贮存运输，但燃烧时由于热分解或与水接触可以产生氯气、氯化氢和其他有毒气体，导致部分消防人员和群众在灭火过程中大量吸入，氯气、氯化氢气体与呼吸道黏膜表面水分接触反应后产生局部刺激和腐蚀作用，出现不同程度的咳嗽、气急、呼吸困难等中毒症状。

(3) 防止同类事故的措施　周围群众和消防人员在灭火时要了解仓库内物品性质，采用恰当的灭火器材。

灭火时要佩戴个人防护用品，同时及时疏散周边居民。

4.3 爆炸事故及应急处理

爆炸是物质发生急剧的物理、化学变化，在极短时间内，释放出大量能量，产生高温，并放出大量气体，并伴有巨大声响的过程。实验室中可燃气体、可燃蒸气、可燃粉尘和对摩擦、撞击等敏感的固体易造成爆炸。爆炸的危害极大，可造成房屋坍塌、火灾，造成环境污染和人员中毒及伤亡，从而给国家和人民生命财产安全带来损害，因此我们要积极预防。

4.3.1 爆炸的分类及发生原因

常见的爆炸可分为物理性爆炸和化学性爆炸两类。

物理性爆炸是由物理因素如状态、温度、压力等变化而引起的爆炸。爆炸前后物质的性质和化学成分均不改变，如压力容器、气瓶、锅炉等超压发生的爆炸。在聚合反应、氧化反应、酯化反应、硝化反应、氯化反应、分解反应等放热反应中，由于反应热量没有及时移出反应体系外，使容器内温度和压力急剧上升，容器超压后破裂，导致物料从破裂处喷出或容器发生物理性爆炸。气体钢瓶是储存压缩气体的特制的耐压钢瓶。使用时，通过减压阀（气压表）有控制地放出气体。由于钢瓶的内压很大（有的高达 15MPa），当钢瓶跌落、遇热、甚至不规范的操作时都可能会发生爆炸等危险。

化学性爆炸是实验室常见的爆炸类型，它是由于物质发生激烈的化学反应，使压力急剧上升而引起的爆炸，爆炸前后物质的性质和化学成分均发生了根本变化。化学爆炸分为爆炸物分解爆炸和爆炸物与空气的混合爆炸两种类型。

分解性爆炸是指有些具有不稳定结构的化合物如有机过氧化物、高氯酸盐、叠氮铅、乙炔铜、三硝基甲苯等易爆物质，它们受震或受热时，易分解为较小的分子或其组成元素而放出热量，这些热量引起可燃物自燃从而引起爆炸。这类爆炸物是非常危险的，对该类物品进行操作时，要轻拿轻放。此类爆炸需要一定的条件，如爆炸性物质的含量或氧气含量以及激发能源等，但这类爆炸更普遍，所造成的危害也较大。

爆炸物与空气的混合爆炸是指可燃气体、易燃液体蒸气或悬浮着的可燃粉尘，若达到爆炸浓度极限范围，遇点火源后燃烧，由于反应速度较快，产生的热量来不及散失冷却，使反应体系中气体膨胀、压力猛升，进而发生爆炸。如氢气、乙炔、环氧乙烷等气体与空气混合达到一定比例时，会生成爆炸性混合物，遇明火即会爆炸；可燃液体的蒸气聚结成连续气流带同空气混合达到其爆炸极限，就会引起爆炸。

有些化学药品单独存放或使用时比较稳定，但若与其他药品混合时，就会变成易爆品，十分危险。实验室对易燃易爆物品应限量、分类、低温存放，远离火源。

表 4-2 列举了常见的易爆混合物，这些物质不得进行混合，以防产生爆炸。

表 4-2　常见的易爆混合物

主要物质	互相作用的物质	产生结果
浓硫酸	松节油、乙醇	燃烧
过氧化氢	乙酸、甲醇、丙酮	燃烧
溴	磷、锌粉、镁粉	燃烧
高氯酸钾	乙醇、有机物	爆炸
氯酸盐	硫、硫化物、磷、氰化物、硫酸、铝、镁	爆炸
硝酸盐	铝、镁、磷、硫氰化钡、酯类、氯化亚锡	
过硫酸铵	铝粉(有水存在时)	
高锰酸钾	硫黄、甘油、有机物	爆炸
硝酸铵	锌粉和少量水	爆炸
发烟硝酸	乙醚	
硝酸盐	酯类、乙酸钠、氯化亚锡	爆炸
过氧化物	镁、锌、铝	爆炸
钾、钠	水	燃烧、爆炸
赤磷	氯酸盐、二氧化铅	爆炸
黄磷	空气、氧化剂、强酸	爆炸
铬酐	甘油、硫、有机物	
硝酸	磷、噻吩、碘化氢、镁、锌、钾、钠	
乙炔	银、铜、汞(Ⅱ)化合物	爆炸
发烟硫酸(或氯磺酸)	水	
次氯酸钙	有机物	

【案例 4-8】 过锰酸钾分解爆炸

(1) 事故概况及经过　据台湾 TVBS 电视台报道（图 4-4）：2009 年 7 月 21 日高雄医学大学附属医院实验室药品安全柜内发生了气体爆炸，气体爆炸发生后，安全柜就倒了下来。随后同学们互相通报，校方于是启动校园安全机制，把全栋大楼的同学、研究人员和老师都暂时疏离，由环保和消防人员去处理，由于校方在第一时间内就紧急疏散了人员，没有人员伤亡。

(2) 事故原因分析　可能是因为实验室气柜中的有机化合物蒸气与过锰酸钾发生剧烈的化学作用后产生气体引起爆炸。过锰酸钾又称高锰酸钾，是强氧化剂，遇甘油、乙醇能引起自燃；与还原剂、有机物、易燃物如硫、磷等接触或混合时有引起燃烧爆炸的危险。

(3) 防止同类事故的措施　过锰酸钾应储存于阴凉、通风仓间内。远离火种、热源。防止阳光直射。注意防潮和雨水浸入。保持容器密封。应与易燃、可燃物，

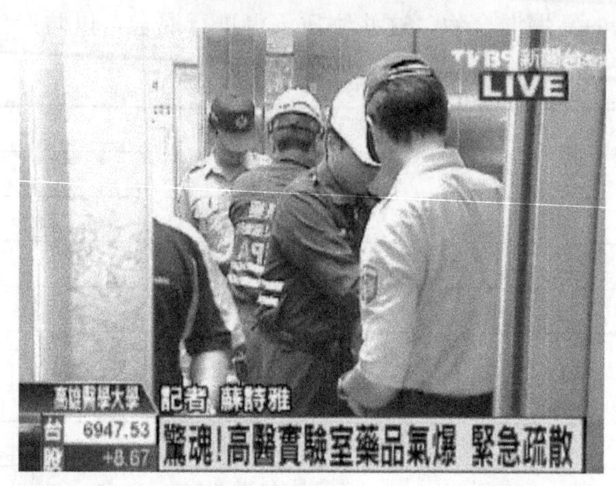

图 4-4　事发现场（图片来自台湾 TVBS 电视台）

还原剂、硫、磷、铵化合物、金属粉末等分开存放。切忌混储混运。

【案例 4-9】　双氧水爆炸

(1) 事故概况及经过　2010 年 6 月 9 日，中科院大连某研究所发生连环爆炸事件。爆炸发生后，附近部分住宅楼的玻璃被震碎，无有毒气体泄漏，没有人员伤亡。

(2) 事故原因分析　爆炸地点为该所第七研究室，爆炸化学物品为双氧水。某实验室做实验时发生流程错误，在实验操作时由于温度高而引起双氧水分解后，发生爆炸。

双氧水是一种爆炸性强氧化剂。双氧水本身不燃，但由于双氧水分解能放出氧气和热量，温度和浓度越高分解越快。杂质是影响双氧水分解的重要因素，很多金属杂质如 Fe^{2+}、Mn^{2+}、Cu^{2+}、Cr^{3+} 和灰尘、光等都能加速其分解，一旦引发了分解，分解放出的热会使物料温度升高，更加速了双氧水的分解，产生更多的气体，这些气体随温度升高而膨胀，此时容器若密闭则会产生高压，从而导致容器爆炸。然而双氧水在常压下一般不会爆炸，但其分解产生的氧气在一定条件下能与可燃蒸气或气体形成爆炸性混合物，此混合物一经引发（如火花、静电等），即有发生爆炸的危险。

(3) 防止同类事故的措施　若双氧水是反应的原料或产物，则在生产过程中采取适当的冷却措施，使 H_2O_2 的存储温度低于其自分解温度 35℃；若作为中间产物，应连续加入催化剂，并通入氮气保护，使过氧化氢尚未大量积累就发生分解；要对热、光、pH 值、金属离子杂质等进行有效控制，严禁进入双氧水系统，避免双氧水分解、爆炸。

过氧化物最好保存在玻璃、陶瓷、石英、聚乙烯等非金属材料中。单独存放，避免混入重金属化合物、酸、碱、胺类杂物，以降低危险性。过氧化物着火或被卷入火中时，有导致爆炸的可能，人员应尽可能远离火场，并在有防护的位置用合适的灭火剂灭火。在过氧化物物品未完全冷却之前，不应接近这些物品，以防止爆炸事故的发生。

【案例 4-10】 危险化学品乱堆放引起的爆炸事故

(1) 事故概况及经过　2010 年 12 月 4 日贵州凯里网吧爆炸事件导致 7 人死亡，40 多人受伤，其中重伤 11 人。爆炸事件的原因已初步查明，为网吧隔壁一出租屋内存放的危险化学品发生爆炸引发。

(2) 事故原因分析　网吧隔壁的出租屋里堆放着高效聚氯化铝、氢氧化铝和亚硝酸钠三种化学盐类，以及硝酸、盐酸、石油醚三种化学制剂。硝酸是强氧化剂，而亚硝酸钠具有还原性，两者混放能发生化学反应，引起燃烧和爆炸；石油醚的蒸气与空气可形成爆炸性混合物，与氧化剂硝酸能发生强烈反应，遇明火、高热能引起燃烧爆炸，产生大量烟雾，由于其蒸气比空气重，能在较低处扩散到相当远的地方，遇火源会着火回燃。正是这些试剂因堆放不当、保管不善，使得各种危险化学品相互作用，造成危险和灾祸。

(3) 防止同类事故的措施　加强公民的安全意识，普及化学品、危险品和易燃易爆品的安全常识，加强监管。

【案例 4-11】 普通电冰箱存放易燃易爆物品发生爆炸事件

据安全管理网（www. safehoo. com）报道：某有机化学研究所发生爆炸，原因是工作人员将实验用的石油醚放入冰箱内，泄漏出的易燃气体达到爆炸极限后，冰箱内的电器控制开关打火引起爆炸，这次事故使实验室内的仪器设备只剩下碎片和焦炭（图 4-5）。

(1) 事故概况及经过　事故原因是白天工作人员在实验室内做化学实验，下午实验人员做完实验离开实验室时，把还剩有 20mL 石油醚的小瓶没有加盖就放进了电冰箱，因而引起爆炸。随着爆炸声响，室内升起浓烟烈火，房间的窗玻璃被震得粉碎。这个实验室内有多种有毒的危险物品，爆炸后容器损坏，毒气弥漫，有毒液体四溢，使救火人员难以接近，后来，佩戴氧气面具的消防人员赶到，经过近一个小时的奋战，才将大火扑灭。

图 4-5　冰箱爆炸（图片来自百度图库）

(2) 事故原因分析　石油醚，在冰箱内会挥发出可燃气体，贮藏过程中会因泄漏形成浓度积累，与空气混合后形成爆炸性化合物，遇明火就会发生爆炸；机械温控冰箱是靠“温包”对温度感应产生热胀冷缩，带动电触点后才触发冰箱压缩机的开关，达到温控目的。由于触点带电动作，瞬间会产生电火花，而两者结合具备了爆炸条件；由于冰箱是处于近似密封状态的，减压条件差，因而一旦发生爆炸，它的威力比空间爆炸大得多。所以少量易燃液体挥发形成爆炸混合气体爆炸，就能造成严重的破坏。

（3）防止同类事故的措施

① 普通电冰箱内严禁存放易燃、易爆等危险物品。

② 购置防爆冰箱存放易燃、易爆物品。

③ 如果一时买不到防爆型的电冰箱，也可以请专业人员将普通电冰箱内容易产生火花的器件移到冰箱外面。

【案例 4-12】 丁二烯钢瓶爆炸事件

（1）事故概况及经过　1990 年 4 月 10 日，北京某学院有机实验楼南侧钢瓶房内先发出嘶嘶响声，同时冒出白色烟雾，紧接着变为黄色烟雾，几分钟后，丁二烯钢瓶爆炸，与之一起放置的丙烯钢瓶被炸变形，但未破裂。钢瓶房及与之毗邻的围墙部分倒塌，相邻两大楼部分玻璃被震碎。由于时间发生在凌晨，钢瓶房周围无人，因而未造成人员伤亡。

（2）事故原因分析　由于丁二烯钢瓶储存期过长（将近一年）瓶内残留有少量丁二烯低聚物吸收部分或微量氧，形成过氧化物或过氧化氢而分解产生自由基，自由基积累到一定浓度后引起丁二烯自聚引起的爆炸。

（3）防止同类事故的措施　钢瓶充装前可用高纯氮气反复吹扫，或采取其他必要方法，以减少瓶内低聚物的残存量。

尽量缩短储存时间，储存期一般不应超过半年。

对于活性很高的聚合单体，为了减缓其自聚，在充装时可加入阻聚剂。

【案例 4-13】 液氯钢瓶爆炸事件

（1）事故概况及经过　1985 年 5 月 9 日，山东某石油化工厂电解车间液氯工段的工人正在进行液氯充装作业时，钢瓶突然发生爆炸。爆炸时产生巨大响声，钢瓶爆炸共造成 3 人死亡、2 人重伤。

（2）事故原因分析　爆炸的气瓶是旧气瓶，内部混有芳香烃（事故后查明无色透明的黏稠液体为芳香烃）的钢瓶被充入液氯。由于瓶内残存的芳香烃与液氯发生剧烈化学反应，产生高温高压，造成气瓶爆炸。气瓶内介质混装是这起爆炸事故的直接原因。

（3）防止同类事故的措施　切实加强对钢瓶的管理工作，制定相应的管理制度和安全操作规程。对钢瓶的使用、充装等人员要进行安全教育，使他们了解和掌握有关安全使用、充装的基本知识并严格按有关要求操作对。有怀疑的钢瓶，必须认真进行清洗，合格后再进行充装。

4.3.2 爆炸的应急处理

爆炸性物品事故的应急处理，带有一定的危险因素，因为在爆炸过程中常伴随着火灾、爆炸和冲击波，还可能受其爆轰作用的影响殉爆，导致二次爆炸的发生，带来更大的损失，因此，为有效预防各类爆炸性物品可能发生的事故，在日常工作中，要针对不同爆炸物品的性质，制定科学合理的事故处置预案，在处置中要熟悉各类爆炸性物品的理化性能，了解其物品的危害特点，掌握事故的处置措施及注意事项，以防扩大损失和危害。

发生爆炸时，要迅速判断和查明再次发生爆炸的可能性和危险性，紧紧抓住爆炸后和再次发生爆炸之前的有利时机，采取一切可能的措施，全力制止再次爆炸的发生。

(1) 保护自己　立即卧倒，或手抱头部迅速蹲下，或借助其他物品掩护，迅速就近找掩蔽体掩护，爆炸引起火灾烟雾弥漫时，要作适当防护，尽量不要吸入烟尘，防止灼伤呼吸道；爆炸时会有大量的有毒气体产生，不要站在下风口，扑救火灾时要先打开门窗，最好佩戴防毒面具，防止中毒。

(2) 救护他人　对在事故中伤亡人员，拨打救援电话求助，并将伤者送到安全地方，迅速采取救治措施，送医院救治。对于被埋压在倒塌的建筑物底下人员，要尽快了解数量和所在位置，采取有效措施予以救治。

(3) 灭火　要抓紧扑灭现场火源，根据发生火灾的不同物品性质，采取科学合理的灭火措施，使用适用的灭火器材和灭火设备，尽快扑灭火源。

(4) 转移爆炸物品　防止二次爆炸，对发生事故现场及附近未燃烧或爆炸的物品，及时予以转移，或在灭火过程中人为制造隔离，谨防发生火灾事故的蔓延或爆炸，确保安全。

(5) 警戒　爆炸过后，撤离现场时应尽量保持镇静，听从专业人员的指挥，别乱跑，避免再度引起恐慌增加伤亡；除紧急救险人员外，禁止其他任何人员进入警戒保护圈内，防止发生新的伤害事故。

4.4　外伤事故及应急处理

实验室中的外伤事故主要包括割伤、烧伤、冻伤及电击伤。

4.4.1　割伤的应急处理

在化学实验室的割伤，主要是由玻璃仪器或玻璃管的破碎引发的。由玻璃片造成的外伤，首先必须先除去碎玻璃片，如果为一般轻伤，应及时挤出污血，并用消过毒的镊子取出玻璃碎片，用蒸馏水洗净伤口，涂上碘酒，再用创可贴或绷带包扎；如果为大伤口，应立即用捆扎靠近伤口部位 10cm 处压迫止血，可平均 5min 放松一次，经过 1min，再捆扎起来，使伤口停止流血，急送医务室就诊。

装配或拆卸玻璃仪器装置时，要小心进行，防备玻璃仪器破损、割手。如切割玻璃管（棒）及给瓶塞打孔时，易造成割伤；往玻璃管上套橡皮管或将玻璃管插进橡皮塞孔内时，易使玻璃管破碎而割伤手部，因此必须将玻璃管端面烧圆滑，用水或甘油湿润管壁及塞内孔；把玻璃管插入塞孔内时，必须握住塞子的侧面，不能把它撑在手掌上，并用布裹住手。

4.4.2 烧伤的应急处理

烧伤一般是指由热力（包括热液、蒸汽、高温气体、火焰、电能、化学物质、放射线、灼热金属液体或固体等）所引起的组织损害。主要是指皮肤或黏膜的损害，严重者也可伤及其下组织。

化学烧伤是实验室常见的事故，是化学物质及化学反应热引起对皮肤、黏膜刺激、腐蚀的急性损害。可由各种刺激性和有毒的化学物质引起，常见的致伤物有强腐蚀性物质、强氧化剂、强还原剂，如浓酸、浓碱、氢氟酸、钠、溴、苯酚、甲苯(有机溶剂)、芥子气、磷等，可引起组织坏死并在烧伤后几小时慢慢扩展。按临床分类有体表（皮肤）化学烧伤、呼吸道化学烧伤、消化道化学烧伤、眼化学烧伤。某些化学物质在致伤的同时可经皮肤、黏膜吸收引起中毒，如黄磷烧伤、酚烧伤、氯乙酸烧伤，甚至引起死亡。化学性眼烧伤可导致失明。易造成失明的化学物质常见的还有硫酸、烧碱、氨、三氯化磷、重铬酸钠等。

当化学物质接触皮肤后（常见的有酸、碱、磷等），应立即移离现场，迅速脱去被化学物沾污的衣裤、鞋袜。如为热烫伤，先作局部冷清水冲淋或浸浴，以降低局部温度；如为化学性烧伤，首先清洗皮肤上的化学药品，再用大量水冲洗，一般要持续冲洗 15min 以上，然后要根据药品性质及烧伤程度采取相应的措施，具体见表 4-3。受上述烧伤后，新鲜创面上不要任意涂抹油膏或红药水，若创面起水泡，

表 4-3 常见化学烧伤的急救和治疗

化学试剂种类	急救或治疗方法
碱类：氢氧化钠(钾)、氨、氧化钙、碳酸钾	立即用大量水冲洗，再用 2%乙酸溶液冲洗，或用 3%硼酸水溶液洗，最后用水冲洗；其中对氧化钙烧伤者，可用植物油洗涤、涂敷创面
碱金属氰化物、氢氰酸	先用高锰酸钾溶液冲洗，再用硫化铵溶液冲洗
溴	被溴烧伤后的伤口一般不易愈合，必须严加防范，一旦有溴沾到皮肤上，立即用清水、生理盐水及 2%碳酸氢钠溶液冲洗伤处，包上消毒纱布后就医
氢氟酸	先用大量冷水冲洗直至伤口表面发红，然后用 5%碳酸氢钠溶液清洗，再用甘油镁油膏(甘油/氧化镁为 2∶1)涂抹，最后用消毒纱布包扎
铬酸	先用大量清水冲洗，再用硫化铵稀溶液洗涤
黄磷	去除磷颗粒后，用大量冷水冲洗，并用 1%硫酸铜溶液擦洗，再以 5%碳酸氢钠溶液冲洗湿敷以中和磷酸，禁用油性纱布包扎，以免增加磷的溶解和吸收
苯酚	先用大量水冲洗，后用 70%酒精擦拭、冲洗创面，直至酚味消失，再用大量清水冲洗干净，冲洗后可再用 5%碳酸氢钠溶液冲洗、湿敷
硝酸银、氯化锌	先用水冲洗，再用 5%碳酸氢钠溶液清洗，然后涂以油膏及磺胺粉
酸类：盐酸、硝酸、乙酸、甲酸、草酸、苦味酸	用大量流动清水冲洗(皮肤被浓硫酸沾污时切忌先用水冲洗)，彻底冲洗后可用稀碳酸氢钠溶液或肥皂水进行中和，再用清水洗
硫酸二甲酯	不能涂油，不能包扎，应暴露伤处让其挥发
碘	淀粉质(如米饭等)涂擦
甲醛	可先用水冲洗后，再用酒精擦洗，最后涂以甘油

均不宜把水泡挑破。重伤者经初步处理后，急送医院救治。

化学性物质对眼睛的损害是严重的，若治疗不及时可因此而失明。一旦发生眼睛化学性灼伤，应立即冲洗眼睛，洗眼时要保持眼皮张开，可由他人帮助翻开眼睑，用大量细流清水冲洗眼睛 15min，实验室内应备有专用洗眼水龙头。对于电石、石灰颗粒溅入眼内，须先用蘸石蜡或植物油的镊子或棉签去除颗粒，再用水冲洗。冲洗后，用干纱布或手帕遮盖伤眼，去医院治疗。玻璃屑进入眼睛内时绝不可用手揉擦，也不要试图让别人取出碎屑，不要转动眼球，可任其流泪，有时碎屑会随泪水流出。用纱布轻轻包住眼睛后，将伤者急送医院处理。如无冲洗设备，可把头埋入清洁盆水中，掰开眼皮，转动眼球清洗。

4.4.3　冻伤的应急处理

液氮和干冰是最常用的冷却剂。异丙醇、乙醇、丙酮通常和干冰混合使用，工业乙醇及丙酮经常与干冰混合使用。一般可达到−78℃的低温。制冷剂一般会产生因低温引起皮肤冻伤，因此，必须戴上手套或用钳子、铲子、铁勺等工具进行操作。

轻度冻伤——虽然皮肤发红并有不舒服感觉，但经数小时后，即会恢复正常。

中度冻伤——患者在冻伤部位，产生水泡。

严重冻伤——冻伤部位，发生溃烂。

冻伤的应急处理方法是将冻伤部位，放入 38～40℃的温水中浸泡 20～30min。即使恢复到正常温度后，仍要将冻伤部位抬高，在常温下，不包扎任何东西，也不用绷带，保持安静。若没有温水或者冻伤部位不便浸水时，则可用体温（如手、腋下）将其暖和。要脱去湿衣物，也可饮适量含酒精的饮料暖和身体。

4.4.4　电击伤的应急处理

在化学实验室，经常使用电学仪表、仪器，应用交流电源进行实验，使用电器不当，会发生触电或着火事故。

实验室常用电为频率 50Hz、220V 的交流电。若粗心大意，就容易造成触电，此时实验者人体将承受线电压，危险很大。人体通过 50Hz 的交流电时，当电流为 1mA，便有麻木不快的感受，10mA 以上人体肌肉会强烈收缩，通过 50mA 电流时，就可能发生痉挛和心脏停搏，以致无法救活；直流电对人体也有类似的危险。因此使用电器设备时须注意防止触电的危险。

发生触电事故时，救护人员急救的关键是切断电源后救治触电者。拉闸是最重要的措施，一时不能切断电源时，用绝缘性能好的物品（如木棍、竹竿、塑料制品等）拨开电源，或用干燥的布带、皮带把触电者从电线上拉开，解开妨碍触电者呼吸的紧身衣服，检查触电者的口腔，清理口腔的黏液，如有假牙，则取下。立即就地进行抢救，如果触电者停止呼吸或脉搏停跳时，要立即进行人工呼吸或胸外心脏按压，决不能无故中断。送就近医院处理。

4.5 放射性物质泄漏事故及应急处理

放射性是指物质能从原子核内部自行不断地放出具有穿透力、为人们不可见的射线（高速粒子）的性质。随着科技的发展和核技术在各个领域的应用日益广泛，放射性物质的品种和数量不断增加，对放射性物质的需求也不断扩大，因此，其辐射危害也不断出现。

放射性物质泄漏时，人们无法用化学方法中和或者其他方法使放射性物品不放出射线，只能用适当的材料予以吸收屏蔽，救援时个人要穿戴防护用具、防护服。发生核事故泄漏时人们应尽量留在室内，关闭门窗和所有通风系统，衣服或皮肤被污染或可能被污染时，小心地脱去衣服，迅速用肥皂水洗刷 3 次并淋浴；身体受到污染，大量饮水，使放射性物质尽快排出体外，并尽快就医。

① 要严格管理放射性物品，使用放射性物品时要遵守安全条约，毒物应按实验室的规定办理审批手续后领取，说明使用放射物的地点和使用者。

② 使用时严格按照标准程序进行操作，避免操作不慎或违规操作。

③ 实验后要妥善处理，避免有毒物质处理不当，造成有毒物品散落流失，引起人员中毒、环境污染。

4.6 急救常识

化学品对人体可能造成的伤害为：中毒、窒息、冻伤、化学烧伤、烧伤等。在事故现场进行急救时，不论患者还是救援人员都需要进行适当的防护。

4.6.1 现场急救注意事项

（1）采取有效措施脱离危险状态　迅速将患者脱离现场至空气新鲜处；呼吸困难时给氧，呼吸停止时立即进行人工呼吸，心脏骤停时立即进行心脏按压。

（2）皮肤污染急救　皮肤污染时，脱去污染的衣服，用流动清水冲洗，冲洗要及时、彻底、反复多次；头、面部烧伤时，要注意眼、耳、鼻、口腔的清洗。

（3）冻伤急救　当人员发生冻伤时，应迅速复温，复温的方法是采用 38～40℃恒温热水浸泡，使其温度提高至接近正常，在对冻伤的部位进行轻柔按摩时，应注意不要将伤处的皮肤擦破，以防感染。

（4）烧伤急救　当人员发生烧伤时，应迅速将患者衣服脱去，用流动清水冲洗降温，用清洁布覆盖创伤面，避免创面污染，不要任意把水疱弄破，患者口渴时，可适量饮水或含盐饮料。

（5）特效药物治疗　使用特效药物治疗，对症治疗，严重者送医院观察治疗。

注意：急救之前，救援人员应确信受伤者所在环境是安全的。另外，口对口的人工呼吸及冲洗污染的皮肤或眼睛时，要避免进一步受伤。

4.6.2　急救措施

对遭雷击、急性中毒、烧伤、电击伤、心搏骤停等因素所引起的抑制或呼吸停止的伤员可采用人工呼吸和体外心脏按压法，有时两种方法可交替进行，称为心肺复苏（Cardiopulmonary Resuscitation，CPR）。

人工呼吸是复苏伤员一种重要的急救措施，其目的就是采取人工的方法来代替肺的呼吸活动，及时而有效地使气体有节律地进入和排出肺脏，供给体内足够氧气和充分排出二氧化碳、维持正常的通气功能，促使呼吸中枢尽早恢复功能，使处于假死的伤员尽快脱离缺氧状态，使机体受抑制的功能得到兴奋，恢复人体自动呼吸。

体外心脏按压法，是指通过人工方法有节律地对心脏按压，来代替心脏的自然收缩，从而达到维持血液循环的目的，进而恢复心脏的自然节律，挽救伤员的生命。

心肺复苏术的主要目的是保证提供最低限度的脑供血，正规操作的 CPR 手法，可以提供正常血供的 25%～30%，心肺复苏分为 C、A、B，即 C 胸外按压→A 开放气道→B 人工呼吸三步。

（1）C 循环（circulation）——胸外按压

① 让患者仰卧在硬板或地上。

② 抢救者右手掌根置于患者胸骨中下 1/3 处或剑突上二横指上方处，左手掌根重叠于右手背上，两手指交叉扣紧，手掌根部放在伤者心窝上方、胸骨下。

③ 抢救者双臂绷直，压力来自双肩向下的力，向脊柱方向冲击性地用力施压胸骨下段，使胸骨下段与其相连的肋骨下陷至少 5cm，然后放松，但手指不脱离患者胸壁，应均匀（按压与放松的时间相等）、不间断地按压，频率为至少 100 次/min（图 4-6）。

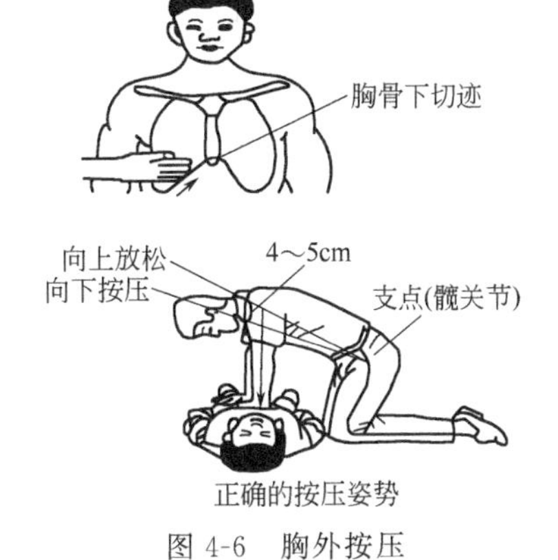

图 4-6　胸外按压

④ 胸外按压与人工呼吸的比例为 30∶2，连续 5 个周期垂直用力。

（2）A（airway）——开放气道　将病人平卧在平地或硬板上，双上肢放置身体两侧，操作者用左手置于病人前额向下压，同时右手中、食指尖对齐，置于患者下颏的骨性部分，并向上抬起，使头部充分后仰，下颏尖至耳垂的连线与平地垂直，完成气道开放（图 4-7）。

如果口腔内有异物，如假牙、分泌物、血块、呕吐物等，首先予以清除。

（3）B 呼吸（breathing）——人工呼吸　口对口人工呼吸（图 4-8）：撑开病人的口，左手的拇指与食指捏紧病人的鼻孔，防止呼入的气逸出，抢救人员用自己的

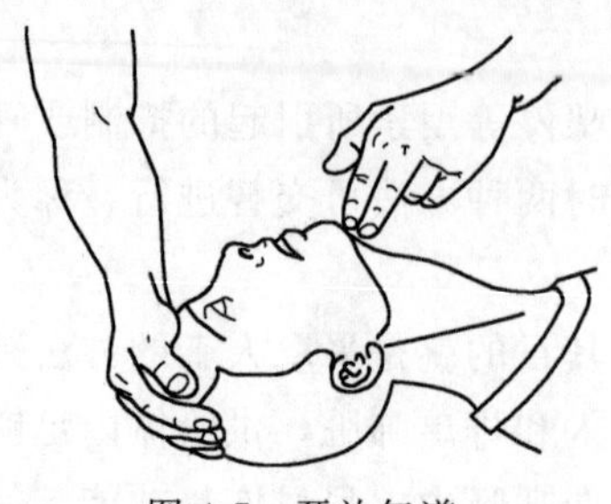
图 4-7　开放气道

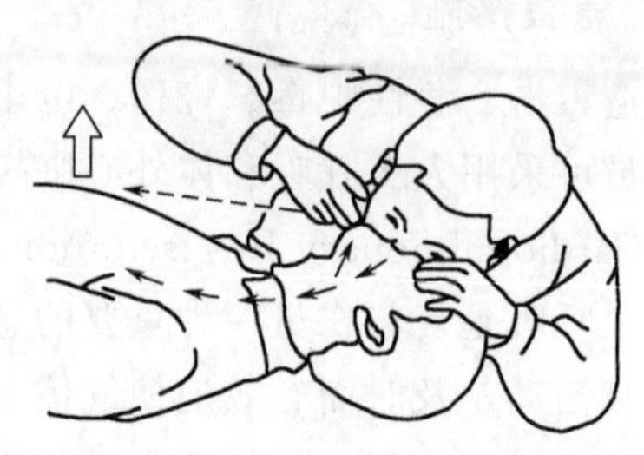
图 4-8　口对口人工呼吸

双唇包绕病人的口外，形成不透气的密闭状态，然后以中等力量，用 1～1.5s 的速度呼入气体，观察病人的胸腔是否被吹起。

（4）其他方法　仰卧压胸式人工呼吸，俯卧压背式人工呼吸，仰卧牵臂式人工呼吸等方法。

第5章　实验室管理与信息安全

所谓实验室就是“进行科学实验的场所”，即采用一定的方法（包括合适的仪器）对特定物质的某些性质进行观察的场所。在实验室里进行着“样品处理→数据采集→数据推理→正确结论”的一系列科学处理的过程。不仅与所进行的科学研究的进程有关，也涉及所研究项目的重要信息，更关乎能否取得预期成果。尤其是后几个环节，甚至关系到国家机密和商业秘密等重要信息。因而，实验室的管理与信息安全是十分重要的，需要给予特别的关注。

5.1　实验室的规范化管理

实验室都涉及其基本的目标，第一是人力与设备资源的有效使用；第二是样品的快速处理（检测或制备）；第三是高质量的实验数据结果。因而，一个良好的实验室不仅包括优秀的研究人员和优良的实验仪器设备，更需要有优秀的管理。因而，实验室的管理系统主要包括三个方面：功能健全且能满足所开展实验工作所要求的组织机构；相关实验工作的质量保证体系；有保证实验工作公正、科学、有效的配套措施。

5.1.1　组织机构

任何一个实验室都必须有完整的组织机构，包括下设的各分实验室和所配备的相应的工作人员。在组织机构的框架中，需要有相应的工作分工与职责的明确要求，使所有人员能按要求各司其职并各尽所能。

5.1.2　质量保证体系

质量保证体系是实验室工作的关键环节之一，包括科学完整的实验工作流程和作业指导规范性文件、一整套完善的规章制度（各科室及负责人的岗位责任制、各层次人员的工作职责和积极有效的管理措施）。各科室需设专人负责对各实验环节（过程）进行监督，以确保整个实验室工作在良好管理和有效监督中正常运行。同时，定期或不定期参加同行的交流和实验比对也是促进实验结果质量的重要手段。这不仅需要制定有效的《质量手册》（规定组织质量管理体系的文件，作为质量审核的依据）和《程序文件》（描述为完成某项活动所规定的方法的文件，是质量手册的支持性文件），更需要有运行正常的质量保证体系（见图5-1）。

5.1.3　公正性保证

在确保各类人员的良好素质和职业道德的基础上，各实验室还需有一系列的措

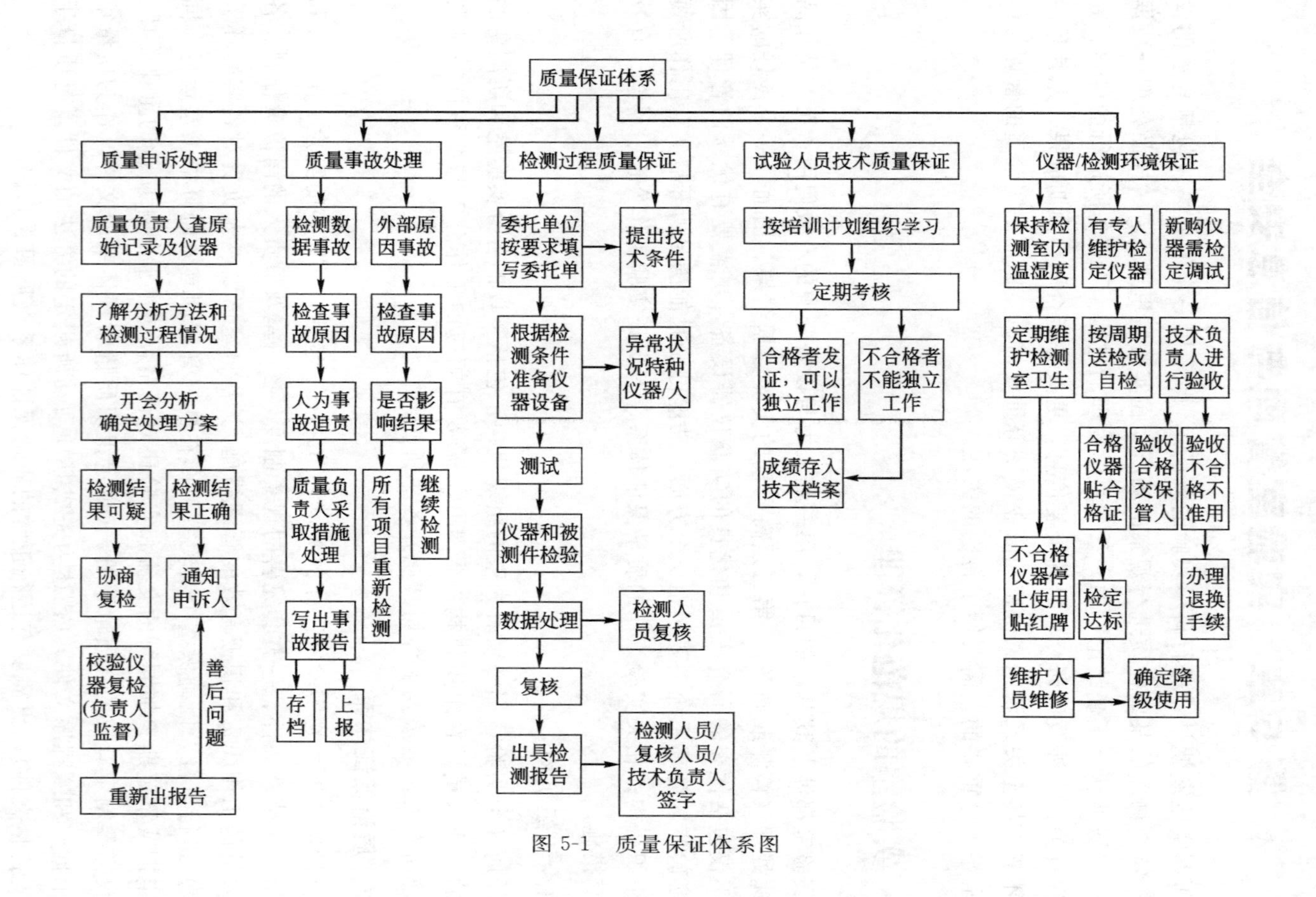
质量保证体系
质量申诉处理
质量负责人查原始记录及仪器
了解分析方法和检测过程情况
开会分析确定处理方案
检测结果可疑
检测结果正确
协商复检
通知申诉人
校验仪器复检(负责人监督)
善后问题
重新出报告
质量事故处理
检测数据事故
外部原因事故
检查事故原因
检查事故原因
人为事故追责
是否影响结果
质量负责人采取措施处理
所有项目重新检测
继续检测
写出事故报告
存档
上报
检测过程质量保证
委托单位按要求填写委托单
提出技术条件
根据检测条件准备仪器设备
异常状况特种仪器/人
测试
仪器和被测件检验
数据处理
检测人员复核
复核
出具检测报告
检测人员/复核人员/技术负责人签字
试验人员技术质量保证
按培训计划组织学习
定期考核
合格者发证，可以独立工作
不合格者不能独立工作
成绩存入技术档案
仪器/检测环境保证
保持检测室内温湿度
有专人维护检定仪器
新购仪器需检定调试
定期维护检测室卫生
按周期送检或自检
技术负责人进行验收
合格仪器贴合格证
验收合格交保管人
验收不合格不准用
不合格仪器停止使用贴红牌
检定达标
办理退换手续
维护人员维修
确定降级使用

图 5-1 质量保证体系图

施以保障实验室工作的公正性，杜绝各类实验数据造假和泄露事件的发生。

5.1.4　实验室的环境保证

为保证实验的正常进行，实验室的环境应满足以下条件：

① 满足实验室工作任务的要求，其中对部分实验室（包括分析实验室及平时存放仪器设备的仪器室）的环境（温度、湿度和其他要求）应满足相应仪器设备使用保管的技术要求，对涉及电磁检测设备的实验室要有电磁屏蔽设施，应用放射源的实验室必须有放射屏蔽设施。仪器室应配备供检查仪器用的试验台，较大型的仪器还应有方便检修的维修通道。

② 实验室应保持清洁、整齐，精密大型仪器室应有更衣换鞋的过渡间。

③ 检测仪器设备的放置应便于操作人员的操作，不能将实验室兼作检测人员的办公室。

④ 实验室应配备防火安全设施。室内管道和电气线路的布置要整齐，电、水、气要有各自相应安全管理措施。化学品的放置应合乎安全管理的要求。

⑤ 实验室应配备必要的安全防护器具，如防毒面具、橡皮手套、防护眼镜等。

⑥“三废”处理应满足环保部门的要求。噪声大的设备需与操作人员的工作间隔离。工作环境的噪声不得大于 70dB。

实验室工作环境的部分具体条件如下：

① 电源电压 220V 及 (380±10)V，配备稳压电源，计算机配不间断电源；

② 电磁屏蔽，特殊仪器室用双层铜丝网或铁皮屏蔽；

③ 仪器室温度，(25±5)℃（用空调控制）；

④ 仪器室湿度，＜70%（用去湿机控制）；

⑤ 仪器室噪声，＜55dB，外部噪声可由双层窗阻隔；

⑥ 仪器室防震，采用防震沟；

⑦ 天平安装，加防震座；

⑧ 实验准备室，必须有通风柜；

⑨ 防火设施，配备灭火器。

5.1.5　实验测量数据的采集技术和处理方法

测量是为确定特定样本所具有的可用数量表达的某种（些）特征而进行的全部操作。实际上，要获得样本的特定信息（如样品中某组分含量）就需要检查该样本，方法有全数检查（对全部产品逐个检查）和抽样检查（从全部样本中抽取规定数量样本进行检查）。生产单位对不合格产品进行剔除时均采用全数检查方式，而常规检测机构则都采取抽样检查方式。

5.1.5.1　抽样检查的基本概念

抽样调查是根据部分实际调查结果来推断总体标志总量的，该方法建立在概率统计基础上，以假设检验为理论依据。抽样检查的对象通常为有一定产品范围的

"批"。抽样检查需面对3个问题：抽样方式（如何从批中抽取样品方能保证抽样的代表性）、样本大小（抽取多少个样品才是合理的）和判定规则（如何根据样品质量数据判定批产品是否合格）。

5.1.5.2 抽样检查的类别

产品质量（或某些计量参数）检验中，通常是首先以相应的技术标准（如国家标准、部颁标准、行业标准或企业标准）对拟检验项目进行检查，然后对检测到的质量特性分别进行判定。在判定时必然涉及"不合格"和"不合格品"两个概念，所谓"不合格"是对单位产品的质量特性进行的判定，而"不合格品"则是对单位样品质量进行的判定，即至少有一项质量特性不合格的单位产品。一个样品可以有多个质量特性需要检测，一个"不合格品"也可以有多个"不合格"项。

检查目的不同时所需抽样的方法不相同，大致可以分为如下四类。

(1) 计数抽样检查　根据对受检的某批次样品中产品性质判定要求不同，计数抽样检查可分为计件抽样和计点抽样。

① 计件抽样检查　确定样品是"合格品"还是"不合格品"的检查，即以一批次样本中不合格品的数量为考察依据。可以用每百单位产品不合格品数 p_1 表示：

$$p_1=\frac{\text{批中不合格品总数}}{\text{批中样品总数}}\times 100\%$$

② 计点抽样检查　仅为确定产品的不合格数而不需考虑单位产品是否合格品的检查。同样可以用每百单位产品不合格数 p_2 表示：

$$p_2=\frac{\text{批中不合格品总数}}{\text{批中样品总数}}\times 100\%$$

对任何一个批次的产品，p_1 不会大于100，但 p_2 可以大于100。

由于抽样检查时无法确切知道批质量 p 的大小，只能根据样本质量推断批质量。由于样本对批有代表性，因而可以认为：当样本大小 n 确定后，样本中的不合格品数 d 小的 p 值小，即批质量高。因而，需要确定合理的样本数 n 和可以接受的不合格品数 $A(A\geqslant d)$。

(2) 计量抽样检查　计量抽样检查是定量地检查从批中随机抽取的样本，利用样本特性值数据计算相应统计量，并与判定标准比较，以判断产品批是否符合要求。计量抽样检查能提供更多关于被检特性值的信息，它可用较少的样本量达到与计数抽样检验相同的质量保证。计量抽样检验的局限性在于它必须针对每一个特性制定一个抽样方案，在产品所检特性较多时就较为繁琐；同时要求每个特性值的分布应服从或近似服从正态分布。

(3) 验收抽样检查　验收抽样检查是指需求方对供应方提供的待检查批进行抽样检查，以判定该批产品是否符合合同规定的要求，并决定是接收还是拒收。目前绝大多数的抽样检查（包括理论研究和实际应用，以及相应的各类标准）是针对验收检查的。验收检查可以由供需双方的任一方进行，也可以委托独立于双方的第三方进行。

(4) 监督抽样检查　产品的监督检查是主管部门的宏观质量管理工作。监督抽样检查是由第三方对产品进行的决定监督总体是否能够通过的抽样检验。监督抽样检查的对象是监督总体，即监督产品的集合（批），可以是同厂家、同种型号、同一生产周期生产的产品，也可以是不同厂家、不同型号、不同生产周期生产的产品集合。因各种原因监督抽样检查往往以小样本抽样的方法。但当监督抽查通不过时，可以对不在场的产品进行合理的追溯。在具体操作中，类似于验收检查中对孤立批的抽样。

5.1.5.3　抽样方法

抽样方法也就是从检查批中抽取样本的方法，要保证所抽样本既能代表被检查批的特性，且能反映检查批中任一产品的被抽中纯属随机因素决定。目前常用的抽样方法有单纯随机抽样、系统随机抽样、分层随机抽样、整群随机抽样和多级随机抽样。在现状调查中，后三种方法较常用。

(1) 单纯随机抽样　将所有研究对象顺序编号，再用随机的方法（可利用随机数字表等方法）选出进入样本的号码，直至达到预定的样本数量为止。因而，每个抽样单元被抽中选入样本的机会是均等的。单纯随机抽样法适用于对总体质量完全未知的情况，其优点是简便易行，缺点是在抽样范围较大时，工作量太大难以采用，或在抽样比例较小时所得样本代表性差。

(2) 系统随机抽样　按一定顺序，机械地每隔一定数量的单位抽取一个单位进入样本，每次抽样的起点是随机的。如抽样比为 1/20 且起点随机地选为 8，则第一个 100 号中入选的编号依次为 8，28，48，68，88。系统抽样法适用于对总体的结构有所了解的情况。如果批内产品质量的波动周期与抽样间隔相等时代表性最差。

(3) 分层随机抽样　如果一个批是由质量特性有明显差异的几个部分所组成，则可将样本按差异分为若干层（即层内质量差异小而层间差异明显），然后在各层中按一定比例随机抽样。如果对批内质量分布了解不准确或分层不正确时抽样效果将适得其反。

分层随机抽样可分为按比例分配分层随机抽样（各层内抽样比例相同）和最优分配分层随机抽样（内部变异小的层抽样比例小，内部变异大的层抽样比例大）两类。

(4) 多级随机抽样　先将一定数量的单位产品组合成一个包装，再将若干个包装组成批。此时，第一级抽样以包装为单元，即从批中抽出 k 个包装，第二级抽样再从 k 个包装中分别抽出 m 个产品组成一个样本（样本容量 $n=km$）。多级随机抽样法的代表性和随机性都比简单随机抽样法要差。

(5) 整群抽随机样　将分级随机抽样中所抽到的 k 个包装中的所有产品都作为样本单位的方法。该法相当于分级随机抽样的特例。同样，该法的代表性和随机性同样不高。

5.1.5.4 测量数据处理

有关有效数字、数值修约、运算规则、测量误差等概念已经在大中专教材中多次论述，不在本手册讨论范围。下面仅述及与之相关的其他统计处理的概念和方法。

(1) 修正值与修正因子　众所周知，系统误差与被测特性值间的差异是由固定因素引起的，因而是可以校正的，即可以用修正值或修正因子进行补偿。

为补偿系统误差而与未修正的测量结果值相加的值即为修正值，修正值相当于负的系统误差。如用重量法测定样品中硅含量时，由于溶解度的影响使少量硅存在于滤液中而产生系统误差，此时可以用其他方法（如分光光度法）测定残留硅含量（ΔW）后与重量法测定值（W）相加而予以补偿。ΔW 即为该测定的修正值。

为补偿系统误差而与未修正的测量结果值相乘的数字即为修正因子。如天平不等臂或测量电桥臂不对称都将对称量结果产生倍数误差，可以通过乘一个修正因子而得以补偿。

由于系统误差是不能在事先获知准确值的，且修正值和修正因子的测量本身也具有一定的不确定性，因而，利用修正值或修正因子对测定结果的补偿是不完全的。但毕竟已经进行了修正，即便仍有较大的不确定度，仍可能更接近被测量特性的真实值。不过，不能把已修正的测量结果的误差与测量不确定度相混淆。

(2) 测量不确定度　测量的目的是为了确定被测量特性的量值，测量结果的品质则是量度测量结果可信程度的最重要依据，测量不确定度（表征合理地赋予被测量之值的分散性，与测量结果相联系的参数[1]）就是对测量结果之质量的定量表征。顾名思义，测量不确定度是对测量结果的可信程度及有效性的不肯定（或怀疑）程度，测量结果的可用性很大程度上取决于其不确定度的大小。要注意的是，测量不确定度只是说明被测量值之分散性，并不表示测量结果本身是否接近真值。所以，测量结果表述必须同时包含赋予被测量的值及与该值相关的测量不确定度，才是完整并有意义的。

在实践中，测量不确定度来源于因测量过程条件不充分而引入的随机性和因事物本身概念不够明确提出而带来的模糊性。其可能的来源有：

① 对被测量的定义不完整或不完善；

② 实现被测量的定义的方法不理想；

③ 取样的代表性不够，即被测量的样本不能代表所定义的被测量；

④ 对测量过程受环境影响的认识不周全，或对环境条件的测量与控制不完善；

⑤ 对模拟仪器的读数存在人为偏移；

⑥ 测量仪器的分辨力或鉴别力不够；

---

[1] 见 JJF 1001—1998《通用计量术语及定义》，后面有部分内容也来源于该文件。

⑦ 赋予计量标准的值和参考物质（标准物质）的值不准；

⑧ 引用于数据计算的常量和其他参量不准；

⑨ 测量方法和测量程序的近似性和假定性；

⑩ 在表面上看来完全相同的条件下，被测量重复观测值的变化。

一般情况下，测量不确定度可以用标准偏差 s 表示。在实际使用中，往往还希望知道测量结果的置信区间。因此，在 JJF 1001—1998 中规定：测量不确定度也可用标准偏差的倍数或说明了置信水准的区间的半宽度表示。为了区分这两种不同的表示方法，分别称它们为标准不确定度和扩展不确定度。

对标准不确定度，其来源部分可以用测量结果的统计分析方法来评价（称为不确定度的 A 类评价），而另一些则需要用其他方法（如经验公式、资料、手册等）进行考察（称为不确定度的 B 类评价）。"A"类与"B"类表示不确定度的两种不同的评定方法，并不意味着两类评定之间存在本质上的区别。同时，如果测量结果是根据若干个其他测量求得，则按其他各量的方差计算得到的标准不确定度称为合成标准不确定度。

因而，测量不确定度的分类为：

$$
\text{测量不确定度}\begin{cases}\text{标准不确定度}\begin{cases}\text{A 类标准不确定度}\\\text{B 类标准不确定度}\\\text{合成标准不确定度}\end{cases}\\\text{扩展不确定度}\begin{cases}U_k\ (k=2,3)\\U_p\ (p\ \text{为置信概率})\end{cases}\end{cases}
$$

测量不确定度的评定流程见图 5-2。

（3）量值溯源　任何测量都涉及计量问题，而计量是指"实现单位统一、量值准确可靠的活动"，具有准确性、一致性、溯源性和法制性。计量不同于一般的测量活动，是与测量结果置信度有关的且与不确定度紧密相关的规范化测量。

计量的重要特征之一的溯源性是指任何一个测量结果（或计量标准的值）都应该能通过一条有规定不确定度的连续比较链与法定的计量基准相联系。因而，所有的同种量值都可以依这条比较链通过校准或其他合适的手段追溯到测量的源头——同一个国家的或国际的计量基准，使计量的准确性和一致性得到技术保证。因而，"量值溯源"就是自下而上经不间断校准而构成其溯源体系，而"量值传递"则是自上而下由逐级检定而构成其检定体系。

对检测仪器而言，其量值的溯源程序见图 5-3。

在测量过程中必然会用到计量器具（用来测量并能得到被测量对象确切值的工具或装置）。按计量学用途的不同，计量器具可以分为计量基准、计量标准和工作用计量器具三类，其中计量基准和计量标准主要用于对工作用计量器具的检定（为评定计量器具的准确度、稳定度、灵敏度等计量性能并确定其是否合格而进行的全

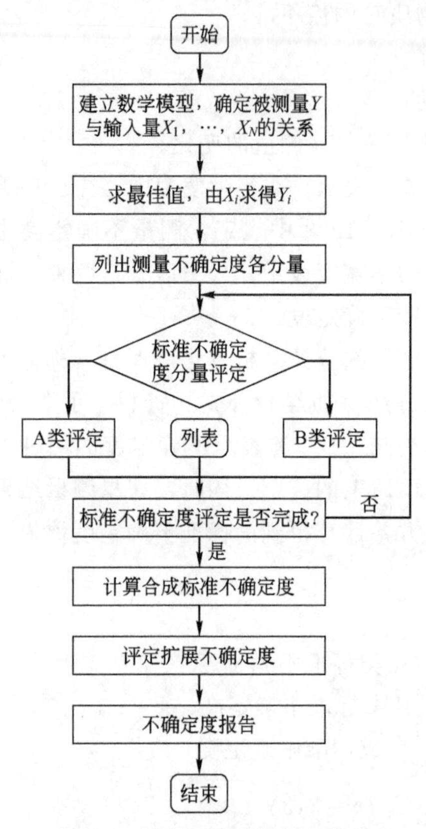

图 5-2 测量不确定度评定流程

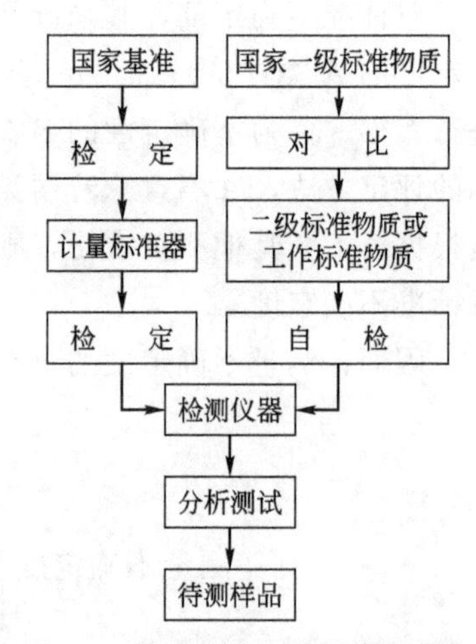

图 5-3 检测仪器量值的溯源程序

部工作)。《中华人民共和国强制检定的工作计量器具目录》规定了 55 类 111 种工作计量器具必须进行强制检定，包括天平、压力计、酸度计、分光光度计、声级计等。而卡尺、温度计、压力计、电流表、秒表、光密度计、色谱仪、湿度计以及大量的标准物质则归入非强制检定范围。

5.1.5.5 常规分析的质量管理与质量控制图

质量控制图最早于 1942 年由美国人 W. A. Shewhart 提出并应用于生产管理中，后推广于实验室的内部质量管理。该方法的特点是简单、有效，可用于监控日常测量数据的有效性。Shewhart 认为，虽然一组分析结果会因随机误差而存在差异，但当某个结果超出了随机误差的允许范围时，运用数理统计方法可以判断这个结果是否属于异常而不足信。实验室每项分析工作都由许多操作步骤组成，测定结果的可信度受到诸多因素影响，对每个步骤和因素都建立质量控制图是无法做到的，因此只能根据最终测量结果来进行判断。

(1) 质量控制图的制作 以某实验进行室内空气中甲醛含量检测工作为例，取 50.00$\mu g/m^3$ 的标准空气样在不同时间按国标 GB/T 50326—2006（规定室内空气甲醛含量须低于 50.00$\mu g/m^3$）进行了 30 次（应不少于 20 次）测定，计算出测量的平均值和标准偏差。先以时间为横坐标，测量值为纵坐标，将各点描绘于图中（见图 5-4）。然后以其平均值$\overline{x}=50.01\mu g/m^3$ 为中心线，在$\overline{x}\pm 2s$ 分别作一条直线（称为“警告限”，图中虚线），再以$\overline{x}\pm 3s$ 分别作一条直线（称为“控制限”，图中实线）。

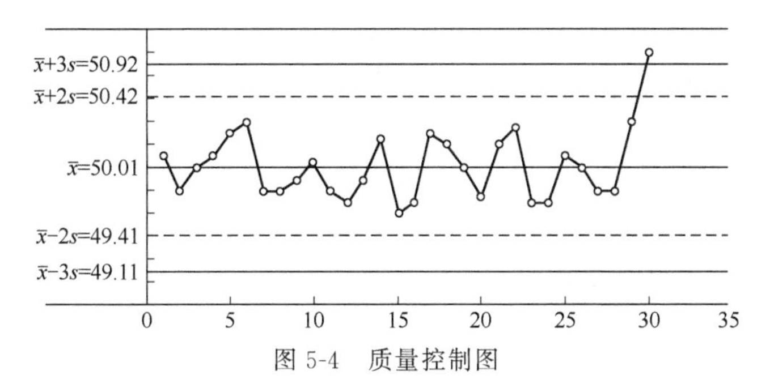

图 5-4　质量控制图

(2) 质量控制图的解读　根据误差控制要求，人们总是希望所有的测量点都落在$\overline{x}\pm 2s$ 之间，以满足精密度的需求。如果某一时间的测量值落在$\overline{x}\pm 3s$（上下控制限）以外（如图 5-4 的最后一点），则测量值不可靠，说明该次（或该段时间）测量的操作过程有问题，可能存在过失误差、仪器失灵、试剂变质、环境异常等原因，需查明后重新测定，直至数据重新回到警告限内。

在质量控制图的管理中，要满足：连续 25 次测定都应在控制限内；连续 35 次测定在控制限外的点不大于 1 个；连续 100 次测定中在控制限外的点不大于 2 个（超过的点需要寻找原因改进之）。同时还需注意以下情况（图 5-5）。

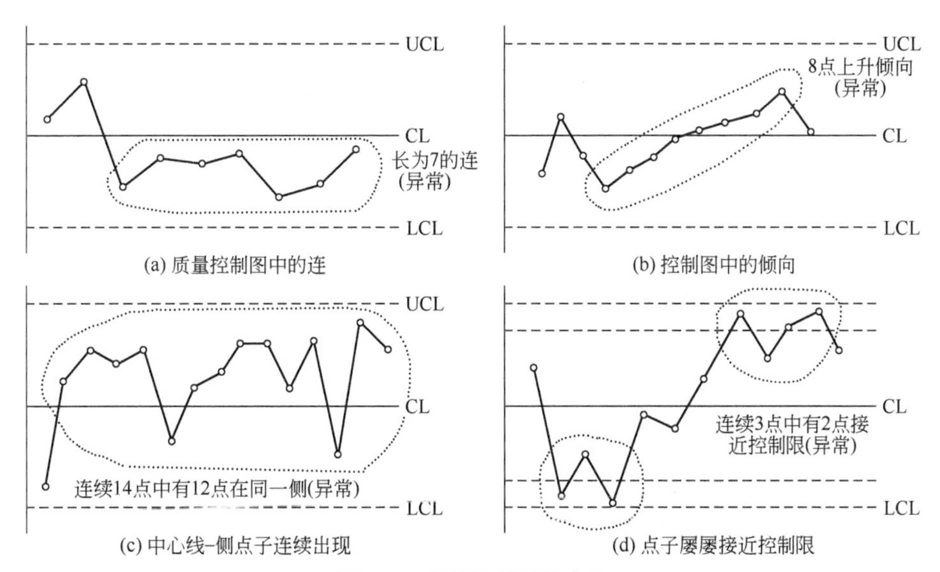

图 5-5　质量控制图的表述

① 在中心线一侧连续出现的点称“连”，其点数称“连长”。连长大于 7 为

异常。

② 数据点逐渐上升或下降的现象称为“倾向”，倾向大于7为异常。

③ 中心线一侧的点连续出现且符合下列情况者为异常：连续11点中至少有10点，连续14点中至少有12点，连续17点中至少有14点，连续20点中至少有16点。

④ 点子屡屡超出警告限而接近控制限为异常：连续3点中至少2点；连续7点中至少3点；连续10点中至少4点。

所有这些规则都根据小概率事件原理而定出的。在积累了更多数据后，可重新计算平均值和标准偏差，再校正原来的控制图。

5.1.6 优良实验室的能力验证

所谓“能力验证”就是利用实验室间的比对来确定实验室检测及校准能力的一类活动，也就是为确保所考察的实验室维持其较高的校准/检测水平而对其能力进行的考核、监督和确认的活动。在评价该实验室是否具有胜任其所从事的校准/检测功能能力之外，该类活动还具有以外部活动促进内部质量控制、以专家评审促进实验室改进检测活动的作用，同时，也能增加客户对实验室检测能力的信任。

能力验证活动有以下六种形式：①实验室间的量值比对；②实验室间的检测比对；③定性检测能力比对；④分割样品的检测比对；⑤已知值的检测比对；⑥部分检测过程的比对。其中，形式④的活动最为典型，也最方便进行同行的共同验证。而形式⑤和形式⑥两类比对活动较为特殊，参加的实验室相对较少。

虽然能力验证活动是一种很有意义的质量检测活动，但并不是任何机构或个人都可以组织实施的。国家认证认可监督管理委员会于2006年发布了《实验室能力验证实施办法》(国家认监委2006年第9号公告)，规范了能力验证活动的开展。

5.2 实验室信息管理系统

尽管不同类型实验室的具体目标会不一致，但所有实验室的评价标准几乎是一致的，即实验结果的质量，以及获得实验结果数据的速度，这些标准反映了该实验室的资源利用效率。为保证实验室的正常有序运行，必然要有一套严谨而有效的实验室规范化管理体系，它应该包括实验室人力资源管理、质量管理、仪器设备管理(包括计量仪器或器具的检定等)、试剂管理、实验废弃物管理、环境管理、安全管理、信息管理以及实验室设置模式与管理体制、管理机构与职能、建设与规划等。在信息量爆炸性扩展的今天，传统的管理模式已经不适应，需要发展新的管理模式。

作为现代分析技术、现代管理科学与现代信息技术完美结合的产物，实验室信息管理系统（Laboratory Information Management Systems，LIMS）在过去的30

年中，取得了令世界惊叹的技术进展和应用成就。目前，LIMS 技术已经广泛地应用在实验室信息化、自动化方面的建设上，给世界各行各业的实验室在管理机制、组织结构、测试技术方面带来了巨大的变革。

5.2.1　LIMS 的定义和相关国际标准

在广义上，Hinton 在 1995 年将 LIMS 定义为是实验室用来科学地管理数据以及将结果发送到指定对象（如客户、主管或者政府管理机构）的方法，它必须支持整个数据生命周期，包括数据采集、存储、分析、报表和存档等，当然这些数据可以用手工进行管理，也可以用计算机系统进行自动管理，抑或是两者相结合的方式。实际上，LIMS 不仅注重实验数据及处理的最终结果，更要考虑采用什么功能来达到这样的结果。因而，中国实验室网站于 2003 年 LIMS 指南专栏给出了新的定义："LIMS 是将实验室的分析仪器通过计算机网络连接起来，采用科学的管理思想和先进的数据库技术，实现以实验室为核心的整体环境的全方位管理。它集样品管理、资源管理、事务管理、网络管理、数据管理（采集、传输、处理、输出、发布）、报表管理等诸多模块为一体，组成一套完整的实验室综合管理和产品质量监控体系，既能满足外部的日常管理要求，又保证实验室分析数据的严格管理和控制。"

为规范 LIMS 的设计和使用，美国材料测试协会（ASTM）、官方分析化学协会（AOAC）、美国实验室联合委员会（ACIL）等纷纷制订了许多相关的标准和协议，其中 ASTM 于 1987 年开始策划制定 LIMS 的相关标准，先后发布了多个标准指南：E1578-06《LIMS 标准指南》、E2066-00《LIMS 认证标准指南》和 E1639-01《临床实验室信息管理系统的功能需求标准指南》。其中 E1578-06 参考了 ASTM、IEEE、ANSI、ISO 等标准，并对 LIMS 原理、技术进行了概括和总结，目的是使新用户掌握 LIMS 知识，为厂商、用户提供 LIMS 标准术语，制定主要功能。而 E-2066 描述了实验室信息管理系统认证的方法。各国的 LIMS 开发商都采用这些标准来规范其产品。我国自 20 世纪 90 年代初开始引入 LIMS，已经形成了具有中国特色的新体系。

5.2.2　LIMS 的组成

LIMS 是基于计算机局域网技术，由计算机硬件和针对某实验室性质而专门设计的应用软件组成，包括了信号采集设备、数据通信软件、数据库管理软件在内的高效集成系统，能完成实验室数据和信息的收集、分析、报告和管理。它以实验室为中心，结合实验室的业务流程、工作环境、相关人员、仪器设备、标准物质、化学试剂、标准方法、图书资料、文件记录、科研管理、项目管理、客户管理等影响实验数据的各种因素，以计算机网络技术、数据库技术和标准化的实验室管理思想，组成了一个全面、规范的管理体系，为实现实验数据（自动）采集、快速传输、网上调度、成本控制、人员量化考核、客户信息等方面提供技术支持，以确保质量保证体系的顺利实施和实验室管理水平的整体提高。其数据处理部分引入恰当的数理统

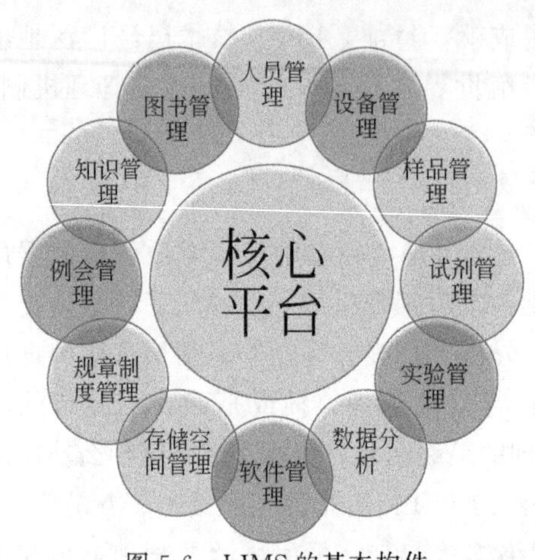

图 5-6 LIMS 的基本构件

计技术（如方差分析、相关分析、回归分析、显著性检验、累积和控制图、抽样检验、质量控制等），协助职能部门发现和控制影响产品质量的关键因素。LIMS 的基本构件见图 5-6。

为实现以上功能，LIMS 设计了其基本的组成模块。

（1）样品管理　样品管理工作贯穿从用户交接样品清单到把样品检测报告送到用户手中的整个过程，包括样品的登记、调度、审核系统，不同部门的人员根据其访问权限获得样品的相应信息

（2）查询统计　这是信息系统必需的功能，其性能在某种程度上决定了系统的整体性能，不但需要提供对 LIMS 系统内所有信息的准确检索，并且需要按照各类信息的特点进行排序、分类和统计。如各类人员的查询、数据的查询（包括原始数据、加工处理数据、历史数据、标准资料、各种报表等）、样品查询（样品的历史记录、样品统计信息、样品的分类浏览、样品的进展情况等）、方法/标准查询（各相关实验方法和相关标准）、仪器设备查询等。

（3）资源管理　是对实验室的现有资源进行有效的管理。包括人员管理（人员档案基本信息、培训考核记录、资质、工作情况、奖惩、薪金记录、所完成的项目和正在做的项目、现在和将来的任务安排等）、设备仪器管理（设备、仪器、计量器具的购买、保管、校正校验、维护保养、使用状况、降级、报废等）、客户管理（有潜在价值的、有兴趣的、有意向的、已签合同的各类客户的基本信息、反馈意见、费用统计、信誉度等）、标准物管理（标准物质的购买、保存、使用、报废等的使用与相关记录）、计量器具管理（计量器具的购买、审批、检定、保管、标准操作、校正、校验、保养、维护、数据查询和使用状况）等。

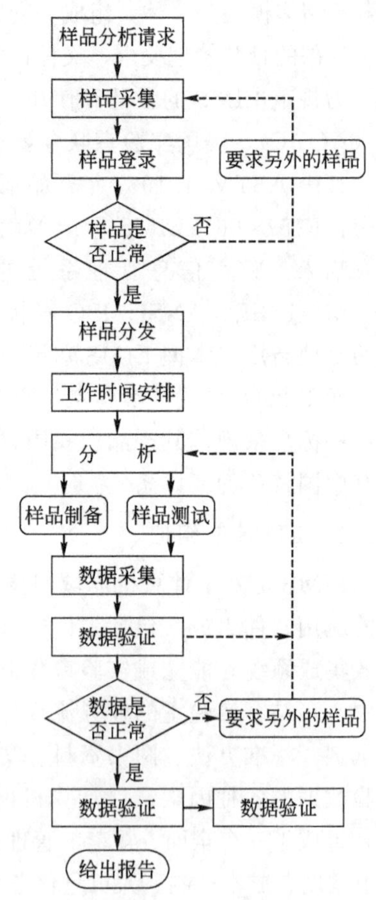

图 5-7 分析实验室工作流程

（4）办公自动化　有效提高办公效率，包括杂务、内部通告、人员去向、工作安排、文档处理、公共信息、人事管理、经费管理等。

（5）系统管理　对保证 LIMS 的正常运行具有重要的意义，需专人维护，包括系统用户及操作权限的设置维护，系统数据库维护，系统访问日志维护，标准数据维护及系统的初始化等。

不同设计者所设计的 LIMS 有所不同，但都要根据实验室的相关工作而定，以分析实验室为例，其分析检测工作流程见图 5-7，则与之对应的 LIMS 工作流程见图 5-8。

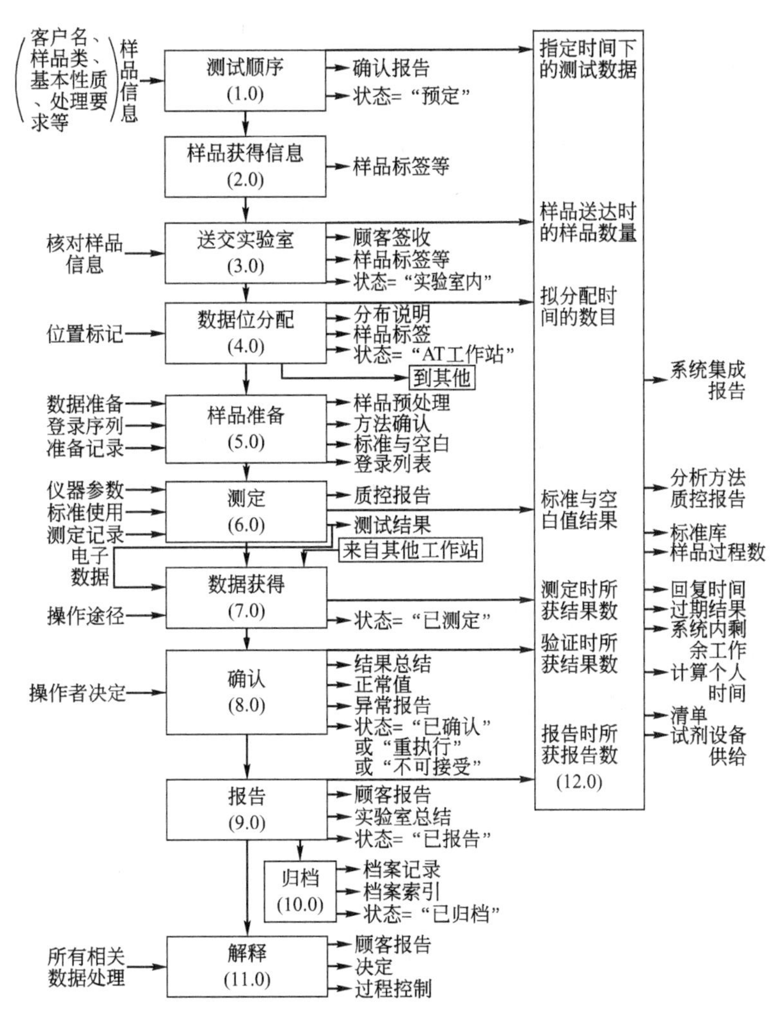

图 5-8　分析实验室的 LIMS 工作流程图

5.2.3　LIMS 的特点和作用

5.2.3.1　LIMS 的主要特点

（1）构建了完整的质量保证体系　LIMS 针对影响实验室质量的诸多要素提出

全面管理和控制的对策，组成包括各类人员、仪器设备、标物标液、整体环境、测定方法、资料文件、科研项目的一个闭环控制系统，是从抽样、检测到出具报告的整个过程进行全面翔实的管理。

(2) 仪器信号的自动采集　通过对仪器信号的自动采集，提高了实验室的自动化能力和工作效率，同时能确保数据的真实有效。

(3) 可实现系统内及系统间数据交换的无缝连接　LIMS整合了实验室的所有业务并进行信息化改造，使得现场数据采集与处理、实验室资源管理、业务流程、项目管理、文件与档案管理、订单和样品管理完全纳入系统管理，可以最大限度地提高实验室的工作效率，并方便快捷地获取并管理所有相关数据，且接口模块能使系统可以与外部系统进行数据交换以实现系统间的无缝连接。因而，管理层人员、客户以及普通员工均可查询到符合他们各自身份的系统信息。

(4) 支持质量体系的持续性改进　LIMS设计时都采用当时最先进的开发技术，并在设计时考虑到对方法规范执行情况的跟踪与审计，使系统的升级改进非常方便。

经历了20世纪70～80年代的初始期和90年代的功能完善期发展后，LIMS开始进入了众多的实验室。在进入21世纪以来的网络化大潮中，采用了Internet、Intranet和Web技术的LIMS以浏览器界面形式和Web服务器管理体系，其使用更为方便，数据的共享和发布更为简单，也便于软件系统的二次开发。这代表了今后LIMS的发展方向，也使LIMS具备了新的特色：技术上更先进、高效和实用；管理功能更完善，数据不易丢失而更安全；界面更友好，操作更简便；网络结构更简单，自动化程度更高；模块化结构设计更易于扩充功能；符合ISO/IEC导则25的规范要求更适应实验室管理的特点；成本低也更便于推广。

5.2.3.2　构建完成后的LIMS的作用

(1) 提高实验室工作效率　实验室人员可以随时在LIMS上输入分析结果、自动生成最终的实验报告，并查询所需信息。

(2) 提高结果可靠性　LIMS提供的数据自动上传功能、系统自检报错功能、特定的计算与自检功能等，很大程度上消除了实验室人员的人为因素，能切实保证实验结果的可靠性。

(3) 提高对复杂问题的处理能力　因为LIMS有机地整合了实验室的各类资源，方便工作人员对以往实验结果的查询，提高了处理复杂问题的能力。

(4) 实现量化管理和资源协调　LIMS可提供的信息和统计分析量大面广，既有样品登记、任务分配、实验数据快速采集/审核/处理/统计、查询、报表生成等实验过程相关的内容，也包括人员、仪器、试剂、方法、环境、文件等，使管理层能定量地评估实验室各个环节的工作状态，实现实验工作的全面量化管理，方便管理人员及时有效地进行协调，也为实验室进行标准化认证创造条件。

5.2.4　不同实验室对 LIMS 的要求

通常，实验室可分为教学型实验室、研究型实验室、测试型实验室和生产型实验室等多种类型，不同实验室需根据各自的不同需求，合理确定 LIMS 的基本要求和构架。

5.2.4.1　教学型实验室

教学型实验室指的是各高等院校的学生基础实验室，主要从事基础实验教学工作，也涉及一些教学研究型项目（如新实验的开发等）的展开。其特点是涉及仪器设备种类和台（套）数多，学生数也多，需要采集的实验数据量大、面广，但类型相对比较简单。该类实验室的信息管理系统可由图 5-9 的框图进行安排。

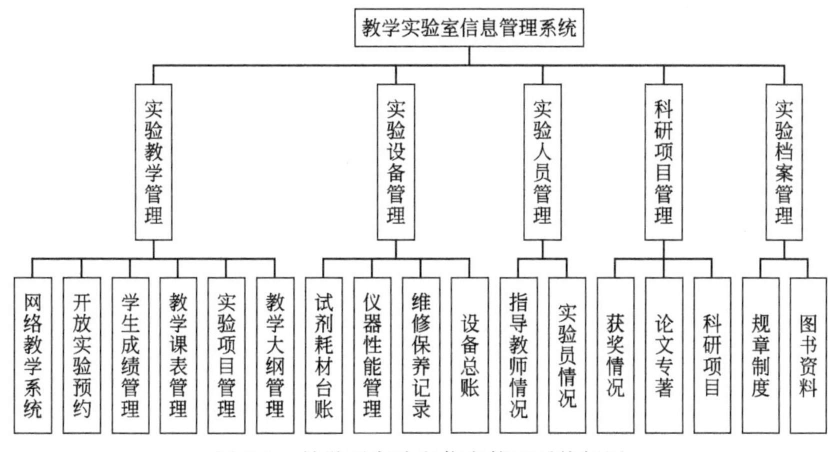

图 5-9　教学型实验室信息管理系统框图

该类实验室对 LIMS 的基本要求比较固定，除了档案管理、科研项目管理和人员管理外，主要的内容见表 5-1。

其他功能与后续实验室类似。

5.2.4.2　研究型实验室

研究型实验室是指主要从事基础研究和应用研究的实验室，其特点是所进行的测试多为非常规的，样品量少，所执行的操作程序要求灵活，大多是可变的。由于该类实验室的主要目的是对实验数据进行评价和追踪管理，因而其数据流较为简单但类型比较复杂，其对 LIMS 的要求主要包括以下内容：测试方法设计和报告生成的灵活性；数据的审查和统计处理，并具有数据补救功能；可以输入测试评价，并可进行性能和测试修改；所有测试数据的安全性和结果的有效性，并具有可追踪性。

5.4.2.3　测试服务型实验室

测试服务型实验室的共同特点是根据客户要求进行一系列的分析测试后出具检测报告。虽然其检测样品的种类及来源较为复杂，但检测项目通常固定，一般还具

表 5-1 教学型实验室的信息管理内容

类别	项目	内容
实验设备管理	设备总账	包括实验室仪器设备的编号、分类号、名称、型号、规格、数量、价格、生产厂家等。可以按购置日期、名称、单价、仪器编号、存放实验室等关键字段查询，并能按不同要求打印清单
	维修保养记录	包括实验室仪器设备的维修情况，如故障原因及时间、维修方法、维修人员、修复时间等信息；可按购置时间、仪器编号和报废时间等查询报废仪器的相关信息
	仪器性能管理	根据学生实验设备的特点，有必要将各类仪器设备的原理、结构(含线路图)、操作流程、外形等以图片和文字结合的形式进行介绍，便于学生学习
	试剂耗材台账	针对各实验室所需要的试剂(耗材)建立相应的档案；并建立试剂(耗材)的消耗-库存账目
实验教学管理	实验教学大纲	各专业实验教学大纲，可包括实验目的、学时数分配、实验项目具体内容、使用仪器设备、实验教材等信息
	实验项目管理	通过实验项目数据库，可单独进行实验项目或实验授课计划检索；实验项目数据库包括学年度、课程或项目、实验类别、实验要求、实验者类别、实验项目名称、专业、年级、学生人数、每组人数、学时数、实验教师、实验技术人员、实验室号等；实验项目可按以下关键字查询：实验项目名称、学年度、实验类别、课程或项目；实验授课计划可以按学年、学期、专业、年级、课程名称进行查询
	教学课表管理	可按学年度和学期查询各实验的上课时间、地点、教师安排等信息，便于查询和安排开放实验室时间
	学生成绩管理	可按学生的年级、姓名和学号查询各实验课的学生实验成绩，教师还可根据需要进行成绩分段统计，并显示各分数段的学生名单
	开放实验预约	可按教学课程、实验类别、实验内容、实验时间段预约拟开放的实验
	网络教学系统	可网上查询实体实验的所有信息，并可观看各实验的教学多媒体课件及部分实验的模拟教学或教学录像等，教师也可以进行网上答疑

有单项性判断结果。该类实验室的测试数据流通常包括样品状态（待检、在检或已检）、仪器和人员的工作安排、测试实验结果及检测报告、测试费用管理等内容。因而，对 LIMS 的要求应包括以下内容：工作的日常安排（包括人员、仪器和样品等）；具有不可更改性的客户数据录入；实验设备、样品（包括样品的采集编码和测试编码等，同一样品的两套编码间的联系必须具有唯一性）及各级审核的跟踪；质量保证报告；测试费用；所有测试数据的安全性和结果的有效性，并具有可追溯性；客户的不满意信息及处理结果等。

5.2.4.4 制造型实验室

制造型实验室的主要目标是保证产品性能和统计学过程控制，而其基本特点是为多种原材料及产品进行测试，包括稳定性测试、工作进行测试、产品性能测试、质监测试等。其信息流简单而固定，易处理。因而，对 LIMS 的要求也比较直观：提供原料、中间半成品及最终产品（包括相关残留物）的所有测试；各类测试数据的直接或第三方采集接口的导入；产品质检报告；质量保证系统和数据安全系统等。

5.2.5 LIMS 的应用实例

随着企业改革的不断深入，某炼油厂对内部质量体系运行中涉及的质量数据、人员、分析仪器、试剂材料等基础管理提出了更高的要求，原来的管理模式已不能适应新的要求，主要表现在：①各类质量数据主要靠人工记录、计算、传递，既不能严格确保所有数据的准确性，也无法避免人为修改数据的风险；②生产一线所采集的数据通过电话、传真报数和人工传送，不但信息传递不及时也不能有效共享，而且需要多处重复输入，费时且易出错。这将使各类信息的可追溯性差，难以进行深入的处理和综合利用，也造成整个质量检验和管理工作周期长、效率低、出错率高。

该厂引入了某公司的 LIMS 产品作为企业产品质量信息管理平台（其结构见图 5-10），按 ISO/IEC 17025 实验室管理体系严格管理整个实验室资源和样品检测过程，自动采集质检部门的 64 台色谱仪和 15 台其他类型的分析仪器的各类分析数据，并与计算机网络相连接，实现了从原料进厂、生产过程控制到成品出厂检验全过程的质量数据管理。同时，公司及厂区各级领导部门也能通过 LIMS 了解各相关信息，做到全厂范围的质量控制数据的快速传递与共享。

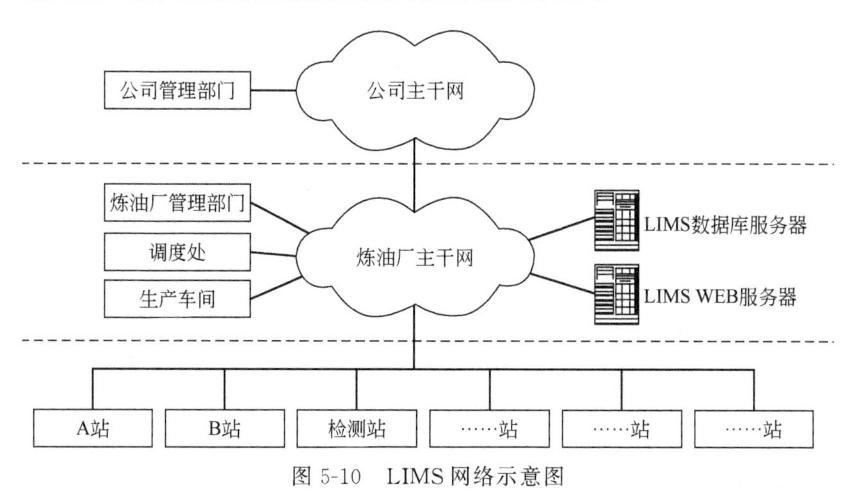

图 5-10　LIMS 网络示意图

该系统的基本功能是实验室检验流程管理，包括检验计划管理、检验任务管理、样品管理以及从检验数据录入、审核到异常值处理、形成检验报告和质量报告的全程管理。

系统的第二功能是数据查询和统计分析，可以按查询人的权限确认其可查询和统计的数据范围，并直接对收集到的质量数据进行统计处理，不仅有助于领导层即时掌握产品的质量状态，也能促进各生产环节找到质量波动的影响因素，提高产品质量。

系统的第三功能是实验室内包括人员、仪器设备、试剂材料、各类文件和环境进行有效管理，既可有效防止人为因素对质量数据的不良影响，也有效地规范了检验部门工作水平的质量管理工作的效率。

经过一段时间的运行考验，LIMS 稳定可靠、用户界面友好、数据处理快速、操作也简单方便，彻底改变了传统的实验室管理模式，并在以下方面取得了显著成效。

第一方面支持质量管理，LIMS为该厂提供了强大的数据统计和查询功能，友好的界面、简便的操作、灵活的方式使用户可对采样点的数据进行各类统计分析，为生产过程的质量控制、质量分析提供了技术支持。

第二方面规范检测工作，该炼油厂及检验中心修订了管理制度和工作流程以适应LIMS运行，使实验室里每个检验样品的流转过程明晰可查，方便了管理人员对实验室各类情况的了解。

第三方面提高检验自动化水平，检验中心60%以上分析数据由LIMS自动采集，有效地缩短了检验数据的产生周期，提高了单位人力的工作效率。

第四方面提高检验数据可靠性，LIMS会记录每个检验数据的原始信息及后续的计算处理，既减少了人为差错的可能，也保证了数据的溯源性，增强了检验中心的竞争能力。

第五方面提高实验室规范化管理效率，LIMS的使用推动了该企业按ISO/IEC 17025实验室管理体系标准管理实验室，其快速高效的质量管理特征不但提高了实验室的管理水平，也提高了资源利用率，降低了实验费用。其无纸化办公模式也节约了大量的管理费用，一年可节约台账印刷费、电话费、传真机及打印机等费用近50万元。

第六方面实现质量数据共享，在LIMS系统创建的信息平台上，各生产部门和管理部门均可直接浏览到检验数据，并进行必要的数据统计、质量判定后续工作，既可缩短生产装置的调整时间，也为领导决策提供科学依据，并有助于产品的升级换代。

总之，LIMS的实施使生产-检验-质量管理-产品出厂的各环节的互动更加有效，带动了该炼油厂的质量管理效率的全面提升。

5.3 实验室信息安全

实验室的各类信息形成后就产生传输、保存、访问等后续环节，尤其是网络化的今天，内部网和Internet都是以数据信息的传输和使用为其主要任务的。因而，各类信息的安全问题便自然地成为网络系统的中心任务之一。信息安全问题小至一个网站能否生存，大到事关国家安全社会稳定等重大问题。随着全球信息化步伐的加快，信息安全问题越来越重要。

信息安全具有五大特征：完整性（信息在传输、交换、存储和处理过程保持其原来特征而不被修改、破坏或丢失），保密性（强调有用信息只被授权对象使用，杜绝有用信息泄漏给非授权个人或实体），可用性（在系统正常运行时能正确存取所需的信息，在系统遭受攻击或破坏时，能自动迅速恢复并确保使用），不可否认性（即所有参与者都能被确认其真实身份，以及参与者所提供信息的真实统一）和可控性（系统中的任何信息都能在一定存放空间和传输范围内可控，包括信息的加密和解密）。

信息安全问题与计算机技术、网络技术、通信技术和密码技术等诸多现代技术相关联，涉及应用数学、数论、信息论等多个学科。其主要功能是保护网络系统的硬件、软件及其系统中的相关数据，使它们不会因偶然或者恶意的原因而被破坏、更改或泄露，并保证系统能连续可靠地运行。

5.3.1　实验室信息安全的现状

LIMS 是基于网络技术形成的计算机信息管理系统，与 Internet 的联系紧密，而 Internet 是全球最大的信息超级市场，已成为人们不可缺少的工具。也正由于 Internet 的全开放性，已经使其成为全球信息战的战略目标，资源共享和信息安全这一对矛盾始终存在着，全方位的窃密和反窃密、破坏与反破坏斗争已经上升为国家级的行为。各种计算机病毒横行，网上黑客的攻击越来越激烈。根据安天实验室信息安全威胁综合报告，2010 年上半年在该实验室共捕获了 4447713 个病毒样本，比 2009 年同期增长 167.2%，是 2008 年同期的 3.36 倍。在截获的病毒中，木马、蠕虫、后门及其他类恶意代码增长量较大（分别增长了 49.6%、61.6%、74.8% 和 323%）（见图 5-11）。

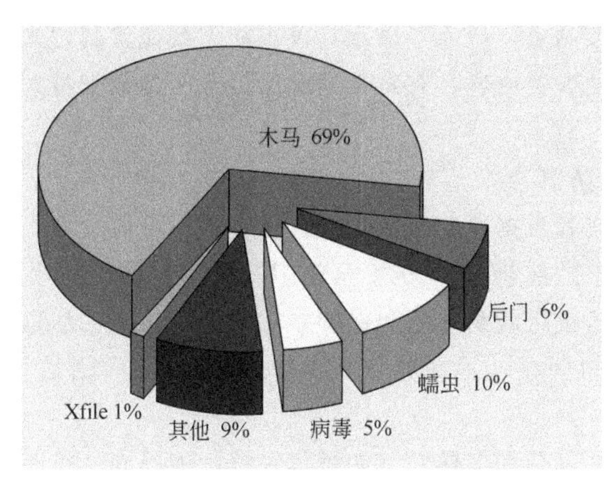

图 5-11　2010 年上半年各类病毒分布

与普通的病毒攻击相比，黑客和网络恐怖组织则是更大的危害，尤其是网络恐怖组织，它带有明显的组织性、目的性和纪律性，更具破坏性，也更难防范。仔细研究各类网络被攻击的案例，其原因主要有：

① 现有网络系统内部存在着各类安全隐患，使其相应地脆弱而易被攻击；

② 在管理思想上缺乏应有的重视，而没有采取应有的安全策略和安全措施；

③ 盲目信赖市售的杀毒软件，在网络安全上投入太少，缺乏先进的网络安全技术、工具、手段和产品，从而使信息系统缺乏安全性；

④ 缺乏先进的系统恢复、备份技术和相应工具，一旦受到攻击后难以甚至不

能恢复系统的功能。

因而，为了加强信息安全保护，有必要针对外来的攻击手段制定相应有效的防范措施。

5.3.2 安全防卫模式

鉴于网络安全的现状，在实验室信息管理系统中仅仅采用普通的防卫手段而不另外采取安全措施，已远远不能应付目前五花八门的外部攻击，是绝对不可取的。因而，需要借用目前 Internet 上广泛采取的防卫安全模式进行采取有效防护，以确保实验室信息系统的安全。其主要形式通常有以下几类。

5.3.2.1 模糊安全防卫

模糊安全防卫措施要求每个站点要进行必要的登记注册，一旦有人使用服务时，服务商便能知道它从何而来，以便事后追根溯源。这种站点防卫信息容易被发现，入侵者可能顺着登记时留下的站点软、硬件及所用操作系统的信息，发现其安全漏洞而攻击之。而且站点与其他站点连接或向其他计算机发送信息时，也很容易被入侵者获取相关信息而泄密。

该安全措施主要被一些小型网站所采用。他们的管理者以为自己的网站规模小、知名度低，黑客不屑对其实行攻击。事实上，大多数入侵者虽不是特意而来，也不会长期驻留在该站点，但为了显示其攻击能力或掩盖其侵入你网站的痕迹，势必破坏所攻入网站的有关内容，有意无意地给侵入网站带来重大损失。因此这种模糊安全防卫方式不可取。

5.3.2.2 主机安全防卫

由于操作系统或者数据库的编辑实践过程中将不可避免地出现某些漏洞，从而使信息系统遭受严重的威胁。“主机安全防卫”的本质就是每个用户对自己机器的操作系统和数据库等进行漏洞加固和保护，加强安全防卫，尽量避免可能影响用户主机安全的所有已知问题，提高系统的抗攻击能力，可能是目前最常用的防卫方式。

由于外部环境的复杂和多样性（如操作系统版本不同、机器内部配置不同或服务和子系统的不同），将给网站带来各种问题，即使这些问题都很好地解决，主机防卫措施仍有可能受到销售商软件缺陷的影响。当然，主机安全防卫措施对任何一个有强烈安全要求的基地或小规模网站还是很合适的，只是随着机器数量和有权使用机器的用户数的增加，这种安全防卫将逐步陷入举步维艰的困境。

5.3.2.3 网络安全防卫

网络安全防卫方式将注意力集中在控制不同主机的网络通道和所提供的服务上，包括构建防火墙以保护内部系统和网络，并运用各种可靠的认证手段（如一次性密码等），对敏感数据在网络上传输时，采用密码保护的方式进行。因而，该防卫方式明显比上两种方法更有效，已经成为目前 Internet 中各网站所采取的安全防卫方式。

5.3.3 安全防卫的技术手段

对各网站站点的信息安全，在技术上主要是计算机安全和信息传输安全两个环节，同时，不能忽视外部侵入对系统内各种信息安全的威胁。因而，在技术层面上，安全防卫手段将围绕这三个方面展开并实现。

5.3.3.1 计算机安全技术

(1) 合适的操作系统 由于操作系统是计算机单机和站内网络中的工作平台，因而，应选用软件丰富、工具齐全、缩放性强的系统，并有较高访问控制和系统设计等安全功能。在有多版本可选时，建议应选用户群最少的版本，这样可减少入侵者攻击的可能性。

(2) 较强的容错能力 当因种种原因而使系统中出现数据、文件损坏或丢失时，系统应能够自动将这些损坏或丢失的文件和数据恢复到发生事故以前的状态，以保证系统能够连续正常运行的技术即为容错技术。实验室信息管理系统关键设备的服务器应该结合各种容错技术以保证终端用户所存取的各类信息不出现丢失事故。

容错技术一般利用冗余硬件交叉检测操作结果，包括动态重组、错误校正互连等，或通过错误校正码及奇偶校验等保护数据和地址总线。也可以在线增减系统域或更换系统组件而不干扰系统应用的进行；也有采取双机备份同步校验方式以保证网站内部在一个系统因意外而崩溃时，计算机能自动进行切换而确保运转正常，并保证各项数据信息的完整性和一致性。随着计算机处理器的不断升级，容错技术已经越来越多地转移为软件控制，未来容错技术将完全在软件环境下完成。

5.3.3.2 网络信息安全技术

“信息安全”的内涵从形成起就一直在不断地延伸中，从最初的信息保密性开始，逐步发展到信息的完整、可用、可控和不可否认性，进而拓展为“防（防范）、测（检测）、控（控制）、评（评估）、管（管理）”等多个方面，同步发展的是其基础理论和实施技术。目前信息网络常用的基础性安全技术包括以下几方面的内容。

(1) 网络访问控制技术 对系统内部各类信息的访问是需要一定权限的，网络管理员可借助网络访问保护平台控制系统信息的安全。一般情况下可以通过防火墙技术来实现。在网络中，“防火墙”是指一种将内部网和公众访问网（如 Internet）分开的隔离技术。其实质是一种访问控制尺度：允许你“同意”的人和数据进入你的网络，同时又将你“不同意”的人和数据拒之门外，以达到最大限度阻止网络黑客访问你的网络。换言之，“一切未被允许的就是禁止的；一切未被禁止的就是允许的”。如果不通过防火墙，网站内外无法进行任何信息交流。防火墙有下列几种类型。

① 包过滤技术 安装在路由器上，以 IP 包信息为基础，对 IP 源地址和 IP 目

标地址以及封装协议（TCP/UDP/ICMP/IPtunnel）和端口号等进行筛选，在OSI协议的网络层进行。

② 代理服务技术　由服务端程序和客户端程序构成，而客户端程序通过中间节点与要访问的外部服务器连接。与包过滤技术的不同之处在于内部网和外部网之间不存在直接连接。

③ 复合型技术　结合包过滤技术和代理服务技术的长处而形成的新防火墙技术，由所用主机负责提供代理服务。

④ 安全审计技术　记录网络上发生的所有访问过程并形成日志，通过对日志的统计分析，追溯分析安全攻击轨迹，实现对异常现象的追踪监视，确保管理的安全。

⑤ 路由器加密技术　对通过路由器的信息流进行加密和压缩，然后经网络传输至目的端后再进行解压缩和解密，以实现对远程传输信息的保护。

(2) 信息确认技术　安全系统的建立其实是依赖于系统用户间所存在的各种信任关系。在目前的信息安全解决方案中，多采用第三方信任或直接信任这两种确认方式，以避免信息被非法地窃取或伪造。经过可靠的信息确认技术后，具有合法身份的用户可以对所接收信息的真伪进行校验，并且能清晰地知道信息发送方的身份。同时，信息发送者也必须是合法用户，也使任何人都不能冒名顶替来伪造信息。任何一方如果出现异常，均可由认证系统进行追踪处理。目前，信息确认技术已经比较成熟，如用户认证（用来确定用户或者设备身份的合法性，典型的手段有用户名口令、身份识别、PKI证书和生物认证等）、信息认证和数字签名等，为信息安全提供了可靠保障。

(3) 密钥安全技术　网络安全中，加密技术是十分重要的内容，也是信息安全保障链中最关键和最基本的技术手段。常用的加密手段有软件加密和硬件加密，其基本方法则有对称密钥加密和非对称密钥加密，两种方法各有其所长。

① 对称密钥加密　在此方法中加密和解密使用同样的密钥，目前广泛采用的密钥加密标准是DES算法，分为初始置换、密钥生成、乘积变换、逆初始置换等几个环节。方法的优势在于加密解密速度快、易实现、安全性好，但其缺点是密钥长度短、密码空间小，容易被“穷举”法攻破。

② 非对称密钥加密　在此方法中加密和解密使用不同密钥，将公开密钥用于机密性信息的加密，而将秘密密钥用于对加密信息的解密，目前通常采用RSA算法进行处理。该方法的优点是易实现密钥管理，也便于数字签名的实施，其不足则是算法较为复杂，加密解密耗时较长。

对于信息量较大且网络结构较为复杂的系统，采取对称密钥加密技术较为合适。为防范密钥受到各种形式的黑客攻击（如利用许多台计算机采用“穷举”计算方式进行破译），密钥的长度越长越好。目前密钥长度有64位和1024位，它们已经比较安全了，也能满足目前计算机的速度要求。而2048位或更高位的密钥长度，也已开始应用于某些特殊要求的软件。

5.3.3.3 病毒防范技术

根据《中华人民共和国计算机信息系统安全保护条例》，病毒被明确定义为“编制者在计算机程序中插入的破坏计算机功能或者破坏数据，影响计算机使用并且能够自我复制的一组计算机指令或者程序代码”。从 Internet 上下载软件和使用盗版软件是病毒的主要来源。按病毒的算法可以将目前的各类病毒分为以下几种类型。

(1) 伴随型病毒 这一类病毒并不改变文件本身，它们根据算法产生 EXE 文件的伴随体（文件名相同和扩展名不同，如 XCOPY.EXE 的伴随体是 XCOPY-COM)，然后病毒把自身写入 COM 文件并不改变 EXE 文件。当 DOS 加载文件时，伴随体优先被执行到，再由伴随体加载执行原来的 EXE 文件，从而影响被感染计算机。

(2)“蠕虫”型病毒 该类病毒通过网络传播，在传播过程中病毒一般不改变文件和资料信息，除了占用内存而不占用其他资源。它利用网络从一台机器的内存传播到其他机器的内存，计算网络地址，将自身的病毒通过网络发送。

(3) 寄生型病毒 除伴随型和“蠕虫”型外，其他病毒均可称为寄生型病毒。它们依附于系统引导扇区或文件中，通过系统的功能进行传播。该类病毒按算法不同可分为诡秘型病毒（一般不直接修改系统中的扇区数据，而是通过设备技术和文件缓冲区等内部修改，不易看到资源，使用比较高级的技术。利用系统空闲的数据区进行工作）和幽灵病毒（又称变型病毒，它使用一个复杂的算法，使自己每传播一份都具有不同的内容和长度。它们一般的作法是一段混有无关指令的解码算法而被变化过的病毒体组成）。

针对病毒的严重性，任何网络系统都必须提高防范意识，所有软件都必须经过严格审查并确认能被控制后方能使用；安装并不断更新防病毒软件，定时检测系统中所有工具软件和应用软件以防止各种病毒的入侵。

5.4 实验室安全的规章制度

实验室的安全是多方位的，既要注意到实验人员、设备的安全和环境的安全，也要注意到实验室的水电和防盗等问题，更要注意到实验室信息的安全。为此，各相关单位纷纷制定了符合各自实验室特点的规章制度。涉及实验室安全的规章制度通常需要有以下内容。

(1) 制度优先 建立健全安全管理制和安全责任制，制订有效的应急措施，违者追究相应的责任乃至法律责任。

(2) 人员安全 坚持以人为本的原则，加强宣传教育，提高人员安全意识和安全自救技能。

（3）环境安全　需确保门、窗完好，做好防盗工作；加强安全用水、用电管理；有足量消防器材；严控易燃易爆物品；做好“三废”管理工作。

（4）设备安全　落实责任制，并有专人负责检查、保养、检定等具体事务。

（5）技术安全　各类实验方法都有可遵循的操作规程；从事有一定危险性实验的人员必须进行安全技术培训并经考核合格后方可独立操作；做好劳动保护工作。

（6）药品安全　使用危险药品需申请批准后购买使用；剧毒或放射性物质应报公安部门批准备案后购买使用；化学危险品需有专人保管，并严控运输和使用；易燃、易爆、易制毒化学品（原料和剩余物）均需严格控制并监督使用过程。

（7）生物安全　定期培训，持证上岗；妥善保管生物原料、病毒样本和实验残余物。

（8）信息安全　在计算机普及的今天，信息安全的关注重点已经不在 PC 机上，而是各信息系统的服务器和相关的系统软件上，更要重视网络的信息安全，因而，相关的规章制度应能保证从硬件设备、系统软件到采集到的各类数据的全面安全。不仅硬件要存放在合适且安全的空间且有后备电源（UPS）的保障，还需要设置合适的密码与权限管理制度，以确保数据的安全保存和合理使用。

附　　录

一、《高等学校消防安全管理规定》部分条款

第一章　总　　则

第一条　为了加强和规范高等学校的消防安全管理，预防和减少火灾危害，保障师生员工生命财产和学校财产安全，根据消防法、高等教育法等法律、法规，制定本规定。

第二条　普通高等学校和成人高等学校（以下简称学校）的消防安全管理，适用本规定。驻校内其他单位的消防安全管理，按照本规定的有关规定执行。

第三条　学校在消防安全工作中，应当遵守消防法律、法规和规章，贯彻预防为主、防消结合的方针，履行消防安全职责，保障消防安全。

第四条　学校应当落实逐级消防安全责任制和岗位消防安全责任制，明确逐级和岗位消防安全职责，确定各级、各岗位消防安全责任人。

第五条　学校应当开展消防安全教育和培训，加强消防演练，提高师生员工的消防安全意识和自救逃生技能。

第六条　学校各单位和师生员工应当依法履行保护消防设施、预防火灾、报告火警和扑救初起火灾等维护消防安全的义务。

第七条　教育行政部门依法履行对高等学校消防安全工作的管理职责，检查、指导和监督高等学校开展消防安全工作，督促高等学校建立健全并落实消防安全责任制和消防安全管理制度。

公安机关依法履行对高等学校消防安全工作的监督管理职责，加强消防监督检查，指导和监督高等学校做好消防安全工作。

第二章　消防安全责任

第八条　学校法定代表人是学校消防安全责任人，全面负责学校消防安全工作，履行下列消防安全职责：

（一）贯彻落实消防法律、法规和规章，批准实施学校消防安全责任制、学校消防安全管理制度；

（二）批准消防安全年度工作计划、年度经费预算，定期召开学校消防安全工作会议；

（三）提供消防安全经费保障和组织保障；

（四）督促开展消防安全检查和重大火灾隐患整改，及时处理涉及消防安全的重大问题；

（五）依法建立志愿消防队等多种形式的消防组织，开展群众性自防自救工作；

（六）与学校二级单位负责人签订消防安全责任书；

（七）组织制定灭火和应急疏散预案；

（八）促进消防科学研究和技术创新；

（九）法律、法规规定的其他消防安全职责。

第九条 分管学校消防安全的校领导是学校消防安全管理人，协助学校法定代表人负责消防安全工作，履行下列消防安全职责：

（一）组织制定学校消防安全管理制度，组织、实施和协调校内各单位的消防安全工作；

（二）组织制定消防安全年度工作计划；

（三）审核消防安全工作年度经费预算；

（四）组织实施消防安全检查和火灾隐患整改；

（五）督促落实消防设施、器材的维护、维修及检测，确保其完好有效，确保疏散通道、安全出口、消防车通道畅通；

（六）组织管理志愿消防队等消防组织；

（七）组织开展师生员工消防知识、技能的宣传教育和培训，组织灭火和应急疏散预案的实施和演练；

（八）协助学校消防安全责任人做好其他消防安全工作。

其他校领导在分管工作范围内对消防工作负有领导、监督、检查、教育和管理职责。

第十条 学校必须设立或者明确负责日常消防安全工作的机构（以下简称学校消防机构），配备专职消防管理人员，履行下列消防安全职责：

（一）拟订学校消防安全年度工作计划、年度经费预算，拟订学校消防安全责任制、灭火和应急疏散预案等消防安全管理制度，并报学校消防安全责任人批准后实施；

（二）监督检查校内各单位消防安全责任制的落实情况；

（三）监督检查消防设施、设备、器材的使用与管理以及消防基础设施的运转，定期组织检验、检测和维修；

（四）确定学校消防安全重点单位（部位）并监督指导其做好消防安全工作；

（五）监督检查有关单位做好易燃易爆等危险品的储存、使用和管理工作，审批校内各单位动用明火作业；

（六）开展消防安全教育培训，组织消防演练，普及消防知识，提高师生员工的消防安全意识、扑救初起火灾和自救逃生技能；

（七）定期对志愿消防队等消防组织进行消防知识和灭火技能培训；

（八）推进消防安全技术防范工作，做好技术防范人员上岗培训工作；

（九）受理驻校内其他单位在校内和学校、校内各单位新建、扩建、改建及装饰装修工程和公众聚集场所投入使用、营业前消防行政许可或者备案手续的校内备案审查工作，督促其向公安机关消防机构进行申报，协助公安机关消防机构进行建设工程消防设计审核、消防验收或者备案以及公众聚集场所投入使用、营业前消防安全检查工作；

（十）建立健全学校消防工作档案及消防安全隐患台账；

（十一）按照工作要求上报有关信息数据；

（十二）协助公安机关消防机构调查处理火灾事故，协助有关部门做好火灾事故处理及善后工作。

第十一条 学校二级单位和其他驻校单位应当履行下列消防安全职责：

（一）落实学校的消防安全管理规定，结合本单位实际制定并落实本单位的消防安全制度和消防安全操作规程；

（二）建立本单位的消防安全责任考核、奖惩制度；

（三）开展经常性的消防安全教育、培训及演练；

（四）定期进行防火检查，做好检查记录，及时消除火灾隐患；

（五）按规定配置消防设施、器材并确保其完好有效；

（六）按规定设置安全疏散指示标志和应急照明设施，并保证疏散通道、安全出口畅通；

（七）消防控制室配备消防值班人员，制定值班岗位职责，做好监督检查工作。

第十二条 校内各单位主要负责人是本单位消防安全责任人，驻校内其他单位主要负责人是该单位消防安全责任人，负责本单位的消防安全工作。

第十三条 除本规定第十一条外，学生宿舍管理部门还应当履行下列安全管理职责：

（一）建立由学生参加的志愿消防组织，定期进行消防演练；

（二）加强学生宿舍用火、用电安全教育与检查；

（三）加强夜间防火巡查，发现火灾立即组织扑救和疏散学生。

第三章 消防安全管理

第十四条 学校应当将下列单位（部位）列为学校消防安全重点单位（部位）：

（一）易燃易爆等危险化学物品的生产、充装、储存、供应、使用部门；

（二）实验室、计算机房、电化教学中心和承担国家重点科研项目或配备有先进精密仪器设备的单位，监控中心、消防控制中心；

（三）学校保密要害部门及部位；

（四）高层建筑及地下室、半地下室。

重点单位和重点部位的主管部门，应当按照有关法律法规和本规定履行消防安全管理职责，设置防火标志，实行严格消防安全管理。

第二十一条 学校购买、储存、使用和销毁易燃易爆等危险品，应当按照国家有关规定严格管理、规范操作，并制定应急处置预案和防范措施。

学校对管理和操作易燃易爆等危险品的人员，上岗前必须进行培训，持证上岗。

第二十二条 学校应当对动用明火实行严格的消防安全管理。禁止在具有火灾、爆炸危险的场所吸烟、使用明火；因特殊原因确需进行电、气焊等明火作业的，动火单位和人员应当向学校消防机构申办审批手续，落实现场监管人，采取相应的消防安全措施。作业人员应当遵守消防安全规定。

第二十四条 发生火灾时，学校应当及时报警并立即启动应急预案，迅速扑救初起火灾，及时疏散人员。

学校应当在火灾事故发生后两个小时内向所在地教育行政主管部门报告。较大以上火灾同时报教育部。

火灾扑灭后，事故单位应当保护现场并接受事故调查，协助公安机关消防机构调查火灾原因、统计火灾损失。未经公安机关消防机构同意，任何人不得擅自清理火灾现场。

第二十五条 学校及其重点单位应当建立健全消防档案。

消防档案应当全面反映消防安全和消防安全管理情况，并根据情况变化及时更新。

第四章 消防安全检查和整改

第二十六条 学校每季度至少进行一次消防安全检查。检查的主要内容包括：

（一）消防安全宣传教育及培训情况；

（二）消防安全制度及责任制落实情况；

（三）消防安全工作档案建立健全情况；

（四）单位防火检查及每日防火巡查落实及记录情况；

（五）火灾隐患和隐患整改及防范措施落实情况；

（六）消防设施、器材配置及完好有效情况；

（七）灭火和应急疏散预案的制定和组织消防演练情况；

（八）其他需要检查的内容。

第二十七条 学校消防安全检查应当填写检查记录，检查人员、被检查单位负责人或者相关人员应当在检查记录上签名，发现火灾隐患应当及时填发《火灾隐患整改通知书》。

第二十八条 校内各单位每月至少进行一次防火检查。检查的主要内容包括：

（一）火灾隐患和隐患整改情况以及防范措施的落实情况；

（二）疏散通道、疏散指示标志、应急照明和安全出口情况；

（三）消防车通道、消防水源情况；

（四）消防设施、器材配置及有效情况；

（五）消防安全标志设置及其完好、有效情况；

（六）用火、用电有无违章情况；

（七）重点工种人员以及其他员工消防知识掌握情况；

（八）消防安全重点单位（部位）管理情况；

（九）易燃易爆危险物品和场所防火防爆措施落实情况以及其他重要物资防火安全情况；

（十）消防（控制室）值班情况和设施、设备运行、记录情况；

（十一）防火巡查落实及记录情况；

（十二）其他需要检查的内容。

防火检查应当填写检查记录。检查人员和被检查部门负责人应当在检查记录上签名。

第二十九条 校内消防安全重点单位（部位）应当进行每日防火巡查，并确定巡查的人员、内容、部位和频次。其他单位可以根据需要组织防火巡查。巡查的内容主要包括：

（一）用火、用电有无违章情况；

（二）安全出口、疏散通道是否畅通，安全疏散指示标志、应急照明是否完好；

（三）消防设施、器材和消防安全标志是否在位、完整；

（四）常闭式防火门是否处于关闭状态，防火卷帘下是否堆放物品影响使用；

（五）消防安全重点部位的人员在岗情况；

（六）其他消防安全情况。

校医院、学生宿舍、公共教室、实验室、文物古建筑等应当加强夜间防火巡查。

防火巡查人员应当及时纠正消防违章行为，妥善处置火灾隐患，无法当场处置的，应当立即报告。发现初起火灾应当立即报警、通知人员疏散、及时扑救。

防火巡查应当填写巡查记录，巡查人员及其主管人员应当在巡查记录上签名。

第三十条 对下列违反消防安全规定的行为，检查、巡查人员应当责成有关人员改正并督促落实：

（一）消防设施、器材或者消防安全标志的配置、设置不符合国家标准、行业标准，或者未保持完好有效的；

（二）损坏、挪用或者擅自拆除、停用消防设施、器材的；

（三）占用、堵塞、封闭消防通道、安全出口的；

（四）埋压、圈占、遮挡消火栓或者占用防火间距的；

（五）占用、堵塞、封闭消防车通道，妨碍消防车通行的；

（六）人员密集场所在门窗上设置影响逃生和灭火救援的障碍物的；

（七）常闭式防火门处于开启状态，防火卷帘下堆放物品影响使用的；

（八）违章进入易燃易爆危险物品生产、储存等场所的；

（九）违章使用明火作业或者在具有火灾、爆炸危险的场所吸烟、使用明火等违反禁令的；

（十）消防设施管理、值班人员和防火巡查人员脱岗的；

（十一）对火灾隐患经公安机关消防机构通知后不及时采取措施消除的；

（十二）其他违反消防安全管理规定的行为。

第三十一条 学校对教育行政主管部门和公安机关消防机构、公安派出所指出的各类火灾隐患，应当及时予以核查、消除。

对公安机关消防机构、公安派出所责令限期改正的火灾隐患，学校应当在规定的期限内整改。

第三十二条 对不能及时消除的火灾隐患，隐患单位应当及时向学校及相关单位的消防安全责任人或者消防安全工作主管领导报告，提出整改方案，确定整改措施、期限以及负责整改的部门、人员，并落实整改资金。

火灾隐患尚未消除的，隐患单位应当落实防范措施，保障消防安全。对于随时可能引发火灾或者一旦发生火灾将严重危及人身安全的，应当将危险部位停止使用或停业整改。

第三十四条 火灾隐患整改完毕，整改单位应当将整改情况记录报送相应的消防安全工作责任人或者消防安全工作主管领导签字确认后存档备查。

第五章 消防安全教育和培训

第三十五条 学校应当将师生员工的消防安全教育和培训纳入学校消防安全年度工作计划。

消防安全教育和培训的主要内容包括：

（一）国家消防工作方针、政策，消防法律、法规；

（二）本单位、本岗位的火灾危险性，火灾预防知识和措施；

（三）有关消防设施的性能、灭火器材的使用方法；

（四）报火警、扑救初起火灾和自救互救技能；

（五）组织、引导在场人员疏散的方法。

第三十六条 学校应当采取下列措施对学生进行消防安全教育，使其了解防火、灭火知识，掌握报警、扑救初起火灾和自救、逃生方法。

（一）开展学生自救、逃生等防火安全常识的模拟演练，每学年至少组织一次学生消防演练；

（二）根据消防安全教育的需要，将消防安全知识纳入教学和培训内容；

（三）对每届新生进行不低于4学时的消防安全教育和培训；

（四）对进入实验室的学生进行必要的安全技能和操作规程培训；

（五）每学年至少举办一次消防安全专题讲座，并在校园网络、广播、校内报刊开设消防安全教育栏目。

第三十七条 学校二级单位应当组织新上岗和进入新岗位的员工进行上岗前的消防安全培训。

消防安全重点单位（部位）对员工每年至少进行一次消防安全培训。

第三十八条 下列人员应当依法接受消防安全培训：

（一）学校及各二级单位的消防安全责任人、消防安全管理人；

（二）专职消防管理人员、学生宿舍管理人员；

（三）消防控制室的值班、操作人员；

（四）其他依照规定应当接受消防安全培训的人员。

前款规定中的第（三）项人员必须持证上岗。

第六章 灭火、应急疏散预案和演练

第三十九条 学校、二级单位、消防安全重点单位（部位）应当制定相应的灭火和应急疏散预案，建立应急反应和处置机制，为火灾扑救和应急救援工作提供人员、装备等保障。

灭火和应急疏散预案应当包括以下内容：

（一）组织机构，指挥协调组、灭火行动组、通信联络组、疏散引导组、安全防护救护组；

（二）报警和接警处置程序；

（三）应急疏散的组织程序和措施；

（四）扑救初起火灾的程序和措施；

（五）通信联络、安全防护救护的程序和措施；

（六）其他需要明确的内容。

第四十条 学校实验室应当有针对性地制定突发事件应急处置预案，并将应急处置预案涉及的生物、化学及易燃易爆物品的种类、性质、数量、危险性和应对措施及处置药品的名称、产地和储备等内容报学校消防机构备案。

第四十一条 校内消防安全重点单位应当按照灭火和应急疏散预案每半年至少组织一次消防演练，并结合实际，不断完善预案。

消防演练应当设置明显标志并事先告知演练范围内的人员，避免意外事故发生。

第七、八章因与实验室安全相关性较小，鉴于篇幅所限，此处暂略。

第九章 附 则

第四十九条 学校应当依据本规定，结合本校实际，制定本校消防安全管理办法。

第五十条 本规定所称学校二级单位，包括学院、系、处、所、中心等。

二、常用化学品危险等级及其性质

序号	化学品名称	危险等级	危险性质(闪点、燃点单位为℃)
1	磷 32	放射性　中毒	中毒,放射性同位素
2	1,2-二氯乙烷	高毒　一级易燃	刺激呼吸道、黏膜,引起麻痹 危毒等级 2 闪点-8.5,燃点 458,遇空气混爆下限 5.9%,干粉灭火
3	36%乙酸	中毒	易燃,其蒸气与空气可形成爆炸性混合物遇明火、高热能引起燃烧爆炸 与铬酸、过氧化钠、硝酸或其他氧化剂接触,有爆炸危险具有腐蚀性
4	4-甲基-2-戊酮	一级易燃	闪点(闭口)13,干粉灭火 具有麻醉和刺激作用,人吸入 4.1g/m³ 时引起中枢神经系统的抑制和麻醉,吸入 0.41～2.05g/m³ 时可引起胃肠道反应,如恶心、呕吐、食欲不振、腹泻以及呼吸道刺激症状
5	95%乙醇	一级易燃	一级易燃,干粉灭火,燃烧极限 3.3%,闪点 13,燃点 423
6	CO_2(钢瓶)	易爆	吸入毒 3 级,呼吸麻醉、窒息(高浓度),气瓶受热可爆炸
7	D-酒石酸锑钾	高毒	高毒
8	H 发孔剂	易燃、易爆	即 *N*,*N*-二亚硝基五亚甲基四胺(含钝感剂)遇明火、高温、酸类易剧烈燃烧与氧化剂混合能成为爆炸性混合物有毒,LD_{50}:940mg/kg 灭火剂:水、沙土,禁用酸碱灭火剂
9	N_2 钢瓶	易爆	气瓶遇热可爆炸,短触毒吸入 3 级,窒息
10	氨水	中毒	大鼠口服 LD_{50}:350mg/kg,毒腐蚀,短触毒眼鼻 4,流泪,吸入 5,皮渗 3,遇热放出氨
11	巴比妥	催眠药	高毒,大鼠腹腔 LD_{50}:300mg/kg、燃烧放有毒氮氧化物烟,催眠镇静剂
12	白磷	剧毒	短触毒眼 5,吸入 5,皮渗 4,刺激 5,危毒等级毒 3,燃 3,浸水中勿磨撞,空气中自燃,水、土灭火
13	保险粉	强还原剂	连二亚硫酸钠,强还原剂,吸潮发热燃烧或爆炸,遇水可致燃,干粉灭火
14	苯	致癌一级易燃	慢性毒,致癌(白血病),短触毒眼 2 吸入 4 渗刺激 2,一级易燃,干粉、砂土灭火
15	苯胺	高毒	大鼠口服 LD_{50}:250mg/kg,闪点 70,高热分解有毒气体,与空气混合爆炸下限 1.3%,与氧化剂剧烈反应,干粉灭火
16	苯酚	高毒	毒、腐蚀、短触毒眼 4 皮渗 3 刺激 4,危毒 3 级,易燃、燃点,715,干粉灭火
17	苯甲醛	一级易燃	一级易燃,闪点 64,燃点 192,干粉、砂土灭火
18	苯乙酮	中毒	易燃液体,闪点 82,自燃点 571,短触毒眼 4 吸 1 渗 2 食 2,危毒等级毒 1 燃 1 反应 0,燃点 571,干粉灭火
19	蓖麻油	高毒	避光,置阴凉处,密封保存
20	冰醋酸	中毒	醋酸、冰醋酸,腐蚀,刺激眼、喉、呼吸道,烧伤皮肤,短触毒眼 5 吸入 3 皮渗 3,闪点 42,燃点 465,干粉灭火,危毒 2 燃 2

续表

序号	化学品名称	危险等级	危险性质(闪点、燃点单位为℃)
21	丙三醇	三级易燃	易燃液体,闪点165,自燃点370,低毒,遇高温、氧化剂燃放刺激烟雾,与铬酸酐、氯酸钾、高锰酸钾可爆
22	丙酮	一级易燃	刺激眼、鼻、喉,麻醉,一级易燃,干粉灭火,短触眼2吸入3
23	丙烯酰胺	高毒	职业标准0.3mg/m^3,遇热分解有毒氮氧化物烟,与氧化剂、酸类分开存放
24	臭碱	易爆	硫化钠,腐蚀、受撞击或急剧受热可爆炸,遇酸产生有毒气体,可燃,砂土、水灭火
25	醋酸丁酯	二级易燃	乙酸丁酯,刺激麻醉、危毒级毒1燃3反应0、一级易燃、干粉灭、短触毒眼2吸入3渗食刺1
26	醋酸双氧铀	放射性	乙酸铀酰、乙酸铀,放射性物品
27	醋酸异戊酯	一级易燃	刺激,燃点379,干粉灭火
28	醋酸正戊酯	一级易燃	刺激,短触毒眼1吸入3皮刺激2食2,危毒级毒1燃3反应0,燃点379
29	代森锌		毒,易分解出CS_2,可燃,干粉灭火
30	氮气	易爆	气瓶遇热可爆炸,短触毒吸入3,窒息
31	第三戊醇	二级易燃	叔戊醇,燃点437,干粉灭火
32	碘	低毒	腐蚀品,大鼠口服LD_{50}:14000mg/kg、高温产生有毒烟雾,遇乙炔、氨可爆,对皮肤、角膜有腐蚀性
33	碘化汞	剧毒	大鼠口服LD_{50}:18mg/kg,受热分解有毒碘化物和汞蒸气,不燃
34	碘酸	氧化剂	毒,腐蚀,氧化剂,强烈刺激眼、皮肤、黏膜
35	碘酸钾	氧化剂	毒,氧化剂
36	碘酸钠	强氧化剂	强氧化剂,危险等级反应2,380℃分解,短触毒眼,食入2
37	电石	遇水致燃	碳化钙,短触毒眼4吸入2皮刺激3,危毒级毒1燃4,遇水自燃,干粉灭火
38	电石气	易燃易爆	乙炔,吸入毒3,窒息,危毒级毒1燃4反应3,燃点299,爆炸极限2.5%,干粉灭火
39	丁草胺	中毒	燃烧产生有毒氮氧化物和氯氧化物,大鼠口服LD_{50}:1500mg/kg
40	对氨基苯磺酸	低毒	敌溴酸,农药,大鼠口服LD_{50}:12300mg/kg,燃烧产生有毒氮氧化物气体,干粉灭火
41	对苯二胺	高毒	农药,大鼠口服LD_{50}:80mg/kg,闪点155,遇高温、氧化剂燃放有毒氮氧化物烟雾
42	对苯二酚	高毒	刺激度:皮肤5%,中毒,大鼠口服LD_{50}:320mg/kg,闪点165,与氧化剂反应,燃烧释放有毒刺激烟雾,CO_2灭火
43	多菌灵	低毒	农药(多菌灵-硫黄合剂),燃烧产生有毒氮氧化物和硫氧化物气体
44	锇酸	剧毒	四氧化锇,刺激性甚强,可产生皮炎、坏死、失明、致死,短触皮刺激食剧毒,危毒级毒3热生毒雾
45	二苯胺	中毒	大鼠口服LD_{50}:2000mg/kg,燃烧产生有毒氮氧化物,烟、干粉、砂土、泡沫灭火
46	二甲胺	一级易燃、高毒	毒,皮肤,呼吸道过敏,短触毒眼4吸入5刺激皮4,危毒等级毒3燃稳定,干粉灭火,燃点402

续表

序号	化学品名称	危险等级	危险性质(闪点、燃点单位为℃)
47	二甲苯	一级易燃	一级易燃,干粉灭火,刺激毒3,麻醉,闪点29,燃点528
48	二甲基甲酰胺	易燃液体	闪点57,自燃点445,中毒,大鼠口服 LD_{50}:2800mg/kg,遇高温、氧化剂燃放有毒氮氧化物,与空气混合爆炸下限2.2%,泡沫、沙土灭火
49	二氯甲烷	中毒	农药,大鼠口服 LD_{50}:1600mg/kg,受热放出剧毒光气,与氧混合可爆,泡沫、沙土、水灭火
50	二四二硝基氯苯	高毒	可引起皮炎湿疹,腐蚀,短触毒眼5皮渗4皮刺激4,危毒等级毒3燃1反应4,燃点432,干粉灭火
51	二硝基苯酚	剧毒	毒可引起皮炎或色斑,易燃,急剧加温可爆炸,干粉灭火
52	二乙胺	一级易燃、中毒	毒、腐蚀、刺激,短触毒眼5吸入4皮渗3,危毒等级毒3燃3,干粉灭火,闪点−26,燃点312,与空气混合爆炸下限1.8%
53	二乙甲酮	一级易燃	3-戊酮,中毒,短触毒眼2吸入3皮刺激渗1食2,危毒等级毒1燃3,闪点12,燃点452,干粉灭火
54	废影片	易燃	废底片,可自燃,燃点180
55	蜂蜡	易燃液体	白蜂蜡、黄蜂蜡(蜜蜂筑巢分泌物,用于蜡烛、蜡笔、上光剂),加热易燃,产生刺激烟雾,干粉、泡沫灭火
56	氟化钠	高毒	农药,大鼠口服 LD_{50}:50mg/kg,遇酸产生有毒氟化氢气体
57	甘油	易燃液体	闪点177,自燃点429,中毒,大鼠口服 LD_{50}:12600mg/kg,燃烧产生刺激烟雾,干粉、泡沫、沙土、水灭火
58	高纯镁粉	易燃固体	自燃点550,空气中易燃,遇水或酸反应产生氧气,与空气混合可爆,干粉、沙土灭火
59	高碘酸钾	氧化剂	氧化剂,582℃爆炸,大于300℃分解
60	高碘酸钠	高毒	偏高碘酸钠,氧化剂,高毒,大鼠口服 LD_{50}:58mg/kg,遇还原剂、硫、磷等易爆,干粉、泡沫灭火
61	高氯酸	一级酸腐	强腐蚀,强氧化剂,短触毒眼5吸入4皮刺激4食入4,危毒等级毒3反应3,不燃、遇震撞易燃爆
62	高氯酸钾	强氧化剂	强烈刺激皮肤组织,危险等级反应2,强氧化剂
63	高锰酸钾	强氧化剂	强氧化剂,遇硫酸、乙醇可爆炸,短触毒眼3皮刺激3
64	铬酸钾	高毒、氧化剂	大鼠口服 LD_{50}:190mg/kg,燃烧产生有毒铬化物和氧化钾气体
65	汞	剧毒	1mg/m^3 下工作3个月可致死,危毒3级,受热放有毒汞蒸气
66	过碘酸	氧化剂	高碘酸,毒,刺激眼、黏膜、皮肤,氧化剂,遇热产生有毒气体
67	过硫酸铵	强氧化剂	氧化剂,180℃爆炸,短触毒吸入2皮渗2刺激2,危毒等级燃2
68	过硫酸钾	氧化剂	中毒,大鼠口服 LD_{50}:802mg/kg,受热分解氧气,燃烧产生有毒氮氧化物,遇还原剂、硫、磷混合易爆
69	过氧化钡	强氧化剂	刺激皮肤,毒,氧化剂
70	过氧化二苯甲酰	易爆	毒,短触毒言吸入4皮刺激4,刺激鼻、喉、眼,危毒等级燃4反应4,受热摩擦爆炸,燃点80
71	过氧化氢	强氧化剂	过氧化氢35%,短触毒眼5皮渗4皮刺激5食入5,氧化剂
72	合成樟脑		黄樟脑致癌,异黄樟脑致癌

续表

序号	化学品名称	危险等级	危险性质(闪点、燃点单位为℃)
73	核子密度湿度仪	含射线装置	
74	红磷	高毒	赤磷、红磷,慢性中毒,短触毒眼5吸入5皮渗4皮刺激5食4,易燃,燃点260,干粉灭火,大鼠口服 LD_{50}:3mg/kg,与氧化剂可爆
75	环氧丙烷	一级易燃高毒	刺激皮肤、气管,致癌,短触毒眼2吸5皮渗3食2,遇氨水、酸类爆炸,闪点-37,燃点400,干粉灭火
76	环氧乙烷	致癌	刺激皮肤,气管过敏,致癌,短触毒眼5吸入3皮刺激5,危毒级毒2燃4反应2,燃点429,干粉灭火
77	环己烷	一级易燃	刺激,麻醉,比苯毒性小,一级易燃,燃烧极限1.3%,燃点245,干粉、沙土灭火
78	黄曲霉毒素	剧毒	避免任何接触,至今发现的最有效致癌物
79	火碱	一级碱腐	氢氧化钠,刺激眼、鼻、喉,短触毒眼5皮刺激5食3,遇水产生大量热,不燃
80	火酒	一级易燃	乙醇,刺激,短触毒眼2吸食皮1,危毒毒0燃3反应0,燃点423,干粉灭火
81	甲拌磷	剧毒	剧毒,胆碱酯酶抑制剂,干粉灭火,受热放出有毒气体,可燃
82	甲苯	一级易燃	刺激眼、皮肤、呼吸道,皮炎、头痛,干粉灭火,燃烧极限1.3%,闪点4,燃点480
83	甲醇	一级易燃	一级易燃,干粉灭火,麻醉毒,影响眼、重者失明,闪点11,燃点385
84	甲基1605	剧毒	剧毒,危毒等级毒4燃1反应0,遇热生成有毒气体,干粉灭火
85	甲基对硫磷	一级易燃	一级易燃,水、沙土、泡沫灭火,危毒4燃3反应3,闪点46
86	甲基异丁基甲酮	一级易燃	易燃液体,闪点22,中毒,4-甲基-2-戊酮,刺激眼、黏膜,头痛,皮炎昏迷,短触毒眼2吸3食2,危毒2,干粉、沙土灭火
87	甲萘胺	高毒	闪点157,燃烧放有毒氮氧化物烟雾,小鼠腹腔 LD_{50}:96mg/kg,沙土、泡沫、雾状水灭火
88	甲萘酚	中毒	2,4-二硝基甲萘酚,易燃固体,中毒,小鼠口服 LD_{50}:180mg/kg,遇高温、氧化剂易爆
89	甲醛	一级易燃	一级易燃,干粉灭火,可能致癌,短时接触毒眼4、吸入3、皮肤4,燃点430
90	甲酸	一级酸腐	短触毒眼4、吸入4、皮肤刺激4,强腐蚀,燃点601,干粉灭火
91	甲乙酮	氧化剂易爆	过氧化甲乙酮,氧化剂,高毒,闪点50,与还原剂硫、磷等混合可爆,高温、摩擦、撞击可爆
92	间二甲苯	一级易燃中毒	刺激麻醉,短触毒眼1吸入皮刺激3皮渗2,危毒级毒2燃3反应0,闪点29,燃点528,干粉灭火,与空气混爆下限1.1%
93	碱石灰	腐蚀性物品	碱石灰(含4%以上氢氧化钠)与氨盐产生有毒氨气,干沙、干粉、CO_2 灭火
94	芥子气	剧毒	二氯二乙基硫,避免任何接触,很快引起结膜炎、盲目、致癌(肺、喉),用次氯酸钠处理
95	久效磷	剧毒	农药,大鼠口服 LD_{50}:8mg/kg,受热放有毒氧化氮、氧化磷气体,沙土、干粉、泡沫灭火
96	苛性钾	一级碱腐	氢氧化钾,腐蚀刺激眼、鼻、喉,遇水产生大量热,危毒级3、短触毒眼5皮刺激5

续表

序号	化学品名称	危险等级	危险性质(闪点、燃点单位为℃)
97	苛性钠	一级碱腐	氢氧化钠,腐蚀刺激眼、鼻、喉,遇水产生大量热,毒级3、短触毒眼5皮刺激5
98	喹啉	高毒	大鼠口服 LD_{50}:331mg/kg,闪点99,与空气混合爆炸下限1%,短触毒眼4皮渗3食入3,燃点480,危毒等级毒2燃1
99	连二亚硫酸钠	遇水燃烧物品	保险粉,低毒,小鼠腹腔 LD_{50}:5600mg/kg,遇水、酸、氧化即可爆,干粉、CO_2、干沙灭火
100	联苯胺	高毒	大鼠口服 LD_{50}:309mg/kg,遇热分解有毒氮氧化物,伤肝肾,泡沫、CO_2、沙土灭火
101	联苯苯甲酰	有毒物品	仅有致癌数据,燃烧产生有毒氮氧化物烟雾,干粉、泡沫灭火
102	邻二甲苯	一级易燃中毒	刺激麻醉,短触毒眼1吸入皮刺激3皮渗2,危毒级毒2燃3反应0,闪点17、燃点464,干粉灭火,与空气混爆下限1.1%
103	邻硝基甲苯	中毒	2-硝基甲苯,有机有毒品,大鼠口服 LD_{50}:800mg/kg,闪点106
104	林丹	剧毒	农药,剧毒,大鼠口服 LD_{50}:76mg/kg,受热分解有毒氯化物、光气,沙土、干粉灭火
105	磷酸	二级酸腐	腐蚀刺激,短触毒眼4皮刺激4食入3、危毒2级,遇H发孔剂可燃
106	硫氰酸钾	高毒	短触毒眼2皮渗2食入2、危毒等级毒3,遇酸、热产生有毒气体
107	硫氰酸钠	高毒	短触毒眼2皮渗2食入2、危毒等级毒3,遇酸、热产生有毒气体
108	硫酸	一级酸腐	毒、腐蚀,溅及皮肤立即烧伤,短触毒眼4刺激4食入4、危毒等级3,忌加水中
109	硫酸铵	中毒	大鼠口服 LD_{50}:3000mg/kg,受热放有毒氮氧化物、硫化物、氨气,遇氯酸钾加热发白光,沙土、泡沫、CO_2 灭火
110	硫酸汞	剧毒	硫酸高汞,大鼠口服 LD_{50}:57mg/kg,受热分解放有毒汞蒸气
111	硫酸钾	氧化剂	氧化剂
112	硫酸铝钾	有毒物品	一种有害粉尘,职业标准:TWA 2mg(铝)/m^3
113	硫酸铜	高毒	大鼠口服 LD_{50}:300mg/kg,水灭火
114	硫酸亚铁	高毒	大鼠口服 LD_{50}:319mg/kg,燃烧产生有毒硫氧化物气体,干粉、泡沫、沙土灭火
115	六氯化苯	致癌	六六六、六氯环己烷(丙体),短触毒眼2吸入4皮渗5皮刺激3食4、致癌,250mg/kg致死,危毒3
116	六氢吡啶	一级易燃	遇热产生毒气,干粉灭火
117	六硝基二苯胺	爆炸品	黑喜儿,中毒,大鼠口服 LD_{50}:500mg/kg,燃烧放有毒氮氧化物烟,爆速7200m/s,灭火用水,爆点250℃
118	氯仿	致癌	三氯甲烷,毒、麻醉,可使皮服干裂,致癌,短触毒眼2吸入3皮渗2
119	氯化钡	剧毒	大鼠口服 LD_{50}:118mg/kg,受热产生有毒氯化物和含钡化物烟雾
120	氯化苯	二级易燃	氯苯,毒、麻醉,短触毒眼2吸入3皮渗皮刺食2、危毒等级毒2燃3反应0,燃点638,干粉灭火
121	氯化苄	中毒	大鼠口服 LD_{50}:1230mg/kg,闪点67、自燃点585,与空气混合爆下限1.1%,干粉、沙土、泡沫灭火
122	氯化高汞	剧毒	毒、腐蚀,短触毒眼4吸入4皮刺激4食入4、危毒等级3

续表

序号	化学品名称	危险等级	危险性质(闪点、燃点单位为℃)
123	氯化铜	高毒	大鼠口服 LD_{50}:140mg/kg,水、泡沫、CO_2 灭火
124	氯酸	强氧化剂	强氧化剂,遇热分解(40℃),毒、腐蚀,危毒等级毒 3 燃 3 反应 3
125	氯酸钾	强氧化剂	强氧化剂,毒(内服 2~3g 即可死亡),危毒等级反应 2
126	氯乙醇	高毒	大鼠口服 LD_{50}:71mg/kg,短触毒眼 3 吸入 4 皮渗 4 食入 4、危毒等级毒 3 燃 2,闪点 60、燃点 425,干粉灭火,高热放剧毒光气
127	麻醉剂	中毒	阿佛丁、2,2,2-三溴乙醇,大鼠口服 LD_{50}:1000mg/kg,燃烧放有毒溴化物烟,干粉、沙土、CO_2 灭火
128	钼酸铵	高毒	大鼠口服 LD_{50}:333mg/kg,高温产生有毒钼化物、氮氧化物和氨气烟雾,干粉、泡沫、CO_2 灭火
129	钠石灰	腐蚀性物品	碱石灰(含 4%以上氢氧化钠),与氨盐产生有毒氨气,干沙、干粉、CO_2 灭火
130	尼古丁	剧毒	烟碱,恶心、抽搐、精神错乱,危毒等级毒 4 燃 1
131	柠檬酸三钠	高毒	高毒
132	柠檬酸铁铵	高毒	高毒
133	浓硫酸	一级酸腐	毒、腐蚀,溅及皮肤立即烧伤,短触毒眼 4 刺激 4 食入 4、危毒等级 3,忌加水中
134	浓盐酸	二级酸腐	毒、腐蚀,短触毒眼 4 吸入 5 皮渗 3 刺激 5、危毒等级 3
135	砒霜	剧毒	三氧化二砷,致癌、剧毒,(鼠)半死量 45mg/kg,危毒级毒 3
136	偏钒酸铵	剧毒	钒酸铵,大鼠口服 LD_{50}:160mg/kg,氧化剂,用 CO_2 或沙土灭火
137	偏磷酸	腐蚀性物品	中毒,小鼠腹注 LD_{50}:830mg/kg,与 H 发孔剂可燃,沙土、雾状水灭火
138	铅试剂	高毒	毒、短触毒吸入 5 食入 2 眼 1 皮渗 1、危毒等级毒 3 燃 2
139	氢气	易爆	短触毒吸入 3,窒息,危毒等级毒 0 燃 4,燃点 400,燃烧极限 4%,干粉灭火
140	氢氧化钡	高毒	大鼠口服 LD_{50}:255mg/kg
141	氢氧化钾	一级碱腐	腐蚀、刺激,短触眼 5 刺激 5、危毒 3 级,遇水产生大量热
142	氢氧化钠	一级碱腐	腐蚀、刺激,短触毒眼 5 刺激 5、危毒等级 3,遇水产生大量热
143	氰化钾	剧毒	剧毒,储于干燥、通风、远离热源处,与酸、氧化剂(硝酸、亚硝酸盐)分开存放
144	氰化钠	剧毒	剧毒、腐蚀,短触毒眼 4 皮渗刺激 3 食入 4,遇酸产生剧毒易燃气体
145	秋水仙素	剧毒	剧毒
146	热压萘	中毒	萘,刺激眼、皮肤,引起湿疹,危毒等级毒 2 燃 2 反应 0,燃烧极限 $0.9g/m^3$,闪点 78、燃点 526,干粉灭火
147	三九一一	剧毒	甲拌磷,剧毒,胆碱酯酶抑制剂,受热放出有毒气体,可燃,干粉灭火
148	三氯化铁	高毒	无水氯化高铁,大鼠口服 LD_{50}:450mg/kg,高温分解有毒氯气,水、CO_2、泡沫灭火
149	三氯甲烷	致癌	氯仿,毒、麻醉,可使皮服干裂,致癌,短触毒眼 2 吸入 3 皮渗 2

续表

序号	化学品名称	危险等级	危险性质(闪点、燃点单位为℃)
150	三氯叔丁醇	中毒	易燃液体,易升华,防腐剂、增塑剂
151	三氯乙醛	一级酸腐 中毒	一级有机酸性腐蚀品,有强刺激,对肺有害,小鼠腹注 LD_{50}:600mg/kg,受热分解有毒催泪气体,危毒级毒3、闪点75,干粉灭火
152	三氯乙酸	高毒	三氯醋酸,受热分解有毒氯化物蒸气,皮肤0.21mg轻度腐蚀、3.5mg/5s眼重度刺激,危毒等级3
153	三氯乙烯	致癌	毒、麻醉、致癌,刺激眼、鼻,抑制中枢神经,危毒2级、短触吸3眼2皮刺激3食2
154	三氧化二砷	剧毒	砒霜,致癌、剧毒,(鼠)半死量45mg/kg,危毒级毒3
155	三乙醇胺	易燃液体	闪点179,低毒,大鼠口服 LD_{50}:8000mg/kg,遇高温、氧化剂燃放有毒氮氧化物,泡沫、沙土、CO_2 灭火
156	三乙醇胺	低毒	易燃液体,遇高温、氧化剂燃放有毒氮氧化物烟雾,泡沫、干粉灭火
157	杀虫脒	低毒	遇热产生有毒气体,LD_{50}:340mg/kg,干粉、沙土灭火,可燃
158	升汞	剧毒	毒腐蚀,短触毒眼4吸入4皮刺激4食入4、危毒等级3
159	升华硫	二级易燃	大量口服可致硫化氢中毒,本品可引起眼结膜炎、皮肤湿疹,对皮肤有弱刺激性
160	石油醚	一级易燃	麻醉、头痛、窒息,干粉灭火,燃点287
161	叔丁醇	一级易燃	中毒、麻醉、刺激、危毒等级毒1燃3反应0,闪点11、燃点478,干粉灭火
162	双氧水	强氧化剂	过氧化氢35%,短触毒眼5皮渗4皮刺激5食入5,氧化剂
163	顺丁烯二酸酐	腐蚀物品	马来酸酐,大鼠口服 LD_{50}:708mg/kg,闪点101、自燃点421,与空气混爆下限3.4%,泡沫、CO_2 灭火
164	四氯化碳	中毒	灭火剂,慢性毒、鼠可致癌、短触毒眼3吸入5皮渗、刺激、食入2,热分解产物剧毒
165	四氢呋喃	一级易燃	干粉灭火,刺激眼、呼吸道,头痛、恶心、燃点320、闪点−12
166	四氢邻苯二甲酸酐	中毒	四氢酞酐,腐蚀品、刺激皮肤、中毒,CO_2、泡沫、干粉灭火
167	松节油	二级易燃	易燃液体,闪点35、自燃点253,低毒、遇空气混爆下限0.8%,干粉、泡沫、CO_2 灭火
168	松脂	三级易燃	生松香(68%松香、20%松节油),燃点390,干粉灭火
169	铁粉	还原剂	与氧化剂混合易爆
170	铁氰化钾	低毒	赤血盐,其碱性溶液有强氧化性、见阳光或溶于水不稳定,遇酸或受热分解
171	同位素废弃物磷32	放射性	中毒组放射性同位素
172	五氧化二钒	剧毒	大鼠口服 LD_{50}:10mg/kg,职业标准:TLV-TMA 0.05mg(五氧化二钒)/m^3,水、干粉灭火
173	戊二醛溶液	高毒	短触毒眼4吸入1皮渗3皮刺激3食3,皮肤色斑,可燃
174	硝酸	一级酸腐	毒、腐蚀、刺激,氧化剂,短触毒眼4吸入5皮渗刺激4,禁用加压柱状水灭火,沸点86℃

续表

序号	化学品名称	危险等级	危险性质(闪点、燃点单位为℃)
175	硝酸铵	强氧化剂	300℃爆炸
176	硝酸钡	强氧化剂	毒
177	硝酸铋	强氧化剂	氧化剂
178	硝酸钙	氧化剂	高毒,大鼠口服 LD_{50}:302mg/kg,遇有机物、还原剂、木炭、硫、磷易爆,沙土、雾状水灭火
179	硝酸镉	强氧化剂	氧化剂,致癌,高于360℃分解
180	硝酸铬	强氧化剂	氧化剂
181	硝酸汞	剧毒	氧化剂,遇热产生有毒汞蒸气、氮氧化物,遇还原剂、硫、磷等及撞击、摩擦、受热爆炸,大鼠口服 LD_{50}:26mg/kg
182	硝酸钴	氧化剂高毒	大鼠口服 LD_{50}:434mg/kg,遇还原剂、硫、磷混合及受热、撞击、摩擦易爆,74℃释出有毒气体
183	硝酸胍	强氧化剂	硝基胍,爆炸,燃点275,水灭火,遇热产生有毒气体
184	硝酸钾	强氧化剂	强氧化剂
185	硝酸钠	强氧化剂	强氧化剂,危险等级反应2,380℃分解,短触毒眼、食入2
186	硝酸铅	氧化剂	氧化剂,高于205℃分解
187	硝酸铁	强氧化剂	氧化剂
188	硝酸锌	强氧化剂	氧化剂
189	硝酸亚汞	氧化剂	氧化剂,遇热产生有毒气体
190	笑气	助燃气体	一氧化二氮、可致狂笑,高于300℃分解,助燃气体
191	辛硫磷	高毒	农药,大鼠口服 LD_{50}:300mg/kg,受热分解有毒氧化磷、氧化硫、氧化氮气体
192	锌粉	遇水燃烧物品	亚铅粉,高毒,职业标准:TWA 0.1mg/m^3,遇水、氧化剂燃烧或爆炸,干粉、干沙灭火
193	溴化苯	中毒	具苯的气味,有毒
194	溴乙烷	中毒	刺激,干粉灭火,遇热产生有毒气体;闪点−20,遇空气混合爆炸极限6.7%
195	亚硫酸	高毒	腐蚀品,遇热产生有毒氧化硫气体,与氰化物放剧毒氰化氢气体
196	亚硫酸氢钠	中毒	大鼠口服 LD_{50}:2000mg/kg,遇热分解有毒二氧化硫气体,大量水灭火
197	亚铁氰化钾	低毒	危毒等级毒1燃0反应0
198	亚硝酸钠	高毒	大鼠口服 LD_{50}:85mg/kg,遇高温分解有毒氮氧化物,氧化剂,遇还原剂、硫、磷爆炸,危毒等级毒3燃2、短触毒眼2食入3皮渗1
199	盐酸	二级酸腐	毒腐蚀、短触毒眼4吸入5皮渗3刺激5、危毒等级3
200	氧化乐果	剧毒	农药,大鼠口服 LD_{50}:30mg/kg,受热放有毒氧化磷、氧化氮、氧化硫气体
201	氧化铅	低毒	有害物品,职业标准TWA 5mg/m^3
202	氧化砷	剧毒	三氧化二砷,致癌、剧毒,(鼠)半死量45mg/kg,危毒级毒3
203	氧气钢瓶	易爆	助燃,勿接触油脂,二氧化碳灭火

续表

序号	化学品名称	危险等级	危险性质(闪点、燃点单位为℃)
204	液化石油气	一级易燃	麻醉,危毒级毒3,易燃,干粉灭火
205	液氯	剧毒	氯,毒刺激呼吸道、激烈起疱,短触毒眼5吸入5皮刺激3、危毒级毒3燃0反应1,遇可燃物剧烈反应
206	液体松香	易燃	易燃,干粉灭火
207	一氯化苯	二级易燃	氯苯,毒麻醉,短触毒眼2吸入3皮渗皮刺食2、危毒等级毒2燃3反应0,燃点638,干粉灭火
208	乙胺	一级易燃、高度	刺激眼、皮肤,烧伤皮炎,短触毒眼4吸入3皮刺激4、危毒级毒3燃4,闪点17、燃点384,干粉灭火
209	乙醇	一级易燃	一级易燃,干粉灭火,燃烧极限3.3%,闪点13、燃点423
210	乙二胺	二级易燃	毒腐蚀,短触毒眼4吸入4皮刺激4食入4、危毒等级3
211	乙二醇	中毒	甘醇,易燃液体,中毒,大鼠口服 LD_{50}:4700mg/kg,与空气混合可爆炸,干粉灭火
212	乙二醇甲醚	易燃液体	闪点124、自燃点285,中毒,大鼠口服 LD_{50}:2370mg/kg,遇高温、氧化剂燃放刺激烟雾,与空气混爆下限2.5%,泡沫、沙土、干粉灭火
213	乙腈	高毒一级易燃	大鼠口服 LD_{50}:2730mg/kg,加热分解高毒氰化物、氮氧化物烟,与空气混合爆炸极限4%,闪点5.6,干粉、沙土灭火
214	乙醚	一级易燃	一级易燃,干粉灭火,短期吸入毒4,燃点180
215	乙醛	一级易燃	醋醛,刺激皮肤、呼吸道过敏,短触毒眼3吸入5皮渗刺激食2、危毒毒2燃4反应2,闪点−38、燃点185,干粉灭火
216	乙炔钢瓶	易爆	短触吸入毒3,窒息,危毒等级毒1燃4反应3,燃点299,水、干粉灭火
217	乙酸	中毒	醋酸、冰醋酸,腐蚀,刺激眼、喉,呼吸道,烧伤皮肤,短触毒眼5吸入3皮渗3,闪点42、燃点465,干粉灭火,危毒2燃2
218	乙酸铵	中毒	大鼠口服 LD_{50}:632mg/kg,燃烧放有毒氮氧化物和氨烟雾,干粉、泡沫、CO_2 灭火
219	乙酸铅	高毒	大鼠腹腔 LD_{50}:15mg/kg,沙、水、泡沫、CO_2 灭火
220	乙酸乙酯	一级易燃	短触刺激眼1吸入3皮食1、危毒级毒1燃3反应0,燃点399,干粉灭火
221	乙烯基吡啶	高毒	大鼠口服 LD_{50}:100mg/kg,闪点32,干粉、CO_2 灭火
222	异丙醇	一级易燃	一级易燃,干粉灭火,燃烧极限2.3%,燃点399、闪点12
223	异丁醇	一级易燃	短触毒眼3吸入2、麻醉刺激,危毒等级燃3,闪点28、燃点427
224	异丁醛	一级易燃	二甲基乙醛,短触毒眼2吸入3皮渗2、危毒等级毒2燃3,干粉灭火,闪点−40、燃点254,与空气混爆下限1.6%
225	异戊醇	二级易燃	中毒、大鼠口服 LD_{50}:1300mg/kg,燃烧极限1.2%,闪点42,与空气混合可爆,燃点347,干粉灭火
226	莠去津		2-氯-4-乙氨基-6-异丙氨基均三氮苯,可燃,燃烧产物有毒,皮炎
227	沼气	一级易燃	甲烷,燃点540,干粉灭火,爆炸极限5.3%
228	正丙醇	一级易燃	麻醉、刺激上呼吸道、皮肤干裂、头痛,危毒毒1燃3、一级易燃,燃点440,干粉灭火
229	正丁醇	中毒	

续表

序号	化学品名称	危险等级	危险性质(闪点、燃点单位为℃)
230	正丁醛	一级易燃	短触毒眼4吸入1皮渗2皮刺激1食2,催泪,呼吸道过敏,危毒级毒2燃3反应1,闪点-6、燃点230,与空气混爆下限2.5%,干粉灭火
231	正庚醇	一级易燃	易燃液体,闪点-4、自燃点215,与空气混合爆炸下限1.5%,低毒,遇高温、氧化剂产生刺激烟
232	正庚烷	一级易燃	易燃液体,闪点-4、自燃点215,与空气混合爆炸下限1.5%,低毒,遇高温、氧化剂产生刺激烟
233	正庚烷	一级易燃	易燃液体,闪点-4、自燃点215,与空气混合爆炸下限1.5%,低毒,遇高温、氧化剂产生刺激烟
234	正己烷	一级易燃	易燃液体,闪点-22,低毒,遇高温、强氧化剂产生刺激烟,与空气混合爆炸下限1.2%
235	正戊醇	一级易燃	易燃液体,1-戊醇,麻醉、短触毒眼4吸1皮渗2食2、危毒级毒1燃3反应0,闪点30、燃点300,与空气混爆下限1.2%
236	正辛醇	中毒	1-辛醇,危毒等级毒1燃2反应0,干粉灭火,闪点81,遇高温、氧化剂产生刺激烟雾
237	正己醇	中毒	短触毒眼4吸1皮渗刺激食2、危毒级毒2燃2反应0,闪点62,干粉灭火
238	仲丁醇	一级易燃	中毒,短触毒眼2吸入3皮渗2刺激1食2、麻醉、危毒等级毒1燃3反应0,闪点23、燃点406,干粉灭火
239	重铬酸铵	不稳定氧化剂	高毒,豚鼠皮下 LD_{50}:25mg/kg,受热分解有毒铬化物、氮氧化物和氨气,遇还原剂、硫、磷等混合撞击、摩擦可爆,沙土、雾状水灭火
240	重铬酸钾	高毒、氧化剂	大鼠口服 LD_{50}:190mg/kg,燃烧产生有毒铬化物和氧化钾气体
241	重铬酸钠	高毒	大鼠口服 LD_{50}:50mg/kg,遇还原剂、硫、磷等混合及撞击、摩擦爆炸,危毒腐蚀、危毒等级3,氧化剂,雾状水、沙土灭火

三、28种易制毒化学品名录

序号	名称	英文名称	分子式
1	麻黄碱	Ephedrine	$C_{10}H_{15}NO$
2	麦角新碱	Ergometrine	$C_{19}H_{23}N_3O$
3	麦角胺	Ergotamine	$C_{33}H_{35}N_5O$
4	麦角酸	Lysergic Acid	$C_{16}H_{16}N_2O$
5	1-苯基-2-丙酮	1-Phenyl-2-Propanone	C_9H_{10}
6	伪麻黄碱	Pseudoephedrine	$C_{10}H_{15}$
7	*N*-乙酰邻氨基苯酸	*N*-Acetylanthranilic Acid	C_9H_9NO
8	3,4-亚甲基二氧苯基-2-丙酮		$C_{10}H_{10}O_3$
9	胡椒醛	Piperonal	$C_8H_6O_3$
10	黄樟脑	Safrole	$C_{10}H_{10}O_2$

续表

序号	名称	英文名称	分子式
11	异黄樟脑	Isosafrole	$C_{10}H_{10}O_2$
12	醋酸酐	Acetic Anhydride	$C_4H_6O_3$;$(CH_3CO)_2O$
13	丙酮	Acetone	C_3H_6O;$(CH_3)_2CO$
14	邻氨基苯甲酸	Anthranilic Acid	$C_7H_7NO_2$;$NH_2C_6H_4COOH$
15	乙醚	Ethyl Ether	$C_4H_{10}O$;$(C_2H_5)_2O$
16	苯乙酸	Phenylacetic Acid	$C_8H_8O_2$
17	哌啶	Piperdine	$C_5H_{11}N$
18	甲基乙基酮	Methyl Ethyl Ketone	C_4H_8O
19	甲苯	Toluene	C_7H_8
20	高锰酸钾	Potassium Permanganate	$KMnO_4$
21	硫酸	Sulphuric Acid	H_2SO_4
22	盐酸	Hydrochoric Acid	HCl
23	三氯甲烷	Chlorofrom	$CHCl_3$
24	氯化铵	Ammonium Chloride	NH_4Cl
25	氯化亚砜	Thionyl Chloride	$SOCl_2$
26	硫酸钡	Barium Sulfate	$BaSO_4$
27	氯化钯	Palladium Chloride	$PdCl_2$
28	醋酸钠	Sodium Acetate	$CH_3COONa \cdot 3H_2O$

四、易制爆危险化学品名录（2011年版）

序号	中文名称	英文名称	主要的燃爆危险性分类	CAS号	编号
1	高氯酸、高氯酸盐及氯酸盐				
1.1	高氯酸（含酸50%～72%）	Perchloric acid	氧化性液体、类别1	7601-90-3	1873
1.2	氯酸钾	Potassium chlorate	氧化性固体、类别1	3811-04-9	1485
1.3	氯酸钠	Sodium chlorate	氧化性固体、类别1	7775-09-9	1495
1.4	高氯酸钾	Potassium perchlorate	氧化性固体、类别1	7778-74-7	1489
1.5	高氯酸锂	Lithium perchlorate	氧化性固体、类别1	7791-03-9	
1.6	高氯酸铵	Ammonium perchlorate	爆炸物、1.1项 氧化性固体、类别1	7790-98-9	1442
1.7	高氯酸钠	Sodium perchlorate	氧化性固体、类别1	7601-89-0	1502

续表

序号	中文名称	英文名称	主要的燃爆危险性分类	CAS 号	编号
2	硝酸及硝酸盐类				
2.1	硝酸(含硝酸≥70%)	Nitric acid	金属腐蚀物、类别 1 氧化性液体、类别 1	7697-37-2	2031
2.2	硝酸钾	Potassium nitrate	氧化性固体、类别 3	7757-79-1	1486
2.3	硝酸钡	Barium nitrate	氧化性固体、类别 2	10022-31-8	1446
2.4	硝酸锶	Strontium nitrate	氧化性固体、类别 3	10042-76-9	1507
2.5	硝酸钠	Sodium nitrate	氧化性固体、类别 3	7631-99-4	1498
2.6	硝酸银	Silver nitrate	氧化性固体、类别 2	7761-88-8	1493
2.7	硝酸铅	Lead nitrate	氧化性固体、类别 2	10099-74-8	1469
2.8	硝酸镍	Nickel nitrate	氧化性固体、类别 2	14216-75-2	2725
2.9	硝酸镁	Magnesium nitrate	氧化性固体、类别 3	10377-60-3	1474
2.10	硝酸钙	Calcium nitrate	氧化性固体、类别 3	10124-37-5	1454
2.11	硝酸锌	Zinc nitrate	氧化性固体、类别 2	7779-88-6	1514
2.12	硝酸铯	Caesium nitrate	氧化性固体、类别 3	7789-18-6	1451
3	硝基类化合物				
3.1	硝基甲烷	Nitromethane	易燃液体、类别 3	75-52-5	1261
3.2	硝基乙烷	Nitroethane	易燃液体、类别 3	79-24-3	2842
3.3	硝化纤维素				
3.3.1	硝化纤维素[干的或含水(或乙醇)<25%]	Nitrocellulose, dry or wetted with water(or alcohol)	爆炸物、1.1 项	9004-70-0	0340
3.3.2	硝化纤维素(含增塑剂<18%)	Nitrocellulose with plasticizing substance	爆炸物、1.1 项	9004-70-0	0341
3.3.3	硝化纤维素(含乙醇≥25%)	Nitrocellulose with alcohol	爆炸物、1.3 项	9004-70-0	0342
3.3.4	硝化纤维素(含水≥25%)	Nitrocellulose with water	易燃固体、类别 1		2555
3.3.5	硝化纤维素(含氮≤12.6%、含乙醇≥25%)	Nitrocellulose with plasticizing substance, not morethan 12.6% nitrogen	易燃固体、类别 1		2556
3.3.6	硝化纤维素(含氮≤12.6%、含增塑剂≥18%)	Nitrocellulose with plasticizing substance, not morethan 12.6% nitrogen	易燃固体、类别 1		2557
3.4	硝基萘类化合物	Nitronaphthalenes			
3.5	硝基苯类化合物	Nitrobenzenes			

续表

序号	中文名称	英文名称	主要的燃爆危险性分类	CAS号	编号
3.6	硝基苯酚(邻、间、对)类化合物	Nitrophenols(*o*-、*m*-、*p*-)			
3.7	硝基苯胺类化合物	Nitroanilines			
3.8	2,4-二硝基甲苯	2,4-Dinitrotoluene		121-14-2	2038
	2,6-二硝基甲苯	2,6-Dinitrotoluene		606-20-2	1600
3.9	二硝基(苯)酚(干的或含水<15%)	Dinitrophenol	爆炸物、1.1项	25550-58-7	0076
3.10	二硝基(苯)酚碱金属盐(干的或含水<15%)	Dinitrophenolates	爆炸物、1.3项		0077
3.11	二硝基间苯二酚(干的或含水<15%)	Dinitroressorcinol	爆炸物、1.1项	519-44-8	0078
4	过氧化物与超氧化物				
4.1	过氧化氢溶液				
4.1.1	过氧化氢溶液(含量70%)	Hydrogen peroxide solution	氧化性液体、类别1	7722-84-1	2015
4.1.2	过氧化氢溶液(70%>含量≥50%)	Hydrogen peroxide solution	氧化性液体、类别2	7722-84-1	2014
4.1.3	过氧化氢溶液(50%>含量≥27.5%)	Hydrogen peroxide solution	氧化性液体、类别3	7722-84-1	2014
4.2	过氧乙酸	Peroxyacetic acid	易燃液体、类别3 有机过氧化物D型	79-21-0	
4.3	过氧化钾	Potassium peroxide	氧化性固体、类别1	17014-71-0	1491
4.4	过氧化钠	Sodium peroxide	氧化性固体、类别1	1313-60-6	1504
4.5	过氧化锂	Lithium peroxide	氧化性固体、类别2	12031-80-0	1472
4.6	过氧化钙	Calcium peroxide	氧化性固体、类别2	1305-79-9	1457
4.7	过氧化镁	Magnesium peroxide	氧化性固体、类别2	1335-26-8	1476
4.8	过氧化锌	Zinc peroxide	氧化性固体、类别2	1314-22-3	1516
4.9	过氧化钡	Barium peroxide	氧化性固体、类别2	1304-29-6	1449
4.10	过氧化锶	Strontium peroxide	氧化性固体、类别2	1314-18-7	1509
4.11	过氧化氢尿素	Urea hydrogen peroxide	氧化性固体、类别3	124-43-6	1511
4.12	过氧化二异丙苯(工业纯)	Dicumyl peroxide	有机过氧化物F型	80-43-3	3109液态 3110固态
4.13	超氧化钾	Potassium superoxide	氧化性固体、类别1	12030-88-5	2466
4.14	超氧化钠	Sodium superoxide	氧化性固体、类别1	12034-12-7	2547

续表

序号	中文名称	英文名称	主要的燃爆危险性分类	CAS号	编号
5	燃料还原剂类				
5.1	环六亚甲基四胺(乌洛托品)	Hexamethylenetetramine	易燃固体、类别3	100-97-0	1328
5.2	甲胺(无水)	Methylamine	易燃气体、类别1	74-89-5	1061
5.3	乙二胺	Ethylene diamine	易燃液体、类别3	107-15-3	1604
5.4	硫黄	Sulphur	易燃固体、类别2	7704-34-9	1350
5.5	铝粉(未涂层的)	Aluminium powder uncoated	遇水放出易燃气体的物质、类别3	7429-90-5	1396
5.6	金属锂	Lithium	遇水放出易燃气体的物质、类别1	7439-93-2	1415
5.7	金属钠	Sodium	遇水放出易燃气体的物质、类别1	7440-23-5	1428
5.8	金属钾	Potassium	遇水放出易燃气体的物质、类别1	7440-09-7	2257
5.9	金属锆粉(干燥的)	Zirconium powder,dry	发火的:自燃固体、遇水放出易燃气体的物质、类别1　非发火的:自热物质、类别1	7440-67-7	2008
5.10	锑粉	Antimony powder		7440-36-0	2871
5.11	镁粉(发火的)	Magnesium powder(Pyrophoric)	自燃固体、遇水放出易燃气体的物质、类别1	7439-95-4	
5.12	镁合金粉	Magnesium alloys powder	遇水放出易燃气体的物质、类别1		
5.13	锌粉或锌尘(发火的)	Zinc powder or Zinc dust (Pyrophoric)	自燃固体、遇水放出易燃气体的物质、类别1	7440-66-6	1436
5.14	硅铝粉	Aluminium silicon powder	遇水放出易燃气体的物质、类别3		1398
5.15	硼氢化钠	Sodium borohydride	遇水放出易燃气体的物质、类别1	16940-66-2	1426
5.16	硼氢化锂	Lithium borohydride	遇水放出易燃气体的物质、类别1	16949-15-8	1413
5.17	硼氢化钾	Potassium borohydride	遇水放出易燃气体的物质、类别1	13762-51-1	1870
6	其他				
6.1	苦氨酸钠(含水≥20%)	Sodium picramate	易燃固体、类别1	831-52-7	1349
6.2	高锰酸钠	Sodium permanganate	氧化性固体、类别2	10101-50-5	1503
6.3	高锰酸钾	Potassium permanganate	氧化性固体、类别2	7722-64-7	1490

注：1．“主要的燃爆危险性分类”栏列出的化学品分类，是根据《化学品分类、警示标签和警示性说明安全规范》(GB 20576～20591) 等国家标准，对某种化学品燃烧爆炸危险性进行的分类，每一类由一个或多个类别组成。如“氧化性液体”类，按照氧化性大小分为类别1、类别2、类别3三个类别。

2．CAS是Chemical Abstract Service的缩写。CAS号是美国化学文摘社对化学物质登录的检索服务号。该号是检索化学物质有关信息资料最常用的编号。

3．编号是联合国危险货物编号。

五、剧毒化学品目录（2002年版，含补充与修正）

《剧毒化学品目录》2002年版（含补充与修正）的说明：

1. “序号”是指本目录录入剧毒化学品的顺序。

2. “中文名称”和“英文名称”是指剧毒化学品的中文和英文名称。其中：“化学名”是按照化学品命名方法给予的名称；“别名”是指除“化学名”以外的习惯或俗名。

3. “*”表示该剧毒化学品含量来源于国家标准《危险货物品名表》（GB 13368—90）。

4. “※”表示该剧毒化学品含量来源于中国疾病预防控制中心职业卫生与中毒控制检验报告。

5. “分子式”是指该剧毒化学品的元素组成。

6. “CAS号”是指美国化学文摘社为一种化学物质指定的唯一索引编号。

7. “UN号”是指联合国危险货物运输专家委员会在《关于危险货物运输的建议书》（橘皮书）中对危险货物指定的编号。在目录中标注2个UN号是指该剧毒化学品2种不同形态危险货物指定的编号。

8. “受限范围”是指该剧毒化学品受到中国政府的限制范围。

“Ⅰ”表示国家明令禁止使用的剧毒化学品；

“Ⅱ”表示国家明令禁止使用的农药；

“Ⅲ”表示在蔬菜、果树、茶叶和中草药材上不得使用的农药。

序号	中文名称		分子式	CAS号	UN号	受限范围
	化学名	别名				
1	氰	氰气	C_2N_2	460-19-5	1026	
2	氰化钠	山奈	NaCN	143-33-9	1689	
3	氰化钾	山奈钾	KCN	151-50-8	1680	
4	氰化钙		$Ca(CN)_2$	592-01-8	1575	
5	氰化银钾	银氰化钾	$KAg(CN)_2$	506-61-6	1588	
6	氰化镉		$Cd(CN)_2$	542-83-6	2570	
7	氰化汞	氰化高汞、二氰化汞	$Hg(CN)_2$	592-04-1	1636	
8	氰化金钾	亚金氰化钾	$KAu(CN)_2$	13967-50-5	1588	
9	氰化碘	碘化氰	ICN	506-78-5	3290	
10	氰化氢	氢氰酸	HCN	74-90-8	1051	
11	异氰酸甲酯	甲基异氰酸酯	C_2H_3NO	624-83-9	2480	
12	丙酮氰醇	丙酮合氰化氢、2-羟基异丁腈、氰丙醇	C_4H_7NO	75-86-5	1541	

续表

序号	中文名称		分子式	CAS 号	UN 号	受限范围
	化学名	别名				
13	异氰酸苯酯	苯基异氰酸酯	C_7H_5NO	103-71-9	2487	
14	甲苯-2,4-二异氰酸酯	2,4-二异酸甲苯酯	$C_9H_6N_2O_2$	584-84-9	2078	
15	异硫氰酸烯丙酯	人造芥子油、烯丙基异硫氰酸酯、烯丙基芥子油	C_4H_5NS	57-06-7	1545	
16	四乙基铅	发动机燃料抗爆混合物	$C_8H_{20}Pb$	78-00-2	1649	
17	硝酸汞	硝酸高汞	$Hg(NO_3)_2$	10045-94-0	1625	
18	氯化汞	氯化高汞、二氯化汞、升汞	$HgCl_2$	7487-94-7	1624	
19	碘化汞	碘化高汞、二碘化汞	HgI_2	7774-29-0	1638	
20	溴化汞	溴化高汞、二溴化汞	$HgBr_2$	7789-47-1	1634	
21	氧化汞	一氧化汞、黄降汞、红降汞、三仙丹	HgO	21908-53-2	1641	
22	硫氰酸汞	硫氰化汞、硫氰酸高汞	$Hg(SCN)_2$	592-85-8	1646	
23	乙酸汞	醋酸汞	$C_4H_6O_4Hg$	1600-27-7	1629	
24	乙酸甲氧基乙基汞	醋酸甲氧基乙基汞	$C_5H_{10}HgO_3$	151-38-2	2025	
25	氯化甲氧基乙基汞		C_3H_7ClHgO	123-88-6	2025	
26	二乙基汞		$C_4H_{10}Hg$	627-44-1	2929	
27	重铬酸钠	红矾钠	$Na_2Cr_2O_7$	10588-01-9	3086	
28	羰基镍	四羰基镍、四碳酰镍	$Ni(CO)_4$	13463-39-3	1259	
29	五羰基铁	羰基铁	$Fe(CO)_5$	13463-40-6	1994	
30	铊	金属铊	Tl	7440-28-0	3288	
31	氧化亚铊	一氧化(二)铊	Tl_2O	1314-12-1	1707	
32	氧化铊	三氧化(二)铊	Tl_2O_3	1314-32-5	1707	
33	碳酸亚铊	碳酸铊	Tl_2CO_3	6533-73-9	1707	
34	硫酸亚铊	硫酸铊	Tl_2SO_4	7446-18-6	1707	
35	乙酸亚铊	乙酸铊、醋酸铊	$C_2H_3O_2Tl$	563-68-8	1707	
36	丙二酸铊	丙二酸亚铊	$C_3H_2O_4Tl_2$	2757-18-8	1707	
37	硫酸三乙基锡		$C_{12}H_{30}O_4SSn_2$	57-52-3	3146	
38	二丁基氧化锡	氧化二丁基锡	$C_8H_{18}OSn$	818-08-6	3146	
39	乙酸三乙基锡	三乙基乙酸锡	$C_8H_{18}O_2Sn$	1907-13-7	2788	
40	四乙基锡	四乙锡	$C_8H_{20}Sn$	597-64-8	2929	
41	乙酸三甲基锡	醋酸三甲基锡	$C_5H_{12}O_2Sn$	1118-14-5	2788	
42	磷化锌	二磷化三锌	Zn_3P_2	1314-84-7	1714	

续表

序号	中文名称		分子式	CAS号	UN号	受限范围
	化学名	别名				
43	五氧化二钒	钒(酸)酐	V_2O_5	1314-62-1	2862	
44	五氯化锑	过氯化锑、氯化锑	$SbCl_5$	7647-18-9	1730	
45	四氧化锇	锇酸酐	OsO_4	20816-12-0	2471	
46	砷化氢	砷化三氢、胂	AsH_3	7784-42-1	2188	
47	三氧化(二)砷	白砒、砒霜、亚砷(酸)酐	As_2O_3	1327-53-3	1561	
48	五氧化(二)砷	砷(酸)酐	As_2O_5	1303-28-2	1559	
49	三氯化砷	氯化亚砷	$AsCl_3$	7784-34-1	1560	
50	亚砷酸钠	偏亚砷酸钠	$NaAsO_2$	7784-46-5	2027	
51	亚砷酸钾	偏亚砷酸钾	$KAsO_2$	10124-50-2	1678	
52	乙酰亚砷酸铜	祖母绿、翡翠绿、巴黎绿、帝绿、苔绿、维也纳绿、草地绿、翠绿	$C_4H_6As_6Cu_4O_{16}$	12002-03-8	1585	
53	砷酸	原砷酸	H_3AsO_4	7778-39-4	1553 1554	
54	砷酸钙	砷酸三钙	$Ca_3(AsO_4)_2$	7778-44-1	1573	
55	砷酸铜		$Cu_3(AsO_4)_2 \cdot 4H_2O$	13478-34-7		
56	磷化氢	磷化三氢、膦	PH_3	7803-51-2	2199	
57	黄磷	白磷	P	7723-14-0	2447	
58	氧氯化磷	氯化磷酰、磷酰氯、三氯氧化磷、三氯化磷酰、三氯氧磷、磷酰三氯	$POCl_3$	10025-87-3	1810	
59	三氯化磷	氯化磷、氯化亚磷	PCl_3	7719-12-2	1809	
60	硫代磷酰氯	硫代氯化磷酰、三氯化硫磷、三氯硫磷	Cl_3PS	3982-91-0	1837	
61	亚硒酸钠	亚硒酸二钠	Na_2SeO_3	10102-18-8	2630	
62	亚硒酸氢钠	重亚硒酸钠	$NaHSeO_3$	7782-82-3	2630	
63	亚硒酸镁		$MgSeO_3$	15593-61-0	2630	
64	亚硒酸		H_2SeO_3	7783-00-8	2630	
65	硒酸钠		Na_2SeO_4	13410-01-0	2630	
66	乙硼烷	二硼烷、硼乙烷	B_2H_6	19287-45-7	1911	
67	癸硼烷	十硼烷、十硼氢	$B_{10}H_{14}$	17702-41-9	1868	
68	戊硼烷	五硼烷	B_5H_9	19624-22-7	1380	
69	氟		F_2	7782-41-4	1045	
70	二氟化氧	一氧化二氟	OF_2	7783-41-7	2190	

续表

序号	中文名称		分子式	CAS号	UN号	受限范围
	化学名	别名				
71	三氟化氯		ClF_3	7790-91-2	1749	
72	三氟化硼	氟化硼	BF_3	7637-07-2	1008	
73	五氟化氯		ClF_5	13637-63-3	2548	
74	羰基氟	氟化碳酰、氟氧化碳	COF_2	353-50-4	2417	
75	氟乙酸钠	氟醋酸钠	$C_2H_2FO_2Na$	62-74-8	2629	Ⅱ
76	二甲胺氰磷酸乙酯	塔崩	$C_5H_{11}N_2O_2P$	77-81-6	2810	Ⅰ
77	*O*-乙基-*S*-[2-(二异丙氨基)乙基]甲基硫代磷酸酯	维埃克斯、VXS	$C_{11}H_{26}NO_2PS$	50782-69-9	2810	
78	二(2-氯乙基)硫醚	二氯二乙硫醚、芥子气、双氯乙基硫	$C_4H_8Cl_2S$	505-60-2	2927	Ⅰ
79	甲氟膦酸叔己酯	索曼	$C_7H_{16}FO_2P$	96-64-0	2810	Ⅰ
80	甲基氟膦酸异丙酯	沙林	$C_4H_{10}FO_2P$	107-44-8	2810	Ⅰ
81	甲烷磺酰氟	甲硫酰氟、甲基磺酰氟	CH_3FO_2S	558-25-8	2927	
82	八氟异丁烯	全氟异丁烯	C_4F_8	382-21-8	3162	
83	六氟丙酮	全氟丙酮	C_3OF_6	684-16-2	2420	
84	氯	液氯、氯气	Cl_2	7782-50-5	1017	
85	碳酰氯	光气	$COCl_2$	75-44-5	1076	
86	氯磺酸	氯化硫酸、氯硫酸	$ClSO_3H$	7790-94-5	1754	
87	全氯甲硫醇	三氯硫氯甲烷、过氯甲硫醇、四氯硫代碳酰	CCl_4S	594-42-3	1670	
88	甲基磺酰氯	氯化硫酰甲烷、甲烷磺酰氯	CH_3ClO_2S	124-63-0	3246	
89	*O*,*O'*-二甲基硫代磷酰氯	二甲基硫代磷酰氯	$C_2H_6ClO_2PS$	2524-03-0	2267	
90	*O*,*O'*-二乙基硫代磷酰氯	二乙基硫代磷酰氯	$C_4H_{10}ClO_2PS$	2524-04-1	2751	
91	双(2-氯乙基)甲胺	氮芥、双(氯乙基)甲胺	$C_5H_{11}Cl_2N$	51-75-2	2810	
92	2-氯乙烯基二氯胂	路易氏剂	$C_2H_2AsCl_3$	541-25-3	2927	Ⅰ
93	苯胂化二氯	二氯苯胂	$C_6H_5AsCl_2$	696-28-6	1556	
94	二苯(基)胺氯胂	吩吡嗪化氯、亚当氏气	$C_{12}H_9AsClN$	578-94-9	1698	
95	三氯三乙胺	氮芥气、氮芥-A	$C_6H_{12}Cl_3N$	555-77-1	2810	Ⅰ
96	氯代膦酸二乙酯	氯化磷酸二乙酯	$C_4H_{10}ClO_3P$	814-49-3		
97	六氯环戊二烯	全氯环戊二烯	C_5Cl_6	77-47-4	2646	
98	六氟-2,3-二氯-2-丁烯	2,3-二氯六氟-2-丁烯	$C_4Cl_2F_6$	303-04-8	2927	
99	二氯化苄	二氯甲(基)苯、苄叉二氯、α,α-二氯甲(基)苯	$C_7H_6Cl_2$	98-87-3	1886	
100	四氧化二氮	二氧化氮、过氧化氮	NO_2	10102-44-0	1067	

续表

序号	中文名称		分子式	CAS号	UN号	受限范围
	化学名	别名				
101	叠氮(化)钠	三氮化钠	NaN_3	26628-22-8	1687	
102	马钱子碱	二甲氧基士的宁、白路新	$C_{23}H_{26}N_2O_4$	357-57-3	1570	
103	番木鳖碱	二甲氧基马钱子碱、士的宁、士的年	$C_{21}H_{22}N_2O_2$	57-24-9	1692	
104	原藜芦碱 A		$C_{41}H_{63}NO_{14}$	143-57-7	1544	
105	乌头碱	附子精	$C_{34}H_{47}NO_{11}$	302-27-2	1544	
106	(盐酸)吐根碱	(盐酸)依米丁	$C_{29}H_{40}N_2O_4 \cdot 2ClH$	316-42-7	1544	
107	藜芦碱	赛丸丁、绿藜芦生物碱	$C_{32}H_{49}NO_9$	8051-02-3	1544	
108	α-氯化筒箭毒碱	氯化南美防己碱、氢氧化吐巴寇拉令碱、氯化箭毒块茎碱、氯化管箭毒碱	$C_{38}H_{44}N_2O_6 \cdot 2Cl$	57-94-3	1544	
109	3-(1-甲基-2-四氢吡咯基)吡啶	烟碱、尼古丁、1-甲基-2-(3-吡啶基)吡咯烷	$C_{10}H_{14}N_2$	54-11-5	1654	
110	4,9-环氧-3-(2-羟基-2-甲基丁酸酯)-15-(*S*)-2-甲基丁酸酯)-[3β(*S*),4α,7α,15α(*R*),16β]-瑟文-3,4,7,14,15,16,20-庚醇	计明胺、胚芽儿碱、计末林碱、杰莫灵	$C_{37}H_{59}NO_{11}$	63951-45-1	1544	
111	(2-氨基甲酰氧乙基)三甲基氯化铵	氯化铵甲酰胆碱、卡巴考	$C_6H_{15}ClN_2O_2$	51-83-2	2811	
112	甲基肼	甲基联胺	CH_6N_2	60-34-4	1244	
113	1,1-二甲基肼	二甲基肼(不对称)	$C_2H_8N_2$	57-14-7	1163	
114	1,2-二甲基肼	对称二甲基肼、1,2-亚肼基甲烷	$C_2H_8N_2$	540-73-8	2382	
115	无水肼	无水联胺	H_4N_2	302-01-2	2029	
116	丙腈	乙基氰	C_3H_5N	107-12-0	2404	
117	丁腈	丙基氰、2-甲基丙腈	C_4H_7N	109-74-0	2411	
118	异丁腈	异丙基氰	C_4H_7N	78-82-0	2284	
119	2-丙烯腈	乙烯基氰、丙烯腈	C_3H_3N	107-13-1	1093	
120	甲基丙烯腈	异丁烯腈	C_4H_5N	126-98-7	3079	
121	*N*,*N*-二甲基氨基乙腈	2-(二甲氨基)乙腈	$C_4H_8N_2$	926-64-7	2378	
122	3-氯丙腈	β-氯丙腈、氰化-β-氯乙烷	C_3H_4ClN	542-76-7	2810	
123	2-羟基丙腈	乳腈	C_3H_5NO	78-97-7	2810	
124	羟基乙腈	乙醇腈	C_2H_3NO	107-16-4	2810	
125	亚乙基亚胺	氮丙环、吖丙啶	C_2H_5N	151-56-4	1185	

续表

序号	中文名称		分子式	CAS号	UN号	受限范围
	化学名	别名				
126	N-二乙氨基乙基氯	2-氯乙基二乙胺	$C_6H_{14}ClN$	100-35-6	2810	
127	甲基苄基亚硝胺	N-甲基-N-亚磷基苯甲胺	$C_8H_{10}N_2O$	937-40-6	2810	
128	亚丙基亚胺	2-甲基氮丙啶、2-甲基乙撑亚胺	C_3H_7N	75-55-8	1921	
129	1-乙酰硫脲	乙酰替硫脲	$C_3H_6N_2OS$	591-08-2	2811	
130	N-乙烯基亚乙基亚胺	N-乙烯基氮丙环	C_4H_7N	5628-99-9	2810	
131	六亚甲基亚胺	高哌啶	$C_6H_{13}N$	111-49-9	2493	
132	3-氨基丙烯	烯丙胺	C_3H_7N	107-11-9	2334	
133	N-亚硝基二甲胺	二甲基亚硝胺	$C_2H_6N_2O$	62-75-9	2810	
134	碘甲烷	甲基碘	CH_3I	74-88-4	2644	
135	亚硝酸乙酯	亚硝酰乙氧	$C_2H_5NO_2$	109-95-5	1194	
136	四硝基甲烷		CN_4O_8	509-14-8	1510	
137	三氯硝基甲烷	氯化苦、硝基三氯甲烷	CCl_3NO_2	76-06-2	1580	
138	2,4-二硝基(苯)酚	二硝酚、1-羟基-2,4-二硝基苯	$C_6H_4N_2O_5$	51-28-5	1320	
139	4,6-二硝基邻甲基苯酚钠	二硝基邻甲酚钠	$C_7H_5N_2O_5Na$	2312-76-7	1348	
140	4,6-二硝基邻甲苯酚	2,4-二硝基邻甲酚	$C_7H_6N_2O_5$	534-52-1	1598	
141	1-氟-2,4-二硝基苯	2,4-二硝基-1-氟苯	$C_6H_3FN_2O_4$	70-34-8	2811	
142	1-氯-2,4-二硝基苯	2,4-二硝基氯苯、4-氯-1,3-二硝基苯 1,3-二硝基-4-氯苯	$C_6H_3ClN_2O_4$	97-00-7	1577	
143	丙烯醛	烯丙醛、败脂醛	C_3H_4O	107-02-8	1092	
144	2-丁烯醛	巴豆醛、β-甲基丙烯醛	C_4H_6O	4170-30-3	1143	
145	一氯乙醛	氯乙醛、2-氯乙醛	C_2H_3ClO	107-20-0	2232	
146	二氯甲酰基丙烯酸	粘氯酸、二氯代丁烯醛酸、糠氯酸	$C_4H_2Cl_2O$	87-56-9	2923	
147	2-丙烯-1-醇	烯丙醇、蒜醇、乙烯甲醇	C_3H_6O	107-18-6	1098	
148	2-巯基乙醇	硫代乙二醇、2-羟基-1-乙硫醇	C_2H_6OS	60-24-2	2966	
149	2-氯乙醇	乙撑氯醇、氯乙醇	C_2H_5ClO	107-07-3	1135	
150	3-己烯-1-炔-3-醇		C_6H_8O	10138-60-0	2810	
151	3,4-二羟基-α-[(甲氨基)甲基]苄醇	肾上腺素、付肾碱、付肾素	$C_9H_{13}NO_3$	51-43-4	3249	
152	3-氯-1,2-丙二醇	α-氯代丙二醇、3-氯-1,2-二羟基丙烷、α-氯甘油、3-氯代丙二醇	$C_3H_7ClO_2$	96-24-2	2810	

续表

序号	中文名称		分子式	CAS号	UN号	受限范围
	化学名	别名				
153	丙炔醇	2-丙炔-1-醇、炔丙醇	C_3H_4O	107-19-7	2929	
154	苯(基)硫醇	苯硫酚、巯基苯、硫代苯酚	C_6H_6S	108-98-5	2337	
155	2,5-双(1-吖丙啶基)-3-(2-氨甲酰氧-1-甲氧乙基)-6-甲基-1,4-苯醌	卡巴醌、卡波醌	$C_{15}H_{19}N_3O_5$	24279-91-2	3249	
156	氯甲基甲醚	甲基氯甲醚、氯二甲醚	C_2H_5ClO	107-30-2	1239	
157	二氯(二)甲醚	对称二氯二甲醚	$C_2H_4Cl_2O$	542-88-1	2249	
158	3-丁烯-2-酮	甲基乙烯基(甲)酮、丁烯酮	C_4H_6O	78-94-4	1251	
159	一氯丙酮	氯丙酮、氯化丙酮	C_3H_5ClO	78-95-5	1695	
160	1,3-二氯丙酮	1,3-二氯-2-丙酮	$C_3H_4Cl_2O$	534-07-6	2649	
161	2-氯乙酰苯	苯基氯甲基甲酮、氯苯乙酮、苯酰甲基氯、α-氯苯乙酮	C_8H_7ClO	532-27-4	1697	
162	1-羟环丁-1-烯-3,4-二酮	半方形酸	$C_4H_2O_3$	31876-38-7	2927	
163	1,1,3,3-四氯丙酮	1,1,3,3-四氯-2-丙酮	$C_3H_2Cl_4O$	632-21-3	2929	
164	2-环己烯-1-酮	2-环己烯酮	C_6H_8O	930-68-7	2929	
165	二氧化丁二烯	双环氧乙烷	$C_4H_6O_2$	298-18-0	2929	
166	氟乙酸	氟醋酸	$C_2H_3FO_2$	144-49-0	2642	
167	氯乙酸	一氯醋酸	$C_2H_3ClO_2$	79-11-8	1751	
168	氯甲酸甲酯	氯碳酸甲酯	$C_2H_3O_2Cl$	79-22-1	1238	
169	氯甲酸乙酯	氯碳酸乙酯	$C_3H_5O_2Cl$	541-41-3	1182	
170	氯甲酸氯甲酯		$C_2H_2Cl_2O_2$	22128-62-7	2745	
171	*N*-(苯乙基-4-哌啶基)丙酰胺柠檬酸盐	枸橼酸芬太尼	$C_{22}H_{28}N_2O\cdot C_6H_8O_7$	990-73-8	1544	
172	碘乙酸乙酯		$C_4H_7IO_2$	623-48-3	2927	
173	3,4-二甲基吡啶	3,4-二甲基氮杂苯	C_7H_9N	583-58-4	2929	
174	2-氯吡啶		C_5H_4ClN	109-09-1	2822	
175	4-氨基吡啶	对氨基吡啶、4-氨基氮杂苯、对氨基氮苯、γ-吡啶胺	$C_5H_6N_2$	504-24-5	2671	
176	2-吡咯酮		C_4H_7NO	616-45-5	2810	
177	2,3,7,8-四氯二苯并对二噁英	二噁英	$C_{12}H_4Cl_4O_2$	1746-01-6	2811	

续表

序号	中文名称		分子式	CAS号	UN号	受限范围
	化学名	别名				
178	羟间唑啉(盐酸盐)		$C_{16}H_{24}N_2O \cdot HCl$	2315-02-8	3249	
179	5-[双(2-氯乙基)氨基]-2,4-(1*H*,3*H*)嘧啶二酮	尿嘧啶芳芥、嘧啶苯芥	$C_8H_{11}C_{12}N_3O_2$	66-75-1	3249	
180	杜廷	羟基马桑毒内酯、马桑苷	$C_{15}H_{18}O_6$	2571-22-4	3249	
181	氯化二烯丙托锡弗林		$C_{44}H_{50}N_4O_2 \cdot Cl_2$	15180-03-7	3249	
182	5-(氨基甲基)-3-异噁唑醇	3-羟基-5-氨基甲基异噁唑	$C_4H_6N_2O_2$	2763-96-4	1544	
183	二硫化二甲基	二甲二硫、甲基化二硫	$C_2H_6S_2$	624-92-0	2381	
184	乙烯砜	二乙烯砜	$C_4H_6O_2S$	77-77-0	2927	
185	*N*-3-[1-羟基-2-(甲氨基)乙基]苯基甲烷磺酰胺甲磺酸盐	酰胺福林-甲烷磺酸盐	$C_{10}H_{16}N_2O_3S \cdot CH_4O_3S$	1421-68-7	3249	
186	8-(二甲基氨基甲基)-7-甲氧基氨基-3-甲基黄酮	回苏灵、二甲弗林	$C_{20}H_{21}NO_3$	1165-48-6	3249	
187	三-(1-吖丙啶基)氧化膦	涕巴、绝育磷	$C_6H_{12}N_3OP$	545-55-1	2501 2811	
188	*O*,*O*-二甲基-*O*-(1-甲基-2-*N*-甲基氨基甲酰)乙烯基磷酸酯(含量>25%)*	久效磷、纽瓦克、永伏虫	$C_7H_{14}NO_5P$	6923-22-4	2783	Ⅲ
189	*O*,*O*-二乙基-*O*-(4-硝基苯基)磷酸酯	对氧磷	$C_{10}H_{14}NO_6P$	311-45-5	3018 2783	
190	*O*,*O*-二甲基-*O*-(4-硝基苯基)硫逐磷酸酯(含量>15%)*	甲基对硫磷、甲基1605	$C_8H_{10}NO_5PS$	298-00-0	3018 2783	Ⅲ
191	*O*-乙基-*O*-(4-硝基苯基)苯基硫代膦酸酯(含量>15%)*	苯硫磷、伊皮恩	$C_{14}H_{14}NO_4PS$	2104-64-5	3018 2783	
192	*O*-甲基-*O*-(邻异丙氧基羰基苯基)硫代磷酰胺酯	水胺硫磷、羧胺磷	$C_{11}H_{16}NO_4PS$	24353-61-5	2783	
193	*O*-(3-氯-4-甲基-2-氧代-2*H*-1-苯并吡喃-7-基)-*O*,*O*-二乙基硫代磷酸酯(含量>30%)*	蝇毒磷、蝇毒、蝇毒硫磷	$C_{14}H_{16}ClO_5PS$	56-72-4	3018 2783	
194	*S*-(5-甲氧基-4-氧代-4*H*-吡喃-2-基甲基)-*O*,*O*-二甲基硫赶磷酸酯(含量>45%)*	因毒磷、因毒硫磷	$C_9H_{13}O_6PS$	2778-04-3	3018 2783	
195	*O*-(4-溴-2,5-二氯苯基)-*O*-甲基苯基硫代膦酸酯	对溴磷、溴苯磷	$C_{13}H_{10}BrCl_2O_2PS$	21609-90-5	2873	
196	*S*-[2-(乙基磺酰基)乙基]-*O*,*O*-二甲基硫代磷酸酯	砜吸磷、二氧吸磷	$C_6H_{15}O_5PS_2$	17040-19-6	2783	
197	*O*,*O*-二甲基-*S*-(4-氧代-1,2,3-苯并三氮苯-3[4*H*]-基)甲基二硫代磷酸酯(含量>20%)*	保棉磷、谷硫磷、谷赛昂、甲基谷硫磷	$C_{10}H_{12}N_3O_3PS_2$	86-50-0	3018 2783	

续表

序号	中文名称		分子式	CAS号	UN号	受限范围
	化学名	别名				
198	S-[[5-甲氨基-2-氧代-1,3,4-噻二唑-3-(2H)-基]甲基]-O,O-二甲基二硫代磷酸酯(含量>40%)*	杀扑磷、麦达西磷、甲塞硫磷	$C_6H_{11}N_2O_4PS_3$	950-37-8	3018 2783	
199	对(5-氨基-3-苯基-1H-1,2,4-三唑-1-基)-N,N,N′,N′-四甲基膦二酰胺(含量>20%)*	威菌磷、三唑磷胺	$C_{12}H_{19}N_6OP$	1031-47-6	3018 2783	
200	二乙基-1,3-亚二硫戊环-2-基磷酰胺酯(含量>15%)*	硫环磷、棉安磷、棉环磷	$C_7H_{14}NO_3PS_2$	947-02-4	3018 2783	Ⅲ
201	O,S-二甲基硫代磷酰胺	甲胺磷、杀螨隆、多灭磷、多灭灵、克螨隆、脱麦隆	$C_2H_8NO_2PS$	10265-92-6	2783	Ⅲ
202	O,O-二乙基-S-[4-氧代-1,2,3,-苯并三氮(杂)苯-3[4H]-基)甲基]二硫代磷酸酯(含量>25%)*	益棉磷、乙基保棉磷、乙基谷硫磷	$C_{12}H_{16}N_3O_3PS_2$	2642-71-9	3018 2783	
203	O-[4[(二甲氨基)磺酰基]苯基]O,O-二甲基硫代磷酸酯	氨磺磷、伐灭磷、伐灭硫磷	$C_{10}H_{16}NO_5PS_2$	52-85-7	2783	
204	O-(4-氰苯基)-O-乙基苯基硫代膦酸酯	苯腈磷、苯腈硫磷	$C_{15}H_{14}NO_2PS$	13067-93-1	2783	
205	2-氯-3-(二乙氨基)-1-甲基-3-氧代-1-丙烯二甲基磷酸酯(含量>30%)*	磷胺、大灭虫	$C_{10}H_{19}ClNO_5P$	13171-21-6	3018	Ⅲ
206	甲基-3-[(二甲氧基磷酰基)氧代]-2-丁烯酸酯(含量>5%)*	速灭磷、磷君	$C_7H_{13}O_6P$	7786-34-7	3018	
207	双(1-甲基乙基)氟磷酸酯	丙氟磷、异丙氟、二异丙基氟磷酸酯	$C_6H_{14}FO_3P$	55-91-4	3018	
208	2-氯-1-(2,4-二氯苯基)乙烯基二乙基磷酸酯(含量>20%)*	杀螟畏、毒虫畏	$C_{12}H_{14}Cl_3O_4P$	470-90-6	3018	
209	3-二甲氧基磷氧基-N,N-二甲基异丁烯酰胺(含量>25%)*	百治磷、百特磷	$C_8H_{16}NO_5P$	141-66-2	3018	
210	O,O-二甲基-O-1,3-(二甲氧甲酰基)丙烯-2-基磷酸酯	保米磷	$C_9H_{15}O_8P$	122-10-1	3018	
211	四乙基焦磷酸酯	特普	$C_8H_{20}O_7P_2$	107-49-3	3018	
212	O,O-二乙基-O-(4-硝基苯基)硫代磷酸酯(含量>4%)*	对硫磷、1605、乙基对硫磷、一扫光	$C_{10}H_{14}NO_5PS$	56-38-2	3018	Ⅲ
213	O-乙基-O-(2-异丙氧羰基)-苯基-N-异丙基硫代磷酰胺	丙胺磷、异丙胺磷、乙基异柳磷、异柳磷2号	$C_{15}H_{24}NO_4PS$	25311-71-1	3018	
214	O-甲基-O-(2-异丙氧基羰基)苯基-N-异丙基硫代磷酰胺	甲基异柳磷、异柳磷1号	$C_{14}H_{22}O_4NPS$	99675-03-3	3018	Ⅲ

续表

序号	中文名称		分子式	CAS 号	UN 号	受限范围
	化学名	别名				
215	O,O-二乙基-O-[2-(乙硫基)乙基]硫代磷酸酯和O,O-二乙基-S-[2-(乙硫基)乙基]硫代磷酸酯混剂(含量>3%)*	内吸磷、杀虱多、1059	$C_8H_{19}O_3PS_2$	8065-48-3	3018	Ⅲ
216	O,O-二乙基-O-[(4-甲基亚磺酰)苯基]硫代磷酸酯(含量>4%)*	丰索磷、丰索硫磷、线虫磷	$C_{11}H_{17}O_4PS_2$	115-90-2	3018	
217	O,O-二甲基-S-[2-(甲氨基)-2-氧代乙基]硫代磷酸酯(含量>40%)*	氧乐果、氧化乐果、华果	$C_5H_{12}NO_4PS$	1113-02-6	3018	
218	O-乙基-O-2,4,5-三氯苯基乙基硫代磷酸酯(含量>30%)*	毒壤磷、壤虫磷	$C_{10}H_{12}Cl_3O_2PS$	327-98-0	3018	
219	O-[2,5-二氯-4-(甲硫基)苯基]-O,O-二乙基硫代磷酸酯	氯甲硫磷、西拉硫磷	$C_{11}H_{15}Cl_2O_3PS_2$	21923-23-9	3018	
220	S-{2-[(1-氰基-1-甲基乙基)氨基]-2-氧代乙基}-O,O-二乙基硫代磷酸酯	果虫磷、腈果	$C_{10}H_{19}N_2O_4PS$	3734-95-0	3018	
221	O,O-二乙基-O-吡嗪基硫代磷酸酯(含量>5%)*	治线磷、治线灵、硫磷嗪、嗪线磷	$C_8H_{13}N_2O_3PS$	297-97-2	3018	
222	O,O-二甲基-O-或S-[2-(甲硫基)乙]硫代磷酸酯	田乐磷	$C_5H_{13}O_3PS_2$	2587-90-8	3018	
223	二甲基-4-(甲基硫代)苯基磷酸酯	甲硫磷、GC6505	$C_9H_{13}O_4PS$	3254-63-5	3018	
224	O,O-二乙基-S-[(乙硫基)甲基]二硫代磷酸酯(含量>2%)*	甲拌磷、3911、西梅脱	$C_7H_{17}O_2PS_3$	298-02-2	3018	Ⅲ
225	O,O-二乙基-S-[2-(乙硫基)乙基]二硫代磷酸酯(含量>15%)*	乙拌磷、敌死通	$C_8H_{19}O_2PS_3$	298-04-4	3018	
226	S-{[(4-氯苯基)硫代]甲基}-O,O-二乙基二硫代磷酸酯(含量>20%)*	三硫磷、三赛昂	$C_{11}H_{16}ClO_2PS_3$	786-19-6	3018	
227	S-{[(1,1-二甲基乙基)硫化]甲基}-O,O-二乙基二硫代磷酸酯	特丁磷、特丁硫磷	$C_9H_{21}O_2PS_3$	13071-79-9	3018	Ⅲ
228	O-乙基-S-苯基乙基二硫代膦酸酯(含量>6%)*	地虫磷、地虫硫磷	$C_{10}H_{15}OPS_2$	944-22-9	3018	Ⅲ
229	O,O,O,O-四乙基-S,S'-亚甲基双(二硫代磷酸酯)(含量>25%)*	乙硫磷、1240 蚜螨立死、益赛昂、易赛昂、乙赛昂、蚜螨	$C_9H_{22}O_4P_2S_4$	563-12-2	3018	
230	S-氯甲基-O,O-二乙基二硫代磷酸酯(含量>15%)*	氯甲磷、灭尔磷	$C_5H_{12}ClO_2PS_2$	24934-91-6	3018	

续表

序号	中文名称		分子式	CAS号	UN号	受限范围
	化学名	别名				
231	S-(N-乙氧羰基-N-甲基-氨基甲酰甲基)-O,O-二乙基二硫代磷酸酯(含量>30%)*	灭蚜磷、灭蚜硫磷	$C_{10}H_{20}NO_5PS_2$	2595-54-2	3018	
232	二乙基(4-甲基-1,3-二硫戊环-2-叉氨基)磷酸酯(含量>5%)*	地安磷、二噻磷	$C_8H_{16}NO_3PS_2$	950-10-7	3018	
233	O,O-二乙基-S-(乙基亚砜基甲基)二硫代磷酸酯	保棉丰、甲拌磷亚砜、异亚砜、3911亚砜	$C_7H_{17}O_3PS_3$	2588-03-6	3018	
234	O,O-二乙基-S-(N-异丙基氨基甲酰甲基)二硫代磷酸酯(含量>15%)*	发果、亚果、乙基乐果	$C_9H_{20}NO_3PS_2$	2275-18-5	3018	
235	O,O-二乙基-S-[2-(乙基亚硫酰基)乙基]二硫代磷酸酯(含量>5%)*	砜拌磷、乙拌磷亚砜	$C_8H_{19}O_3PS_3$	2497-07-6	3018	
236	1,4-二噁烷-2,3-二基-S,S'-双(O,O-二乙基二硫代磷酸酯)(含量>40%)*	敌杀磷、敌恶磷、二噁硫磷	$C_{12}H_{26}O_6P_2S_4$	78-34-2	3018	
237	双(二甲氨基)氟代磷酰(含量>2%)*	甲氟磷、四甲氟	$C_4H_{12}FN_2OP$	115-26-4	3018	
238	二甲基-1,3-亚二硫戊环-2-基磷酰胺酸	甲基硫环磷	$C_5H_{10}NO_3PS_2$		3018	Ⅲ
239	O,O-二乙基-N-(1,3-二噻丁环-2-亚基磷酰胺)	伐线丹、丁硫环磷	$C_6H_{12}NO_3PS_2$	21548-32-3	3018	
240	八甲基焦磷酰胺	八甲磷、希拉登	$C_8H_{24}N_4O_3P_2$	152-16-9	3018	
241	S-[2-氯-1-(1,3-二氢-1,3-二氧代-2H-异吲哚-2-基)乙基]-O,O-二乙基二硫代磷酸酯	氯亚磷、氯甲亚胺硫磷	$C_{14}H_{17}ClNO_4PS_2$	10311-84-9	2783	
242	O-乙基-O-(3-甲基-4-甲硫基)苯基-N-异丙氨基磷酸酯	苯线磷、灭线磷、力满库、苯胺磷、克线磷	$C_{13}H_{22}NO_3PS$	22224-92-6	3018	Ⅲ
243	O,O-二甲基-对硝基苯基磷酸酯	甲基对氧磷	$C_8H_{10}NO_6P$	950-35-6	3018	
244	S-[2-(二乙氨基)乙基]O,O-二乙基硫赶磷酸酯	胺吸磷、阿米吨	$C_{10}H_{24}NO_3PS$	78-53-5	3018	
245	O,O-二乙基-O-(2-氯乙烯基)磷酸酯	敌敌磷、棉花宁	$C_6H_{12}ClO_4P$	311-47-7	2784	
246	O,O-二乙基-O-(2,2-二氯-1-β-氯乙氧基乙烯基)磷酸酯	福太农、彼氧磷	$C_8H_{14}Cl_3O_5P$	67329-01-5	2784	
247	O,O-二乙基-O-(4-甲基香豆素基-7)硫代磷酸酯	扑打杀、扑打散	$C_{14}H_{17}O_5PS$	299-45-6	2811	
248	S-[2-(乙基亚磺酰基)乙基]-O,O-二甲基硫代磷酸酯	砜吸磷、甲基内吸磷亚砜	$C_6H_{15}O_4PS_2$	301-12-2	3018	

续表

序号	中文名称		分子式	CAS号	UN号	受限范围
	化学名	别名				
249	*O,O*-二-4-氯苯基-*N*-亚氨逐乙酰基硫逐磷酰胺酯	毒鼠磷	$C_{14}H_{13}Cl_2N_2O_2PS$	4104-14-7	2783	
250	*O,O*-二乙基-*O*-(6-二乙胺次甲基-2,4-二氯)苯基硫代磷酸酯盐酸盐	除鼠磷206	$C_{15}H_{24}Cl_2NPSO_3 \cdot HCl$		2588	
251	四磷酸六乙酯	乙基四磷酸酯	$C_{12}H_{30}O_{13}P_4$	757-58-4	1611	
252	*O,O*-二甲基-*O*-(2,2-二氯)-乙烯基磷酸酯(含量>80%)*	敌敌畏	$C_4H_7Cl_2O_4P$	62-73-7	3018	
253	*O,O*-二甲基-*O*-(3-甲基-4-硝基苯基)硫代磷酸酯(含量>10%)*	杀螟硫磷、杀螟松、杀螟磷、速灭虫、速灭松、苏米松、苏米硫磷	$C_9H_{12}NO_5PS$	122-14-5	3018	
254	*O,O*-二乙基-*O*-1-苯基-1,2,4-三唑-3-基硫代磷酸酯	三唑磷、三唑硫磷	$C_{12}H_{16}N_3O_3PS$	24017-47-8	3018	
255	*S*-2-乙基硫代乙基-*O,O*-二甲基二硫代磷酸酯	甲基乙拌磷、二甲硫吸磷、M-81、蚜克丁	$C_6H_{15}O_2PS_3$	640-15-3	3018	
256	*S*-α-乙氧基羰基苄基-*O,O*-二甲基二硫代磷酸酯	稻丰散、甲基乙酸磷、益尔散、S-2940、爱乐散、益尔散	$C_{12}H_{17}O_4PS_2$	2597-03-7	2783 3018	
257	*O,O*-二甲基-*S*-[1,2-二(乙氧基羰基)乙基]二硫代磷酸酯	马拉硫磷、马拉松、马拉赛昂	$C_{10}H_{19}O_6PS_2$	121-75-5	3018	
258	*O,O*-二乙基-*S*-(对硝基苯基)硫代磷酸酯	硫代磷酸*O,O*-二乙基-*S*-(4-硝基苯基)酯	$C_{10}H_{14}NO_5PS$	3270-86-8	3018	
259	3,3-二甲基-1-(甲硫基)-2-丁酮-*O*-(甲基氨基)碳酰肟	己酮肟威、敌克威、庚硫威、特氨叉威、久效威、肟吸威	$C_9H_{18}N_2O_2S$	39196-18-4	2771	
260	4-二甲基氨基间甲苯基甲基氨基甲基酸酯	灭害威	$C_{11}H_{16}N_2O_2$	2032-59-9	2757	
261	1-(甲硫基)亚乙基氨甲基氨基甲酸酯(含量>30%)*	灭多威、灭多虫、灭索威、乙肟威	$C_5H_{10}N_2O_2S$	16752-77-5	2771	
262	2,3-二氢-2,2-二甲基-7-苯并呋喃基-*N*-甲基氨基甲酸酯(含量>10%)*	克百威、呋喃丹、卡巴呋喃、虫螨威	$C_{12}H_{15}NO_3$	1563-66-2	2757	Ⅲ
263	4-二甲氨基-3,5-二甲苯基-*N*-甲基氨基甲酸酯(含量>25%)*	自克威、兹克威	$C_{12}H_{18}N_2O_2$	315-18-4	2757	
264	3-二甲氨基亚甲基亚氨基苯基-*N*-甲氨基甲酸酯(或盐酸盐)(含量>40%)*	伐虫脒、抗螨脒	$C_{11}H_{15}N_3O_2 \cdot HCl$	23422-53-9	2757	
265	2-氰乙基-*N*-{[(甲氨基)羰基]氧基}硫代乙烷亚氨	抗虫威、多防威	$C_7H_{11}N_3O_2S$	25171-63-5	2771	

续表

序号	中文名称		分子式	CAS号	UN号	受限范围
	化学名	别名				
266	挂-3-氯桥-6-氰基-2-降冰片酮-*O*-(甲基氨基甲酰基)肟	肟杀威、棉果威	$C_{10}H_{12}ClN_3O_2$	15271-41-7	2757	
267	3-异丙基苯基-*N*-氨基甲酸甲酯	间异丙威、虫草灵、间位叶蝉散	$C_{11}H_{15}NO_2$	64-00-6	2757	
268	*N*,*N*-二甲基-*α*-甲基氨基甲酰基氧代亚氨-*α*-甲硫基乙酰胺	杀线威、草肟威、甲氨叉威	$C_7H_{13}N_3O_3S$	23135-22-0	2757	
269	2-二甲基氨基甲酰基-3-甲基-5-吡唑基 *N*,*N*-二甲基氨基甲酸酯(含量>50%)*	敌蝇威	$C_{10}H_{16}N_4O_3$	644-64-4	2757	
270	*O*-(甲基氨基甲酰基)-2-甲基-2-甲硫基丙醛肟	涕灭威、丁醛肟威、涕灭克、铁灭克	$C_7H_{14}N_2O_2S$	116-06-3	2771	Ⅲ
271	4,4-二甲基-5-(甲基氨基甲酰氧亚氨基)戊腈	腈叉威、戊氰威	$C_9H_{15}Cl_2N_3O_2$	58270-08-9	2757	
272	2,3-(异亚丙基二氧)苯基-*N*-甲基氨基甲酸酯(含量>65%)*	恶虫威、苯恶威	$C_{11}H_{13}NO_4$	22781-23-3	2757	
273	1-异丙基-3-甲基-5-吡唑基-*N*,*N*-二甲基氨基甲酸酯(含量>20%)*	异索威、异兰、异索兰	$C_{10}H_{17}N_3O_2$	119-38-0	2992	
274	*α*-氰基-3-苯氧苄基-2,2,3,3四甲基环丙烷羧酸酯(含量>20%)*	甲氰菊酯、农螨丹、灭扫利	$C_{22}H_{23}NO_3$	39515-41-8	2588	
275	*α*-氰基-苯氧基苄基(1*R*,3*R*)-3-(2,2-二溴乙烯基)-2,2-二甲基环丙烷羧酸酯	溴氰菊酯、敌杀死、凯素灵、凯安宝、天马、骑士、金鹿、保棉丹、康素灵、增效百虫灵	$C_{22}H_{19}Br_2NO_3$	52918-63-5	2588	
276	*β*-[2-(3,5-二甲基-2-氧代环已基)-2-羟基乙基]-戊二酰亚胺	放线菌酮、放线酮、农抗101	$C_{15}H_{23}NO_4$	66-81-9	2588	
277	2,4-二硝基-3-甲基-6-叔丁基苯基乙酸酯(含量>80%)*	地乐施、甲基特乐酯	$C_{13}H_{16}N_2O_6$	2487-01-6	2779	
278	2-(1,1-二甲基乙基)-4,6-二硝酚(含量>50%)*	特乐酚、二硝叔丁酚、异地乐酚、地乐消酚	$C_{10}H_{12}N_2O_5$	1420-07-1	2779	
279	3-(1-甲基-2-四氢吡咯基)吡啶硫酸盐	硫酸化烟碱	$C_{20}H_{28}N_4 \cdot SO_4$	65-30-5	1658	
280	2-(1-甲基丙基)-4,6-二硝酚(含量>5%)*	地乐酚、二硝(另)丁酚、二仲丁基-4,6-二硝基苯酚	$C_{10}H_{12}N_2O_5$	88-85-7	2779	
281	4-(二甲氨基)苯重氮磺酸钠	敌磺钠、敌克松、对二甲基氨基苯重氮磺酸钠、地爽、地可松	$C_8H_{10}N_3O_3SNa$	140-56-7	2588	

续表

序号	中文名称		分子式	CAS 号	UN 号	受限范围
	化学名	别名				
282	2,4,6-三亚乙基氨基-1,3,5-三嗪	三亚乙基蜜胺、不育津	$C_9H_{12}N_6$	51-18-3	3249	
283	二硫代焦磷酸四乙酯	治螟磷、硫特普、触杀灵、苏化 203、治螟灵	$C_8H_{20}O_5P_2S_2$	3689-24-5	1704	Ⅲ
284	硫酸(二)甲酯	硫酸甲酯	$C_2H_6O_4S$	77-78-1	1595	
285	6,7,8,9,10,10-六氯-1,5,5α,6,9,9α-六氢-6,9-亚甲基-2,4,3-苯并二氧硫庚-3-氧化物(含量>80%)*	硫丹、1,2,3,4,7,7-六氯双环[2,2,1]庚烯-(2)-双羟甲基-5,6-亚硫酸酯	$C_9H_6Cl_6O_3S$	115-29-7	2761	
286	乙酸苯汞	赛力散、裕米农、龙汞	$C_8H_8HgO_2$	62-38-4	1674	
287	氯化乙基汞	西力生	C_2H_5ClHg	107-27-7	2025	
288	磷酸二乙基汞	谷乐生、谷仁乐生、乌斯普龙汞制剂	$C_2H_7HgO_4P$	2235-25-8	2025	
289	乳酸苯汞三乙醇铵		$C_{12}H_{20}HgNO_3 \cdot C_3H_5O_3$	23319-66-6	2026	
290	氰胍甲汞	氰甲汞胍	$C_3H_6HgN_4$	502-39-6	2025	
291	氟乙酰胺	敌蚜胺、氟素儿	C_2H_4FNO	640-19-7	2811	Ⅱ
292	2-氟乙酰苯胺	灭蚜胺	C_8H_8FNO	330-68-7	2588	
293	氟乙酸-2-苯酰肼	法尼林	$C_8H_9FN_2O$	2343-36-4	2588	
294	二氯四氟丙酮	对称二氯四氟丙酮、敌锈酮、1,3-二氯-1,1,3,3-四氟-2-丙酮	$C_3Cl_2F_4O$	127-21-9	2810	
295	三苯基羟基锡(含量>20%)*	毒菌锡	$C_{18}H_{16}OSn$	76-87-9	2786	
296	1,2,3,4,10,10-六氯-1,4,4α,5,8,8α-六氢-1,4,5,8-桥,挂-二亚甲基萘(含量>75%)*	艾氏剂、化合物-118、六氯-六氢-二甲撑萘	$C_{12}H_8Cl_6$	309-00-2	2761	Ⅱ
297	1,2,3,4,10,10-六氯-1,4,4*a*,5,8,8*a*-六氢-1,4-挂-5,8-挂二亚甲基萘(含量>10%)*	异艾氏剂	$C_{12}H_8Cl_6$	465-73-6	2761	
298	1,2,3,4,10,10-六氯-6,7-环氧-1,4,4*a*,5,6,7,8,8*a*-八氢-1,4-桥-5,8-挂二亚甲基萘	狄氏剂、化合物-497				
299	1,2,3,4,10,10-六氯-6,7-环氧-1,4,4*a*,5,6,7,8,8*a*-八氢-1,4-挂-5,8-二亚甲基萘(含量>5%)*	异狄氏剂				
300	1,3,4,5,6,7,8,8-八氯-1,3,3*a*,4,7,7*a*-六氢-4,7-亚甲基异苯并呋喃(含量>1%)*	碳氯灵、八氯六氢亚甲基异苯并呋喃、碳氯特灵				

续表

序号	中文名称		分子式	CAS号	UN号	受限范围
	化学名	别名				
301	1,4,5,6,7,8,8-七氯-3*a*,4,7,7*a*-四氢-4,7-亚甲基-*H*-茚(含量>8%)*	七氯、七氯化茚	$C_{10}H_5Cl_7$	76-44-8	2761	Ⅰ
302	五氯苯酚	五氯酚	C_6HCl_5O	87-86-5		Ⅰ
303	五氯酚钠(含量>5%)*		C_6Cl_5ONa	131-52-2	2567	
304	八氯莰烯(含量>3%)*	毒杀芬、氯化莰	$C_{10}H_{10}Cl_8$	8001-35-2		Ⅰ
305	3-(α-乙酰甲基糠基)-4-羟基香豆素(含量>80%)*	克灭鼠、呋杀鼠灵、克杀鼠	$C_{17}H_{14}O_5$	117-52-2	3027	
306	3-(1-丙酮基苄基)-4-羟基香豆素(含量>2%)*	杀鼠灵、华法灵、灭鼠灵	$C_{19}H_{16}O_4$	81-81-2	3027	
307	4-羟基-3-(1,2,3,4-四氢-1-萘基)香豆素	杀鼠迷、立克命	$C_{19}H_{16}O_3$	5836-29-3	3027	
308	3-[3-(4′-溴联苯-4-基)-1,2,3,4-四氢-1-萘基]-4-羟基香豆素	溴联苯杀鼠迷、大隆杀鼠剂、大隆、溴敌拿鼠、溴鼠隆	$C_{31}H_{23}BrO_3$	56073-10-0	3027	
309	3-(3-对二苯基-1,2,3,4-四氢萘基-1-基)-4-羟基-2*H*-1-苯并吡喃-2-酮	敌拿鼠、鼠得克、联苯杀鼠奈	$C_{31}H_{24}O_3$	56073-07-5	3027	
310	3-吡啶甲基-*N*-(对硝基苯基)-氨基甲酸酯	灭鼠安	$C_{13}H_{11}N_3O_4$	51594-83-3	2757	
311	2-(2,2-二苯基乙酰基)-1,3-茚满二酮(含量>2%)*	敌鼠、野鼠净	$C_{23}H_{16}O_3$	82-66-6	2588	
312	2-[2-(4-氯苯基)-2-苯基乙酰基]茚满-1,3-二酮(含量>4%)*	氯鼠酮、氯敌鼠	$C_{23}H_{15}ClO_3$	3691-35-8	2761	
313	3,4-二氯苯偶氮硫代氨基甲酰胺	普罗米特、灭鼠丹、扑灭鼠	$C_7H_6Cl_2N_4S$	5836-73-7	2757	
314	1-(3-吡啶基甲基)-3-(4-硝基苯基)脲	灭鼠优、抗鼠灵、抗鼠灭	$C_{13}H_{12}N_4O_3$	53558-25-1	2588	
315	1-萘基硫脲	安妥、α-萘基硫脲	$C_{11}H_{10}N_2S$	86-88-4	1651	
316	2,6-二噻-1,3,5,7-四氮三环-[3,3,1,1,3,7]癸烷-2,2,6,6-四氧化物	没鼠命、毒鼠强、四二四	$C_4H_8N_4O_4S_2$	80-12-6	2588	Ⅱ
317	2-氯-4-二甲氨基-6-甲基嘧啶(含量>2%)*	鼠立死、杀鼠嘧啶	$C_7H_{10}ClN_3$	535-89-7	2588	
318	5-(α-羟基-α-2-吡啶基苯基)-5-降冰片烯-2,3-二甲酰亚胺	鼠特灵、鼠克星、灭鼠宁	$C_{33}H_{25}N_3O_3$	911-42-4	2588	
319	1-氯-3-氟-2-丙醇与1,3-二氟-2-丙醇的混合物	鼠甘伏、鼠甘氟、甘氟、甘伏、伏鼠醇	$C_3H_6ClFO \cdot C_3H_6F_2O$	8065-71-2	2588	Ⅱ

续表

序号	中文名称		分子式	CAS号	UN号	受限范围
	化学名	别名				
320	4-羟基-3-[1,2,3,4-四氢-3-[4-[[4-(三氟甲基)苯基甲氧基]苯基]-1-萘基]]-2*H*-1-苯并吡喃-2-酮	杀它仗、氟鼠酮	$C_{33}H_{25}F_3O_4$	90035-08-8	3027	
321	3-[3,4′-溴(1,1′-联苯)-4-基]-3-羟基-1-苯丙基-4-羟基-2*H*-1-苯并吡喃-2-酮	溴敌隆、乐万福	$C_{30}H_{23}BrO_4$	28772-56-7	3027	
322	海葱糖苷	红海葱苷	$C_{32}H_{44}O_{12}$	507-60-8	2810	
323	地高辛	地戈辛、毛地黄叶毒苷	$C_{41}H_{64}O_{14}$	20830-75-5		
324	花青苷	矢车菊苷	$C_{12}H_{10}ClN_3S$	581-64-6		
325	甲藻毒素(二盐酸盐)	石房蛤毒素(盐酸盐)	$C_{10}H_{17}N_7O_4$	35523-89-8		
326	放线菌素D		$C_{62}H_{86}N_{12}O_{16}$	50-76-0	3249	
327	放线菌素		$C_{14}H_{58}N_8O_{11}$	1402-38-6		
328	甲基狄戈辛		$C_{42}H_{66}O_{14}$	30685-43-9		
329	赭曲毒素	棕曲霉毒素		37203-43-3		
330	赭曲毒素A	棕曲霉毒素A	$C_{20}H_{18}ClNO_6$	303-47-9		
331	左旋溶肉瘤素	左旋苯丙氨酸氮芥、米尔法兰	$C_{13}H_{18}Cl_2N_2O_2$	148-82-3		
332	抗霉素A		$C_{28}H_{40}N_2O_9$	1397-94-0	3172	
333	木防己苦毒素	苦毒浆果(木防己属)	$C_{30}H_{34}O_{13}$	124-87-8	1584	
334	镰刀菌酮X		$C_{17}H_{22}O_8$	23255-69-8		
335	丝裂霉素C	自力霉素	$C_{15}H_{18}N_4O_5$	50-07-7	3249	

六、危险化学品安全管理条例

《危险化学品安全管理条例》已经2011年2月16日国务院第144次常务会议修订通过，现将修订后的《危险化学品安全管理条例》公布，自2011年12月1日起施行。

第一章　总　　则

第一条　为了加强危险化学品的安全管理，预防和减少危险化学品事故，保障人民群众生命财产安全，保护环境，制定本条例。

第二条　危险化学品生产、储存、使用、经营和运输的安全管理，适用本条例。

废弃危险化学品的处置，依照有关环境保护的法律、行政法规和国家有关规定执行。

第三条 本条例所称危险化学品，是指具有毒害、腐蚀、爆炸、燃烧、助燃等性质，对人体、设施、环境具有危害的剧毒化学品和其他化学品。

危险化学品目录，由国务院安全生产监督管理部门会同国务院工业和信息化、公安、环境保护、卫生、质量监督检验检疫、交通运输、铁路、民用航空、农业主管部门，根据化学品危险特性的鉴别和分类标准确定、公布，并适时调整。

第四条 危险化学品安全管理，应当坚持安全第一、预防为主、综合治理的方针，强化和落实企业的主体责任。

生产、储存、使用、经营、运输危险化学品的单位（以下统称危险化学品单位）的主要负责人对本单位的危险化学品安全管理工作全面负责。

危险化学品单位应当具备法律、行政法规规定和国家标准、行业标准要求的安全条件，建立、健全安全管理规章制度和岗位安全责任制度，对从业人员进行安全教育、法制教育和岗位技术培训。从业人员应当接受教育和培训，考核合格后上岗作业；对有资格要求的岗位，应当配备依法取得相应资格的人员。

第五条 任何单位和个人不得生产、经营、使用国家禁止生产、经营、使用的危险化学品。

国家对危险化学品的使用有限制性规定的，任何单位和个人不得违反限制性规定使用危险化学品。

第六条 对危险化学品的生产、储存、使用、经营、运输实施安全监督管理的有关部门（以下统称负有危险化学品安全监督管理职责的部门），依照下列规定履行职责：

（一）安全生产监督管理部门负责危险化学品安全监督管理综合工作，组织确定、公布、调整危险化学品目录，对新建、改建、扩建生产、储存危险化学品（包括使用长输管道输送危险化学品，下同）的建设项目进行安全条件审查，核发危险化学品安全生产许可证、危险化学品安全使用许可证和危险化学品经营许可证，并负责危险化学品登记工作。

（二）公安机关负责危险化学品的公共安全管理，核发剧毒化学品购买许可证、剧毒化学品道路运输通行证，并负责危险化学品运输车辆的道路交通安全管理。

（三）质量监督检验检疫部门负责核发危险化学品及其包装物、容器（不包括储存危险化学品的固定式大型储罐，下同）生产企业的工业产品生产许可证，并依法对其产品质量实施监督，负责对进出口危险化学品及其包装实施检验。

（四）环境保护主管部门负责废弃危险化学品处置的监督管理，组织危险化学品的环境危害性鉴定和环境风险程度评估，确定实施重点环境管理的危险化学品，负责危险化学品环境管理登记和新化学物质环境管理登记；依照职责分工调查相关危险化学品环境污染事故和生态破坏事件，负责危险化学品事故现场的应急环境监测。

（五）交通运输主管部门负责危险化学品道路运输、水路运输的许可以及运输工具的安全管理，对危险化学品水路运输安全实施监督，负责危险化学品道路运输企业、水路运输企业驾驶人员、船员、装卸管理人员、押运人员、申报人员、集装箱装箱现场检查员的资格认定。铁路主管部门负责危险化学品铁路运输的安全管理，负责危险化学品铁路运输承运人、托运人的资质审批及其运输工具的安全管理。民用航空主管部门负责危险化学品航空运输以及航空运输企业及其运输工具的安全管理。

（六）卫生主管部门负责危险化学品毒性鉴定的管理，负责组织、协调危险化学品事故受伤人员的医疗卫生救援工作。

（七）工商行政管理部门依据有关部门的许可证件，核发危险化学品生产、储存、经营、运输企业营业执照，查处危险化学品经营企业违法采购危险化学品的行为。

（八）邮政管理部门负责依法查处寄递危险化学品的行为。

第七条 负有危险化学品安全监督管理职责的部门依法进行监督检查，可以采取下列措施：

（一）进入危险化学品作业场所实施现场检查，向有关单位和人员了解情况，查阅、复制有关文件、资料；

（二）发现危险化学品事故隐患，责令立即消除或者限期消除；

（三）对不符合法律、行政法规、规章规定或者国家标准、行业标准要求的设施、设备、装置、器材、运输工具，责令立即停止使用；

（四）经本部门主要负责人批准，查封违法生产、储存、使用、经营危险化学品的场所，扣押违法生产、储存、使用、经营、运输的危险化学品以及用于违法生产、使用、运输危险化学品的原材料、设备、运输工具；

（五）发现影响危险化学品安全的违法行为，当场予以纠正或者责令限期改正。

负有危险化学品安全监督管理职责的部门依法进行监督检查，监督检查人员不得少于 2 人，并应当出示执法证件；有关单位和个人对依法进行的监督检查应当予以配合，不得拒绝、阻碍。

第八条 县级以上人民政府应当建立危险化学品安全监督管理工作协调机制，支持、督促负有危险化学品安全监督管理职责的部门依法履行职责，协调、解决危险化学品安全监督管理工作中的重大问题。

负有危险化学品安全监督管理职责的部门应当相互配合、密切协作，依法加强对危险化学品的安全监督管理。

第九条 任何单位和个人对违反本条例规定的行为，有权向负有危险化学品安全监督管理职责的部门举报。负有危险化学品安全监督管理职责的部门接到举报，应当及时依法处理；对不属于本部门职责的，应当及时移送有关部门处理。

第十条 国家鼓励危险化学品生产企业和使用危险化学品从事生产的企业采用有利于提高安全保障水平的先进技术、工艺、设备以及自动控制系统，鼓励对危险化学品实行专门储存、统一配送、集中销售。

第二章 生产、储存安全

第十一条 国家对危险化学品的生产、储存实行统筹规划、合理布局。

国务院工业和信息化主管部门以及国务院其他有关部门依据各自职责，负责危险化学品生产、储存的行业规划和布局。

地方人民政府组织编制城乡规划，应当根据本地区的实际情况，按照确保安全的原则，规划适当区域专门用于危险化学品的生产、储存。

第十二条 新建、改建、扩建生产、储存危险化学品的建设项目（以下简称建设项目），应当由安全生产监督管理部门进行安全条件审查。

建设单位应当对建设项目进行安全条件论证，委托具备国家规定的资质条件的机构对建设项目进行安全评价，并将安全条件论证和安全评价的情况报告报建设项目所在地设区的市级以上人民政府安全生产监督管理部门；安全生产监督管理部门应当自收到报告之日起 45 日内作出审查决定，并书面通知建设单位。具体办法由国务院安全生产监督管理部门制定。

新建、改建、扩建储存、装卸危险化学品的港口建设项目，由港口行政管理部门按照国务院交通运输主管部门的规定进行安全条件审查。

第十三条 生产、储存危险化学品的单位，应当对其铺设的危险化学品管道设置明显标志，并对危险化学品管道定期检查、检测。

进行可能危及危险化学品管道安全的施工作业，施工单位应当在开工的 7 日前书面通知管道所属单位，并与管道所属单位共同制订应急预案，采取相应的安全防护措施。管道所属单位应当指派专门人员到现场进行管道安全保护指导。

第十四条 危险化学品生产企业进行生产前，应当依照《安全生产许可证条例》的规定，取得危险化学品安全生产许可证。

生产列入国家实行生产许可证制度的工业产品目录的危险化学品的企业，应当依照《中华人民共和国工业产品生产许可证管理条例》的规定，取得工业产品生产许可证。

负责颁发危险化学品安全生产许可证、工业产品生产许可证的部门，应当将其颁发许可证的情况及时向同级工业和信息化主管部门、环境保护主管部门和公安机关通报。

第十五条 危险化学品生产企业应当提供与其生产的危险化学品相符的化学品安全技术说明书，并在危险化学品包装（包括外包装件）上粘贴或者拴挂与包装内危险化学品相符的化学品安全标签。化学品安全技术说明书和化学品安全标签所载明的内容应当符合国家标准的要求。

危险化学品生产企业发现其生产的危险化学品有新的危险特性的，应当立即公告，并及时修订其化学品安全技术说明书和化学品安全标签。

第十六条 生产实施重点环境管理的危险化学品的企业，应当按照国务院环境保护主管部门的规定，将该危险化学品向环境中释放等相关信息向环境保护主管部门报告。环境保护主管部门可以根据情况采取相应的环境风险控制措施。

第十七条 危险化学品的包装应当符合法律、行政法规、规章的规定以及国家标准、行业标准的要求。

危险化学品包装物、容器的材质以及危险化学品包装的型式、规格、方法和单件质量（重量），应当与所包装的危险化学品的性质和用途相适应。

第十八条 生产列入国家实行生产许可证制度的工业产品目录的危险化学品包装物、容器的企业，应当依照《中华人民共和国工业产品生产许可证管理条例》的规定，取得工业产品生产许可证；其生产的危险化学品包装物、容器经国务院质量监督检验检疫部门认定的检验机构检验合格，方可出厂销售。

运输危险化学品的船舶及其配载的容器，应当按照国家船舶检验规范进行生产，并经海事管理机构认定的船舶检验机构检验合格，方可投入使用。

对重复使用的危险化学品包装物、容器，使用单位在重复使用前应当进行检查；发现存在安全隐患的，应当维修或者更换。使用单位应当对检查情况作出记录，记录的保存期限不得少于2年。

第十九条 危险化学品生产装置或者储存数量构成重大危险源的危险化学品储存设施（运输工具加油站、加气站除外），与下列场所、设施、区域的距离应当符合国家有关规定：

（一）居住区以及商业中心、公园等人员密集场所；

（二）学校、医院、影剧院、体育场（馆）等公共设施；

（三）饮用水源、水厂以及水源保护区；

（四）车站、码头（依法经许可从事危险化学品装卸作业的除外）、机场以及通信干线、通信枢纽、铁路线路、道路交通干线、水路交通干线、地铁风亭以及地铁站出入口；

（五）基本农田保护区、基本草原、畜禽遗传资源保护区、畜禽规模化养殖场（养殖小区）、渔业水域以及种子、种畜禽、水产苗种生产基地；

（六）河流、湖泊、风景名胜区、自然保护区；

（七）军事禁区、军事管理区；

（八）法律、行政法规规定的其他场所、设施、区域。

已建的危险化学品生产装置或者储存数量构成重大危险源的危险化学品储存设施不符合前款规定的，由所在地设区的市级人民政府安全生产监督管理部门会同有关部门监督其所属单位在规定期限内进行整改；需要转产、停产、搬迁、关闭的，由本级人民政府决定并组织实施。

储存数量构成重大危险源的危险化学品储存设施的选址，应当避开地震活动断层和容易发生洪灾、地质灾害的区域。

本条例所称重大危险源，是指生产、储存、使用或者搬运危险化学品，且危险化学品的数量等于或者超过临界量的单元（包括场所和设施）。

第二十条 生产、储存危险化学品的单位，应当根据其生产、储存的危险化学品的种类和危险特性，在作业场所设置相应的监测、监控、通风、防晒、调温、防火、灭火、防爆、泄压、防毒、中和、防潮、防雷、防静电、防腐、防泄漏以及防护围堤或者隔离操作等安全设施、设备，并按照国家标准、行业标准或者国家有关规定对安全设施、设备进行经常性维护、保养，保证安全设施、设备的正常使用。

生产、储存危险化学品的单位，应当在其作业场所和安全设施、设备上设置明显的安全警示标志。

第二十一条 生产、储存危险化学品的单位，应当在其作业场所设置通信、报警装置，并保证处于适用状态。

第二十二条 生产、储存危险化学品的企业，应当委托具备国家规定的资质条件的机构，对本企业的安全生产条件每3年进行一次安全评价，提出安全评价报告。安全评价报告的内容应当包括对安全生产条件存在的问题进行整改的方案。

生产、储存危险化学品的企业，应当将安全评价报告以及整改方案的落实情况报所在地县级人民政府安全生产监督管理部门备案。在港区内储存危险化学品的企业，应当将安全评价报告以及整改方案的落实情况报港口行政管理部门备案。

第二十三条 生产、储存剧毒化学品或者国务院公安部门规定的可用于制造爆炸物品的危险化学品（以下简称易制爆危险化学品）的单位，应当如实记录其生产、储存的剧毒化学品、易制爆危险化学品的数量、流向，并采取必要的安全防范措施，防止剧毒化学品、易制爆危险化学品丢失或者被盗；发现剧毒化学品、易制爆危险化学品丢失或者被盗的，应当立即向当地公安机关报告。

生产、储存剧毒化学品、易制爆危险化学品的单位，应当设置治安保卫机构，配备专职治安保卫人员。

第二十四条 危险化学品应当储存在专用仓库、专用场地或者专用储存室（以下统称专用仓库）内，并由专人负责管理；剧毒化学品以及储存数量构成重大危险源的其他危险化学品，应当在专用仓库内单独存放，并实行双人收发、双人保管制度。

危险化学品的储存方式、方法以及储存数量应当符合国家标准或者国家有关规定。

第二十五条 储存危险化学品的单位应当建立危险化学品出入库核查、登记制度。

对剧毒化学品以及储存数量构成重大危险源的其他危险化学品，储存单位应当将其储存数量、储存地点以及管理人员的情况，报所在地县级人民政府安全生产监督管理部门（在港区内储存的，报港口行政管理部门）和公安机关备案。

第二十六条 危险化学品专用仓库应当符合国家标准、行业标准的要求，并设置明显的标志。储存剧毒化学品、易制爆危险化学品的专用仓库，应当按照国家有关规定设置相应的技术防范设施。

储存危险化学品的单位应当对其危险化学品专用仓库的安全设施、设备定期进行检测、检验。

第二十七条 生产、储存危险化学品的单位转产、停产、停业或者解散的，应当采取有效措施，及时、妥善处置其危险化学品生产装置、储存设施以及库存的危险化学品，不得丢弃危险化学品；处置方案应当报所在地县级人民政府安全生产监督管理部门、工业和信息化主管部门、环境保护主管部门和公安机关备案。安全生产监督管理部门应当会同环境保护主管部门和公安机关对处置情况进行监督检查，发现未依照规定处置的，应当责令其立即处置。

第三章 使用安全

第二十八条 使用危险化学品的单位，其使用条件（包括工艺）应当符合法律、行政法规的规定和国家标准、行业标准的要求，并根据所使用的危险化学品的种类、危险特性以及使用量和使用方式，建立、健全使用危险化学品的安全管理规章制度和安全操作规程，保证危险化学品的安全使用。

第二十九条 使用危险化学品从事生产并且使用量达到规定数量的化工企业（属于危险化学品生产企业的除外，下同），应当依照本条例的规定取得危险化学品安全使用许可证。

前款规定的危险化学品使用量的数量标准，由国务院安全生产监督管理部门会同国务院公安部门、农业主管部门确定并公布。

第三十条 申请危险化学品安全使用许可证的化工企业，除应当符合本条例第二十八条的规定外，还应当具备下列条件：

（一）有与所使用的危险化学品相适应的专业技术人员；

（二）有安全管理机构和专职安全管理人员；

（三）有符合国家规定的危险化学品事故应急预案和必要的应急救援器材、设备；

（四）依法进行了安全评价。

第三十一条 申请危险化学品安全使用许可证的化工企业，应当向所在地设区的市级人民政府安全生产监督管理部门提出申请，并提交其符合本条例第三十条规定条件的证明材料。设区的市级人民政府安全生产监督管埋部门应当依法进行审查，自收到证明材料之日起 45 日内作出批准或者不予批准的决定。予以批准的，颁发危险化学品安全使用许可证；不予批准的，书面通知申请人并说明理由。

安全生产监督管理部门应当将其颁发危险化学品安全使用许可证的情况及时向

同级环境保护主管部门和公安机关通报。

第三十二条 本条例第十六条关于生产实施重点环境管理的危险化学品的企业的规定，适用于使用实施重点环境管理的危险化学品从事生产的企业；第二十条、第二十一条、第二十三条第一款、第二十七条关于生产、储存危险化学品的单位的规定，适用于使用危险化学品的单位；第二十二条关于生产、储存危险化学品的企业的规定，适用于使用危险化学品从事生产的企业。

第四章 经营安全

第三十三条 国家对危险化学品经营（包括仓储经营，下同）实行许可制度。未经许可，任何单位和个人不得经营危险化学品。

依法设立的危险化学品生产企业在其厂区范围内销售本企业生产的危险化学品，不需要取得危险化学品经营许可。

依照《中华人民共和国港口法》的规定取得港口经营许可证的港口经营人，在港区内从事危险化学品仓储经营，不需要取得危险化学品经营许可。

第三十四条 从事危险化学品经营的企业应当具备下列条件：

（一）有符合国家标准、行业标准的经营场所，储存危险化学品的，还应当有符合国家标准、行业标准的储存设施；

（二）从业人员经过专业技术培训并经考核合格；

（三）有健全的安全管理规章制度；

（四）有专职安全管理人员；

（五）有符合国家规定的危险化学品事故应急预案和必要的应急救援器材、设备；

（六）法律、法规规定的其他条件。

第三十五条 从事剧毒化学品、易制爆危险化学品经营的企业，应当向所在地设区的市级人民政府安全生产监督管理部门提出申请，从事其他危险化学品经营的企业，应当向所在地县级人民政府安全生产监督管理部门提出申请（有储存设施的，应当向所在地设区的市级人民政府安全生产监督管理部门提出申请）。申请人应当提交其符合本条例第三十四条规定条件的证明材料。设区的市级人民政府安全生产监督管理部门或者县级人民政府安全生产监督管理部门应当依法进行审查，并对申请人的经营场所、储存设施进行现场核查，自收到证明材料之日起 30 日内作出批准或者不予批准的决定。予以批准的，颁发危险化学品经营许可证；不予批准的，书面通知申请人并说明理由。

设区的市级人民政府安全生产监督管理部门和县级人民政府安全生产监督管理部门应当将其颁发危险化学品经营许可证的情况及时向同级环境保护主管部门和公安机关通报。

申请人持危险化学品经营许可证向工商行政管理部门办理登记手续后，方可从事危险化学品经营活动。法律、行政法规或者国务院规定经营危险化学品还需要经其他有关部门许可的，申请人向工商行政管理部门办理登记手续时还应当持相应的许可证件。

第三十六条 危险化学品经营企业储存危险化学品的，应当遵守本条例第二章关于储存危险化学品的规定。危险化学品商店内只能存放民用小包装的危险化学品。

第三十七条 危险化学品经营企业不得向未经许可从事危险化学品生产、经营活动的企业采购危险化学品，不得经营没有化学品安全技术说明书或者化学品安全标签的危险化学品。

第三十八条 依法取得危险化学品安全生产许可证、危险化学品安全使用许可证、危险化学品经营许可证的企业，凭相应的许可证件购买剧毒化学品、易制爆危险化学品。民用爆炸物品生产企业凭民用爆炸物品生产许可证购买易制爆危险化学品。

前款规定以外的单位购买剧毒化学品的，应当向所在地县级人民政府公安机关申请取得剧毒化学品购买许可证；购买易制爆危险化学品的，应当持本单位出具的合法用途说明。

个人不得购买剧毒化学品（属于剧毒化学品的农药除外）和易制爆危险化学品。

第三十九条 申请取得剧毒化学品购买许可证，申请人应当向所在地县级人民政府公安机关提交下列材料：

（一）营业执照或者法人证书（登记证书）的复印件；

（二）拟购买的剧毒化学品品种、数量的说明；

（三）购买剧毒化学品用途的说明；

（四）经办人的身份证明。

县级人民政府公安机关应当自收到前款规定的材料之日起3日内，作出批准或者不予批准的决定。予以批准的，颁发剧毒化学品购买许可证；不予批准的，书面通知申请人并说明理由。

剧毒化学品购买许可证管理办法由国务院公安部门制定。

第四十条 危险化学品生产企业、经营企业销售剧毒化学品、易制爆危险化学品，应当查验本条例第三十八条第一款、第二款规定的相关许可证件或者证明文件，不得向不具有相关许可证件或者证明文件的单位销售剧毒化学品、易制爆危险化学品。对持剧毒化学品购买许可证购买剧毒化学品的，应当按照许可证载明的品种、数量销售。

禁止向个人销售剧毒化学品（属于剧毒化学品的农药除外）和易制爆危险化学品。

第四十一条 危险化学品生产企业、经营企业销售剧毒化学品、易制爆危险化学品，应当如实记录购买单位的名称、地址、经办人的姓名、身份证号码以及所购买的剧毒化学品、易制爆危险化学品的品种、数量、用途。销售记录以及经办人的身份证明复印件、相关许可证件复印件或者证明文件的保存期限不得少于1年。

剧毒化学品、易制爆危险化学品的销售企业、购买单位应当在销售、购买后5日内，将所销售、购买的剧毒化学品、易制爆危险化学品的品种、数量以及流向信息报所在地县级人民政府公安机关备案，并输入计算机系统。

第四十二条 使用剧毒化学品、易制爆危险化学品的单位不得出借、转让其购买的剧毒化学品、易制爆危险化学品；因转产、停产、搬迁、关闭等确需转让的，应当向具有本条例第三十八条第一款、第二款规定的相关许可证件或者证明文件的单位转让，并在转让后将有关情况及时向所在地县级人民政府公安机关报告。

第五章 运输安全

第四十三条 从事危险化学品道路运输、水路运输的，应当分别依照有关道路运输、水路运输的法律、行政法规的规定，取得危险货物道路运输许可、危险货物水路运输许可，并向工商行政管理部门办理登记手续。

危险化学品道路运输企业、水路运输企业应当配备专职安全管理人员。

第四十四条 危险化学品道路运输企业、水路运输企业的驾驶人员、船员、装卸管理人员、押运人员、申报人员、集装箱装箱现场检查员应当经交通运输主管部门考核合格，取得从业资格。具体办法由国务院交通运输主管部门制定。

危险化学品的装卸作业应当遵守安全作业标准、规程和制度，并在装卸管理人员的现场指挥或者监控下进行。水路运输危险化学品的集装箱装箱作业应当在集装箱装箱现场检查员的指挥或者监控下进行，并符合积载、隔离的规范和要求；装箱作业完毕后，集装箱装箱现场检查员应当签署装箱证明书。

第四十五条 运输危险化学品，应当根据危险化学品的危险特性采取相应的安全防护措施，并配备必要的防护用品和应急救援器材。

用于运输危险化学品的槽罐以及其他容器应当封口严密，能够防止危险化学品在运输过程中因温度、湿度或者压力的变化发生渗漏、洒漏；槽罐以及其他容器的溢流和泄压装置应当设置准确、起闭灵活。

运输危险化学品的驾驶人员、船员、装卸管理人员、押运人员、申报人员、集装箱装箱现场检查员，应当了解所运输的危险化学品的危险特性及其包装物、容器的使用要求和出现危险情况时的应急处置方法。

第四十六条 通过道路运输危险化学品的，托运人应当委托依法取得危险货物道路运输许可的企业承运。

第四十七条 通过道路运输危险化学品的，应当按照运输车辆的核定载质量装载危险化学品，不得超载。

危险化学品运输车辆应当符合国家标准要求的安全技术条件，并按照国家有关规定定期进行安全技术检验。

危险化学品运输车辆应当悬挂或者喷涂符合国家标准要求的警示标志。

第四十八条 通过道路运输危险化学品的，应当配备押运人员，并保证所运输的危险化学品处于押运人员的监控之下。

运输危险化学品途中因住宿或者发生影响正常运输的情况，需要较长时间停车的，驾驶人员、押运人员应当采取相应的安全防范措施；运输剧毒化学品或者易制爆危险化学品的，还应当向当地公安机关报告。

第四十九条 未经公安机关批准，运输危险化学品的车辆不得进入危险化学品运输车辆限制通行的区域。危险化学品运输车辆限制通行的区域由县级人民政府公安机关划定，并设置明显的标志。

第五十条 通过道路运输剧毒化学品的，托运人应当向运输始发地或者目的地县级人民政府公安机关申请剧毒化学品道路运输通行证。

申请剧毒化学品道路运输通行证，托运人应当向县级人民政府公安机关提交下列材料：

（一）拟运输的剧毒化学品品种、数量的说明；

（二）运输始发地、目的地、运输时间和运输路线的说明；

（三）承运人取得危险货物道路运输许可、运输车辆取得营运证以及驾驶人员、押运人员取得上岗资格的证明文件；

（四）本条例第三十八条第一款、第二款规定的购买剧毒化学品的相关许可证件，或者海关出具的进出口证明文件。

县级人民政府公安机关应当自收到前款规定的材料之日起 7 日内，作出批准或者不予批准的决定。予以批准的，颁发剧毒化学品道路运输通行证；不予批准的，书面通知申请人并说明理由。

剧毒化学品道路运输通行证管理办法由国务院公安部门制定。

第五十一条 剧毒化学品、易制爆危险化学品在道路运输途中丢失、被盗、被抢或者出现流散、泄漏等情况的，驾驶人员、押运人员应当立即采取相应的警示措施和安全措施，并向当地公安机关报告。公安机关接到报告后，应当根据实际情况立即向安全生产监督管理部门、环境保护主管部门、卫生主管部门通报。有关部门应当采取必要的应急处置措施。

第五十二条 通过水路运输危险化学品的，应当遵守法律、行政法规以及国务院交通运输主管部门关于危险货物水路运输安全的规定。

第五十三条 海事管理机构应当根据危险化学品的种类和危险特性，确定船舶运输危险化学品的相关安全运输条件。

拟交付船舶运输的化学品的相关安全运输条件不明确的，应当经国家海事管理机构认定的机构进行评估，明确相关安全运输条件并经海事管理机构确认后，方可交付船舶运输。

第五十四条　禁止通过内河封闭水域运输剧毒化学品以及国家规定禁止通过内河运输的其他危险化学品。

前款规定以外的内河水域，禁止运输国家规定禁止通过内河运输的剧毒化学品以及其他危险化学品。

禁止通过内河运输的剧毒化学品以及其他危险化学品的范围，由国务院交通运输主管部门会同国务院环境保护主管部门、工业和信息化主管部门、安全生产监督管理部门，根据危险化学品的危险特性、危险化学品对人体和水环境的危害程度以及消除危害后果的难易程度等因素规定并公布。

第五十五条　国务院交通运输主管部门应当根据危险化学品的危险特性，对通过内河运输本条例第五十四条规定以外的危险化学品（以下简称通过内河运输危险化学品）实行分类管理，对各类危险化学品的运输方式、包装规范和安全防护措施等分别作出规定并监督实施。

第五十六条　通过内河运输危险化学品，应当由依法取得危险货物水路运输许可的水路运输企业承运，其他单位和个人不得承运。托运人应当委托依法取得危险货物水路运输许可的水路运输企业承运，不得委托其他单位和个人承运。

第五十七条　通过内河运输危险化学品，应当使用依法取得危险货物适装证书的运输船舶。水路运输企业应当针对所运输的危险化学品的危险特性，制定运输船舶危险化学品事故应急救援预案，并为运输船舶配备充足、有效的应急救援器材和设备。

通过内河运输危险化学品的船舶，其所有人或者经营人应当取得船舶污染损害责任保险证书或者财务担保证明。船舶污染损害责任保险证书或者财务担保证明的副本应当随船携带。

第五十八条　通过内河运输危险化学品，危险化学品包装物的材质、型式、强度以及包装方法应当符合水路运输危险化学品包装规范的要求。国务院交通运输主管部门对单船运输的危险化学品数量有限制性规定的，承运人应当按照规定安排运输数量。

第五十九条　用于危险化学品运输作业的内河码头、泊位应当符合国家有关安全规范，与饮用水取水口保持国家规定的距离。有关管理单位应当制定码头、泊位危险化学品事故应急预案，并为码头、泊位配备充足、有效的应急救援器材和设备。

用于危险化学品运输作业的内河码头、泊位，经交通运输主管部门按照国家有关规定验收合格后方可投入使用。

第六十条　船舶载运危险化学品进出内河港口，应当将危险化学品的名称、危险特性、包装以及进出港时间等事项，事先报告海事管理机构。海事管理机构接到报告后，应当在国务院交通运输主管部门规定的时间内作出是否同意的决定，通知报告人，同时通报港口行政管理部门。定船舶、定航线、定货种的船舶可以定期报告。

在内河港口内进行危险化学品的装卸、过驳作业，应当将危险化学品的名称、危险特性、包装和作业的时间、地点等事项报告港口行政管理部门。港口行政管理部门接到报告后，应当在国务院交通运输主管部门规定的时间内作出是否同意的决定，通知报告人，同时通报海事管理机构。

载运危险化学品的船舶在内河航行，通过过船建筑物的，应当提前向交通运输主管部门申报，并接受交通运输主管部门的管理。

第六十一条 载运危险化学品的船舶在内河航行、装卸或者停泊，应当悬挂专用的警示标志，按照规定显示专用信号。

载运危险化学品的船舶在内河航行，按照国务院交通运输主管部门的规定需要引航的，应当申请引航。

第六十二条 载运危险化学品的船舶在内河航行，应当遵守法律、行政法规和国家其他有关饮用水水源保护的规定。内河航道发展规划应当与依法经批准的饮用水水源保护区划定方案相协调。

第六十三条 托运危险化学品的，托运人应当向承运人说明所托运的危险化学品的种类、数量、危险特性以及发生危险情况的应急处置措施，并按照国家有关规定对所托运的危险化学品妥善包装，在外包装上设置相应的标志。

运输危险化学品需要添加抑制剂或者稳定剂的，托运人应当添加，并将有关情况告知承运人。

第六十四条 托运人不得在托运的普通货物中夹带危险化学品，不得将危险化学品匿报或者谎报为普通货物托运。

任何单位和个人不得交寄危险化学品或者在邮件、快件内夹带危险化学品，不得将危险化学品匿报或者谎报为普通物品交寄。邮政企业、快递企业不得收寄危险化学品。

对涉嫌违反本条第一款、第二款规定的，交通运输主管部门、邮政管理部门可以依法开拆查验。

第六十五条 通过铁路、航空运输危险化学品的安全管理，依照有关铁路、航空运输的法律、行政法规、规章的规定执行。

第六章　危险化学品登记与事故应急救援

第六十六条 国家实行危险化学品登记制度，为危险化学品安全管理以及危险化学品事故预防和应急救援提供技术、信息支持。

第六十七条 危险化学品生产企业、进口企业，应当向国务院安全生产监督管理部门负责危险化学品登记的机构（以下简称危险化学品登记机构）办理危险化学品登记。

危险化学品登记包括下列内容：

（一）分类和标签信息；

（二）物理、化学性质；

（三）主要用途；

（四）危险特性；

（五）储存、使用、运输的安全要求；

（六）出现危险情况的应急处置措施。

对同一企业生产、进口的同一品种的危险化学品，不进行重复登记。

危险化学品生产企业、进口企业发现其生产、进口的危险化学品有新的危险特性的，应当及时向危险化学品登记机构办理登记内容变更手续。

危险化学品登记的具体办法由国务院安全生产监督管理部门制定。

第六十八条 危险化学品登记机构应当定期向工业和信息化、环境保护、公安、卫生、交通运输、铁路、质量监督检验检疫等部门提供危险化学品登记的有关信息和资料。

第六十九条 县级以上地方人民政府安全生产监督管理部门应当会同工业和信息化、环境保护、公安、卫生、交通运输、铁路、质量监督检验检疫等部门，根据本地区实际情况，制定危险化学品事故应急预案，报本级人民政府批准。

第七十条 危险化学品单位应当制定本单位危险化学品事故应急预案，配备应急救援人员和必要的应急救援器材、设备，并定期组织应急救援演练。

危险化学品单位应当将其危险化学品事故应急预案报所在地设区的市级人民政府安全生产监督管理部门备案。

第七十一条 发生危险化学品事故，事故单位主要负责人应当立即按照本单位危险化学品应急预案组织救援，并向当地安全生产监督管理部门和环境保护、公安、卫生主管部门报告；道路运输、水路运输过程中发生危险化学品事故的，驾驶人员、船员或者押运人员还应当向事故发生地交通运输主管部门报告。

第七十二条 发生危险化学品事故，有关地方人民政府应当立即组织安全生产监督管理、环境保护、公安、卫生、交通运输等有关部门，按照本地区危险化学品事故应急预案组织实施救援，不得拖延、推诿。

有关地方人民政府及其有关部门应当按照下列规定，采取必要的应急处置措施，减少事故损失，防止事故蔓延、扩大：

（一）立即组织营救和救治受害人员，疏散、撤离或者采取其他措施保护危害区域内的其他人员；

（二）迅速控制危害源，测定危险化学品的性质、事故的危害区域及危害程度；

（三）针对事故对人体、动植物、土壤、水源、大气造成的现实危害和可能产生的危害，迅速采取封闭、隔离、洗消等措施；

（四）对危险化学品事故造成的环境污染和生态破坏状况进行监测、评估，并采取相应的环境污染治理和生态修复措施。

第七十三条 有关危险化学品单位应当为危险化学品事故应急救援提供技术指导和必要的协助。

第七十四条 危险化学品事故造成环境污染的，由设区的市级以上人民政府环境保护主管部门统一发布有关信息。

第七章 法律责任

第七十五条 生产、经营、使用国家禁止生产、经营、使用的危险化学品的，由安全生产监督管理部门责令停止生产、经营、使用活动，处20万元以上50万元以下的罚款，有违法所得的，没收违法所得；构成犯罪的，依法追究刑事责任。

有前款规定行为的，安全生产监督管理部门还应当责令其对所生产、经营、使用的危险化学品进行无害化处理。

违反国家关于危险化学品使用的限制性规定使用危险化学品的，依照本条第一款的规定处理。

第七十六条 未经安全条件审查，新建、改建、扩建生产、储存危险化学品的建设项目的，由安全生产监督管理部门责令停止建设，限期改正；逾期不改正的，处50万元以上100万元以下的罚款；构成犯罪的，依法追究刑事责任。

未经安全条件审查，新建、改建、扩建储存、装卸危险化学品的港口建设项目的，由港口行政管理部门依照前款规定予以处罚。

第七十七条 未依法取得危险化学品安全生产许可证从事危险化学品生产，或者未依法取得工业产品生产许可证从事危险化学品及其包装物、容器生产的，分别依照《安全生产许可证条例》、《中华人民共和国工业产品生产许可证管理条例》的规定处罚。

违反本条例规定，化工企业未取得危险化学品安全使用许可证，使用危险化学品从事生产的，由安全生产监督管理部门责令限期改正，处10万元以上20万元以下的罚款；逾期不改正的，责令停产整顿。

违反本条例规定，未取得危险化学品经营许可证从事危险化学品经营的，由安全生产监督管理部门责令停止经营活动，没收违法经营的危险化学品以及违法所得，并处10万元以上20万元以下的罚款；构成犯罪的，依法追究刑事责任。

第七十八条 有下列情形之一的，由安全生产监督管理部门责令改正，可以处5万元以下的罚款；拒不改正的，处5万元以上10万元以下的罚款；情节严重的，责令停产停业整顿：

（一）生产、储存危险化学品的单位未对其铺设的危险化学品管道设置明显的标志，或者未对危险化学品管道定期检查、检测的；

（二）进行可能危及危险化学品管道安全的施工作业，施工单位未按照规定书面通知管道所属单位，或者未与管道所属单位共同制订应急预案、采取相应的安全防护措施，或者管道所属单位未指派专门人员到现场进行管道安全保护指导的；

（三）危险化学品生产企业未提供化学品安全技术说明书，或者未在包装（包括外包装件）上粘贴、拴挂化学品安全标签的；

（四）危险化学品生产企业提供的化学品安全技术说明书与其生产的危险化学品不相符，或者在包装（包括外包装件）粘贴、拴挂的化学品安全标签与包装内危险化学品不相符，或者化学品安全技术说明书、化学品安全标签所载明的内容不符合国家标准要求的；

（五）危险化学品生产企业发现其生产的危险化学品有新的危险特性不立即公告，或者不及时修订其化学品安全技术说明书和化学品安全标签的；

（六）危险化学品经营企业经营没有化学品安全技术说明书和化学品安全标签的危险化学品的；

（七）危险化学品包装物、容器的材质以及包装的型式、规格、方法和单件质量（重量）与所包装的危险化学品的性质和用途不相适应的；

（八）生产、储存危险化学品的单位未在作业场所和安全设施、设备上设置明显的安全警示标志，或者未在作业场所设置通信、报警装置的；

（九）危险化学品专用仓库未设专人负责管理，或者对储存的剧毒化学品以及储存数量构成重大危险源的其他危险化学品未实行双人收发、双人保管制度的；

（十）储存危险化学品的单位未建立危险化学品出入库核查、登记制度的；

（十一）危险化学品专用仓库未设置明显标志的；

（十二）危险化学品生产企业、进口企业不办理危险化学品登记，或者发现其生产、进口的危险化学品有新的危险特性不办理危险化学品登记内容变更手续的。

从事危险化学品仓储经营的港口经营人有前款规定情形的，由港口行政管理部门依照前款规定予以处罚。储存剧毒化学品、易制爆危险化学品的专用仓库未按照国家有关规定设置相应的技术防范设施的，由公安机关依照前款规定予以处罚。

生产、储存剧毒化学品、易制爆危险化学品的单位未设置治安保卫机构、配备专职治安保卫人员的，依照《企业事业单位内部治安保卫条例》的规定处罚。

第七十九条 危险化学品包装物、容器生产企业销售未经检验或者经检验不合格的危险化学品包装物、容器的，由质量监督检验检疫部门责令改正，处10万元以上20万元以下的罚款，有违法所得的，没收违法所得；拒不改正的，责令停产停业整顿；构成犯罪的，依法追究刑事责任。

将未经检验合格的运输危险化学品的船舶及其配载的容器投入使用的，由海事管理机构依照前款规定予以处罚。

第八十条 生产、储存、使用危险化学品的单位有下列情形之一的，由安全生产监督管理部门责令改正，处5万元以上10万元以下的罚款；拒不改正的，责令停产停业整顿直至由原发证机关吊销其相关许可证件，并由工商行政管理部门责令其办理经营范围变更登记或者吊销其营业执照；有关责任人员构成犯罪的，依法追究刑事责任：

（一）对重复使用的危险化学品包装物、容器，在重复使用前不进行检查的；

（二）未根据其生产、储存的危险化学品的种类和危险特性，在作业场所设置相关安全设施、设备，或者未按照国家标准、行业标准或者国家有关规定对安全设施、设备进行经常性维护、保养的；

（三）未依照本条例规定对其安全生产条件定期进行安全评价的；

（四）未将危险化学品储存在专用仓库内，或者未将剧毒化学品以及储存数量构成重大危险源的其他危险化学品在专用仓库内单独存放的；

（五）危险化学品的储存方式、方法或者储存数量不符合国家标准或者国家有关规定的；

（六）危险化学品专用仓库不符合国家标准、行业标准的要求的；

（七）未对危险化学品专用仓库的安全设施、设备定期进行检测、检验的。

从事危险化学品仓储经营的港口经营人有前款规定情形的，由港口行政管理部门依照前款规定予以处罚。

第八十一条 有下列情形之一的，由公安机关责令改正，可以处 1 万元以下的罚款；拒不改正的，处 1 万元以上 5 万元以下的罚款：

（一）生产、储存、使用剧毒化学品、易制爆危险化学品的单位不如实记录生产、储存、使用的剧毒化学品、易制爆危险化学品的数量、流向的；

（二）生产、储存、使用剧毒化学品、易制爆危险化学品的单位发现剧毒化学品、易制爆危险化学品丢失或者被盗，不立即向公安机关报告的；

（三）储存剧毒化学品的单位未将剧毒化学品的储存数量、储存地点以及管理人员的情况报所在地县级人民政府公安机关备案的；

（四）危险化学品生产企业、经营企业不如实记录剧毒化学品、易制爆危险化学品购买单位的名称、地址、经办人的姓名、身份证号码以及所购买的剧毒化学品、易制爆危险化学品的品种、数量、用途，或者保存销售记录和相关材料的时间少于 1 年的；

（五）剧毒化学品、易制爆危险化学品的销售企业、购买单位未在规定的时限内将所销售、购买的剧毒化学品、易制爆危险化学品的品种、数量以及流向信息报所在地县级人民政府公安机关备案的；

（六）使用剧毒化学品、易制爆危险化学品的单位依照本条例规定转让其购买的剧毒化学品、易制爆危险化学品，未将有关情况向所在地县级人民政府公安机关报告的。

生产、储存危险化学品的企业或者使用危险化学品从事生产的企业未按照本条例规定将安全评价报告以及整改方案的落实情况报安全生产监督管理部门或者港口行政管理部门备案，或者储存危险化学品的单位未将其剧毒化学品以及储存数量构成重大危险源的其他危险化学品的储存数量、储存地点以及管理人员的情况报安全生产监督管理部门或者港口行政管理部门备案的，分别由安全生产监督管理部门或者港口行政管理部门依照前款规定予以处罚。

生产实施重点环境管理的危险化学品的企业或者使用实施重点环境管理的危险化学品从事生产的企业未按照规定将相关信息向环境保护主管部门报告的，由环境保护主管部门依照本条第一款的规定予以处罚。

第八十二条 生产、储存、使用危险化学品的单位转产、停产、停业或者解散，未采取有效措施及时、妥善处置其危险化学品生产装置、储存设施以及库存的危险化学品，或者丢弃危险化学品的，由安全生产监督管理部门责令改正，处 5 万元以上 10 万元以下的罚款；构成犯罪的，依法追究刑事责任。

生产、储存、使用危险化学品的单位转产、停产、停业或者解散，未依照本条例规定将其危险化学品生产装置、储存设施以及库存危险化学品的处置方案报有关部门备案的，分别由有关部门责令改正，可以处 1 万元以下的罚款；拒不改正的，处 1 万元以上 5 万元以下的罚款。

第八十三条 危险化学品经营企业向未经许可违法从事危险化学品生产、经营活动的企业采购危险化学品的，由工商行政管理部门责令改正，处 10 万元以上 20 万元以下的罚款；拒不改正的，责令停业整顿直至由原发证机关吊销其危险化学品经营许可证，并由工商行政管理部门责令其办理经营范围变更登记或者吊销其营业执照。

第八十四条 危险化学品生产企业、经营企业有下列情形之一的，由安全生产监督管理部门责令改正，没收违法所得，并处 10 万元以上 20 万元以下的罚款；拒不改正的，责令停产停业整顿直至吊销其危险化学品安全生产许可证、危险化学品经营许可证，并由工商行政管理部门责令其办理经营范围变更登记或者吊销其营业执照：

（一）向不具有本条例第三十八条第一款、第二款规定的相关许可证件或者证明文件的单位销售剧毒化学品、易制爆危险化学品的；

（二）不按照剧毒化学品购买许可证载明的品种、数量销售剧毒化学品的；

（三）向个人销售剧毒化学品（属于剧毒化学品的农药除外）、易制爆危险化学品的。

不具有本条例第三十八条第一款、第二款规定的相关许可证件或者证明文件的单位购买剧毒化学品、易制爆危险化学品，或者个人购买剧毒化学品（属于剧毒化学品的农药除外）、易制爆危险化学品的，由公安机关没收所购买的剧毒化学品、易制爆危险化学品，可以并处 5000 元以下的罚款。

使用剧毒化学品、易制爆危险化学品的单位出借或者向不具有本条例第三十八条第一款、第二款规定的相关许可证件的单位转让其购买的剧毒化学品、易制爆危险化学品，或者向个人转让其购买的剧毒化学品（属于剧毒化学品的农药除外）、易制爆危险化学品的，由公安机关责令改正，处 10 万元以上 20 万元以下的罚款；拒不改正的，责令停产停业整顿。

第八十五条 未依法取得危险货物道路运输许可、危险货物水路运输许可，从事危险化学品道路运输、水路运输的，分别依照有关道路运输、水路运输的法律、行政法规的规定处罚。

第八十六条 有下列情形之一的，由交通运输主管部门责令改正，处5万元以上10万元以下的罚款；拒不改正的，责令停产停业整顿；构成犯罪的，依法追究刑事责任：

（一）危险化学品道路运输企业、水路运输企业的驾驶人员、船员、装卸管理人员、押运人员、申报人员、集装箱装箱现场检查员未取得从业资格上岗作业的；

（二）运输危险化学品，未根据危险化学品的危险特性采取相应的安全防护措施，或者未配备必要的防护用品和应急救援器材的；

（三）使用未依法取得危险货物适装证书的船舶，通过内河运输危险化学品的；

（四）通过内河运输危险化学品的承运人违反国务院交通运输主管部门对单船运输的危险化学品数量的限制性规定运输危险化学品的；

（五）用于危险化学品运输作业的内河码头、泊位不符合国家有关安全规范，或者未与饮用水取水口保持国家规定的安全距离，或者未经交通运输主管部门验收合格投入使用的；

（六）托运人不向承运人说明所托运的危险化学品的种类、数量、危险特性以及发生危险情况的应急处置措施，或者未按照国家有关规定对所托运的危险化学品妥善包装并在外包装上设置相应标志的；

（七）运输危险化学品需要添加抑制剂或者稳定剂，托运人未添加或者未将有关情况告知承运人的。

第八十七条 有下列情形之一的，由交通运输主管部门责令改正，处10万元以上20万元以下的罚款，有违法所得的，没收违法所得；拒不改正的，责令停产停业整顿；构成犯罪的，依法追究刑事责任：

（一）委托未依法取得危险货物道路运输许可、危险货物水路运输许可的企业承运危险化学品的；

（二）通过内河封闭水域运输剧毒化学品以及国家规定禁止通过内河运输的其他危险化学品的；

（三）通过内河运输国家规定禁止通过内河运输的剧毒化学品以及其他危险化学品的；

（四）在托运的普通货物中夹带危险化学品，或者将危险化学品谎报或者匿报为普通货物托运的。

在邮件、快件内夹带危险化学品，或者将危险化学品谎报为普通物品交寄的，依法给予治安管理处罚；构成犯罪的，依法追究刑事责任。

邮政企业、快递企业收寄危险化学品的，依照《中华人民共和国邮政法》的规定处罚。

第八十八条 有下列情形之一的，由公安机关责令改正，处5万元以上10万元以下的罚款；构成违反治安管理行为的，依法给予治安管理处罚；构成犯罪的，依法追究刑事责任：

（一）超过运输车辆的核定载质量装载危险化学品的；

（二）使用安全技术条件不符合国家标准要求的车辆运输危险化学品的；

（三）运输危险化学品的车辆未经公安机关批准进入危险化学品运输车辆限制通行的区域的；

（四）未取得剧毒化学品道路运输通行证，通过道路运输剧毒化学品的。

第八章 附 则

第九十七条 监控化学品、属于危险化学品的药品和农药的安全管理，依照本条例的规定执行；法律、行政法规另有规定的，依照其规定。

民用爆炸物品、烟花爆竹、放射性物品、核能物质以及用于国防科研生产的危险化学品的安全管理，不适用本条例。

法律、行政法规对燃气的安全管理另有规定的，依照其规定。

危险化学品容器属于特种设备的，其安全管理依照有关特种设备安全的法律、行政法规的规定执行。

第九十八条 危险化学品的进出口管理，依照有关对外贸易的法律、行政法规、规章的规定执行；进口的危险化学品的储存、使用、经营、运输的安全管理，依照本条例的规定执行。

危险化学品环境管理登记和新化学物质环境管理登记，依照有关环境保护的法律、行政法规、规章的规定执行。危险化学品环境管理登记，按照国家有关规定收取费用。

第九十九条 公众发现、捡拾的无主危险化学品，由公安机关接收。公安机关接收或者有关部门依法没收的危险化学品，需要进行无害化处理的，交由环境保护主管部门组织其认定的专业单位进行处理，或者交由有关危险化学品生产企业进行处理。处理所需费用由国家财政负担。

第一百条 化学品的危险特性尚未确定的，由国务院安全生产监督管理部门、国务院环境保护主管部门、国务院卫生主管部门分别负责组织对该化学品的物理危险性、环境危害性、毒理特性进行鉴定。根据鉴定结果，需要调整危险化学品目录的，依照本条例第三条第二款的规定办理。

第一百零一条 本条例施行前已经使用危险化学品从事生产的化工企业，依照本条例规定需要取得危险化学品安全使用许可证的，应当在国务院安全生产监督管理部门规定的期限内，申请取得危险化学品安全使用许可证。

第一百零二条 本条例自2011年12月1日起施行。

七、国家危险废弃物名录

废弃物类别	行业来源	废弃物代码	危险废弃物	危险特性
HW01 医疗废弃物	卫生	851-001-01	医疗废弃物	In
	非特定行业	900-001-01	为防治动物传染病而需要收集和处置的废弃物	In
HW02 医药废弃物	化学药品原药制造	271-001-02	化学药品原料药生产过程中的蒸馏及反应残渣	T
		271-002-02	化学药品原料药生产过程中的母液及反应基或培养基废弃物	T
		271-003-02	化学药品原料药生产过程中的脱色过滤(包括载体)物	T
		271-004-02	化学药品原料药生产过程中废弃的吸附剂、催化剂和溶剂	T
		271-005-02	化学药品原料药生产过程中的报废药品及过期原料	T
	化学药品制剂制造	272-001-02	化学药品制剂生产过程中的蒸馏及反应残渣	T
		272-002-02	化学药品制剂生产过程中的母液及反应基或培养基废弃物	T
		272-003-02	化学药品制剂生产过程中的脱色过滤(包括载体)物	T
		272-004-02	化学药品制剂生产过程中废弃的吸附剂、催化剂和溶剂	T
		272-005-02	化学药品制剂生产过程中的报废药品及过期原料	T
	兽用药品制造	275-001-02	使用砷或有机砷化合物生产兽药过程中产生的废液处理污泥	T
		275-002-02	使用砷或有机砷化合物生产兽药过程中苯胺化合物蒸馏工艺产生的蒸馏残渣	T
		275-003-02	使用砷或有机砷化合物生产兽药过程中使用活性炭脱色产生的残渣	T
		275-004-02	其他兽药生产过程中的蒸馏及反应残渣	T
		275-005-02	其他兽药生产过程中的脱色过滤(包括载体)物	T
		275-006-02	兽药生产过程中的母液、反应基和培养基废弃物	T
		275-007-02	兽药生产过程中废弃的吸附剂、催化剂和溶剂	T
		275-008-02	兽药生产过程中的报废药品及过期原料	T
	生物、生化制品的制造	276-001-02	利用生物技术生产生物化学药品、基因工程药物过程中的蒸馏及反应残渣	T
		276-002-02	利用生物技术生产生物化学药品、基因工程药物过程中的母液、反应基和培养基废弃物	T
		276-003-02	利用生物技术生产生物化学药品、基因工程药物过程中的脱色过滤(包括载体)物与滤饼	T
		276-004-02	利用生物技术生产生物化学药品、基因工程药物过程中废弃的吸附剂、催化剂和溶剂	T
		276-005-02	利用生物技术生产生物化学药品、基因工程药物过程中的报废药品及过期原料	T

续表

废弃物类别	行业来源	废弃物代码	危险废弃物	危险特性
HW03 废药物、药品	非特定行业	900-002-03	生产、销售及使用过程中产生的失效、变质、不合格、淘汰、伪劣的药物和药品(不包括 HW01、HW02、900-999-49 类)	T
HW04 农药废弃物	农药制造	263-001-04	氯丹生产过程中六氯环戊二烯过滤产生的残渣;氯丹氯化反应器的真空汽提器排放的废弃物	T
		263-002-04	乙拌磷生产过程中甲苯回收工艺产生的蒸馏残渣	T
		263-003-04	甲拌磷生产过程中二乙基二硫代磷酸过滤产生的滤饼	T
		263-004-04	2,4,5-三氯苯氧乙酸生产过程中四氯苯蒸馏产生的重馏分及蒸馏残渣	T
		263-005-04	2,4-二氯苯氧乙酸生产过程中产生的含 2,6-二氯苯酚残渣	T
		263-006-04	乙烯基双二硫代氨基甲酸及其盐类生产过程中产生的过滤、蒸发和离心分离残渣及废液处理污泥;产品研磨和包装工序产生的布袋除尘器粉尘和地面清扫废渣	T
		263-007-04	溴甲烷生产过程中反应器产生的废液和酸干燥器产生的废硫酸;生产过程中产生的废吸附剂和废液分离器产生的固体废弃物	T
		263-008-04	其他农药生产过程中产生的蒸馏及反应残渣	T
		263-009-04	农药生产过程中产生的母液及(反应罐及容器)清洗液	T
		263-010-04	农药生产过程中产生的吸附过滤物(包括载体、吸附剂、催化剂)	T
		263-011-04	农药生产过程中的废液处理污泥	T
		263-012-04	农药生产、配制过程中产生的过期原料及报废药品	T
	非特定行业	900-003-04	销售及使用过程中产生的失效、变质、不合格、淘汰、伪劣的农药产品	T
HW05 木材防腐剂废弃物	锯材、木片加工	201-001-05	使用五氯酚进行木材防腐过程中产生的废液处理污泥,以及木材保存过程中产生的沾染防腐剂的废弃木材残片	T
		201-002-05	使用杂芬油进行木材防腐过程中产生的废液处理污泥,以及木材保存过程中产生的沾染防腐剂的废弃木材残片	T
		201-003-05	使用含砷、铬等无机防腐剂进行木材防腐过程中产生的废液处理污泥,以及木材保存过程中产生的沾染防腐剂的废弃木材残片	T
	专用化学产品制造	266-001-05	木材防腐化学品生产过程中产生的反应残余物、吸附过滤物及载体	T
		266-002-05 *	木材防腐化学品生产过程中产生的废液处理污泥	T
		266-003-05	木材防腐化学品生产、配制过程中产生的报废产品及过期原料	T
	非特定行业	900-004-05	销售及使用过程中产生的失效、变质、不合格、淘汰、伪劣的木材防腐剂产品	T

续表

废弃物类别	行业来源	废弃物代码	危险废弃物	危险特性
HW06 有机溶剂废弃物	基础化学原料制造	261-001-06	硝基苯-苯胺生产过程中产生的废液	T
		261-002-06	羧酸肼法生产1,1-二甲基肼过程中产品分离和冷凝反应器排气产生的塔顶流出物	T
		261-003-06	羧酸肼法生产1,1-二甲基肼过程中产品精制产生的废过滤器滤芯	T
		261-004-06	甲苯硝化法生产二硝基甲苯过程中产生的洗涤废液	T
		261-005-06	有机溶剂的合成、裂解、分离、脱色、催化、沉淀、精馏等过程中产生的反应残余物、废催化剂、吸附过滤物及载体	I,T
		261-006-06	有机溶剂的生产、配制、使用过程中产生的含有有机溶剂的清洗杂物	I,T
HW07 热处理含氰废弃物	金属表面处理及热处理加工	346-001-07	使用氰化物进行金属热处理产生的淬火池残渣	T
		346-002-07	使用氰化物进行金属热处理产生的淬火废液处理污泥	T
		346-003-07	含氰热处理炉维修过程中产生的废内衬	T
		346-004-07	热处理渗碳炉产生的热处理渗碳氰渣	T
		346-005-07	金属热处理过程中的盐浴槽釜清洗工艺产生的废氰化物残渣	R,T
		346-049-07	其他热处理和退火作业中产生的含氰废弃物	T
HW08 废矿物油	天然原油和天然气开采	071-001-08	石油开采和炼制产生的油泥和油脚	T,I
		071-002-08	废弃钻井液处理产生的污泥	T
	精炼石油产品制造	251-001-08	清洗油罐(池)或油件过程中产生的油/水和烃/水混合物	T
		251-002-08	石油初炼过程中产生的废液处理污泥,以及储存设施、油-水-固态物质分离器、积水槽、沟渠及其他输送管道、污水池、雨水收集管道产生的污泥	T
		251-003-08	石油炼制过程中API分离器产生的污泥,以及汽油提炼工艺废液和冷却废液处理污泥	T
		251-004-08	石油炼制过程中溶气浮选法产生的浮渣	T,I
		251-005-08	石油炼制过程中的溢出废油或乳剂	T,I
		251-006-08	石油炼制过程中的换热器管束清洗污泥	T
		251-007-08	石油炼制过程中隔油设施的污泥	T
		251-008-08	石油炼制过程中储存设施底部的沉渣	T,I
		251-009-08	石油炼制过程中原油储存设施的沉积物	T,I
		251-010-08	石油炼制过程中澄清油浆槽底的沉积物	T,I
		251-011-08	石油炼制过程中进油管路过滤或分离装置产生的残渣	T,I
		251-012-08	石油炼制过程中产生的废弃过滤黏土	T

续表

废弃物类别	行业来源	废弃物代码	危险废弃物	危险特性
HW08 废矿物油	涂料、油墨、颜料及相关产品制造	264-001-08	油墨的生产、配制产生的废分散油	T
	专用化学产品制造	266-004-08	黏合剂和密封剂生产、配制过程产生的废弃松香油	T
	船舶及浮动装置制造	375-001-08	拆船过程中产生的废油和油泥	T,I
	非特定行业	900-200-08	珩磨、研磨、打磨过程产生的废矿物油及其含油污泥	T
		900-201-08	使用煤油、柴油清洗金属零件或引擎产生的废矿物油	T,I
		900-202-08	使用切削油和切削液进行机械加工过程中产生的废矿物油	T
		900-203-08	使用淬火油进行表面硬化产生的废矿物油	T
		900-204-08	使用轧制油、冷却剂及酸进行金属轧制产生的废矿物油	T
		900-205-08	使用镀锡油进行焊锡产生的废矿物油	T
		900-206-08	锡及焊锡回收过程中产生的废矿物油	T
		900-207-08	使用镀锡油进行蒸汽除油产生的废矿物油	T
		900-208-08	使用镀锡油(防氧化)进行热风整平(喷锡)产生的废矿物油	T
		900-209-08	废弃的石蜡和油脂	T,I
		900-210-08	油/水分离设施产生的废油、污泥	T,I
		900-249-08	其他生产、销售、使用过程中产生的废矿物油	T,I
HW09 油/水、烃/水混合物或乳化液	非特定行业	900-005-09	来自于水压机定期更换的油/水、烃/水混合物或乳化液	T
		900-006-09	使用切削油和切削液进行机械加工过程中产生的油/水、烃/水混合物或乳化液	T
		900-007-09	其他工艺过程中产生的废弃的油/水、烃/水混合物或乳化液	T
HW10 多氯(溴)联苯类废弃物	非特定行业	900-008-10	含多氯联苯(PCBs)、多氯三联苯(PCTs)、多溴联苯(PBBs)的废线路板、电容、变压器	T
		900-009-10	含有PCBs、PCTs和PBBs的电力设备的清洗液	T
		900-010-10	含有PCBs、PCTs和PBBs的电力设备中倾倒出的介质油、绝缘油、冷却油及传热油	T
		900-011-10	含有或直接沾染PCBs、PCTs和PBBs的废弃包装物及容器	T
		900-012-10	含有或沾染PCBs、PCTs、PBBs和多氯(溴)萘，且含量≥50mg/kg的废弃物、物质和物品	T

续表

废弃物类别	行业来源	废弃物代码	危险废弃物	危险特性
HW11 精(蒸)馏残渣	精炼石油产品的制造	251-013-11	石油精炼过程中产生的酸焦油和其他焦油	T
	炼焦制造	252-001-11	炼焦过程中蒸氨塔产生的压滤污泥	T
		252-002-11	炼焦过程中澄清设施底部的焦油状污泥	T
		252-003-11	炼焦副产品回收过程中萘回收及再生产生的残渣	T
		252-004-11	炼焦和炼焦副产品回收过程中焦油储存设施中的残渣	T
		252-005-11	煤焦油精炼过程中焦油储存设施中的残渣	T
		252-006-11	煤焦油蒸馏残渣,包括蒸馏釜底物	T
		252-007-11	煤焦油回收过程中产生的残渣,包括炼焦副产品回收过程中的污水池残渣	T
		252-008-11	轻油回收过程中产生的残渣,包括炼焦副产品回收过程中的蒸馏器、澄清设施、洗涤油回收单元产生的残渣	T
		252-009-11	轻油精炼过程中的污水池残渣	T
		252-010-11	煤气及煤化工生产行业分离煤油过程中产生的煤焦油渣	T
		252-011-11	焦炭生产过程中产生的其他酸焦油和焦油	T
		261-007-11	乙烯法制乙醛生产过程中产生的蒸馏底渣	T
		261-008-11	乙烯法制乙醛生产过程中产生的蒸馏次要馏分	T
		261-009-11	苄基氯生产过程中苄基氯蒸馏产生的蒸馏釜底物	T
		261-010-11	四氯化碳生产过程中产生的蒸馏残渣	T
		261-011-11	表氯醇生产过程中精制塔产生的蒸馏釜底物	T
		261-012-11	异丙苯法生产苯酚和丙酮过程中蒸馏塔底焦油	T
		261-013-11	萘法生产邻苯二甲酸酐过程中蒸馏塔底残渣和轻馏分	T
		261-014-11	邻二甲苯法生产邻苯二甲酸酐过程中蒸馏塔底残渣和轻馏分	T
		261-015-11	苯硝化法生产硝基苯过程中产生的蒸馏釜底物	T
		261-016-11	甲苯二异氰酸酯生产过程中产生的蒸馏残渣和离心分离残渣	T
		261-017-11	1,1,1-三氯乙烷生产过程中产生的蒸馏底渣	T
		261-018-11	三氯乙烯和全氯乙烯联合生产过程中产生的蒸馏塔底渣	T
		261-019-11	苯胺生产过程中产生的蒸馏底渣	T
		261-020-11	苯胺生产过程中苯胺萃取工序产生的工艺残渣	T
		261-021-11	二硝基甲苯加氢法生产甲苯二胺过程中干燥塔产生的反应废液	T
		261-022-11	二硝基甲苯加氢法生产甲苯二胺过程中产品精制产生的冷凝液体轻馏分	T

续表

废弃物类别	行业来源	废弃物代码	危险废弃物	危险特性
HW11 精(蒸)馏残渣	炼焦制造	261-023-11	二硝基甲苯加氢法生产甲苯二胺过程中产品精制产生的废液	T
		261-024-11	二硝基甲苯加氢法生产甲苯二胺过程中产品精制产生的重馏分	T
		261-025-11	甲苯二胺光气化法生产甲苯二异氰酸酯过程中溶剂回收塔产生的有机冷凝物	T
		261-026-11	氯苯生产过程中的蒸馏及分馏塔底物	T
		261-027-11	使用羧酸肼生产 1,1-二甲基肼过程中产品分离产生的塔底渣	T
		261-028-11	乙烯溴化法生产二溴化乙烯过程中产品精制产生的蒸馏釜底物	T
		261-029-11	α-氯甲苯、苯甲酰氯和含此类官能团的化学品生产过程中产生的蒸馏底渣	T
		261-030-11	四氯化碳生产过程中的重馏分	T
		261-031-11	二氯化乙烯生产过程中二氯化乙烯蒸馏产生的重馏分	T
		261-032-11	氯乙烯单体生产过程中氯乙烯蒸馏产生的重馏分	T
		261-033-11	1,1,1-三氯乙烷生产过程中产品蒸汽汽提塔产生的废弃物	T
		261-034-11	1,1,1-三氯乙烷生产过程中重馏分塔产生的重馏分	T
		261-035-11	三氯乙烯和全氯乙烯联合生产过程中产生的重馏分	T
	常用有色金属冶炼	331-001-11	有色金属火法冶炼产生的焦油状废弃物	T
	环境管理业	802-001-11	废油再生过程中产生的酸焦油	T
	非特定行业	900-013-11	其他精炼、蒸馏和任何热解处理中产生的废焦油状残留物	T
HW12 染料、涂料废弃物	涂料、油墨、颜料及相关产品制造	264-002-12	铬黄和铬橙颜料生产过程中产生的废液处理污泥	T
		264-003-12	钼酸橙颜料生产过程中产生的废液处理污泥	T
		264-004-12	锌黄颜料生产过程中产生的废液处理污泥	T
		264-005-12	铬绿颜料生产过程中产生的废液处理污泥	T
		264-006-12	氧化铬绿颜料生产过程中产生的废液处理污泥	T
		264-007-12	氧化铬绿颜料生产过程中产生的烘干炉残渣	T
		264-008-12	铁蓝颜料生产过程中产生的废液处理污泥	T
		264-009-12	使用色素、干燥剂、肥皂以及含铬和铅的稳定剂配制油墨过程中,清洗池槽和设备产生的洗涤废液和污泥	T
		264-010-12	油墨的生产、配制过程中产生的废蚀刻液	T
		264-011-12	其他油墨、染料、颜料、油漆、真漆、罩光漆生产过程中产生的废母液、残渣、中间体废弃物	T

续表

废弃物类别	行业来源	废弃物代码	危险废弃物	危险特性
HW12 染料、涂料废弃物	涂料、油墨、颜料及相关产品制造	264-012-12	其他油墨、染料、颜料、油漆、真漆、罩光漆生产过程中产生的废液处理污泥,废吸附剂	T
		264-013-12	油漆、油墨生产、配制和使用过程中产生的含颜料、油墨的有机溶剂废弃物	T
	纸浆制造	221-001-12	废纸回收利用处理过程中产生的脱墨渣	T
	非特定行业	900-250-12	使用溶剂、光漆进行光漆涂布、喷漆工艺过程中产生的染料和涂料废弃物	T,I
		900-251-12	使用油漆、有机溶剂进行阻挡层涂敷过程中产生的染料和涂料废弃物	T,I
		900-252-12	使用油漆、有机溶剂进行喷漆、上漆过程中产生的染料和涂料废弃物	T,I
		900-253-12	使用油墨和有机溶剂进行丝网印刷过程中产生的染料和涂料废弃物	T,I
		900-254-12	使用遮盖油、有机溶剂进行遮盖油的涂敷过程中产生的染料和涂料废弃物	T,I
		900-255-12	使用各种颜料进行着色过程中产生的染料和涂料废弃物	T
		900-256-12	使用酸、碱或有机溶剂清洗容器设备的油漆、染料、涂料等过程中产生的剥离物	T
		900-299-12	生产、销售及使用过程中产生的失效、变质、不合格、淘汰、伪劣的油墨、染料、颜料、油漆、真漆、罩光漆产品	T,I
HW13 有机树脂类废弃物	基础化学原料制造	261-036-13	树脂、乳胶、增塑剂、胶水/胶合剂生产过程中产生的不合格产品、废副产物	T
		261-037-13	树脂、乳胶、增塑剂、胶水/胶合剂生产过程中合成、酯化、缩合等工序产生的废催化剂、母液	T
		261-038-13	树脂、乳胶、增塑剂、胶水/胶合剂生产过程中精馏、分离、精制等工序产生的釜残液、过滤介质和残渣	T
		261-039-13	树脂、乳胶、增塑剂、胶水/胶合剂生产过程中产生的废液处理污泥	T
	非特定行业	900-014-13	废弃黏合剂和密封剂	T
		900-015-13	饱和或者废弃的离子交换树脂	T
		900-016-13	使用酸、碱或溶剂清洗容器设备剥离下的树脂状、黏稠杂物	T
HW14 新化学药品废弃物	非特定行业	900-017-14	研究、开发和教学活动中产生的对人类或环境影响不明的化学废弃物	T/C/In/I/R
HW15 爆炸性废弃物	炸药及火工产品制造	266-005-15	炸药生产和加工过程中产生的废液处理污泥	R
		266-006-15	含爆炸品废液处理过程中产生的废炭	R
		266-007-15	生产、配制和装填铅基起爆药剂过程中产生的废液处理污泥	T,R
		266-008-15	三硝基甲苯(TNT)生产过程中产生的粉红水、红水,以及废液处理污泥	R
	非特定行业	900-018-15	拆解后收集的尚未引爆的安全气囊	R

续表

废弃物类别	行业来源	废弃物代码	危险废弃物	危险特性
HW16 感光材料废弃物	专用化学产品制造	266-009-16	显影液、定影液、正负胶片、像纸、感光原料及药品生产过程中产生的不合格产品和过期产品	T
		266-010-16	显影液、定影液、正负胶片、像纸、感光原料及药品生产过程中产生的残渣及废液处理污泥	T
	印刷	231-001-16	使用显影剂进行胶卷显影，定影剂进行胶卷定影，以及使用铁氰化钾、硫代硫酸盐进行影像减薄(漂白)产生的废显(定)影液、胶片及废相纸	T
		231-002-16	使用显影剂进行印刷显影、抗蚀图形显影，以及凸版印刷产生的废显(定)影液、胶片及废相纸	T
	电子元件制造	406-001-16	使用显影剂、氢氧化物、偏亚硫酸氢盐、醋酸进行胶卷显影产生的废显(定)影液、胶片及废相纸	T
	电影	893-001-16	电影厂在使用和经营活动中产生的废显(定)影液、胶片及废相纸	T
	摄影扩印服务	828-001-16	摄影扩印服务行业在使用和经营活动中产生的废显(定)影液、胶片及废相纸	T
	非特定行业	900-019-16	其他行业在使用和经营活动中产生的废显(定)影液、胶片及废相纸等感光材料废弃物	T
HW17 表面处理废弃物	金属表面处理及热处理加工	346-050-17	使用氯化亚锡进行敏化产生的废渣和废液处理污泥	T
		346-051-17	使用氯化锌、氯化铵进行敏化产生的废渣和废液处理污泥	T
		346-052-17 *	使用锌和电镀化学品进行镀锌产生的槽液、槽渣和废液处理污泥	T
		346-053-17	使用镉和电镀化学品进行镀镉产生的槽液、槽渣和废液处理污泥	T
		346-054-17 *	使用镍和电镀化学品进行镀镍产生的槽液、槽渣和废液处理污泥	T
		346-055-17 *	使用镀镍液进行镀镍产生的槽液、槽渣和废液处理污泥	T
		346-056-17	硝酸银、碱、甲醛进行敷金属法镀银产生的槽液、槽渣和废液处理污泥	T
		346-057-17	使用金和电镀化学品进行镀金产生的槽液、槽渣和废液处理污泥	T
		346-058-17 *	使用镀铜液进行化学镀铜产生的槽液、槽渣和废液处理污泥	T
		346-059-17	使用钯和锡盐进行活化处理产生的废渣和废液处理污泥	T
		346-060-17	使用铬和电镀化学品进行镀黑铬产生的槽液、槽渣和废液处理污泥	T
		346-061-17	使用高锰酸钾进行钻孔除胶处理产生的废渣和废液处理污泥	T
		346-062-17 *	使用铜和电镀化学品进行镀铜产生的槽液、槽渣和废液处理污泥	T
		346-063-17 *	其他电镀工艺产生的槽液、槽渣和废液处理污泥	T
		346-064-17	金属和塑料表面酸(碱)洗、除油、除锈、洗涤工艺产生的废腐蚀液、洗涤液和污泥	T

续表

废弃物类别	行业来源	废弃物代码	危险废弃物	危险特性
HW17 表面处理废弃物	金属表面处理及热处理加工	346-065-17	金属和塑料表面磷化、出光、化抛过程中产生的残渣(液)及污泥	T
		346-066-17	镀层剥除过程中产生的废液及残渣	T
		346-099-17	其他工艺过程中产生的表面处理废弃物	T
HW18 焚烧处置残渣	环境治理	802-002-18	生活垃圾焚烧飞灰	T
		802-003-18	危险废弃物焚烧、热解等处置过程产生的底渣和飞灰(医疗废弃物焚烧处置产生的底渣除外)	T
		802-004-18	危险废弃物等离子体、高温熔融等处置后产生的非玻璃态物质及飞灰	T
		802-005-18	固体废弃物及液态废弃物焚烧过程中废气处理产生的废活性炭、滤饼	T
HW19 含金属羰基化合物废弃物	非特定行业	900-020-19	在金属羰基化合物生产以及使用过程中产生的含有羰基化合物成分的废弃物	T
HW20 含铍废弃物	基础化学原料制造	261-040-20	铍及其化合物生产过程中产生的熔渣、集(除)尘装置收集的粉尘和废液处理污泥	T
HW21 含铬废弃物	毛皮鞣制及制品加工	193-001-21 *	使用铬鞣剂进行铬鞣、再鞣工艺产生的废液处理污泥	T
		193-002-21 *	皮革切削工艺产生的含铬皮革碎料	T
	印　刷	231-003-21 *	使用含重铬酸盐的胶体有机溶剂、黏合剂进行旋流式抗蚀涂布(抗蚀及光敏抗蚀层等)产生的废渣及废液处理污泥	T
		231-004-21 *	使用铬化合物进行抗蚀层化学硬化产生的废渣及废液处理污泥	T
		231-005-21 *	使用铬酸镀铬产生的槽渣、槽液和废液处理污泥	T
	基础化学原料制造	261-041-21	有钙焙烧法生产铬盐产生的铬浸出渣(铬渣)	T
		261-042-21	有钙焙烧法生产铬盐过程中,中和去铝工艺产生的含铬氢氧化铝湿渣(铝泥)	T
		261-043-21	有钙焙烧法生产铬盐过程中,铬酐生产中产生的副产废渣(含铬硫酸氢钠)	T
		261-044-21 *	有钙焙烧法生产铬盐过程中产生的废液处理污泥	T
	铁合金冶炼	324-001-21	铬铁硅合金生产过程中尾气控制设施产生的飞灰与污泥	T
		324-002-21	铁铬合金生产过程中尾气控制设施产生的飞灰与污泥	T
		324-003-21	铁铬合金生产过程中金属铬冶炼产生的铬浸出渣	T
	金属表面处理及热处理加工	346-100-21 *	使用铬酸进行阳极氧化产生的槽渣、槽液及废液处理污泥	T
		346-101-21	使用铬酸进行塑料表面粗化产生的废弃物	T
	电子元件制造	406-002-21	使用铬酸进行钻孔除胶处理产生的废弃物	T

续表

废弃物类别	行业来源	废弃物代码	危险废弃物	危险特性
HW22 含铜废弃物	常用有色金属矿采选	091-001-22	硫化铜矿、氧化铜矿等铜矿物采选过程中集(除)尘装置收集的粉尘	T
	印刷	231-006-22 *	使用酸或三氯化铁进行铜板蚀刻产生的废蚀刻液及废液处理污泥	T
	玻璃及玻璃制品制造	314-001-22 *	使用硫酸铜还原剂进行敷金属法镀铜产生的槽渣、槽液及废液处理污泥	T
	电子元件制造	406-003-22	使用蚀铜剂进行蚀铜产生的废蚀铜液	T
		406-004-22 *	使用酸进行铜氧化处理产生的废液及废液处理污泥	T
HW23 含锌废弃物	金属表面处理及热处理加工	346-102-23	热镀锌工艺尾气处理产生的固体废弃物	T
		346-103-23	热镀锌工艺过程产生的废弃熔剂、助熔剂、焊剂	T
	电池制造	394-001-23	碱性锌锰电池生产过程中产生的废锌浆	T
	非特定行业	900-021-23 *	使用氢氧化钠、锌粉进行贵金属沉淀过程中产生的废液及废液处理污泥	T
HW24 含砷废弃物	常用有色金属矿采选	091-002-24	硫砷化合物(雌黄、雄黄及砷硫铁矿)或其他含砷化合物的金属矿石采选过程中集(除)尘装置收集的粉尘	T
HW25 含硒废弃物	基础化学原料制造	261-045-25	硒化合物生产过程中产生的熔渣、集(除)尘装置收集的粉尘和废液处理污泥	T
HW26 含镉废弃物	电池制造	394-002-26	镍镉电池生产过程中产生的废渣和废液处理污泥	T
HW27 含锑废弃物	基础化学原料制造	261-046-27	氧化锑生产过程中除尘器收集的灰尘	T
		261-047-27	锑金属及粗氧化锑生产过程中除尘器收集的灰尘	T
		261-048-27	氧化锑生产过程中产生的熔渣	T
		261-049-27	锑金属及粗氧化锑生产过程中产生的熔渣	T
HW28 含碲废弃物	基础化学原料制造	261-050-28	碲化合物生产过程中产生的熔渣、集(除)尘装置收集的粉尘和废液处理污泥	T
HW29 含汞废弃物	天然原油和天然气开采	071-003-29	天然气净化过程中产生的含汞废弃物	T
	贵金属矿采选	092-001-29	"全泥氰化-炭浆提金"黄金选矿生产工艺产生的含汞粉尘、残渣	T
		092-002-29	汞矿采选过程中产生的废渣和集(除)尘装置收集的粉尘	T

续表

废弃物类别	行业来源	废弃物代码	危险废弃物	危险特性
HW29 含汞废弃物	印刷	231-007-29	使用显影剂、汞化合物进行影像加厚(物理沉淀)以及使用显影剂、氨氯化汞进行影像加厚(氧化)产生的废液及残渣	T
	基础化学原料制造	261-051-29	水银电解槽法生产氯气过程中盐水精制产生的盐水提纯污泥	T
		261-052-29	水银电解槽法生产氯气过程中产生的废液处理污泥	T
		261-053-29	氯气生产过程中产生的废活性炭	T
	合成材料制造	265-001-29	氯乙烯精制过程中使用活性炭吸附法处理含汞废液过程中产生的废活性炭	T,C
		265-002-29	氯乙烯精制过程中产生的吸附微量氯化汞的废活性炭	T,C
	电池制造	394-003-29	含汞电池生产过程中产生的废渣和废液处理污泥	T
	照明器具制造	397-001-29	含汞光源生产过程中产生的荧光粉、废活性炭吸收剂	T
	通用仪器仪表制造	411-001-29	含汞温度计生产过程中产生的废渣	T
	基础化学原料制造	261-054-29	卤素和卤素化学品生产过程产生中的含汞硫酸钡污泥	T
	多种来源	900-022-29	废弃的含汞催化剂	T
		900-023-29	生产、销售及使用过程中产生的废含汞荧光灯管	T
		900-024-29	生产、销售及使用过程中产生的废汞温度计、含汞废血压计	T
HW30 含铊废弃物	基础化学原料制造	261-055-30	金属铊及铊化合物生产过程中产生的熔渣、集(除)尘装置收集的粉尘和废液处理污泥	T
HW31 含铅废弃物	玻璃及玻璃制品制造	314-002-31	使用铅盐和铅氧化物进行显像管玻璃熔炼产生的废渣	T
	印刷	231-008-31	印刷线路板制造过程中镀铅锡合金产生的废液	T
	炼钢	322-001-31	电炉粗炼钢过程中尾气控制设施产生的飞灰与污泥	T
	电池制造	394-004-31	铅酸蓄电池生产过程中产生的废渣和废液处理污泥	T
	工艺美术品制造	421-001-31	使用铅箔进行烤钵试金法工艺产生的废烤钵	T
	废弃资源和废旧材料回收加工业	431-001-31	铅酸蓄电池回收工业产生的废渣、铅酸污泥	T
	非特定行业	900-025-31	使用硬脂酸铅进行抗黏涂层产生的废弃物	T
HW32 无机氟化物废弃物	非特定行业	900-026-32 *	使用氢氟酸进行玻璃蚀刻产生的废蚀刻液、废渣和废液处理污泥	T

续表

废弃物类别	行业来源	废弃物代码	危险废弃物	危险特性
HW33 无机氰化物废弃物	贵金属矿采选	092-003-33 *	“全泥氰化-炭浆提金”黄金选矿生产工艺中含氰废液的处理污泥	T
	金属表面处理及热处理加工	346-104-33	使用氰化物进行浸洗产生的废液	R,T
	非特定行业	900-027-33	使用氰化物进行表面硬化、碱性除油、电解除油产生的废弃物	R,T
		900-028-33	使用氰化物剥落金属镀层产生的废弃物	R,T
		900-029-33	使用氰化物和双氧水进行化学抛光产生的废弃物	R,T
HW34 废酸	精炼石油产品的制造	251-014-34	石油炼制过程产生的废酸及酸泥	C,T
	基础化学原料制造	261-056-34	硫酸法生产钛白粉(二氧化钛)过程中产生的废酸和酸泥	C,T
		261-057-34	硫酸和亚硫酸、盐酸、氢氟酸、磷酸和亚磷酸、硝酸和亚硝酸等的生产、配制过程中产生的废酸液、固态酸及酸渣	C
		261-058-34	卤素和卤素化学品生产过程产生的废液和废酸	C
	钢压延加工	323-001-34	钢的精加工过程中产生的废酸性洗液	C,T
	金属表面处理及热处理加工	346-105-34	青铜生产过程中浸酸工序产生的废酸液	C
	电子元件制造	406-005-34	使用酸溶液进行电解除油、酸蚀、活化前表面敏化、催化、锡浸亮产生的废酸液	C
		406-006-34	使用硝酸进行钻孔蚀胶处理产生的废酸液	C
		406-007-34	液晶显示板或集成电路板的生产过程中使用酸浸蚀剂进行氧化物浸蚀产生的废酸液	C
	非特定行业	900-300-34	使用酸清洗产生的废酸液	C
		900-301-34	使用硫酸进行酸性碳化产生的废酸液	C
		900-302-34	使用硫酸进行酸蚀产生的废酸液	C
		900-303-34	使用磷酸进行磷化产生的废酸液	C
		900-304-34	使用酸进行电解除油、金属表面敏化产生的废酸液	C
		900-305-34	使用硝酸剥落不合格镀层及挂架金属镀层产生的废酸液	C
		900-306-34	使用硝酸进行钝化产生的废酸液	C
		900-307-34	使用酸进行电解抛光处理产生的废酸液	C
		900-308-34	使用酸进行催化(化学镀)产生的废酸液	C
		900-349-34 *	其他生产、销售及使用过程中产生的失效、变质、不合格、淘汰、伪劣的强酸性擦洗粉、清洁剂、污迹去除剂以及其他废酸液、固态酸及酸渣	C

续表

废弃物类别	行业来源	废弃物代码	危险废弃物	危险特性
HW35 废碱	精炼石油产品的制造	251-015-35	石油炼制过程产生的碱渣	C,T
	基础化学原料制造	261-059-35	氢氧化钙、氨水、氢氧化钠、氢氧化钾等的生产、配制中产生的废碱液、固态碱及碱渣	C
	毛皮鞣制及制品加工	193-003-35	使用氢氧化钙、硫化钙进行灰浸产生的废碱液	C
	纸浆制造	221-002-35	碱法制浆过程中蒸煮制浆产生的废液、废渣	C
	非特定行业	900-350-35	使用氢氧化钠进行煮炼过程中产生的废碱液	C
		900-351-35	使用氢氧化钠进行丝光处理过程中产生的废碱液	C
		900-352-35	使用碱清洗产生的废碱液	C
		900-353-35	使用碱进行清洗除蜡、碱性除油、电解除油产生的废碱液	C
		900-354-35	使用碱进行电镀阻挡层或抗蚀层的脱除产生的废碱液	C
		900-355-35	使用碱进行氧化膜浸蚀产生的废碱液	C
		900-356-35	使用碱溶液进行碱性清洗、图形显影产生的废碱液	C
		900-399-35 *	其他生产、销售及使用过程中产生的失效、变质、不合格、淘汰、伪劣的强碱性擦洗粉、清洁剂、污迹去除剂以及其他废碱液、固态碱及碱渣	C
HW36 石棉废弃物	石棉采选	109-001-36	石棉矿采选过程产生的石棉渣	T
	基础化学原料制造	261-060-36	卤素和卤素化学品生产过程中电解装置拆换产生的含石棉废弃物	T
	水泥及石膏制品制造	312-001-36	石棉建材生产过程中产生的石棉尘、废纤维、废石棉绒	T
	耐火材料制品制造	316-001-36	石棉制品生产过程中产生的石棉尘、废纤维、废石棉绒	T
	汽车制造	372-001-36	车辆制动器衬片生产过程中产生的石棉废弃物	T
	船舶及浮动装置制造	375-002-36	拆船过程中产生的废石棉	T

续表

废弃物类别	行业来源	废弃物代码	危险废弃物	危险特性
HW36 石棉废弃物	非特定行业	900-030-36	其他生产工艺过程中产生的石棉废弃物	T
		900-031-36	含有石棉的废弃电子电器设备、绝缘材料、建筑材料等	T
		900-032-36	石棉隔膜、热绝缘体等含石棉设施的保养拆换、车辆制动器衬片的更换产生的石棉废弃物	T
HW37 有机磷化合物废弃物	基础化学原料制造	261-061-37	除农药以外其他有机磷化合物生产、配制过程中产生的反应残余物	T
		261-062-37	除农药以外其他有机磷化合物生产、配制过程中产生的过滤物、催化剂(包括载体)及废弃的吸附剂	T
		261-063-37 *	除农药以外其他有机磷化合物生产、配制过程中产生的废液处理污泥	T
	非特定行业	900-033-37	生产、销售及使用过程中产生的废弃磷酸酯抗燃油	T
HW38 有机氰化物废弃物	基础化学原料制造	261-064-38	丙烯腈生产过程中废液汽提器塔底的流出物	R,T
		261-065-38	丙烯腈生产过程中乙腈蒸馏塔底的流出物	R,T
		261-066-38	丙烯腈生产过程中乙腈精制塔底的残渣	T
		261-067-38	有机氰化物生产过程中,合成、缩合等反应中产生的母液及反应残余物	T
		261-068-38	有机氰化物生产过程中,催化、精馏和过滤过程中产生的废催化剂、釜底残渣和过滤介质	T
		261-069-38	有机氰化物生产过程中的废液处理污泥	T
HW39 含酚废弃物	炼　焦	252-012-39	炼焦行业酚氰生产过程中的废液处理污泥	T
		252-013-39	煤气生产过程中的废液处理污泥	T
	基础化学原料制造	261-070-39	酚及酚化合物生产过程中产生的反应残渣、母液	T
		261-071-39	酚及酚化合物生产过程中产生的吸附过滤物、废催化剂、精馏釜残液	T
HW40 含醚废弃物	基础化学原料制造	261-072-40	生产、配制过程中产生的醚类残液、反应残余物、废液处理污泥及过滤渣	T
HW41 废卤化有机溶剂	印刷	231-009-41	使用有机溶剂进行橡皮版印刷,以及清洗印刷工具产生的废卤化有机溶剂	I,T
	基础化学原料制造	261-073-41	氯苯生产过程中产品洗涤工序从反应器分离出的废液	T
		261-074-41	卤化有机溶剂生产、配制过程中产生的残液、吸附过滤物、反应残渣、废液处理污泥及废载体	T
		261-075-41	卤化有机溶剂生产、配制过程中产生的报废产品	T
	电子元件制造	406-008-41	使用聚酰亚胺有机溶剂进行液晶显示板的涂敷、液晶体的填充产生的废卤化有机溶剂	I,T
	非特定行业	900-400-41	塑料板管棒生产中织品应用工艺使用有机溶剂黏合剂产生的废卤化有机溶剂	I,T
		900-401-41	使用有机溶剂进行干洗、清洗、油漆剥落、溶剂除油和光漆涂布产生的废卤化有机溶剂	I,T

续表

废弃物类别	行业来源	废弃物代码	危险废弃物	危险特性
HW41 废卤化有机溶剂	非特定行业	900-402-41	使用有机溶剂进行火漆剥落产生的废卤化有机溶剂	I,T
		900-403-41	使用有机溶剂进行图形显影、电镀阻挡层或抗蚀层的脱除、阻焊层涂敷、上助焊剂(松香)、蒸汽除油及光敏物料涂敷产生的废卤化有机溶剂	I,T
		900-449-41	其他生产、销售及使用过程中产生的废卤化有机溶剂、水洗液、母液、污泥	T
HW42 废有机溶剂	印　刷	231-010-42	使用有机溶剂进行橡皮版印刷，以及清洗印刷工具产生的废有机溶剂	I,T
	基础化学原料制造	261-076-42	有机溶剂生产、配制过程中产生的残液、吸附过滤物、反应残渣、水处理污泥及废载体	T
		261-077-42	有机溶剂生产、配制过程中产生的报废产品	T
	电子元件制造	406-009-42	使用聚酰亚胺有机溶剂进行液晶显示板的涂敷、液晶体的填充产生的废有机溶剂	I,T
	皮革鞣制加工	191-001-42	皮革工业中含有有机溶剂的除油废弃物	T
	毛纺织和染整精加工	172-001-42	纺织工业染整过程中含有有机溶剂的废弃物	T
	非特定行业	900-450-42	塑料板管棒生产中织品应用工艺使用有机溶剂黏合剂产生的废有机溶剂	I,T
		900-451-42	使用有机溶剂进行脱碳、干洗、清洗、油漆剥落、溶剂除油和光漆涂布产生的废有机溶剂	I,T
		900-452-42	使用有机溶剂进行图形显影、电镀阻挡层或抗蚀层的脱除、阻焊层涂敷、上助焊剂(松香)、蒸汽除油及光敏物料涂敷产生的废有机溶剂	I,T
		900-499-42	其他生产、销售及使用过程中产生的废有机溶剂、水洗液、母液、废液处理污泥	T
HW43 含多氯苯并呋喃类废弃物	非特定行业	900-034-43 *	含任何多氯苯并呋喃同系物的废弃物	T
HW44 含多氯苯并二噁英废弃物	非特定行业	900-035-44 *	含任何多氯苯并噁英同系物的废弃物	T
HW45 含有机卤化物废弃物	基础化学原料制造	261-078-45	乙烯溴化法生产二溴化乙烯过程中反应器排气洗涤器产生的洗涤废液	T
		261-079-45	乙烯溴化法生产二溴化乙烯过程中产品精制过程产生的废吸附剂	T
		261-080-45	α-氯甲苯、苯甲酰氯和含此类官能团的化学品生产过程中氯气和盐酸回收工艺产生的废有机溶剂和吸附剂	T

续表

废弃物类别	行业来源	废弃物代码	危险废弃物	危险特性
HW45 含有机卤化物废弃物	基础化学原料制造	261-081-45	α-氯甲苯、苯甲酰氯和含此类官能团的化学品生产过程中产生的废液处理污泥	T
		261-082-45	氯乙烷生产过程中的分馏塔重馏分	T
		261-083-45	电石乙炔生产氯乙烯单体过程中产生的废液处理污泥	T
		261-084-45	其他有机卤化物的生产、配制过程中产生的高浓度残液、吸附过滤物、反应残渣、废液处理污泥、废催化剂(不包括上述HW39,HW41,HW42类别的废弃物)	T
		261-085-45	其他有机卤化物的生产、配制过程中产生的报废产品(不包括上述HW39,HW41,HW42类别的废弃物)	T
		261-086-45	石墨作阳极隔膜法生产氯气和烧碱过程中产生的污泥	T
	非特定行业	900-036-45	其他生产、销售及使用过程中产生的含有机卤化物废弃物(不包括HW41类)	T
HW46 含镍废弃物	基础化学原料制造	261-087-46	镍化合物生产过程中产生的反应残余物及废品	T
	电池制造	394-005-46 *	镍镉电池和镍氢电池生产过程中产生的废渣和废液处理污泥	T
	非特定行业	900-037-46	报废的镍催化剂	T
HW47 含钡废弃物	基础化学原料制造	261-088-47	钡化合物(不包括硫酸钡)生产过程中产生的熔渣、集(除)尘装置收集的粉尘、反应残余物、废液处理污泥	T
	金属表面处理及热处理加工	346-106-47	热处理工艺中的盐浴渣	T
HW48 有色金属冶炼废弃物	常用有色金属冶炼	331-002-48 *	铜火法冶炼过程中尾气控制设施产生的飞灰和污泥	T
		331-003-48 *	粗锌精炼加工过程中产生的废液处理污泥	T
		331-004-48	铅锌冶炼过程中,锌焙烧矿常规浸出法产生的浸出渣	T
		331-005-48	铅锌冶炼过程中,锌焙烧矿热酸浸出黄钾铁矾法产生的铁矾渣	T
		331-006-48	铅锌冶炼过程中,锌焙烧矿热酸浸出针铁矿法产生的硫渣	T
		331-007-48	铅锌冶炼过程中,锌焙烧矿热酸浸出针铁矿法产生的针铁矿渣	T
		331-008-48	铅锌冶炼过程中,锌浸出液净化产生的净化渣,包括锌粉-黄药法、砷盐法、反向锑盐法、铅锑合金锌粉法等工艺除铜、锑、镉、钴、镍等杂质产生的废渣	T
		331-009-48	铅锌冶炼过程中,阴极锌熔铸产生的熔铸浮渣	T
		331-010-48	铅锌冶炼过程中,氧化锌浸出处理产生的氧化锌浸出渣	T
		331-011-48	铅锌冶炼过程中,鼓风炉炼锌锌蒸气冷凝分离系统产生的鼓风炉浮渣	T

续表

废弃物类别	行业来源	废弃物代码	危险废弃物	危险特性
HW48 有色金属冶炼废弃物	常用有色金属冶炼	331-012-48	铅锌冶炼过程中，锌精馏炉产生的锌渣	T
		331-013-48	铅锌冶炼过程中，铅冶炼、湿法炼锌和火法炼锌时，金、银、铋、镉、钴、铟、锗、铊、碲等有价金属的综合回收产生的回收渣	T
		331-014-48 *	铅锌冶炼过程中，各干式除尘器收集的各类烟尘	T
		331-015-48	铜锌冶炼过程中烟气制酸产生的废甘汞	T
		331-016-48	粗铅熔炼过程中产生的浮渣和底泥	T
		331-017-48	铅锌冶炼过程中，炼铅鼓风炉产生的黄渣	T
		331-018-48	铅锌冶炼过程中，粗铅火法精炼产生的精炼渣	T
		331-019-48	铅锌冶炼过程中，铅电解产生的阳极泥	T
		331-020-48	铅锌冶炼过程中，阴极铅精炼产生的氧化铅渣及碱渣	T
		331-021-48	铅锌冶炼过程中，锌焙烧矿热酸浸出黄钾铁矾法、热酸浸出针铁矿法产生的铅银渣	T
		331-022-48	铅锌冶炼过程中产生的废液处理污泥	T
		331-023-48	粗铝精炼加工过程中产生的废弃电解电池列	T
		331-024-48	铝火法冶炼过程中产生的初炼炉渣	T
		331-025-48	粗铝精炼加工过程中产生的盐渣、浮渣	T
		331-026-48	铝火法冶炼过程中产生的易燃性撇渣	R
		331-027-48 *	铜再生过程中产生的飞灰和废液处理污泥	T
		331-028-48 *	锌再生过程中产生的飞灰和废液处理污泥	T
		331-029-48	铅再生过程中产生的飞灰和残渣	T
	贵金属冶炼	332-001-48	汞金属回收工业产生的废渣及废液处理污泥	T
HW49 其他废弃物	环境治理	802-006-49	危险废弃物物化处理过程中产生的废液处理污泥和残渣	T
	非特定行业	900-038-49	液态废催化剂	T
		900-039-49	其他无机化工行业生产过程产生的废活性炭	T
		900-040-49 *	其他无机化工行业生产过程收集的烟尘	T
		900-041-49	含有或直接沾染危险废弃物的废弃包装物、容器、清洗杂物	T/C/In/I/R
		900-042-49	突发性污染事故产生的废弃危险化学品及清理产生的废弃物	T/C/In/I/R
		900-043-49 *	突发性污染事故产生的危险废弃物污染土壤	T/C/In/I/R
		900-044-49	在工业生产、生活和其他活动中产生的废电子电器产品、电子电气设备，经拆散、破碎、砸碎后分类收集的铅酸电池、镉镍电池、氧化汞电池、汞开关、阴极射线管和多氯联苯电容器等部件	T

续表

废弃物类别	行业来源	废弃物代码	危险废弃物	危险特性
HW49 其他废弃物	非特定行业	900-045-49	废弃的印刷电路板	T
		900-046-49	离子交换装置再生过程产生的废液和污泥	T
		900-047-49	研究、开发和教学活动中，化学和生物实验室产生的废弃物（不包括 HW03、900-999-49）	T/C/In/I/R
		900-999-49	未经使用而被所有人抛弃或者放弃的；淘汰、伪劣、过期、失效的；有关部门依法收缴以及接收的公众上交的危险化学品	T

注：1. “废弃物类别”是按照《控制危险废弃物越境转移及其处置巴塞尔公约》划定的类别进行的归类。

2. “行业来源”是某种危险废弃物的产生源。

3. “废弃物代码”是危险废弃物的唯一代码，为 8 位数字。其中，第 1～3 位为危险废弃物产生行业代码，第 4～6 位为废弃物顺序代码，第 7、8 位为废弃物类别代码。

4. “危险特性”是指腐蚀性（Corrosivity、C）、毒性（Toxicity、T）、易燃性（Ignitability、I）、反应性（Reactivity、R）和感染性（Infectivity、In）。

5. * 对来源复杂、其危险特性存在例外的可能性，且国家具有明确鉴别标准的危险废弃物。

参考文献

[1] 刘有才，钟宏，刘洪萍. 重金属废液处理技术研究现状与发展趋势. 广东化工，2005，32（4），36-39.

[2] 韩建勋，贺爱国. 含氟废水处理方法. 有机氟工业，2004（3），27-36.

[3] 郭伟强等. 分析化学手册：第一分册. 第2版. 北京：化学工业出版社，1997.

[4] 王群主编. 实验室信息管理系统. 第2版. 哈尔滨：哈尔滨工业大学出版社，2009.

[5] 国家认证认可监督管理委员会编. 实验室资质认定工作指南. 第2版. 北京：中国计量出版社，2007.

[6] 北京汇博精瑞科技有限责任公司报告：LIMS提升传统石化企业质量管理水平.

[7] 《危险化学品安全便携手册》编写组. 危险化学品安全便携手册. 北京：机械工业出版社，2006.

[8] 张海峰. 常用危险化学品应急速查手册. 北京：中国石化出版社，2006.

[9] 朱兆华，徐丙根，沈振国. 危险化学品从业人员安全生产培训读本. 北京：化学工业出版社，2009.

[10] 苏华龙. 危险化学品安全管理. 北京：化学工业出版社，2006.

[11] 李荫中. 危险化学品企业员工安全知识必读. 北京：中国石化出版社，2007.

[12] 国家安全生产应急救援指挥中心组织编写. 危险化学品应急救援. 北京：煤炭工业出版社，2008.

[13] 姜忠良等. 实验室安全基础. 北京：清华大学出版社，2009.